Konfiguration und Preisbildung von Subskriptionsleistungssystemen für die produzierende Industrie

Configuration and Pricing of Subscription-Product-Service-Systems for the Manufacturing Industry

Von der Fakultät für Maschinenwesen
der Rheinisch-Westfälischen Technischen Hochschule Aachen
zur Erlangung des akademischen Grades eines
Doktors der Ingenieurwissenschaften
genehmigte Dissertation

vorgelegt von

Tobias Leiting

Berichter/in:

Univ.-Prof. Dr.-Ing. Dipl.-Wirt. Ing. Günther Schuh
apl. Prof. Dr.-Ing. Volker Stich

Tag der mündlichen Prüfung: 26. April 2023

Diese Dissertation ist auf den Internetseiten der Universitätsbibliothek online verfügbar.

SCHRIFTENREIHE RATIONALISIERUNG

Tobias Leiting

Konfiguration und Preisbildung von Subskriptionsleistungssystemen für die produzierende Industrie

Herausgeber:
Prof. Dr.-Ing. Dipl.-Wirt. Ing. G. Schuh

Band 188

fir an der RWTH Aachen

Bibliografische Information der Deutschen Nationalbibliothek
Die Deutsche Nationalbibliothek verzeichnet diese Publikation in der Deutschen Nationalbibliografie; detaillierte bibliografische Daten sind im Internet über https://portal.dnb.de abrufbar.

Tobias Leiting:

Konfiguration und Preisbildung von Subskriptionsleistungssystemen für die produzierende Industrie

1. Auflage, 2023

Gedruckt auf holz- und säurefreiem Papier, 100% chlorfrei gebleicht.

Wissenschaftsverlag des Instituts für Industriekommunikation und Fachmedien an der RWTH Aachen
Steinbachstr. 25, 52074 Aachen
Internet: www.apprimus-verlag.de, E-Mail: info@apprimus-verlag.de

Druck: CPI Druckdienstleistungen GmbH, Ferdinand-Jühlke-Straße 7 I 99095 Erfurt

ISBN 978-3-98555-162-0

D 82 (Diss. RWTH Aachen University, 2023)

Für meine Familie

Zusammenfassung

Subskriptionsgeschäftsmodelle werden für die produzierende Industrie durch Etablierung der Digitalisierung immer wichtiger. Die Geschäftsmodelle ermöglichen es, Kunden durch neuartige und einzigartige Leistungsversprechen langfristig zu binden und über die Zeit eine beiderseitig gewinnbringende Partnerschaft zu etablieren. Hierbei stellen insbesondere die Konfiguration und Preisbildung für diese neuartigen Subskriptionsleistungssysteme die Akteure der Industrie vor neuartige Herausforderungen. Die neuartigen Leistungsangebote sind anhand der Kundenanforderungen zu konfigurieren und hinsichtlich des Nutzenpotentials und der Risiken zu bewerten. Darauf basierend sind neuartige Preismodelle mit den Anforderungen von Kunden und Anbietern zu harmonisieren, die kontinuierlich erfassbaren Leistungsdaten der Kunden müssen für eine regelmäßige Abrechnung mit Geschäftsprozessen verknüpft werden und die Preismodelle müssen Anreize zur Realisierung von kontinuierlicher Optimierung der Leistung während der Nutzungsphase bieten.

Deshalb besteht wissenschaftlicher Handlungsbedarf zur praxisnahen Unterstützung der Unternehmen aus der produzierenden Industrie, um die Konfiguration und Preisbildung für anzubietende Leistungen in Subskriptionsgeschäften durchzuführen. Die vorliegende Arbeit setzt hier an und hat zum Ziel, ein fundiertes und systematisches Vorgehensmodell zur Konfiguration und Preisbildung von Subskriptionsleistungen für die produzierende Industrie zu erarbeiten. Das Modell kann durch Anwender aus der produzierenden Industrie in verschiedenen Anwendungsfällen und Wirtschaftszweigen flexibel genutzt werden, um umfassend bei der Leistungsangebotsgestaltung und Preisbildung zu unterstützen. Für das Vorgehensmodell wird in der Arbeit eine Modellstruktur erarbeitet, die aus einem übergeordneten Modellordnungsrahmen mit insgesamt acht inhaltlichen Vorgehensschritten besteht. Für diese Modellstruktur werden in einer Detaillierung eine Prozesssicht, eine Funktionssicht und eine Datensicht entwickelt und in einem gesamtheitlichen Vorgehensmodell zusammengeführt. Das Modell wird anschließend im Rahmen von drei Validierungs-Anwendungsfällen erfolgreich in der Praxis angewendet.

Das in dieser Dissertationsschrift erarbeitete Vorgehensmodell befähigt Anwender aus der industriellen Praxis dazu, die Konfiguration und Preisbildung für Subskriptionsleistungssysteme effizient und strukturiert durchzuführen. Unternehmen können das Vorgehensmodell als Referenzmodell nutzen und hierdurch bei der Leistungskonfiguration und Preisbildung Zeit einsparen, eine hohe Ergebnisqualität der Geschäftsprozesse sicherstellen und sich in ihrem Geschäft weiterentwickeln. Es ist darüber hinaus möglich, das Vorgehensmodell zukünftig zu erweitern und bei einer weiteren Untersuchung beziehungsweise Systematisierung der Leistungsangebotskonfiguration und Preisbildung von Subskriptionsmodellen als Grundlage zu nutzen.

Summary

Subscription business models are increasingly important for the manufacturing industry due to the establishment of digitalization. The business models enable customers to be associated in a long-term partnership through new and unique value propositions and to establish a win-win situation for both sides over time. In particular, the configuration and pricing for these new subscription-product-service-systems raises new challenges for actors in industry. The novel solutions must be configured based on customer requirements and need an evaluation of their potential value propositions and risks. On this basis, new pricing models need a harmonization with the requirements of customers and suppliers, the continuously recorded performance data of the customer need to be linked to business processes for periodic billing, and the pricing has to provide incentives for the continuous realizations of optimization of the offered solution during the usage phase.

Therefore, research is needed to provide actors in the production industry with a practical approach for configuring and pricing of smart-product-service-systems in subscription models. This thesis aims to develop an elaborated and systematic model for configuration and pricing of subscription offerings in the production industry. The goal of the model is a flexible usability by actors from the production industry in different use cases and industries, in order to support them as comprehensively and holistically as possible in pricing. The model structure consists of a high-level framework containing eight steps for pricing. Subsequently, the model structure contains a process view, a function view and a data view, which are combined in a holistic process model. The model is then successfully applied in three validation use cases.

The model developed in this dissertation enables actors from industry to carry out the configuration and pricing of subscription-product-service-systems with efficiency and structure. Companies are able to use the model as a reference model and thus save time in business processes, ensure high quality of results in the processes and improve their business. Moreover, the model can be extended in the future and can be used for future research and systematization of configuration and pricing for subscription-product-service-systems.

Inhaltsverzeichnis

Abbildungsverzeichnis

Tabellenverzeichnis

Abkürzungsverzeichnis

ARIS	Architecture of Integrated Information Systems
B2B	Business-to-Business
B2C	Business-to-Consumer
BPMN	Business Process Model and Notation
CAD	Computer-Aided Design
CLV	Customer-Lifetime-Value
CRM	Customer-Relationship-Management
DV	Datenverarbeitung
EaaS	Equipment-as-a-Service
eEPK	erweiterte ereignisgesteuerte Prozesskette
eERM	erweitertes Entity-Relationship-Modell
ERP	Enterprise-Resource-Planning
FEM	Finite-Element-Method
GoM	Grundsätze ordnungsmäßiger Modellierung
IoP	Internet of Production
IFRS	International Financial Reporting Standards
IT	Informationstechnik
OEE	Overall Equipment Effectiveness
P&P	Packaging & Pricing
PDP	Pricing Digital Products
PLM	Product-Lifecycle-Management
PSS	Product-Service-Systems
SaaS	Software-as-a-Service
SEI	Subscription Economy Performance Index
SBB	Subscription Business Benchmarking
SDL	Service-Dominant-Logic
SSV	Smart Services Vertrieb
UML	Unified Modeling Language
WZ	Wirtschaftszweige

1 Einleitung

Unter dem Leitbegriff Industrie 4.0 erfolgt seit mehr als einer Dekade die fortschreitende Digitalisierung der industriellen Produktion durch Intelligente Vernetzung und digital vernetzte Systeme auf Echtzeitbasis (s. KAGERMANN ET AL. 2013, S. 22; KAGERMANN U. WAHLSTER 2021, S. 1). Neben der Optimierung interner Wertschöpfungsprozesse, ermöglicht Digitalisierung auch das Angebot neuartiger, digitaler Leistungsangebote mit einzigartigen Nutzenversprechen zwischen mehreren Unternehmen als externe Wertschöpfungsaktivitäten (s. HERMANN 2019, S. 31ff.). Dies eröffnet das Potential, die Flexibilität und Produktivität der Produktionsprozesse und die Qualität und Leistungsfähigkeit der Produkte und Dienstleistungen der produzierenden Industrie auf ein neues Niveau anzuheben und dadurch signifikant zur Bruttowertschöpfung sowie Wettbewerbsfähigkeit produzierender Unternehmen beizutragen (s. BITKOM 2014, S. 1; KAGERMANN U. WAHLSTER 2021, S. 1). Daher erweitern Maschinen- und Anlagenhersteller (Anbieter) ihr Leistungsangebot für produzierende Unternehmen (Kunden) neben Produkten und Dienstleistungen auch um digitale Leistungen. Dies erlaubt es Anbietern erstmals, sich kontinuierlich in die Wertschöpfung des Kunden zu integrieren und basierend auf cyber-physischer Vernetzung integrierte Leistungsangebote beim Kunden zu betreiben (s. OBERMAIER 2019, S. 4). Daraus resultieren zum einen neue Umsatzmöglichkeiten und digitale Geschäftsfelder und zum anderen entsteht durch die Integration des Anbieters eine engere Bindung zum Kunden (s. KAGERMANN ET AL. 2016, S. 17). Ein Beispiel hierfür ist die echtzeitbasierte Erfassung des Zustands von Maschinen beim Kunden. Dadurch können drohende Ausfälle bereits vor einem Stillstand prognostiziert und Ersatzteillieferungen und Instandhaltungsservices so abgestimmt werden, dass Ausfallzeiten minimiert werden. Ein weiteres Beispiel ist die echtzeitbasierte Erfassung von maschinenindividuellen Produktionsparametern im jeweiligen Anwendungskontext. Anhand derer können durch kontinuierliche Analysen Verbesserungspotentiale der Parameter identifiziert und über Fernzugriff in die Produktion implementiert werden (s. HERMANN 2019, S. 30).

Die Chancen der Digitalisierung, neue digitale Leistungsangebote am Markt zu platzieren, hat bisher jedoch noch nicht zu einem signifikanten Digitalgeschäft der Unternehmen aus der produzierenden Industrie geführt (s. ACCENTURE 2020, S. 9ff.; JUSSEN U. FRANK 2019, S. 1). Damit die Digitalisierung in der produzierenden Industrie auch zu kommerziellem Erfolg führt, müssen passgenaue Geschäftsmodelle implementiert werden (s. CHRISTENSEN ET AL. 2016, S. 17f.; GASSMANN ET AL. 2013, 15ff.). Digitale Leistungen fokussieren die Nutzungsphase eines Leistungsangebots bei einem Kunden und realisieren hierbei über die Zeit der Kundenbindung eine Steigerung der Wertschöpfung des Kunden. Die bestehenden Geschäftsmodelle der produzierenden Industrie sind jedoch vielfach auf das Produkt (z.B. Verkauf einer Werkzeugmaschine) ausgerichtet und die Wertschöpfung ist aus Anbietersicht mit dem Verkauf bzw. der Transaktion des Produktes abgeschlossen. Daher bedarf es zur Hebung des

Potentials digitaler Leistungen in der produzierenden Industrie neuer Geschäftsmodelle, die auf die realisierte Wertschöpfung beim Kunden in der Nutzungsphase ausgerichtet sind (s. SCHUH ET AL. 2019, S. 1).

1.1 Ausgangssituation und Problemstellung

In der IT- und Telekommunikationsbranche haben sich für in der Nutzungsphase erbrachte digitale Leistungen insbesondere Subskriptionsgeschäftsmodelle etabliert (s. MANSARD U. CAGIN 2019, S. 11). Diese Geschäftsmodelle sind nicht mehr auf den einmaligen Verkauf einzelner Produkte oder Dienstleistungen ausgerichtet, sondern darauf für eine regelmäßige Gebühr einen Zugang zu einer auf die Bedürfnisse des Kunden zugeschnittenen Leistung zu erbringen (Abonnement) (s. SCHUH ET AL. 2019, S. 1). Dabei steht die dauerhafte Erfüllung der Kundenbedürfnisse sowie eine partizipative Verbesserung der Lösung für den Kunden im Vordergrund (s. TZUO U. WEISERT 2018, S. 1). Diese Lösung wird als ein Subskriptionsleistungssystem erbracht, das vernetzte Produkte, Dienstleistungen und digitale Leistungen zu einem integrierten As-a-Service-Angebot für den Kunden zusammenführt (s. LAH U. WOOD 2016, S. 3). Der branchenübergreifende Erfolg von Subskriptionsgeschäftsmodellen zeigt sich unter anderem am *Subscription Economy Performance Index* (SEI) (s. Abbildung 1-1), der Subskriptionsunternehmen (SEI EMEA) ein ca. sechsmal schnelleres Wachstum gegenüber den bedeutendsten Aktienunternehmen attestiert (s. LIOZU 2022, S. 1f.).

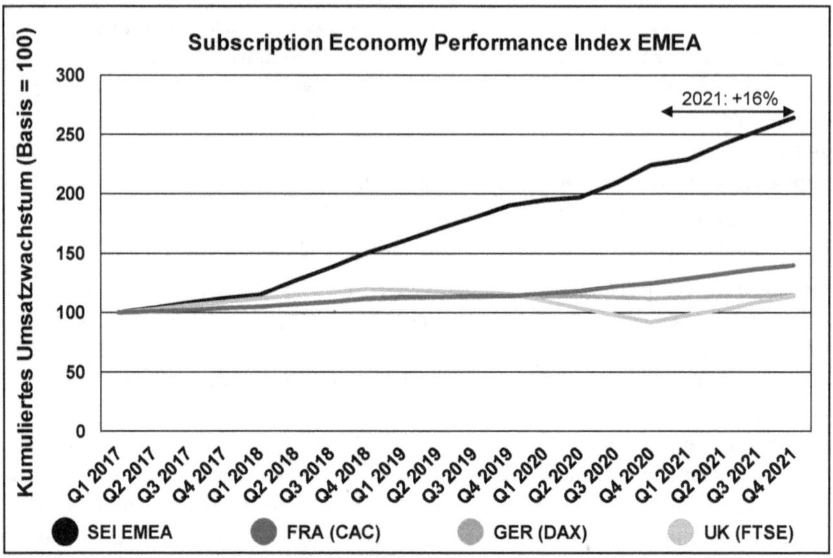

Abbildung 1-1: Umsatzwachstum der Subskriptionsunternehmen in EMEA (ZUORA 2022, S. 24)

In den letzten Jahren haben bereits erste Unternehmen der produzierenden Industrie im B2C und B2B Bereich zusätzlich zum bisherigen transaktionsbasierten Geschäftsmodell Subskriptionsgeschäftsmodelle eingeführt (s. MANSARD U. CAGIN 2019, S. 13).

Unternehmen der produzierenden Industrie stehen bei der Etablierung des Geschäftsmodells vor spezifischen Herausforderungen. Zum einen liegen über verschiedene Kunden heterogene Ausgangssituationen vor, in die ein Subskriptionsangebot integriert wird. Hierbei sind die individuellen Kundenanforderungen zu erfassen und durch passgenaue Leistungsangebote zu adressieren. Darüber hinaus ist eine hohe digitale Reife der Kunden für eine erforderliche cyber-physische Vernetzung sicherzustellen. Zudem bestehen Subskriptionsleistungsangebote der produzierenden Industrie meist aus mehreren integrierten Leistungskomponenten. Dabei resultieren insbesondere aus der Integration kostenintensiver Hardwarekomponenten höhere Risiken. (s. HERMANN 2019, S. 209; LIOZU 2022, S. 24ff.)

Insbesondere die Konfiguration und Preisbildung von Leistungssystemen im Subskriptionsgeschäft stellt Anbieter vor zentrale Herausforderungen (s. HARLAND 2018, S. 19ff.; LAH U. WOOD 2016, S. 26; LENART U. HORST 2019, S. 1; LIOZU 2022, S. 28f.; MANSARD U. CAGIN 2019, S. 7; SIMON U. FASSNACHT 2016, S. 1). Die Aufgaben der Konfiguration eines Leistungsangebots sowie die Bildung eines Preises sind dabei im Kontext von Subskriptionsmodellen unmittelbar miteinander verknüpft und von hoher Relevanz für den Erfolg des Geschäftsmodells (s. FROHMANN 2018, S. 7, LIOZU 2022, S. 73ff.)). Über integrierte, datenbasierte Leistungssysteme sowie auf den Kundennutzen orientierte Preismodelle können neben höheren Erlösen zudem auch Wettbewerbsvorteile aufgebaut werden (s. STOPPEL U. ROTH 2016, S. 391). Bisher dominiert im transaktionsbasierten Produktgeschäft innerhalb der produzierenden Industrie jedoch der Verkauf von einzelnen Produkten und Dienstleistungen. Die Preisbildungsansätze fokussieren dabei die Produktkosten. Bei solchen Cost-Plus-Ansätzen kalkulieren Anbieter den internen Stückdeckungsbeitrag und addieren einen prozentualen Gewinnaufschlag hinzu (s. DILLER 2003, S. 5; HOMBURG 2017, S. 742ff.; SIMON U. FASSNACHT 2016, S. 97ff.). Daraus resultieren insbesondere auf gesättigten Märkten mit hohem Wettbewerbsdruck geringe Margen (s. SIMON U. FASSNACHT 2016, S. 98ff.; SCHUH ET AL. 2019, S. 1). Angebote von Einzelleistungen und auf Kosten basierende Preisbildungsansätze sind für Subskriptionsgeschäftsmodelle nicht zweckmäßig, da sie den Kundennutzen nicht ausreichend adressieren (s. LIOZU 2022, S. 121). Der Kunde und die Erfüllung seiner individuellen Bedürfnisse bilden das zentrale Element des Subskriptionsmodells. Dieser Aspekt wird vor allem durch den integrierten, nutzenorientierten Ansatz fokussiert, weshalb dieser im Rahmen von Subskriptionsgeschäftsmodellen der produzierenden Industrie am besten geeignet ist (s. LIOZU 2022, S. 131ff.; MANSARD U. CAGIN 2019, S. 11). Bestehende Ansätze zur Leistungssystemgestaltung und Preisbildung für die produzierende Industrie (s. HOMBURG 2017, S. 738ff.; s. SCHÖNUNG 2008, S. 181ff.; s. SCHUH ET AL. 2016a, S. 65ff.) können jedoch nicht auf Subskriptionsmodelle angewandt werden, da diese auf einen transaktionalen Verkauf ausgerichtet sind und nicht auf die eigentliche Wertschöpfung während der Nutzungsphase. Dadurch ist eine Harmonisierung des Zielsystems und die Ausrichtung auf langfristigen Erfolg von Anbieter und Kunde lediglich bedingt möglich.

Die produzierende Industrie steht bei der Konfiguration und Preisbildung von Leistungssystemen für das Subskriptionsgeschäft vor der neuartigen Herausforderung, dass Kunden nicht mehr den Besitz einer physischen Leistung einkaufen, sondern die Wertschöpfung, die durch das datenbasierte Leistungsangebot während der Nutzungsphase erbracht wird. Dementsprechend fokussiert das Leistungssystem als **Bezugsgrundlage** nicht mehr physische Leistungsversprechen (s. STOPPEL U. ROTH 2016, S. 378). Der Nutzen durch eine Leistung kann im transaktionalen Geschäft lediglich vor der eigentlichen Nutzung (ex ante) antizipiert werden. Der realisierte Nutzen beim Kunden während der Nutzung (Value-in-Use) wird nicht erfasst und hat auch keine Konsequenzen auf den Preis. Der Value-in-Use ist jedoch für Kunde und Anbieter elementare Grundlage zur **Werterfassung** des Geschäfts, um darauf basierend Entscheidungen zur Leistungsverbesserung und zur Preisbildung zu treffen. Um eine belastbare Grundlage zu schaffen, ist eine Berechnung des Value-in-Use auf Basis von Kundendaten zu wählen (s. KLARMANN ET AL. 2011, S. 153ff.). Eine Voraussetzung hierfür ist, dass während der Nutzungsphase ein kontinuierlicher Zugang zu den Daten des Kunden vorliegt. Im transaktionalen Geschäftsmodell hat ein Anbieter keinen direkten Anreiz zur Verbesserung des Leistungsangebots. Die Subskription verfügt dagegen durch periodische Zahlungen über einen leistungssynchronen Anreizmechanismus zur Verbesserung (s. MANSARD U. CAGIN 2019, S. 11). Daher muss über die **Preisdimension** für den Kunden und den Anbieter dieser Anreiz zur kontinuierlichen Nutzensteigerung und Leistungsverbesserung geschaffen werden. Nutzendatenbasierte Preismodelle und -metriken bieten das Potential für eine partizipative Aufteilung der erreichten zusätzlichen Wertschöpfung. Dadurch kann eine langfristige und kollaborative Partnerschaft zwischen Kunde und Anbieter sichergestellt werden (s. FROHMANN 2018, S. 234). Innerhalb des transaktionalen Geschäftsmodells erfolgt die Preisbildung anhand eines festen, pauschalen und initial bekannten Preises. Damit die datenbasierten Preismodelle im Subskriptionsgeschäft abgerechnet werden können, müssen entsprechende **Preismetriken** umgesetzt werden. Dazu ist es erforderlich, die vom Kunden erfassten Daten systemisch zu verarbeiten, sodass diese automatisiert bei der Abrechnung zugrunde gelegt werden können. Daraus resultierend können die Herausforderungen vier konkreten Handlungsfeldern der Konfiguration und Preisbildung von Leistungssystemen zugeordnet werden. Diese sind die Definition der Bezugsgrundlage, die Werterfassung, die Auswahl der Preisdimension und die Bestimmung der Preismetrik. (s. FROHMANN 2018, S. 153ff.; REINECKE U. HAHN 2003, S. 333ff.; SIMON U. FASSNACHT 2016, S. 97ff.)

1.2 Zielsetzung und Forschungsfrage

Aufgrund der dargelegten Herausforderungen bei der Etablierung von Subskriptionsmodellen fehlt der produzierenden Industrie ein holistischer Ansatz zur Konfiguration und Preisbildung von Subskriptionsleistungssystemen. Unternehmen benötigen hierzu ein klares Vorgehen, aus dem hervorgeht, wie die integrierte, nutzenorientierte Konfiguration und Preisbildung von Subskriptionsleistungssystemen zu realisieren ist. Daher besteht die Zielsetzung des vorliegenden Dissertationsvorhabens darin, für Unternehmen der produzierenden Industrie ein konkretes Vorgehensmodell zu entwickeln, mit dem diese bei der Etablierung des Subskriptionsgeschäfts auf effiziente und skalierbare Weise die Konfiguration und Preisbildung von Leistungssystemen für Subskriptionsmodelle durchführen können. Das zu entwickelnde Modell besteht aus einem System aus Datenobjekten, Funktionen und Elementen, zwischen denen eine prozessuale Verknüpfung besteht (s. HABERFELLNER 2015, S. 13). Als Grundlage für die Modellstruktur wird zunächst ein Ordnungsrahmen mit Charakteristiken und Zielsetzungen aus dem Subskriptionsgeschäft definiert. Der darauf basierende Prozess besteht aus konkreten Methoden zur Konfiguration und Preisbildung von Leistungssystemen, die als Funktionen ausgelegt werden. Damit diese skalierbar durchgeführt werden können, wird eine Verknüpfung zwischen den in den Funktionen verarbeiteten Datenobjekten von Kunden und Anbieter in Form eines Datenmodells erstellt. Um für die Praxis eine konkrete und effizient einsetzbare Lösung zu entwickeln, wird das in dieser Arbeit zu entwickelnde Vorgehensmodell daher über eine Prozesssicht, eine Funktionssicht und eine Datensicht verfügen (s. Abbildung 1-2).

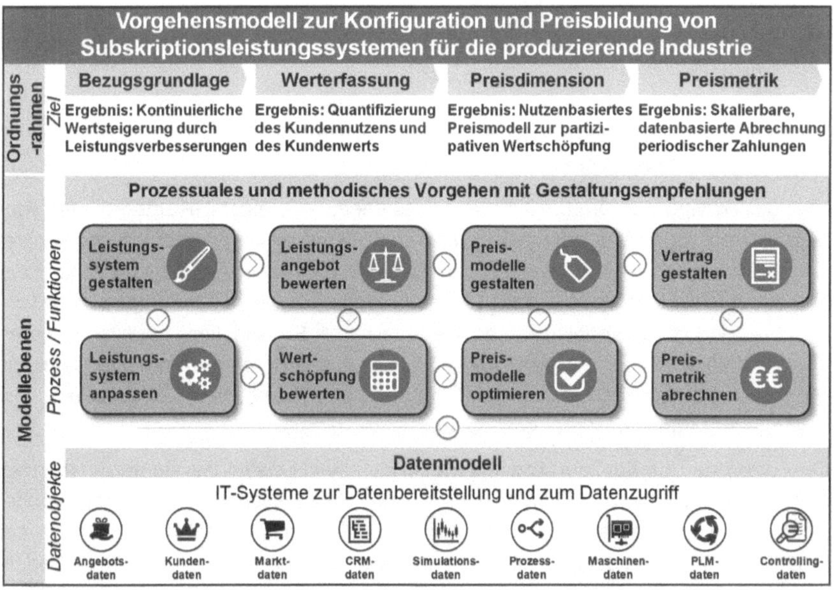

Abbildung 1-2: Zielbild des Forschungsvorhabens (eigene Darstellung)

Zur Entwicklung eines solchen Modells besteht Forschungsbedarf, um die Rahmenbedingungen zur Konfiguration und Preisbildung von Subskriptionsleistungssystemen in einer logischen Struktur darzulegen (Ordnungsrahmen). Innerhalb dieses Ordnungsrahmens sind konkrete Aktivitäten in einen zeitlich-logischen Vorgehensprozess zu überführen (Prozesssicht). Innerhalb dieses Prozesses zur Konfiguration und Preisbildung von Leistungssystemen sind die Aktivitäten in Form von Methoden auszugestalten (Funktionssicht). Die durch die Funktionen verarbeiteten Datenobjekte und die in den Systemen des Kunden erfassten Daten sind über ein Datenmodell zu definieren und zu strukturieren (Datensicht). Aufbauend hierauf ist zu erforschen, wie diese drei

Sichten zu einem praxisorientierten Vorgehen mitsamt Gestaltungsempfehlungen zusammengefasst werden können. Dieses Modell soll durch eine konfigurierbare Auslegung flexibel für verschiedene Anwendungsfälle einsetzbar sein. Zur Erreichung der Zielsetzung stellt sich folgende Hauptforschungsfrage für das Dissertationsvorhaben:

Hauptforschungsfrage: Wie ist ein Vorgehensmodell zur Konfiguration und Preisbildung von Subskriptionsleistungssystemen für die produzierende Industrie gestaltet?

Die Hauptforschungsfrage setzt sich wiederum aus Teilforschungsfragen zusammen:

1. Welche Rahmenbedingungen zur Konfiguration und Preisbildung von Subskriptionsleistungssystemen liegen vor und wie können diese in einer Ordnungsstruktur verknüpft werden?
2. Wie sind die Rahmenbedingungen zur effizienten Operationalisierung von Funktionen, Datenobjekten und Prozessen für ein Vorgehensmodell zur Konfiguration und Preisbildung von Subskriptionsleistungssystemen gestaltet?
3. Wie sind die Prozess-, die Funktions- und die Datensicht eines Vorgehensmodells zur Konfiguration und Preisbildung von Subskriptionsleistungssystemen gestaltet?
4. Welche Gestaltungsempfehlungen für die Praxis liegen für die Anwendung des Vorgehensmodells zur Konfiguration und Preisbildung von Subskriptionsleistungssystemen vor?

Methodisch wird der Ordnungsrahmen, bestehend aus einem übergeordneten Prozessrahmen zur Konfiguration und Preisbildung von Leistungssystemen und konkreten Zielen innerhalb der Prozessschritte durch sachlogische Verknüpfung anhand bestehender Prozessmodelle aus der Literatur hergeleitet. Dieser Ordnungsrahmen wird anschließend durch konstituierende Merkmale von Subskriptionsmodellen angereichert und konkretisiert. Hierdurch wird Akteuren aus der produzierenden Industrie ein Vorgehensprozess zur konkreten Konfiguration und Preisbildung von Subskriptionsleistungssystemen zur Verfügung stehen.

Die Funktionen zur Konfiguration und Preisbildung von Leistungssystemen werden basierend auf den Anforderungen an die einzelnen Prozessschritte anhand bestehender Ansätze der Literatur sowie anhand von Experteninterviews entwickelt. Mithilfe der Funktionen wird abgeleitet, welche Daten als Input- und Output-Faktoren vorliegen. Weiterhin wird über Fallstudien aus der Praxis untersucht, welche Arten von Daten innerhalb der Praxis zur Konfiguration und Preisbildung von Leistungssystemen vorliegen. Anschließend wird durch sachlogische Verknüpfung ein zeitlich-logischer Ablaufprozess der Funktionen und der im Modell verarbeiteten Datenobjekte gebildet. Daraus resultiert ein Prozessmodell zur Konfiguration und Preisbildung von Subskriptionsleistungssystemen mitsamt einer Funktions- und Datenebene. Dieses Modell wird auf Fallstudien übertragen, um hieraus konkrete Gestaltungsempfehlungen für eine effiziente Anwendung in der Praxis abzuleiten. Diese werden anhand von Fallbeispielen dargelegt.

Das Vorgehensmodell ist darauf ausgelegt, Akteure eines Anbieterunternehmens von Subskriptionsmodellen für die produzierende Industrie bei der effizienten Umsetzung der Konfiguration und Preisbildung von Subskriptionsleistungssystemen zu unterstützen. Durch das Modell kann eine kundenindividuelle Konfiguration von Leistungsangeboten, eine datenbasierte Bewertung des Kundennutzens und eine datenbasierte Abrechnung des Preises in der Praxis durchgeführt werden. Hierdurch wird eine systematische, prozessorientierte Konfiguration und Preisbildung von Subskriptionsleistungssystemen ermöglicht. Dies führt bei Anbietern von Subskriptionsleistungen zu einer Reduzierung der Gestaltungs- und Umsetzungszeit für Subskriptionsmodelle. Akteure der industriellen Praxis können das Vorgehensmodell modular nutzen und erhalten neben einem Vorgehensprozess auch konkrete Gestaltungsempfehlungen. Dies ermöglicht vielen Unternehmen erst die Ausschöpfung des vollen Potentials von Subskriptionsgeschäftsmodellen, weshalb der Bedarf aus der industriellen Praxis zur Schließung dieser Forschungslücke hoch ist.

1.3 Forschungskonzeption und Forschungsmethodik

Zur Adressierung der im vorherigen Kapitel beschriebenen Problemstellung der Arbeit und zur Beantwortung der aufgeworfenen Forschungsfragen ist im Folgenden eine anforderungsgerechte Konzeption des Forschungsprozesses vorzunehmen. Um diesen Prozess nachvollziehbar zu gestalten, ist als Ausgangspunkt die grundlegende Erkenntnisperspektive und die Forschungsmethodologie offenzulegen (BINDER U. KONTOWSKY 1996, S. 3f.; HEESCHEN 2015, S. 8; s. KUHLMANN 2011, S. 4f.).

1.3.1 Wissenschaftliche Erkenntnisperspektive

Eine grundlegende Erkenntnisperspektive resultiert aus dem Vorverständnis des Forschers („*basic set of beliefs*") und legt die Rahmenbedingungen für den Forschungsprozess fest (s. DENZIN U. LINCOLN 2018, S. 45f.). Dies ist notwendig, da die wissenschaftliche Forschung nicht ohne Wertungen und wertende Entscheidungen des Forschers auskommt und somit durch dessen Vorverständnis beeinflusst wird (s. DENZIN U. LINCOLN, S. 45f.; ULRICH 1978, S. 270ff.). Eine ultimative Wahrheit kann nicht nachgewiesen werden, weshalb die grundlegende Erkenntnisperspektive nicht weiter zu begründen ist (s. DENZIN U. LINCOLN, S. 46; ULRICH U. HILL 1976, S. 305). Durch eine weiterführende Beschreibung kann die zugrunde liegende Erkenntnisperspektive jedoch objektiv greifbar gemacht werden (s. BINDER U. KONTOWSKY 1996, S. 3). Zur konkreteren Einordnung der Erkenntnisperspektive werden die Wissenschaften grundsätzlich in Formal- und Realwissenschaften unterteilt (s. ULRICH U. HILL 1976, S. 305). Die Formalwissenschaften streben die Entwicklung von Zeichensystemen mit dazugehörigen Regeln zur Verwendung dieser Zeichen an (s. Abbildung 1-3). Diesen Wissenschaften sind beispielsweise die (Wissenschafts-)Logik und die Mathematik zuzuordnen (s. ULRICH U. HILL 1976, 305). Die Forschungsobjekte werden aus dieser Wissenschaft selbst konstruiert und sind keine in der Realität existierenden Objekte. Daher ist auch der Beweis der Richtigkeit der Systeme auf die Prüfung logischer Widersprüche beschränkt (s. SCHANZ 1987, 2039). Das Ziel von Realwissenschaften ist demgegenüber die Beschreibung, Erklärung und Gestaltung empirisch (sinnlich) wahrnehmbarer Wirklichkeitsausschnitte. Realwissenschaften sind weiter zu unterteilen in (reine) Grundlagenwissenschaften und (angewandte) Handlungswissenschaften (s. ULRICH U. HILL 1976, S. 305). Zu den Grundlagenwissenschaften zählen Naturwissenschaften wie beispielsweise Biologie, Physik und Chemie. Hier entsteht die Problemstellung aus dem Theoriezusammenhang und die Forschung hat zum Ziel, mithilfe von Prüfhypothesen der Theorien durch Beobachtungen in der Wirklichkeit Erklärungsmodelle für naturwissenschaftliche Zusammenhänge zu entwickeln (s. SCHANZ 1987, S. 2039; ULRICH U. HILL 1976, S. 305). In den angewandten Handlungswissenschaften steht die Analyse von menschlichen Handlungsalternativen in Bezug auf soziotechnische Systeme im Fokus. Für Probleme des praktischen Handelns von Menschen in komplexen Situationen sind Entscheidungsmodelle zu entwickeln. Anwendungsfelder der Handlungswissenschaften sind Soziologie, Sozialwissenschaften und Psychologie (s. ULRICH U. HILL 1976, S. 305).

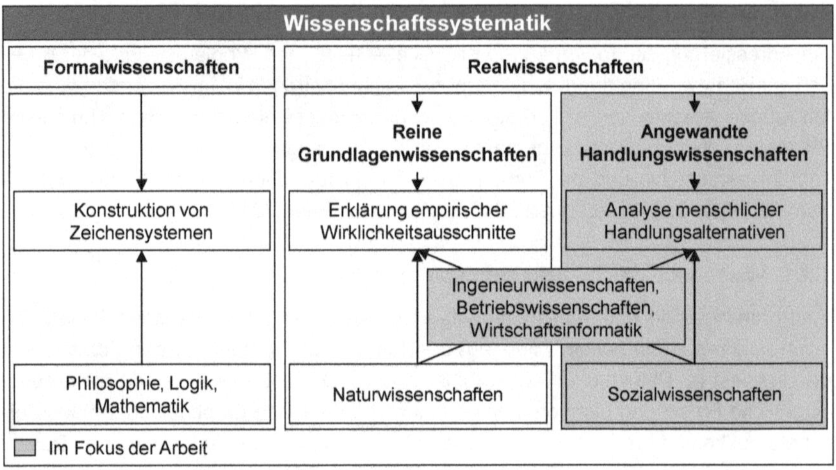

Abbildung 1-3: Einordnung in die Wissenschaftssystematik (eigene Darstellung i. A. a. ULRICH U. HILL 1976, S. 305)

Die in dieser Arbeit adressierte Problemstellung liegt im Spannungsfeld der Wissenschaftsdisziplinen der Ingenieurwissenschaften, der Betriebswissenschaften und der Wirtschaftsinformatik. Alle genannten Disziplinen können den Realwissenschaften zugeordnet werden (s. ULRICH U. HILL 1976, S. 305). Eine pauschale Einordnung in Grund- oder Handlungswissenschaften ist jedoch nicht möglich und hängt vom Betrachtungsfokus der Arbeit ab. Ziel dieser wissenschaftlichen Arbeit ist die Lösung einer praktischen Problemstellung des menschlichen Handelns im industriellen Unternehmensführungskontext. Daher kann die Entwicklung des Vorgehensmodells in dieser Arbeit den angewandten Handlungswissenschaften zugeordnet werden.

Insbesondere in den Realwissenschaften ist es erforderlich, die zwangsläufig vorherrschende Subjektivität des Forschers zu begrenzen. Dies erfolgt zum einen durch Beobachtungsregeln zur Reduktion eines „individuellen Wahrnehmungsfilters" und andererseits durch die Offenlegung von Wertprämissen zur Vermeidung individueller Interessensbezüge (s. ULRICH U. HILL 1976, S. 306). In der Wissenschaft werden hierzu „Paradigmen" oder „Forschungsprogramme" verwendet, die ein allgemein anerkanntes, zentrales Grundmodell als Leitidee zur Forschung vorgeben (s. KUHN 2012, S. 20ff.; LAKATOS 1974, S. 91). Ein solches Paradigma muss dazu nach ULRICH U. HILL vier Qualitätskriterien erfüllen. Dies sind Problemlösungskraft (heuristische Funktion), Allgemeinheit (Relevanz für eine große Objektmenge), Präzision (eindeutige Ergebnisse) und Integrationskraft (pädagogische Systematisierungsfunktion) (s. ULRICH U. HILL 1976, S. 307). In der Betriebswirtschaftslehre erfüllen der *systemtheoretische Ansatz* nach ULRICH, der *entscheidungstheoretische Ansatz* nach HEINEN und der *faktortheoretische Ansatz* nach GUTENBERG diese Qualitätskriterien als Paradigmen (s. ULRICH U. HILL 1976, S. 308). Da sich der systemtheoretische Ansatz nach ULRICH durch Praxisnähe, Interdisziplinarität, Offenheit und Integrierbarkeit auszeichnet und eine hohe Passgenauigkeit für Gestaltungs- und Managementprobleme aufweist, wird dieser in der vorliegenden Arbeit zur Behebung des Subjektivitätsproblems eingesetzt.

1.3.2 Forschungsmethodologie

Aufbauend auf der gewählten Erkenntnisperspektive der Arbeit ist im Folgenden die Forschungsmethodologie zu wählen. Nach POPPER beginnt die Gewinnung von Erkenntnissen nicht mit dem Sammeln von Daten und Tatsachen, sondern mit Problemen (s. POPPER 1974, S. 104). Die Identifikation der Problemstellung in den Grundlagenwissenschaften und den Handlungswissenschaften unterscheidet sich dabei grundsätzlich. Die Grundlagenwissenschaften streben die Aufklärung einer Diskrepanz zwischen der erklärbaren Theorie und der beobachtbaren Praxis an (s. ULRICH U. FLURI 1984, S. 172). Das Ziel der Grundlagenwissenschaften liegt in der Erkenntnis selbst (s. KUBICEK 1977, S. 5). Demgegenüber streben Handlungswissenschaften pragmatische Ziele an, sodass die Erkenntnisse zu einem praktischen Nutzen für handelnde Menschen führen (s. SCHANZ 1987, S. 2041). Hierzu ist eine Lösung für ein praktisches Problem bereitzustellen, für das kein ausreichendes Wissen zur Verfügung steht (s. ULRICH 2001, S. 220). Zur Entwicklung einer Lösung für eine praktische Problemstellung greifen die Handlungswissenschaften zum einen auf theoretische Erklärungsmodelle der Formal- und Grundlagenwissenschaften zurück und zum anderen ist die kontinuierliche Einbindung der Praxis wesentlicher Bestandteil des Forschungsansatzes (s. ULRICH ET AL. 1984, S. 192). Die „Praxis" bedeutet in diesem Zusammenhang das menschliche Verhalten. Die Herausforderung besteht in der Bewältigung von Komplexität in unternehmerischen Management- und Entscheidungsprozessen (s. ULRICH ET AL. 1984, S. 175). Wissenschaftlicher Fortschritt wird innerhalb dieses auf Pragmatismus orientierten Forschungsziels weniger am Zuwachs der Erkenntnissicherung als vielmehr am Zuwachs des Verständnisses zur Beherrschung der Wirklichkeit gemessen (s. KUBICEK 1977, S. 7). Durch rein empirische Forschung mit deduktiv-nomologischen Erklärungsansätzen und einer rein formal-technischen Orientierung ist die Erreichung eines pragmatischen wissenschaftlichen Ziels kaum möglich (s. ULRICH U. FLURI 1984, S. 184). Für einen Forschungsprozess der angewandten Handlungswissenschaften mit dem gewählten systemtheoretischen Ansatz wird daher eine Orientierung an der explorativen Forschung empfohlen (s. KUBICEK 1977, S. 7ff.). Dieser Ansatz beschränkt die Empirie nicht auf die Überprüfung von Hypothesen, sondern entwickelt neue Erkenntnisse durch die systematische Sammlung von Erfahrungswissen (s. KUBICEK 1977, 13). Die Überprüfung der Qualität der Lösung eines Problems hat im Anwendungszusammenhang mit der Praxis zu erfolgen (s. ULRICH 1981, S. 7).

Eine Grundlage zur Anwendung der explorativen Forschung bietet der Forschungszyklus nach TOMCZAK. In einem iterativen Lernprozess werden in der Praxis gesammeltes Erfahrungswissen und theoretische Kenntnisse gleichermaßen in die Forschung integriert (s. TOMCZAK 1992, S. 83f.) (s. Abbildung 1-4). Ziel ist es, durch das Stellen von Fragen an die Realität und das Verarbeiten der gewonnenen Erkenntnisse in der Theorie neue Fragen und daraus folgend neue Erkenntnisse über die Realität zu erschließen (s. KUBICEK 1977, S. 14).

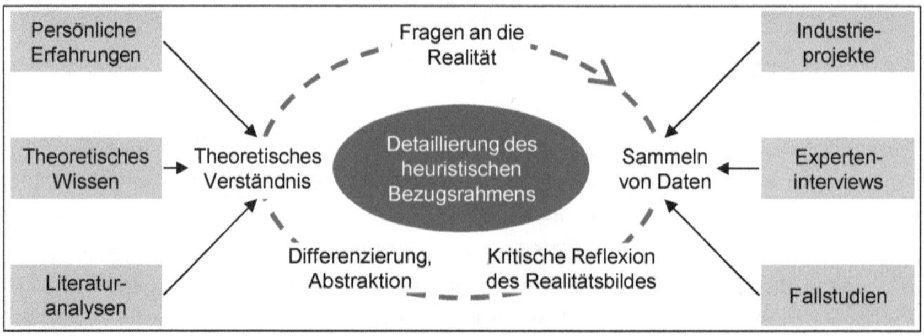

Abbildung 1-4: Explorativer Forschungsprozess (eigene Darstellung i. A. a. KUBICEK 1977, S. 14)

Im Zentrum des explorativen Forschungsprozesses steht der heuristische Bezugsrahmen des Forschers (s. RÖßL 1990, S. 1990). Dieser Rahmen stellt das Vorwissen und die Erkenntnisse des Forschers zur Formulierung des theoretischen Problems dar. Aus der im Kapitel 1.1 beschriebenen Problemstellung kann der Bezugsrahmen dieser Arbeit erschlossen werden (s. Abbildung 1-5). Die grundlegenden Problemstellungen dieser Arbeit motivieren sich aus dem Angebot integrierter, datenbasierter Leistungssysteme innerhalb von Subskriptionsgeschäftsmodellen auf Basis von nutzenorientierten, datenbasierten Preismodellen. Die Zusammenführung dieser Problemstellungen erfolgt über ein Vorgehensmodell für die Konfiguration und Preisbildung von Subskriptionsverträgen sowie für die kontinuierliche Optimierung des Leistungsangebots und Preismodells innerhalb der Nutzungsphase. Im Forschungsprozess wird der Bezugsrahmen durch die Beantwortung von Fragen, Annahmen und Interpretationsmustern konkretisiert, was zu einem Anstieg des Erfahrungswissens des Forschers führt. Experten aus der Praxis sind hierzu mit dem Bezugsrahmen zu konfrontieren, sodass diese zur Erfassung weiterer relevanter Daten beitragen können. Dazu werden Daten aus der Praxis mithilfe von Datenerfassungsmethoden gesammelt. Die Daten werden reflektiert und anschließend auf allgemeine Handlungsweisen abstrahiert. Durch einen Abgleich mit persönlichen Erfahrungen, theoretischem Wissen und Literaturanalysen führt dies zu einem besseren theoretischen Verständnis der Problemstellung (s. KUBICEK 1977, S. 16).

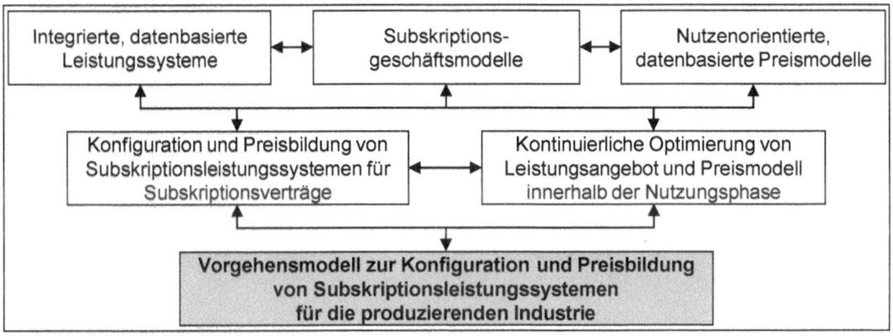

Abbildung 1-5: Heuristischer Bezugsrahmen der Arbeit (eigene Darstellung)

1.4 Aufbau der Arbeit

ULRICH ET AL. liefern ein auf dem explorativen Forschungsprozess basierendes Vorgehen zur Strukturierung einer wissenschaftlichen Arbeit (s. ULRICH ET AL. 1984, S. 168). Das Vorgehen wird für diese Arbeit verwendet und die Struktur dieser Arbeit wird daran ausgelegt (s. Abbildung 1-6). Der Ansatz stellt die Einbindung der Praxis in den Vordergrund. Das Vorgehen ist in sieben Phasen gegliedert, wobei die Praxis insbesondere in den Phasen 1, 5, 6 und 7 einbezogen wird. Da der Erkenntnisgewinn für die angewandten Handlungswissenschaften durch die Wahrnehmung von Problemen praktisch handelnder Menschen entsteht, für deren Lösung kein befriedigendes Wissen besteht (s. ULRICH ET AL. 1984, S. 172), bildet auch die Praxis den Anfang der Forschung. In der ersten Phase werden anhand von Beobachtungen und dem im Rahmen von Gesprächen und Projekten mit der Praxis gewonnenen heuristischen Bezugsrahmen die Probleme in der Praxis identifiziert und typisiert.

	7 Phasen angewandter Wissenschaft nach Ulrich	Kapitel der Arbeit und Konkretisierung des Inhalts	Einbindung der Praxis
Grundlagen	1: Erfassung und Typisierung praxisrelevanter Probleme	**Kapitel 1:** Einleitung ▪ Motivation für Vorgehensmodell zur Konfiguration und Preisbildung für Subskriptionsleistungssysteme	▪ Vorgespräche und Interviews ▪ Erfahrungen aus konkreten Fallstudien
	2: Erfassung und Interpretation problemrelevanter Theorien und Hypothesen der empirischen Grundlagenwissenschaften	**Kapitel 2:** Grundlagen und Definitionen ▪ Begriffsklärung und Eingrenzung des Untersuchungsbereichs ▪ Produzierende Industrie, Subskriptionsleistungssysteme, nutzenorientierte Preisbildung	▪ Einbindung der Erfahrungen aus Industrieprojekten, Experteninterviews und Fallstudien
		Kapitel 3: Stand der Erkenntnisse Konfiguration und Preisbildung von Subskriptionsleistungssystemen ▪ Sichtung der wesentlichen Publikationen zum Themenfeld „Industrielle Leistungssystemgestaltung, nutzenorientierte Preisbildung, etc."	
	3: Erfassung und Spezifizierung problemrelevanter Verfahren der Formalwissenschaften	**Kapitel 4:** Wissenschaftlich-theoretische Grundlagen ▪ Beschreibung theoretischer Grundlagen des Objektbereichs der Arbeit ▪ Beschreibung theoretischer Grundlagen des Zielbereichs der Arbeit	
Modellentwicklung	4: Erfassung und Untersuchung des relevanten Anwendungszusammenhangs	**Kapitel 5:** Herleitung des Konzepts zur Modellgestaltung ▪ Beschreibung der relevanten Methoden und Auswahl der Modellierungswerkzeuge ▪ Konkretisierung des Vorgehens zur Modellierung	
	5: Ableitung von Beurteilungskriterien, Gestaltungsregeln und -modellen	**Kapitel 6:** Detaillierung des Vorgehensmodells ▪ Ordnungsrahmen zur Strukturierung funktionaler Anforderungen ▪ Modellrahmen zur Definition konstituierender Merkmale ▪ Erklärungsmodell prozessualer Wirkzusammenhänge zwischen Prozessen, Funktionen und Datenobjekten ▪ Zusammenführung des Vorgehensmodells und Gestaltungsempfehlungen	▪ Integration von erfasstem Wissen aus Industrieprojekten, Experteninterviews und Fallstudien als empirische Grundlagen des Vorgehensmodells
Validierung & Anwendung	6: Prüfung der Regeln und Modelle im Anwendungszusammenhang	**Kapitel 7:** Validierung, praktische Anwendung und Überprüfung des Vorgehensmodells ▪ Theoretische Validierung des Vorgehensmodells ▪ Validierung des Vorgehensmodell mit der Praxis	▪ Ableitung von Gestaltungsempfehlungen für die Praxis ▪ Anwendung des Vorgehensmodells ▪ Überführung der Ergebnisse in ein Beratungsprodukt
	7: Beratung der Praxis	**Kapitel 8:** Zusammenfassung und Ausblick	

Abbildung 1-6: Vorgehen der angewandten Wissenschaft in dieser Arbeit (eigene Darstellung)

In der zweiten, dritten und vierten Phase werden unter Einbindung der bestehenden Praxiserfahrung bestehende theoretische Grundlagen, Modelle und Methoden für die Anwendung auf das beschriebene Praxisproblem überprüft. Die strukturierte Erarbeitung des Vorgehensmodells erfolgt in der fünften Phase der Arbeit unter Integration von Wissen aus Projekten mit der industriellen Praxis sowie aus Experteninterviews und Fallstudien mit der Praxis. Für die angewandte Handlungswissenschaft stehen bei der Entwicklung von Modellen und Gestaltungsregeln weniger der Begründungszusammenhang anhand von bestehenden Theorien und Gesetzeshypothesen als vielmehr die Anwendbarkeit und das Erreichen der praktischen Zielvorgabe des Modells im Vordergrund. Dementsprechend hat die Überprüfung entwickelter Modelle im Anwendungszusammenhang mit der Praxis zu erfolgen. Dieser Anforderung wird in der sechsten und siebten Phase durch eine praxisnahe Validierung des entwickelten Vorgehensmodells sowie der Zusammenfassung der Ergebnisse für die Praxis Rechnung getragen. Die Anerkennung dieser Praxisnähe ist nach ULRICH wissenschaftliche

Hauptaufgabe, um die komplexen Eigenheiten der Realität korrekt abzubilden (s. ULRICH ET AL. 1984, S. 185f.). Inhaltlich erfolgt im ersten Kapitel der Arbeit eine Einleitung in die Problemstellung der Praxis bei der Konfiguration und Preisbildung von Subskriptionsleistungssystemen. Aus jener folgt die Definition der Zielsetzung und Forschungsfrage dieser Arbeit und im Anschluss wird die wissenschaftliche Einordnung derselben vorgenommen. Das zweite Kapitel dient zum Aufbau eines Verständnisses der Grundlagen der Arbeit und die Arbeit wird inhaltlich eingegrenzt. Dazu wird der inhaltliche Rahmen zur produzierenden Industrie, zu Subskriptionsleistungssystemen und zur Preisbildung dargelegt und strukturiert. Im dritten Kapitel erfolgen die Erfassung und Analyse bestehender wissenschaftlicher Ansätze aus dem Themengebiet dieser Arbeit. Aus den Ansätzen werden für diese Arbeit relevante Aspekte extrahiert und darüber hinaus werden Forschungslücken für die zugrundeliegende Problemstellung identifiziert. Im vierten Kapitel erfolgen die Erfassung und die Beschreibung von wissenschaftlich-technischen Grundlagen, die dem zu gestaltenden Modell als modelltheoretischer Rahmen zugrunde liegen. Das fünfte Kapitel dient zur Konzeption des zu entwickelnden Vorgehensmodells. Hierzu werden zum einen Grundlagen zur Referenzmodellkonstruktion dargelegt und zum anderen werden Anforderungen an das zu entwickelnde Modell aufgestellt. Darauf folgen eine Festlegung der zu entwickelnden Modellstruktur und eine Vorstellung der Forschungsmethoden zur Datenerfassung. Im anschließenden sechsten Kapitel erfolgt die Gestaltung des Vorgehensmodells anhand des zuvor definierten Konzepts. Zunächst wird ein inhaltlicher Ordnungsrahmen für das Modell entwickelt. Anschließend erfolgt die Erarbeitung eines übergeordneten Metamodells sowie der Teilmodelle für das Modell. Auf dieser Basis werden dann die drei Teilmodelle der Funktions-, Prozess und Datensicht konstruiert. Die Gestaltung schließt mit der Komplettierung des Modells, bei der die drei Teilmodelle zu einem praxisorientierten Vorgehen zur Konfiguration und Preisbildung von Leistungssystemen zusammengeführt werden. Im siebten Kapitel erfolgt die Validierung der Arbeit. Zum einen wird eine theoretische Validierung der Arbeit in Bezug auf die Anforderungen des Modells durchgeführt. Darauf aufbauend erfolgt die Validierung des Modells in drei Anwendungsszenarien mit der Praxis. Die Arbeit schließt mit dem achten Kapitel mit einer Zusammenfassung und einem Ausblick auf zukünftige praktische und wissenschaftliche Aktivitäten.

2 Grundlagen und Eingrenzung des Untersuchungsbereichs

Im folgenden Kapitel werden die für die Arbeit relevanten Begrifflichkeiten und Zusammenhänge definiert und erläutert sowie der Betrachtungsbereich der Arbeit eingegrenzt und dargestellt. Hierzu werden zunächst die produzierende Industrie und die relevanten Eigenschaften dieser fokussierten Branche für den Kontext dieser Arbeit beschrieben (s. Kapitel 2.1). Anschließend wird auf Subskriptionsgeschäftsmodelle im Verständnis dieser Arbeit sowie auf die an Kunden angebotenen Leistungssysteme in Subskriptionsgeschäften eingegangen (s. Kapitel 2.2). Darauffolgend wird die Preisbildung im Kontext des Preismanagements dargelegt und es werden relevante Elemente der Preisbildung für diese Arbeit konkretisiert (s. Kapitel 2.3). Abschließend wird die Arbeit in die Managementlehre und den Forschungsbereich des Dienstleistungsmarketings eingeordnet und der Betrachtungsbereich wird zusammengefasst (s. Kapitel 2.4).

2.1 Produzierende Industrie

Produktion ist die gewerbliche Herstellung und Weiterverarbeitung von Gütern. Ein Produktionsprozess stellt die zielgerichtete Transformation von Materialien, Diensten, Rechten und Information in ein höherwertiges Gut dar (s. SCHUH U. SCHMIDT 2014, S. 2). Die Wertschöpfung wird innerhalb des Prozesses erzielt, in dem auf dem Beschaffungsmarkt erworbene Inputfaktoren in höherwertige auf dem Absatzmarkt nachgefragte Outputfaktoren transformiert werden. Innerhalb des Produktionsprozesses wirken die Elementarfaktoren Arbeit, Material und Maschinen zum Zwecke der Leistungserstellung zusammen (s. SCHUH U. SCHMIDT 2014, S. 2). Die dabei erzeugten Güter können abhängig von der Kundenzielgruppe in Produktionsgüter und Konsumgüter unterteilt werden (s. POLLERT ET AL. 2013, S. 49f.). Produktionsgüter stellen Leistungen dar, die von anderen Organisationen nachgefragt werden. In der Regel ist der Nachfrager dieser Güter ebenfalls eine produzierende Organisation. Produktionsgüter sind z. B. Maschinen, Produktionsanlagen oder Betriebsmittel. Die Leistungen dienen dazu, weitere Leistungen zu gestalten und werden von Organisationen investiv beziehungsweise produktiv genutzt. Produktionsgüter umfassen dabei sowohl langlebige Investitionsgüter als auch kurzlebige Vorleistungsgüter (s. BELZ ET AL. 1997, S. 21). Konsumgüter werden primär zum Verbrauch und Gebrauch durch private Endkunden produziert. Sie stellen in der Regel sowohl das Ziel als auch das Ende einer Wertschöpfungskette in der produzierenden Industrie dar (s. MEFFERT ET AL. 2019, S. 23). Die Wirtschaftszweige der produzierenden Industrie (bzw. des produzierenden Gewerbes) können mithilfe der WZ-2008-Klassifizierung strukturiert werden (s. GNOSS 2008, S. 63). Die produzierende Industrie verfügt in Deutschland über insgesamt 17 Wirtschaftszweige mit einem Gesamtumsatz von ca. 2.600 Mrd. Euro (s. Tabelle 2-1). Die produzierende Industrie wird im Kontext dieser Arbeit wie folgt definiert (s. GNOSS 2008, S. 175ff.; SCHUH U. SCHMIDT 2014, S. 2):

Definition 1 | Produzierende Industrie (engl. *Manufacturing Industry*)
In der produzierenden Industrie werden mithilfe von Maschinen und Anlagen innerhalb von mehrstufigen Wertschöpfungsketten Produktionsgüter in Konsumgüter für Endkunden transformiert. Zur produzierenden Industrie zählen der Bergbau, alle Wirtschaftszweige des verarbeitenden Gewerbes, die Energie- und Wasserversorgung und das Baugewerbe.

Tabelle 2-1: Wirtschaftszweige der produzierenden Industrie in Deutschland (s. STATISTISCHES BUNDESAMT 2022, S. 118)

WZ 2008	Wirtschaftszweig	Primäre Güterart	Umsatz 2019 (in Mrd. Euro)
B	Bergbau u. Gewinnung von Steinen u. Erden	Vorleistung	10,1
CA	H. v. Nahrungsmitteln u. Getränken, Tabakverarbeitung	Konsum	197,0
CB	H. v. Textilien, Bekleidung, Lederwaren u. Schuhen	Gebrauch	22,0
CC	H. v. Holzwaren, Papier u. Druckerzeugnissen	Gebrauch	82,0
CD	Kokerei u. Mineralölverarbeitung	Vorleistung	57,3
CE	H. v. chemischen Erzeugnissen	Vorleistung	137,6
CF	H. v. pharmazeutischen Erzeugnissen	Konsum	54,9
CG	H. v. Gummi-, Kunststoff-, Glaswaren, Keramik	Vorleistung	136,0
CH	Metallerzeugung und -bearbeitung	Vorleistung	242,0
CI	H. v. DV-Geräten, elektronischen u. optischen Erzeugnissen	Investition	96,7
CJ	H. v. elektrischen Ausrüstungen	Gebrauch	108,3
CK	Maschinen- und Anlagenbau	Investition	277,2
CL	Fahrzeugbau	Gebrauch	468,3
CM	H. v. Möbeln u. sonst. Waren, Rep. u. Instandhaltung	Gebrauch	104,8
D	Energieversorgung	Konsum	156,2
E	Wasserversorgung, Entsorgung	Konsum	76,0
F	Baugewerbe	Gebrauch	360,1

2.1.1 Maschinen- und Anlagenbau in der produzierenden Industrie

Produktionsgüter können anhand der Erzeugnisstruktur und Fertigungsart mithilfe einer Typologie nach BELZ strukturiert werden (s. Abbildung 2-1). Vorleistungsgüter (Teile und Module) sind einteilige oder mehrteilige Erzeugnisse mit einfacher Struktur. Diese werden typischerweise in Serien- oder Massenfertigung hergestellt. Investitionsgüter (Maschinen und Anlagen) stellen mehrteilige Erzeugnisse mit in der Regel komplexer Struktur dar. Maschinen werden vielfach in Einzel-/Kleinserienfertigung und Anlagen in Einmalfertigung hergestellt. Mit wachsender Komplexität des Produktes geht ein sinkendes Know-how der Kunden des Investitionsguts einher. Daher resultiert aus einer hohen Produktkomplexität, dass Kunden stärker auf die Unterstützung durch den Anbieter angewiesen sind. Um diese individuellen Anforderungen der Kunden zu erfüllen, besteht im Maschinen- und Anlagenbau ein zunehmender Bedarf an Dienstleistungen und an weiteren auf dem Produkt aufbauenden Leistungen für den Kunden (s. BELZ ET AL. 1997, S. 36). Der Fokus dieser Arbeit liegt auf dem Angebot von komplexen und individuellen Investitionsgütern, bei denen Kunden einen hohen Bedarf an Unterstützung durch den Anbieter haben. Dies trifft sowohl auf den Anlagenbau als auch in großen Teilen auf den Maschinenbau zu.

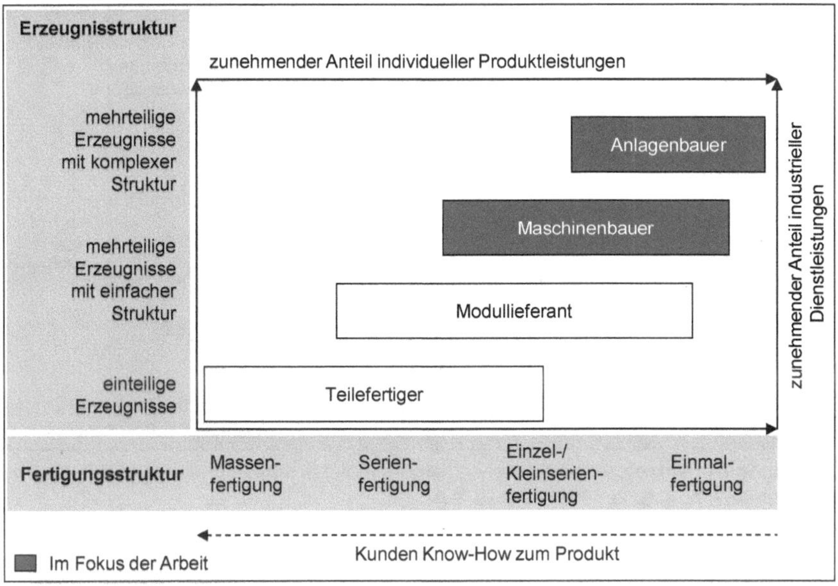

Abbildung 2-1: Typologie von Produktionsgüterherstellern (eigene Darstellung i. A. a. BELZ ET AL. 1997, S. 37)

Die produzierende Industrie ist geprägt von mehrstufigen Markt- und Kundenbeziehungen. Der Maschinen- und Anlagenbau nimmt hierbei eine zwischengelagerte Rolle ein, denn es werden keine Güter für den Endkunden hergestellt, sondern ausschließlich Investitionsgüter für andere produzierende Unternehmen (s. Abbildung 2-2). Alle Wirtschaftszweige der produzierenden Industrie sind Kunden des Maschinen- und Anlagenbaus (s. BELZ ET AL. 1997, S. 24). Durch die Bereitstellung dieses Elementarfaktors zur Produktion beeinflusst der Maschinen- und Anlagenbau als drittgrößter Wirtschaftszweig der produzierenden Industrie mit über 1 Mio. Beschäftigten, ca. 6.500 Unternehmen und 277 Mrd. Euro Umsatz alle anderen Wirtschaftszweige der produzierenden Industrie (STATISTISCHES BUNDESAMT 2022, S. 29; s. STATISTISCHES BUNDESAMT 2022, S. 118). Im Rahmen dieser Dissertation werden innerhalb der produzierenden Industrie somit jeweils die Transaktionen betrachtet, in denen Maschinen- und Anlagenbauer als Anbieter auftreten und Investitionsgüter bereitstellen. Die Kunden der produzierenden Industrie nutzen diese Investitionsgüter ihrerseits zur Herstellung von Produktions- und Konsumgütern.

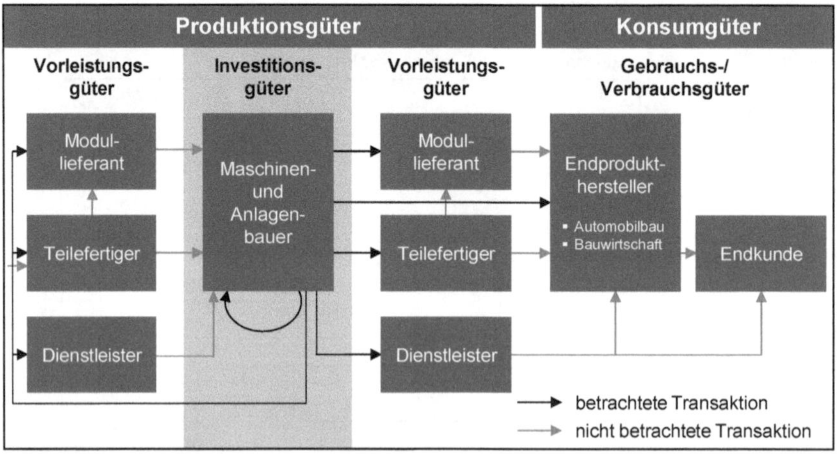

Abbildung 2-2: Anbieter- und Kundenbeziehungen der produzierenden Industrie (eigene Darstellung i. A. a. BELZ ET AL. 1997, S. 24)

Für die Rolle des Maschinen- und Anlagenbaus innerhalb der produzierenden Industrie kann somit folgende Definition festgelegt werden (s. HARLAND 2019, S. 20):

Definition 2 | Maschinen- und Anlagenbau (engl. *Mechanical and plant Engineering*)
Maschinen und Anlagen sind mehrteilige Erzeugnisse mit komplexer Struktur, die als Investitionsgüter durch die produzierende Industrie nachgefragt werden. Alle Anbieter, die diese Leistungen in Serien- oder Einmalfertigung herstellen, werden dem Maschinen- und Anlagenbau zugeordnet. Unternehmen der produzierenden Industrie, die diese Maschinen- und Anlagen nachfragen und nutzen, sind deren Kunden.

2.1.2 Digitalisierung in der produzierenden Industrie

Die Digitalisierung der produzierenden Industrie steht in Deutschland seit der Einführung des Begriffs Industrie 4.0 im Jahr 2011 für die zentrale Chance, sich als Hochlohnland gegenüber dem steigenden internationalen Wettbewerb zu behaupten (s. KAGERMANN ET AL. 2016, S. 17). Der Begriff Digitalisierung ist in der wissenschaftlichen Literatur aufgrund unterschiedlicher Betrachtungsperspektiven jedoch bisher nicht eindeutig belegt (s. BECKER U. PFLAUM 2019, S. 7). Eine grundsätzliche Unterscheidung bei Digitalisierung kann zwischen interner Digitalisierung und externer Digitalisierung getroffen werden (KAUFMANN 2015, S. 25ff.; NAGL U. BOZEM 2018, S. 147ff.; SCHALLMO 2018, 138ff.; ZÖLLER 2019, S. 145). Interne Digitalisierung bedeutet im engen Sinne lediglich die Umwandlung von analogen Daten in digitale Daten (s. LOEBBECKE 2006, S. 360). Im erweiterten Sinne bezieht sich die interne Perspektive primär auf die Digitalisierung interner Vorgänge und Prozesse eines Unternehmens mit dem Ziel der Steigerung von Effizienzen (s. BAUMÖL U. JUNG 2014, S. 41).

Vor dem Hintergrund der Monetarisierung des Potentials durch Digitalisierung greift diese interne Perspektive jedoch zu kurz, sodass diese auf eine auf den Kunden orientierte Perspektive erweitert werden muss. In dieser externen Perspektive steht Digitalisierung für die Transformation von Geschäftsmodellen durch die Verbesserung von Geschäftsprozessen und die Schaffung datenbasierter Nutzenversprechen basierend auf Informations- und Kommunikationstechnologien (s. HERMANN 2019, S. 3). Die Basis für diese externe Digitalisierung schafft die Vernetzung der industriellen Infrastruktur des Kunden (bspw. Maschinen, Produkte, Werkstücke und Menschen) durch Informationstechnik (bspw. Sensoren, Software und Prozessoren) (s. KAUFMANN 2015, S. 6; BECKER ET AL. 2019, S. 496f.). Die Informationstechnik ermöglicht das Erheben, Auswerten und plattformbasierte Verknüpfen von Daten und schafft auf diese Weise Transparenz über den Produktionsprozess in Echtzeit (s. Abbildung 2-3).

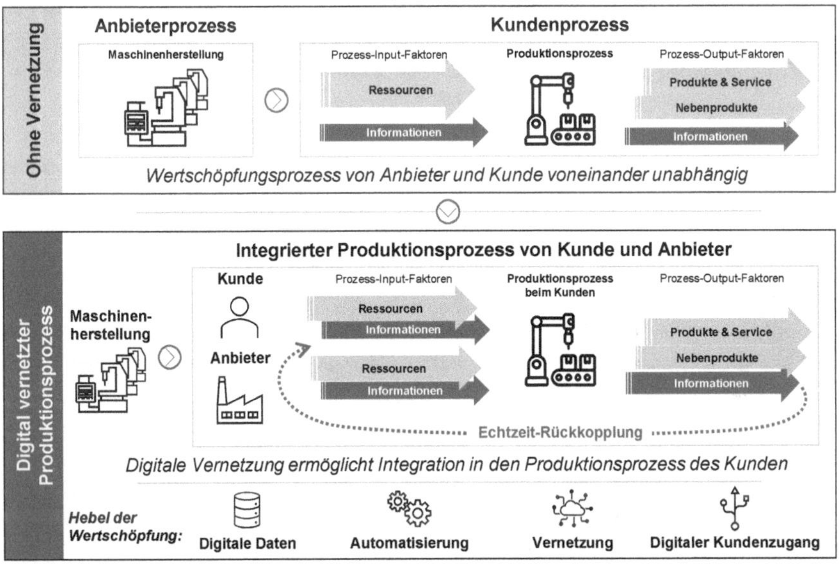

Abbildung 2-3: Transformation zum digital vernetzten Produktionsprozess (eigene Darstellung)

Dies schafft für den Anbieter einen digitalen Zugang zu kundenindividuellen Nutzungsdaten. Dadurch wird Wissen über die tatsächliche Produktnutzung aufgebaut, sodass der Anbieter zielgerichtet auf die Kundenbedürfnisse eingehen kann (s. BAUERNHANSL ET AL. 2016, S. 34). Die direkte Vernetzung des Anbieters mit dem Produktionsprozess des Kunden erlaubt die unmittelbarere Prozesssteuerung und kontinuierliche Optimierung, sodass eine gezielte Anpassung der Leistung an sich verändernde Anforderungen bzw. Kundenwünsche möglich ist (s. BAUERNHANSL ET AL. 2016, S. 34). Diese Verbesserung der Wertschöpfung ermöglicht schließlich neue Monetisierungspotentiale für Anbieter der Maschinen- und Anlagenbaubranche. Im Rahmen dieser Arbeit wird basierend auf diesem Verständnis folgende Definition für Digitalisierung zugrunde gelegt, die den Begriff aus technischer sowie betriebswirtschaftlicher Perspektive beschreibt (s. BECKER 2019, S. 24):

Definition 3 | Digitalisierung (engl. *Digitalization*)
Digitalisierung ist die strategisch orientierte Transformation von Prozessen, Produkten und Dienstleistungen bis hin zur Transformation von gesamten Geschäftsmodellen unter Nutzung moderner Informations- und Kommunikationstechnologien mit dem Ziel, nachhaltige Wertschöpfung gegenüber Kunden effektiv und effizient zu gewährleisten.

2.1.3 Leistungsangebote in der produzierenden Industrie

Das Leistungsportfolio von Anbieterunternehmen der produzierenden Industrie besteht aus umfangreichen Leistungskomponenten. Durch die Digitalisierung erweitern Unternehmen der produzierenden Industrie das Leistungsportfolio weiterhin zunehmend um digitale Leistungen. Dieses Portfolio ist aufgrund der Integration von Investitionsgütern und Dienstleistungen in die Wertschöpfungsarchitektur umfangreicher als bei reinen Softwareanbietern. Als Komponenten beinhalten die Leistungsangebote in der produzierenden Industrie Produkte, Dienstleistungen und digitale Leistungen (s. BULLINGER ET AL. 2017, S. 102; HERMANN 2019, S. 25). Im Folgenden werden die drei Komponenten Produkt, Dienstleistung und digitale Leistung voneinander abgegrenzt und beschrieben.

Produkt: Für den Begriff Produkt bestehen in der Industrie verschiedene Verständnisse und Sichtweisen. Nach KOTLER kann zwischen dem substantiellen, dem erweiterten und dem generischen Produktbegriff unterschieden werden (KOTLER 1972, S. 46ff). Der substantielle Produktbegriff umfasst ausschließlich physische Güter. Diese erfüllen durch ihre funktionalen Eigenschaften die Bedürfnisse des Kunden (s. HOMBURG 2017, S. 557). Das erweiterte und das generische Produktverständnis umfassen beide neben physischen auch immaterielle Leistungen (s. KUCKERTZ 2015, S. 39). Da dies keine Abgrenzung zu den anderen Leistungen zulässt, legt diese Arbeit das substantielle Produktverständnis zugrunde (s. HOMBURG 2017, S. 556ff.):

Definition 4 | Produkt (engl. *Product*)
Ein Produkt stellt ein physisches Sachgut mit spezifischen physisch-technischen Eigenschaften dar. Die Eigenschaften eines Produktes dienen zur Befriedigung funktionaler Kundenbedürfnisse.

Dienstleistung: Auch der Begriff Dienstleistung ist in der Literatur nicht eindeutig definiert und es existieren verschiedene Definitionsansätze. Die Definition anhand konstitutiver Merkmale ist in der Dienstleistungsforschung weit verbreitet (s. CORSTEN U. GÖSSINGER 2015, S. 21; SCHUH U. GUDERGAN 2016, S. 3). Hierzu werden zur Charakterisierung von Dienstleistungen folgende fünf Eigenschaften als konstitutive Merkmale aufgeführt (s. HALLER U. WISSING 2020, S. 9ff.; MEFFERT ET AL. 2018, S. 25; SCHUH U. GUDERGAN 2016, S. 3):

- Immaterialität/Intangibilität: Dienstleistungen sind nicht-physisch vorhandene Leistungen.
- Integration des externen Faktors: Dienstleistungen integrieren den Kunden sowie dessen Produktionsfaktoren in den Leistungserstellungsprozess.
- Uno-actu-Prinzip: Produktion und Konsum bzw. Erbringung und Verwertung einer Dienstleistung finden zeitlich und räumlich simultan statt.
- Nichtlagerbarkeit: Die permanente Lagerung einer Dienstleistung ist aufgrund des Uno-actu-Prinzips generell nicht möglich.
- Auftragsindividualität: Die von Kunden bereitgestellten Ressourcen sind individuell, sodass Dienstleistungen lediglich eingeschränkt standardisierbar sind.

Unter Berücksichtigung dieser fünf konstitutiven Merkmale, anhand derer Dienstleistungen klar von anderen Leistungen abgegrenzt werden können, liefern MEFFERT ET AL. eine Definition, der diese Arbeit folgt (MEFFERT ET AL. 2018, S. 15):

Definition 5 | Dienstleistung (engl. *Service*)
Eine Dienstleistung ist eine selbständige, marktfähige, immaterielle Leistung, die mit der Bereitstellung [...] und/oder dem Einsatz von Leistungsfähigkeiten [...] verbunden ist. Interne [...] und externe Faktoren [...] werden im Rahmen des Erstellungsprozesses kombiniert. Die Faktorkombination des Dienstleistungsanbieters wird mit dem Ziel eingesetzt, an den externen Faktoren, an Menschen [...] und deren Objekten [...], nutzenstiftende Wirkungen zu erzielen.

Digitale Leistung: Diese Angebote stellen eine dritte Leistungskomponente dar. In der Literatur werden verschiedene Begriffe für digitale, industrielle Leistungsangebote, wie IT-basierte Dienstleistungen, internetbasierte Dienstleistungen und Smart Services, definiert (BRUHN U. HADWICH 2022, S. 3ff.; HUSMANN 2020, S. 21; JÜTTNER ET AL. 2017, S. 337ff.; s. LERCH U. GOTSCH 2015, s. 48f.; SCHUH U. KOLZ 2017, S. 219). Die Verwendung dieser Begriffe ist in der Literatur nicht immer trennscharf und es werden teilweise verschiedene Begriffe für dieselbe Leistung verwendet (s. HUSMANN 2020, S. 17ff.). Darüber hinaus weisen die drei genannten digitalen Leistungsangebote gemeinsame Merkmale auf, anhand derer jene von klassischen Dienstleistungen abgegrenzt werden können (s. HUSMANN 2020, S. 24; SCHUH U. KOLZ 2017, S. 219):

- Vernetzte Bezugsobjekte: Direkter oder indirekter Bezug zu physischen, mit Sensorik ausgestatteten und digital kommunikationsfähigen Objekten (Produkte).
- Datenzentriert: Zentrale Ressourcen zur Erbringung des Mehrwerts für den Kunden sind die Bereitstellung, Analyse, Interpretation und Nutzung verfügbarer Daten.
- Technologiegestützte Leistungserbringung: Die Leistungserbringung erfolgt auf Basis einer Infrastruktur aus Informations- und Kommunikationstechnologien (IKT).
- Aufgelöstes Uno-actu-Prinzip: Die zeitliche und räumliche Trennung von Produktion und Konsum ist möglich.

Darauf aufbauend werden die digitalen Leistungsangebote übergeordnet in dieser Arbeit als digitale Leistungen bezeichnet. Diesem Begriff wird in dieser Arbeit folgende Definition zugrunde gelegt (s. SMART SERVICE WELT WORKING GROUP 2015, S. 18; HÖLZLE ET AL. 2017, S. 356; HUSMANN 2020, S. 25).

Definition 6 | Digitale Leistung (engl. *Digital Service*)
Digitale Leistungen beschreiben auf Daten und auf IKT basierende Leistungskomponenten, welche bedarfsgerecht über elektronische Schnittstellen bereitgestellt werden. Digitale Leistungen sind entweder mit physischen Bezugsobjekten als Datenlieferanten vernetzt und ergänzen diese sinnvoll, oder sie sind von physischen Objekten losgelöste Leistungen, die auf Daten basieren.

2.1.4 Leistungssysteme in der produzierenden Industrie

Unter einem Leistungssystem verstehen BELZ ET AL. die Strukturierung von getrennten Teilleistungen wie Produkten und vielfältigen Dienstleistungen zu einer integrierten Lösung für den Kunden. Durch die Konfiguration von Teilleistungen zu einer ganzheitlichen Problemlösung für den Kunden wird eine höhere Wertschöpfung für den Kunden erreicht (s. BELZ ET AL. 1997, S. 28). Als Teilleistungen werden dabei die zuvor beschriebenen Leistungskomponenten aus Produkten, Dienstleistungen und digitalen Leistungen zusammengeführt. Die konfigurierten, dynamisch anpassbaren Leistungssysteme können das Angebot mit den sich laufend veränderlichen Kundenbedürfnissen verknüpfen (s. BELZ U. REINHOLD 2012, S. 75). In der Literatur bestehen vielfältige Begriffe aus unterschiedlichen Forschungssträngen, die das kombinierte Angebot von Sachgütern und Dienstleistungen als konfigurierte Lösung für Kunden beschreiben (s. BÖCKER 1995, S. 19; SCHÖNUNG 2008, S. 37ff.; STOPPEL 2016, S. 15f.; WAGNER 2016, S. 22). In der Produktentwicklung, der Dienstleistungsmodellierung und der Produktionsplanung findet auch der Begriff hybrider Leistungsbündel zur Beschreibung von integrierten Produkt- und Serviceangeboten Verwendung (s. BACKHAUS ET AL. 2010, S. 5ff.; ENGELHARDT ET AL. 1993, S. 407; KLEINALTENKAMP U. SAAB 2009, S. 11; SPATH U. DEMUß 2006, S. 463ff.) Weiterhin werden in der angelsächsischen Literatur die Begriffe *Product-Service-Systems* oder *Integrated-Product-Service-Offerings* genutzt (s. BAINES ET AL. 2007, S. 1543ff; BUSCHAK ET AL. 2014, S. 98; KÖLSCH ET AL. 2019a, S. 7; TUKKER 2004, S. 246ff.). Der Begriff Leistungssysteme bietet sich für die Konfiguration komplexer Leistungsangebote an und findet vorwiegend beim Angebot von Investitionsgütern Anwendung (s. BELZ ET AL. 1997, S. 28; NINI 2011, S. 147ff.). Daher wird im Kontext dieser Arbeit dieser Begriff bevorzugt verwendet (s. BELZ ET AL. 1997, S. 28):

Definition 7 | Leistungssystem (engl. *Product-Service System*)
Leistungssysteme strukturieren verschiedene Teilleistungen wie Produkte, Dienstleistungen und digitale Leistungen zu verrechenbaren, integrierten Kundenlösungen. Sie sind gekennzeichnet durch eine sich gegenseitig determinierende Planung, Entwicklung, Erbringung und Nutzung der Leistungen, die zu neuen, stetig angepassten und nutzenoptimierten Leistungsergebnissen führen.

Schalenmodell zur Konfiguration von Leistungssystemen

Grundlogik eines Leistungssystems ist eine Systemarchitektur, die es ermöglicht standardisierbare und individuelle Leistungen eines Anbieters zu strukturieren und diese flexibel zu einer individuellen Gesamtlösung zu konfigurieren (s. BELZ ET AL. 1997, S. 28). Diese Systemarchitektur wird von BELZ ET AL. mithilfe eines Schalenmodells mit sieben Stufen visualisiert (s. Abbildung 2-4).

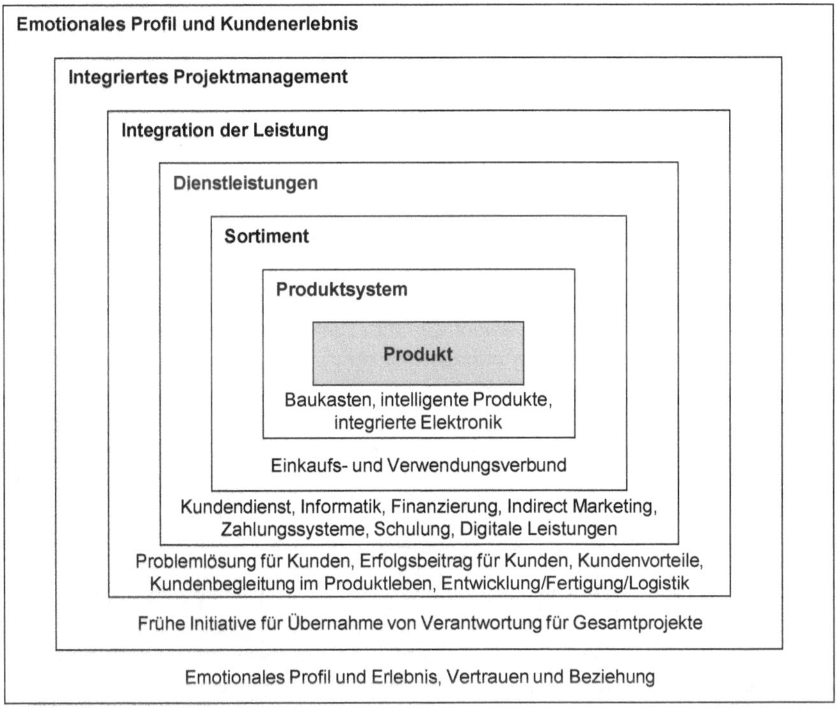

Abbildung 2-4: Schalenmodell zur Konfiguration von Leistungssystemen (eigene Darstellung i. A. a. BELZ ET AL. 1997, S. 29)

Im Kern des Leistungssystems steht meist ein Kernprodukt, um das ein Produktsystem, ein Sortiment, eine Dienstleistung & digitale Leistung, eine integrierte Leistung, ein integriertes Projektmanagement und das Kundenerlebnis angeordnet werden. Laut BELZ müssen nicht alle Schalen mit Leistungselementen besetzt sein, doch die Kernleistung (i. d. R. ein Investitionsgut) des Leistungssystems und die Qualität dieser Kernleistung darf im Leistungssystem nicht vernachlässigt werden, weil sie die Voraussetzungen für die Anbieter-Kundenbeziehung sind (s. BELZ ET AL. 1997, S. 32). Jede der Schalen beinhaltet unterschiedliche Leistungen, die in ihrer Individualität bezüglich des Kunden mit steigender Entfernung von der Mitte zunehmen. Abhängig vom Anwendungsfall richten sich die Leistungssysteme an spezifische Kundensegmente, Kundengruppen oder einzelne Kunden und deren Bedürfnisse (s. BIEGER U. REINHOLD

2011, S. 35). Die Leistungen in den einzelnen Schalen können wie folgt beschrieben werden (s. SCHALLMO 2018, S. 198):

- Produkt: Umfasst das Produkt bzw. die zentrale Dienstleistung (Kernleistung) im Geschäftsmodell.
- Systemleistung: Besteht aus Produkten bzw. Dienstleistungen, die im Einkaufs- bzw. Verwendungsverbund zur Kernleistung stehen, z. B. ein modulares System und individualisierte Produkt- und Verpackungsvarianten.
- Sortimentsleistung: Beinhaltet Zusatzprodukte und -dienstleistungen, die von der Kernleistung trennbar sind, z. B. Produktallianzen.
- Dienstleistungen: Sind immaterielle Zusatzleistungen (z. B. Finanzierung, Instandhaltung, Versicherung, Just-in-Time-Lieferung), die den Nutzer der Kernleistung unterstützen. Zu dieser Schale sind zudem auch die digitalen Leistungen zugehörig.
- Integrationsleistung: Setzt sich aus gemeinsamen Prozessen zusammen, die einen Dienstleistungscharakter haben, z. B. die Entwicklung von Lösungen mit dem Kunden.
- Integriertes Projektmanagement: Umfasst Dienstleistungen, die das Leistungspotential der Kernleistung nutzbar machen, z. B. Unterstützung beim Betrieb der Anlagen und die Übernahme von Risiken.
- Emotionales Profil und Kundenerlebnis: Dazu zählen das Image und das Vertrauen in eine starke Marke, Verlässlichkeit, Verfügbarkeit und Leistungsfähigkeit.

2.1.5 Charakteristika industrieller Leistungsangebote

Das Erbringen von Leistungsangeboten durch einen Maschinen- und Anlagenbauer für ein produzierendes Kundenunternehmen gegen eine Forderung (Preis) stellt eine Transaktion dar (s. STOBBE 1994, S. 15). Aufgrund branchenspezifischer Eigenschaften des Maschinen- und Anlagenbaus verfügen die Transaktionen über charakteristische Eigenschaften. Diese Eigenschaften werden im Folgenden anhand der vier Merkmale Beschaffungsprozesse, Leistung, Geschäftsbeziehung und Marktstrukturen gegliedert (s. Abbildung 2-5).

Die **Beschaffung** industrieller Leistungsangebote hat für Kunden der produzierenden Industrie eine hohe strategische Bedeutung und beeinflusst nachhaltig den Unternehmenserfolg. Entsprechend sind beim Kunden viele Entscheidungsträger und Stakeholder eingebunden (s. STOPPEL 2016, S. 10). Für eine Kaufentscheidung haben die Kunden sowohl in Bezug auf die funktional-technische Lösung als auch auf ökonomische Kriterien einen hohen Informationsbedarf (s. HÜTTMANN 2003, S. 9). Entscheidungen werden aufgrund des formalisierten und multipersonalen Beschaffungsprozesses in der Regel ökonomisch rational anhand definierter Entscheidungskriterien getroffen (s. KLARMANN ET AL. 2011, S. 157). Aufgrund individueller Anforderungen und Eigenschaften des Kunden wird der Preis in der Regel kundenindividuell gebildet (s. POSCHARSKY 1998, S. 21).

Merkmal	Eigenschaften
Beschaffung	▪ Hohe Relevanz für das Kundengeschäft ▪ Hoher Informationsbedarf ▪ Ökonomisch rationale Kaufentscheidung ▪ Kundenindividuelle Preisbildung
Leistung	▪ Technisch komplexe Leistung ▪ Hohe Relevanz der Leistung auf Kaufentscheidung ▪ Hoher Transaktionswert ▪ Hoher Individualisierungsgrad
Geschäftsbeziehung	▪ Langfristige und relationale Beziehungen ▪ Hoher Grad der Interaktion ▪ Hohe Bedeutung einzelner Kunden ▪ Anbietergetriebene Optimierung der Kundenbeziehung
Marktstrukturen	▪ Geringe Anzahl an Marktteilnehmern ▪ Bilaterale Monopole und Oligopole ▪ Identifizierter Markt mit Direktvertrieb ▪ Trend zur digitalen Wertschöpfungsorientierung

Abbildung 2-5: Charakteristika industrieller Leistungsangebote (eigene Darstellung (i. A. a. STOPPEL 2016, S. 10)

Aufgrund der hohen Bedeutung, der individuellen Anforderungen und der hohen technischen Komplexität hat die **Leistung** eine übergeordnete Wichtigkeit für den Kunden, weshalb sich der Kunde mit dieser vor dem Kauf stark auseinandersetzt. Daraus folgt, dass nicht der Preis allein die Kaufentscheidung dominiert, sondern die Leistungsmerkmale eine ebenso wichtige Rolle für den Kunden einnehmen (s. GUMMESSON 2014, S. 621; STOPPEL 2016, S. 10). Auf dem Markt dominieren bisher transaktionsbasierte Geschäfte, in denen der Besitz für ein Produkt gegen eine Einmalzahlung von Anbieter zu Kunde transferiert wird. Diese Geschäfte sind durch hohe Transaktionswerte und geringe Transaktionshäufigkeiten gekennzeichnet (s. SMITH 2012, S. 56). Industrielle Dienstleistungen werden als zusätzliche Leistungen zum Produkt verkauft, um eine effektivere Leistungsdifferenzierung und zusätzliche Erlöse zu erzielen (s. BACKHAUS U. VOETH 2011, S. 276). Aufgrund unterschiedlicher Kundenanforderungen sind die Leistungen durch einen hohen Individualisierungsgrad geprägt. Diesem wird sowohl produktseitig als auch durch industrielle Dienstleistungen Rechnung getragen (s. KLEINALTENKAMP 2004, S. 606).

Daraus resultiert, dass die **Geschäftsbeziehung** zwischen dem Kunden und Anbieter von hoher Relevanz ist. Diese Beziehung ist auf einen langfristigen Zeithorizont ausgelegt. Aufgrund der strategischen Relevanz und der langen Nutzungsdauer der Maschinen legen Kunden großen Wert auf zuverlässige Kooperationen und wollen bereits bei der Leistungserstellung integriert werden (s. BACKHAUS U. VOETH 2011, 206f.; KLEINALTENKAMP 2004, S. 604). Dies erfordert sowohl vor und während als auch nach der Transaktion einer Leistung eine hohe Interaktion zwischen Kunde und Anbieter (s. HOMBURG U. TOTZEK 2011, S. 17). Aus Anbietersicht nimmt ein einzelner Kunde im Maschinenmarkt einen hohen Stellenwert ein. Zum einen sind die Transaktionswerte pro Kunde hoch und zum anderen sind viele Märkte im Maschinen- und Anlagenbau gesättigt. Daher sind Anbieter darauf angewiesen, das Potential der einzelnen Kunden möglichst auch während der Nutzungsphase auszunutzen (s. HOMBURG U. TOTZEK 2011, S. 17; TULI ET AL. 2007, S. 7). Dies führt zu einer stetig wachsenden anbietergetriebenen Optimierung des Kunden durch Upselling, industrielle Dienstleistungen sowie verstärkt auch digitale Leistungen (s. SCHUH ET AL. 2019, S. 1).

Die **Marktstrukturen** verdeutlichen die Relevanz der anbietergetriebenen Optimierung. Aufgrund hoher Individualität stehen sich in vielen Fällen wenige (häufig nur ein) Anbieter und Kunde gegenüber. Hieraus resultiert trotz internationalem Wettbewerb eine oligopolistische Struktur (entweder Oligopol oder bilaterales Oligopol) (s. POSCHARSKY 1998, S. 21). Bei hoher Kooperation und Individualisierung der Leistung entstehen sogar bilaterale Monopole mit lediglich einem Nachfrager und einem Anbieter (s. WIED-NEBBELING 2009, S. 85f.). Aufgrund des B2B-Kontexts und der begrenzten Anzahl an Kunden stehen Anbieter vor einem identifizierten Markt, in dem einzelne Kunden den Anbietern bekannt sind und somit zielgerichtet durch kurze und direkte Vertriebswege adressiert werden können (s. BACKHAUS U. VOETH 2011, S. 10). Der Maschinenmarkt wird aktuell durch eine fortschreitende digitale Wertschöpfungsorientierung dominiert. Diese bietet durch eine effizientere individuelle Ansprache des Kunden und eine schnellere Integration des Kunden in die Leistungserstellungsprozesse hohe Potentiale zur Verbesserung (s. MEFFERT ET AL. 2019, S. 9).

2.2 Subskriptionsleistungssysteme

Im Folgenden wird zunächst der Begriff des Geschäftsmodells im Allgemeinen sowie die Bezugsebene des Geschäftsmodells im Sinne dieser Arbeit erläutert. Anschließend wird auf den kundenzentrierten Geschäftsmodellansatz in Abgrenzung zum produktzentrierten Ansatz eingegangen. Danach wird das in dieser Arbeit vorliegende Begriffsverständnis für Subskriptionsmodelle vertieft und anhand von vier Gestaltungsdimensionen für den Kontext dieser Arbeit charakterisiert. Schließlich wird erörtert, wie Typen integrierter Subskriptionsleistungssysteme in der produzierenden Industrie gestaltet sind.

2.2.1 Definition und Merkmale von Geschäftsmodellen

Ein Geschäftsmodell ist ein mehrdeutiges Konzept, das in der unternehmerischen Praxis und der Wissenschaft genutzt wird. Innerhalb der Management- und Wirtschaftswissenschaften wurde der Begriff in den 1950er Jahren durch den Ökonom PETER DRUCKER geprägt, um das Geschäft jeder Organisation durch eine klare, konsistente und fokussierte Theorie zu beschreiben (s. BIEGER U. REINHOLD 2011, S. 14; DRUCKER 1994, S. 1). Der Begriff ist in der Literatur jedoch nicht eindeutig definiert, da je nach Untersuchungsschwerpunkt unterschiedliche Definitionen genutzt werden (s. KÖLSCH ET AL. 2019a, S. 9; SCHALLMO 2018, S. 18). Nach MEINHARDT stellt ein Geschäft eine *„auf Gewinn abzielende Unternehmung“* einer Organisation dar (MEINHARDT 2002, S. 3). Ein Modell beschrieben die Autoren als *„eine vereinfachte Abbildung der Wirklichkeit, die aus Elementen und deren Verknüpfung besteht“* (MEINHARDT 2002, S. 3).

Eine grundsätzliche Definition des Geschäftsmodells wird durch OSTERWALDER U. PIGNEUR als *„das Grundprinzip, nach dem eine Organisation Wert schafft, bereitstellt und sichert"* beschrieben (OSTERWALDER U. PIGNEUR 2010, S. 14). Diese allgemeine Definition steht im Einklang mit den Definitionen anderer Autoren der Management- und Wirtschaftswissenschaften (s. u. A. AMIT U. ZOTT 2001, S. 493; BIEGER U. REINHOLD 2011, S. 32; MAGRETTA 2002, S. 4; RAPPA 2004, S. 34; SCHALLMO 2018, S. 18; SKARZYNSKI U. GIBSON 2008, S. 112; WIRTZ 2018, S. 70). Kern dieser allgemeinen Definition ist die Wertschöpfung durch ein Unternehmen. Da anhand dieser allgemeinen Definition jedoch nicht konkret klar wird, was unter der Organisation zu verstehen ist, für wen die Wertschöpfung erschaffen wird und wie der Wert geschaffen, bereitgestellt und gesichert wird, bedarf es einer Detaillierung dieser Definition.

Geschäftsmodelle können sich auf vier aufeinander aufbauende Ebenen beziehen. Diese Bezugsebenen für Geschäftsmodelle können ganze Industriebranchen, Unternehmen, Geschäftseinheiten oder einzelne Produkte und Services sein (s. SCHALLMO 2018, S. 29; WIRTZ 2019, S. 39) (s. Abbildung 2-6). Bei der Industrieebene beschreibt ein Geschäftsmodell unternehmensübergreifend die Wertschöpfungslogik einer gesamten Industrie. Auf der Unternehmensebene liegt dieselbe Logik für alle Wertschöpfungsaktivitäten eines gesamten Unternehmens vor. Bei Geschäftseinheiten beschreibt das Geschäftsmodell eine Geschäftseinheit. Dementsprechend können in einem Unternehmen mehrere Geschäftsmodelle bestehen. Die Produkt-, Service- und digitale Leistungsebene bilden die detaillierteste Ebene, da auf dieser auch in einer Geschäftseinheit mehrere Geschäftsmodelle vorliegen können, die sich auf verschiedene Produkte und Services beziehen. Die Bezugsebene muss in Abhängigkeit vom Anwendungskontext gewählt werden. Da die Preisbildung abhängig von konkreten Produkten und Services ist, ist im Kontext dieser Arbeit insbesondere die detaillierteste Produkt-, Service und digitale Leistungsebene von Bedeutung. Die verschiedenen Produkte, Services und digitalen Leistungen können als Leistungen an den Kunden angesehen werden, für die ein passendes Geschäftsmodell implementiert werden muss (s. WIRTZ 2019, S. 40). Insbesondere angesichts der technologischen Möglichkeiten durch die Digitalisierung kann eine Geschäftseinheit über mehrere Leistungsgeschäftsmodelle verfügen, die in Abhängigkeit des Kunden oder definierter Kundensegmente ausgewählt werden können (s. EMATINGER 2018, S. 15).

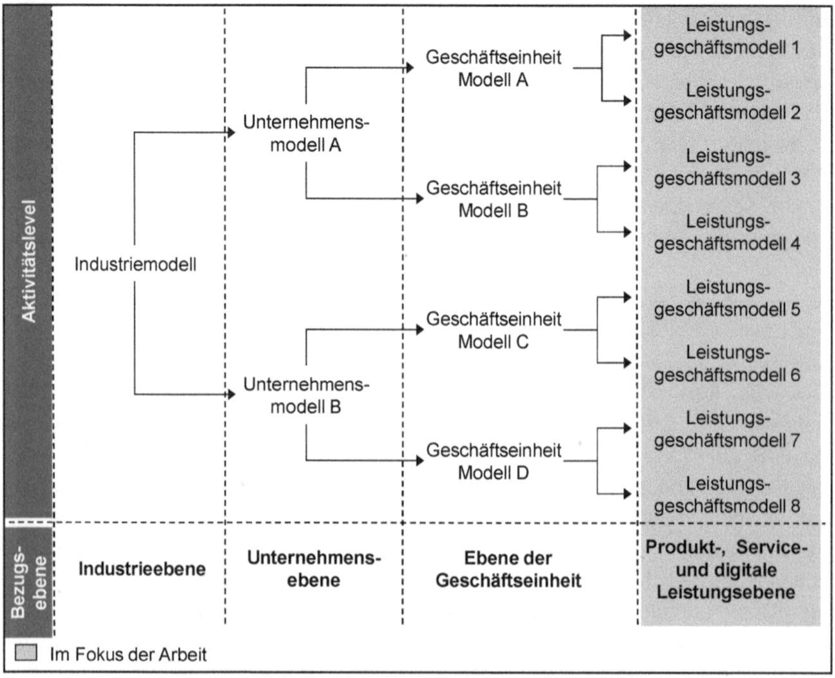

Abbildung 2-6: Bezugsebenen von Geschäftsmodellen (eigene Darstellung i. A. a. WIRTZ 2019, S. 40)

WIRTZ ET AL. haben daher eine umfassendere Beschreibung von Geschäftsmodellen entwickelt und beziehen neben der Wertschöpfung auch strategische sowie Kunden- und Marktkomponenten in ihre Definition mit ein (s. WIRTZ ET AL. 2016, S. 42). Zur Sicherung des Wettbewerbsvorteils muss das Geschäftsmodell zudem einer dynamischen und kontinuierlichen Anpassung unterliegen, um internen wie auch externen Veränderungen gerecht zu werden (s. WIRTZ ET AL. 2016, S. 42). In Anlehnung an dieses Verständnis wird der Begriff Geschäftsmodell daher wie folgt definiert (s. WIRTZ ET AL. 2016, S. 42):

Definition 8 | Geschäftsmodell (engl. *Business Model*)
Ein Geschäftsmodell ist die vereinfachte, aggregierte und dynamisch veränderliche Grundlogik aller Aktivitäten einer Organisation. Sie beschreibt, wie mithilfe von Wertschöpfungsaktivitäten marktfähige Leistungen geschaffen, bereitgestellt und erhalten werden. Neben den Wertschöpfungsaktivitäten werden Strategie- und Kundenkomponenten betrachtet, um das übergeordnete Ziel der Generierung und Sicherung des Wettbewerbsvorteils zu erreichen.

Dimensionen und Elemente von Geschäftsmodellen

Durch Geschäftsmodelldimensionen und -elemente können die inhaltlichen Merkmale eines Geschäftsmodells beschrieben werden. Die Darstellung in Dimensionen bewirkt eine Reduktion der Komplexität und eine Steigerung der Übersichtlichkeit (s. SCHALLMO 2013, S. 118). Bei der Ausgestaltung der Dimensionen und der Bestandteile besteht in der Literatur kein Konsens. Je nach Anwendungskontext und Betrachtungsweise unterscheiden sich die Schwerpunkte der Ansätze. So existieren Ausarbeitungen mit drei (s. AMIT U. ZOTT 2001, S. 511) bis hin zu neun (s. OSTERWALDER U. PIGNEUR 2010, S. 16f.) Elementen. Umfangreiche Übersichten über die gängigsten Ansätze und deren Dimensionen und Elemente finden sich bei NAGL U. BOZEM, SCHALLMO und WIRTZ ET AL. (s. NAGL U. BOZEM 2018, S. 13; SCHALLMO 2013, S. 118; WIRTZ ET AL. 2016, S. 44). In dieser Arbeit wird zur Beschreibung der Geschäftsmodelldimensionen der Ansatz nach GASSMANN ET AL. gewählt, da dieser Ansatz den Kunden in den Fokus stellt sowie eine breite Anwendbarkeit und einfache Darstellung ermöglicht (GASSMANN ET AL. 2013, S. 5f.) (s. Abbildung 2-7). Die Autoren charakterisieren ein Geschäftsmodell anhand der vier Dimensionen Kunden, Nutzenversprechen, Wertschöpfungsarchitektur und Ertragsmechanik, die in dem sogenannten *„magischen Dreieck“* dargestellt werden. Im Dreieck wird der Kunde bewusst in die Mitte gestellt und alle durch den Anbieter beeinflussbaren Dimensionen werden darum herum angeordnet. Die Autoren sprechen aufgrund der starken Interdependenz zwischen den einzelnen Dimensionen von einem „magischen Dreieck“, da die Optimierung eines Eckpunktes nur unter Berücksichtigung der beiden gegenüberliegenden Ecken erfolgen kann. Die Inhalte in den einzelnen Dimensionen werden nach GASSMANN ET AL. wie folgt charakterisiert (s. GASSMANN ET AL. 2014, S. 26):

- **Kunden** – *Wer sind die Zielkunden?* In dieser Dimension wird ein Verständnis für die relevanten Kunden und deren Anforderungen geschaffen und es wird entschieden, welche Segmente dementsprechend adressiert werden.
- **Nutzenversprechen** – *Was wird den Kunden angeboten?* Diese Dimension beschreibt alle Leistungen eines Unternehmens, die für den Kunden von Nutzen sind.
- **Wertschöpfungsarchitektur** – *Wie wird die Leistung generiert?* Durch diese Dimension werden alle Prozesse und Aktivitäten innerhalb eines Unternehmens sowie die involvierten Ressourcen zur Erzielung des Nutzenversprechens zusammengefasst.
- **Ertragsmechanismus** – *Wie wird Wert erzielt?* Die vierte Dimension beschreibt die Kostenstruktur und Ertragsmechaniken. Hierdurch wird die finanzielle Tragbarkeit des Geschäftsmodells geebnet.

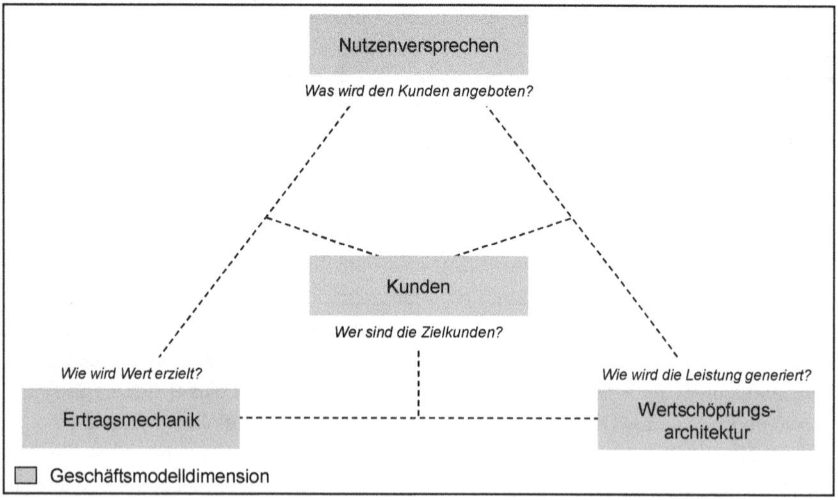

Abbildung 2-7: Magisches Dreieck für Geschäftsmodelle (eigene Darstellung i. A. a. Gassmann et al. 2013, S. 6)

Produktzentrierter und kundenzentrierter Geschäftsmodellansatz

In der produzierenden Industrie kann grundsätzlich zwischen zwei Geschäftsmodellansätzen unterschieden werden: dem produktzentrierten Ansatz und dem kundenzentrierten Ansatz (s. Osterwalder u. Pigneur 2010, S. 65; Tzuo u. Weisert 2018, S. 20; Vargo u. Lusch 2008, S. 1; Zolnowski u. Böhmann 2013, S. 10) (s. Abbildung 2-8). Der produktzentrierte Geschäftsmodellansatz stellt das klassische Modell zur Wertschöpfung von Unternehmen in der Industrie dar und dominiert heute nach wie vor in der produzierenden Industrie (s. Smith 2012, S. 56). Die Wertschöpfung in diesem Geschäft entsteht durch die Entwicklung und Herstellung eines Produktes. Im Idealfall kann das physische Produkt standardisierbar und vom Kunden getrennt hergestellt werden und ist lagerbar (s. Vargo 2009, S. 3). Wer die Kunden sind und welche Erfahrung die Kunden mit dem Produkt machen, ist für den Anbieter von zweitrangiger Bedeutung (s. Tzuo u. Weisert 2018, S. 21). Die Kundenbeziehung ist ein punktueller Kontakt, der sich auf den Kauf des Produktes beschränkt. Der Beitrag zur Wertschöpfung des Anbieters endet mit der Übertragung des Eigentums des Produktes an den Kunden. Das Geschäft folgt der Logik, dass der Anbieter dem Kunden eine oder mehrere Ressourcen zur Wertschöpfung bereitstellt und der Kunde der einzige Akteur im Wertschöpfungsprozess mit dem bereitgestellten Produkt ist (s. Zolnowski u. Böhmann 2013, S. 9f.). Dienstleistungen und digitale Leistungen nehmen innerhalb dieser Logik eine ergänzende Funktion ein (s. Vargo 2009, S. 4; Zeithaml et al. 1985, S. 3).

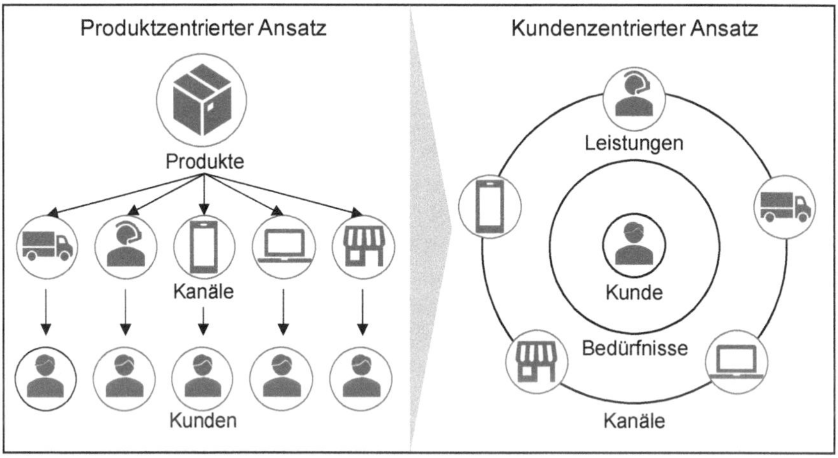

Abbildung 2-8: Geschäftsmodell mit produktzentriertem und kundenzentriertem Ansatz (eigene Darstellung i. A. a. TZUO U. WEISERT 2018, S. 20)

Der kundenzentrierte Geschäftsmodellansatz gewinnt in der produzierenden Industrie zunehmend an Bedeutung, da hiermit die steigenden Anforderungen des Wettbewerbs und des Markts adressiert werden können (s. STOPPEL 2016, S. 10). Der Kunde und die Erfüllung von dessen Bedürfnissen werden in das Zentrum der Tätigkeiten des Anbieters gesetzt und durch dessen Leistungen adressiert. In dieser Geschäftslogik wird der Anbieter zum ganzheitlichen Unterstützer des Kunden, damit dieser eine hohe Wertschöpfung erzielt. Nach diesem Ansatz wird dem Kunden nicht das Produkt, sondern die mit dem Produkt beim Kunden erzielte Performance als Leistung angeboten. Sowohl Anbieter als auch Kunde haben das Interesse, diese Performance möglichst zu maximieren. Hierdurch kann die individuelle Wertschöpfung pro Kunde gegenüber dem produktzentrierten Ansatz gesteigert werden (s. ZOLNOWSKI U. BÖHMANN 2013, S. 10). In diesem Zusammenhang ändert sich die Kundenbeziehung zu einer kontinuierlichen Interaktion und das vormals im Zentrum befindliche Produkt nimmt die Rolle eines Kundenkanals ein. Über diesen Kanal ist es dem Anbieter möglich, kontinuierlich Services und Leistungen für den Kunden zu erbringen (s. VARGO 2009, S. 5). Umso besser es einem Anbieter gelingt, über die Kanäle zum Kunden dessen Bedürfnisse in Erfahrung zu bringen, desto besser können diese durch den Anbieter erfüllt werden und desto wertvoller wird die Beziehung. Der kundenorientierte Ansatz baut auf der *Service-Dominant-Logic* nach VARGO U. LUSCH als übergeordnetes Prinzip auf. Konkret wird im Verlauf der Arbeit auf dieses Prinzip eingegangen (s. Kapitel 4.1). Transaktionen zwischen dem Kunden und dem Anbieter werden in diesem Ansatz durch die vier Kernprämissen Co-Creation, Value-in-Use, Leistungsintegration und kundenindividueller Nutzen charakterisiert (s. VARGO U. LUSCH 2008, S. 254ff.; ZOLNOWSKI U. BÖHMANN 2013, S. 10).

2.2.2 Subskriptionsgeschäftsmodelle in der produzierenden Industrie

Subskriptionsmodelle bieten besonders in der produzierenden Industrie Potentiale, da diese Branche durch langfristige relationale Kunde-Anbieter Beziehungen geprägt ist und somit durch Kundenzentrierung und Digitalisierung profitiert (s. JUSSEN U. FRANK 2019, S. 1; HARLAND 2018, S. 12ff.; TZUO U. WEISERT 2018, S. 21). Weiterhin bieten Subskriptionsmodelle auf dem bekannten und teilweise stagnierenden Markt für Maschinen und Anlagen einen neuen Freiheitsgrad, indem der Umsatz pro Kunde gesteigert werden kann bzw. der Lebenszyklus mehr im Vordergrund steht (SCHUH ET AL. 2019, S. 1). Verschiedene Studien prognostizieren der produzierenden Industrie hohe Potentiale mit einem jährlichen durchschnittlichen Umsatzwachstum von 15 – 23 % (s. LIOZU 2022, S. 1; TZUO U. WEISERT 2018, S. 167; ZUORA 2022, S. 15). Die Besonderheiten in der produzierenden Industrie mit kapitalintensiven, physischen Vermögenswerten, komplexen und individuellen Leistungen für Kunden sowie wenigen, aber dafür umsatzstarken Kunden erfordern branchenspezifische Ansätze für Subskriptionsgeschäftsmodelle (SCHUH ET AL. 2019, S. 4). Im Folgenden wird das etablierte Prinzip der Subskription (bzw. Abonnements) aufgegriffen und im Verständnis dieser Arbeit als neuartiges, ganzheitliches Geschäftsmodell der produzierenden Industrie erweitert und konkretisiert.

Begriffsverständnis des Subskriptionsgeschäftsmodells

Der Begriff Subskription entstammt dem lateinischen Wort „*subscribere*" und bedeutet wörtlich „eine Unterschrift leisten". Ein Kunde leistet einmal eine Unterschrift unter einen Vertrag, um kontinuierlich und ohne erneute Transaktion mit dem Anbieter vereinbarte Leistungen zur Verfügung gestellt zu bekommen, für die er periodische Zahlungen entrichtet (s. GASSMANN ET AL. 2014, S. 304ff.). Das Geschäftsmodell ist in Abgrenzung zum bisher in der produzierenden Industrie dominierenden transaktionsbasierten Geschäftsmodell, nicht auf punktuelle Einmaltransaktionen ausgelegt, sondern auf eine langfristige Partnerschaft zwischen Kunde und Anbieter (s. GASSMANN ET AL. 2013, S. 232; TZUO U. WEISERT 2018, S. 5ff.). Das Prinzip des Subskriptionsmodells als reines Zahlungsmodell ist nicht neu. Schon zu Beginn des 17. Jahrhunderts wurden bspw. in Augsburg Zeitungen nach diesem Modell vertrieben. Der Verleger lieferte den Kunden die handschriftlich vervielfältigten Nachrichten wöchentlich gegen ein kontinuierliches Entgelt nach Hause (s. WELKE 2013, S. 17). Auch in der Medien- und Kommunikationsbranche haben sich diese Modelle seit Jahrzehnten etabliert, da diese den Vorteil langfristiger Kundenbeziehungen bieten und eine Kommerzialisierung derer ermöglichen. Seit dem letzten Jahrzehnt hat das Zahlungsmodell auch verstärkt bei digitalen Leistungsangeboten, z. B. bei Cloud- und Streamingdiensten sowie Softwareanbietern, an Bedeutung gewonnen (s. MCCARTHY ET AL. 2017, S. 17ff.).

Allein der Wechsel des Zahlungsmodells zu einer regelmäßigen Subskription führt jedoch noch nicht zwangsläufig zu einem kundenzentrierten Geschäftsmodell. Verschiedene Beispiele aus der digitalen Medien- und Unterhaltungsbranche belegen, dass Subskriptionsmodelle vielfach für genau das Gegenteil genutzt wurden. Über „Abofallen" wurden Kunden teilweise, ohne dass es ihnen bewusst war, an lange Vertragszeiten gebunden, um ihnen dann für sie nutzlose Produkte und Leistungen anzubieten. Das diese Subskriptionsmodelle nicht nachhaltig sind, wird dadurch belegt, das kaum eines der anbietenden Unternehmen bis heute noch besteht (s. TZUO U. WEISERT 2018, S. 27).

Daher geht das Verständnis des Subskriptionsmodells in dieser Arbeit über den reinen (produktorientierten) Abonnement-Gedanken hinaus. TZUO U. WEISERT postulieren, dass die Subskription die Grundlage für einen Paradigmenwechsel weg vom produktorientierten und hin zum kundenorientierten Geschäftsmodellansatz ermöglicht (s. TZUO U. WEISERT 2018, S. 21ff.). Die Abgrenzung dieser Perspektiven ist anhand wesentlicher Elemente des Subskriptionsgeschäfts in Abbildung 2-9 dargestellt. Innerhalb von tiefen, kontinuierlichen Geschäftsbeziehungen, die auf einem umfassenden Subskriptionsvertrag beruhen, werden dem Kunden nicht mehr Produkte und Services verkauft, sondern das aus der gemeinsamen Wertschöpfung mit dem Kunden resultierende Ergebnis in Form einer Performance und des damit verbundenen Erlebnisses für den Kunden. Der Preisbildungsansatz fokussiert dabei nicht mehr die Herstellungs- und Erbringungskosten, sondern ist mit dem für den Kunden realisierten Ergebnis verknüpft und dementsprechend nutzenorientiert. Dabei muss ein Anbieter die Bilanz nicht mehr um die einzelnen Leistungskomponenten in Form von Stückmargen legen, sondern um den Kunden und dem beim Kunden erwirtschafteten *Customer-Lifetime-Value* (CLV) (s. Kapitel 2.2.4). Dieser Ansatz ermöglicht somit aus Planungsperspektive vorwärtsgerichtete Messungen anstelle von rückwärtsgerichteten Erklärungen von Leistungsangeboten (s. MANSARD U. CAGIN 2019, S. 11).

	Produktorientierter Ansatz	Kundenorientierter Ansatz	Merkmale der Abgrenzung
Vertriebsansatz **Verkauf**	Einmaltransaktionen Verkauf von Produkten	Langfristige Beziehungen Verkauf von Performance	Wechsel von Einmaltransaktionen für Produkte hin zum Verkauf von Performance und Erlebnissen, innerhalb langfristiger Beziehungen zum Kunden.
Preisbildung **Profitabilität**	Cost-Plus Stückmargen	Nutzenorientiert Customer-Lifetime-Value	Wechsel von der Cost-Plus Preisbildung mit Stückmargen zur nutzenorientierten, dynamischen Preisbildung auf Basis des Customer-Lifetime-Values.
Planung	Rückwärtsgerichtete Erklärungen	Vorwärtsgerichtete Messungen	Wechsel von rückwärtsgerichteten Erklärungen zu vorwärtsgerichteten Messungen.
Im kundenzentrierten Subskriptionsgeschäft fokussieren Unternehmen die Erbringung effizienter, bedarfsgerechter Leistungen, statt der Auslieferung von Produkteinheiten			

Abbildung 2-9: Abgrenzung des produktorientierten vom kundenorientierten Ansatz (eigene Darstellung i. A. a. MANSARD U. CAGIN 2019, S. 11)

Subskriptionsgeschäft in der produzierenden Industrie

Im Subskriptionsgeschäft der produzierenden Industrie werden dem Kunden nicht mehr einzelne Maschinen, Dienstleistungen und digitale Leistungen in unregelmäßigen Transaktionen verkauft, sondern dem Kunden wird die Maschine kontinuierlich zur Verfügung gestellt und stetig in Bezug auf die individuellen Anforderungen des Kunden verbessert (s. SCHUH ET AL. 2019, S. 1). Hierbei profitiert der Anbieter von langfristig

höheren Umsätzen pro Kunde und der Kunde von einer langfristig höheren Wertschöpfung durch die Nutzung der bereitgestellten Leistung des Anbieters (s. HARLAND 2018, S. 18ff). Die Wertschöpfung beim Kunden wird nach den Kernprämissen Co-Creation, Value-in-Use, Leistungsintegration und individueller Kundennutzen der *Service-Dominant-Logic* (s. Kapitel 4.1) gemeinsam durch Kunde und Anbieter erbracht. Daher wird im Folgenden als Subskriptionsgeschäftsmodell ein ganzheitliches, partizipatives, kundenzentriertes Geschäftsmodell verstanden (s. Abbildung 2-10).
Kernbestandteil zum Erreichen dieser Zusammenarbeit ist ein kontinuierlicher Datenaustausch zwischen Kunde und Anbieter. Durch die Analyse dieser Daten erlangt der Anbieter tiefe Kenntnis über die individuellen Bedürfnisse des Kunden und vertieft diese Kenntnisse kontinuierlich. Basierend auf dieser Kenntnis kann der Anbieter sein Leistungsangebot anpassen und kontinuierlich verbessern. Die wiederkehrende Zahlung über die Zeit der Leistungserbringung schafft für den Anbieter im Gegenzug einen durchgängigen Anreiz, diese Leistungsverbesserung in Zusammenarbeit mit dem Kunden zu realisieren. Eine Koppelung dieser Zahlung an den realisierten Nutzen beim Kunden schafft für Kunde und Anbieter eine „Win-win"-Situation, sodass beide von einer hohen und stetig steigenden Performance des Kunden direkt monetär profitieren (s. LAH U. WOOD 2016, S. 153ff).

Abbildung 2-10: Kunde-Anbieter Transaktionen industrieller Subskriptionsmodelle (eigene Darstellung)

In Anlehnung an SCHUH ET AL. kann ein Subskriptionsgeschäftsmodell daher wie folgt beschrieben werden (s. SCHUH ET AL. 2019, S. 1):

Definition 9 | Subskriptionsgeschäftsmodell (engl. *Subscription Business Model*)
Ein Subskriptionsgeschäftsmodell ist ein langfristiges, kundenorientiertes Geschäftsmodell, das eine hohe Wertschöpfung des Kunden durch Zusammenwirken der Leistung von Anbieter und Kunde zum Ziel hat. Über einen Vertrag vereinbaren Kunde und Anbieter eine langfristige partizipative Partnerschaft, die eine kontinuier-

liche Integration der Leistungen des Anbieters in die Wertschöpfungskette des Kunden und den kontinuierlichen Austausch von Daten zwischen den Partnern beinhaltet. Die Leistungssysteme, bestehend aus Produkten, Dienstleistungen und digitalen Leistungen, werden dem Kunden gegen eine periodische, an den erbrachten Kundennutzen gekoppelte Zahlung zur Verfügung gestellt. Der Anbieter verbessert die Leistung stetig in Bezug auf die datenbasiert erfassten individuellen Anforderungen des Kunden.

2.2.3 Typen von Subskriptionsleistungssystemen

Anbieter von Subskriptionsmodellen bieten ihren Kunden als Leistung eine integrierte und individualisierte Lösung bestehend aus Produkten, Dienstleistungen und digitalen Leistungen an (s. SCHUH ET AL. 2019, S. 1). Sie stehen hierbei vor der Herausforderung, diese Leistungen dem Kunden passend anzubieten und damit einen hohen individuellen Kundennutzen zu erzielen. Zur erfolgreichen Realisierung muss bekannt sein, wie die aus Anbietersicht erbrachten Leistungen aus Sicht des Kunden wahrgenommen werden. Leistungssysteme bieten die Möglichkeit, diese beiden Sichten zusammenzuführen (s. BELZ ET AL. 1997, S. 16ff.).

In der klassischen Definition von Leistungssystemen und Produkt-Service-Systemen besteht die integrierte Gesamtlösung aus Sachgütern und Dienstleistungen (s. u. A. BAINES ET AL. 2007, S. 1543ff.; BECKER ET AL. 2010, S. 144; BELZ ET AL. 1997, S. 28; BÖCKER 1995, S. 11ff.; BUSCHAK ET AL. 2014, S. 98; KÖLSCH ET AL. 2019a, S. 7; NINI 2011, S. 149; SCHÖNUNG 2008, S. 37; TUKKER 2004, S. 246ff.). Durch eine kundenbezogene Individualisierung der Leistung steigt zum einen der Nutzen für den Kunden und zum anderen der Aufwand zur Leistungsanpassung (s. BELZ ET AL. 1997, S. 31f.; SCHUH ET AL. 2016b, S. 106). Diese höheren Kosten haben sich bisher in der Praxis lediglich in ausgewählten Anwendungsfällen rentiert (bspw. bei Betreibermodellen in der Windkraft oder in Chemieparks), weshalb Leistungsangebote jenseits der Dienstleistungsschale trotz des Mehrwerts für den Kunden nicht in der Breite marktfähig waren (s. SCHÖNUNG 2008, S. 198ff.; WAGNER 2016, S. 27ff.). Das Angebot zusätzlicher digitaler Leistungen ermöglicht es, erstmals das Leistungsangebot skalierbar zu individualisieren, beim Kunden zu integrieren und durchgängig anzupassen. Daher stellen **Subskriptionsleistungssysteme** hochwertige integrierte Kundenlösungen aus Produkt, Dienstleistung und digitaler Leistung dar. Hiermit ist es in der Breite möglich, dem Kunden Integrationsleistungen, integriertes Projektmanagement und Kundenerlebnisse anzubieten. Hierbei steht die Übernahme von zusätzlichen technischen und ökonomischen Risiken für einen Kunden im Vordergrund. Bei der Konfiguration kann grundsätzlich zwischen den vier Leistungstypen Verfügbarkeit, Nutzung, Ergebnis und ökonomischer Erfolg unterschieden werden (s. STOPPEL 2016, S. 58) (s. Abbildung 2-11). Beim verfügbarkeitsorientierten Leistungstyp stellt die Bereitstellung bzw. die Verfügbarkeit einer Leistung das Angebot dar. Dabei ist es erforderlich, dass die Leistung in einer vereinbarten Qualität und in einem vereinbarten Umfang zur Verfügung steht. Weiterhin ist zu vereinbaren, wie sich Vertragspartner bei Abweichen der vereinbarten Bedingungen zu verhalten haben. Im nutzungsorientierten Leistungstyp stellt erst die Nutzung, bspw. in Form von Zeitintervallen oder der Zahl von Verwendungen eines Produktes oder Services, die Leistung dar. Dies bedeutet, wenn der Kunde eine Maschine oder Anlage nicht nutzt, wird in diesem Modell auch keine Leistung erbracht und es fallen somit auch keine Kosten für den Kunden an. Der ergebnisorientierte Leistungstyp geht noch weiter und definiert erst den Output bzw. ein Ergebnis durch die Nutzung als Leistung. Ein Ergebnis stellt ein quantifizierbares Output-Element einer definierten Qualität durch den Leistungsprozess dar. Das bedeutet, dass auch bei Nutzung einer Maschine nicht zwingend Kosten entstehen, wenn beispielsweise als Ergebnis Ausschuss produziert wird. Dementsprechend werden durch den Anbieter höhere Risiken übernommen. Der vierte und risikoträchtigste Leistungstyp ist der erfolgsorientierte. Dieser bezieht sich auf eine Verbesserung der Geschäftsperformance des Kunden als Leistung und nicht mehr auf Produktionskennzahlen des Kunden. Dadurch teilen Anbieter und Kunde das Risiko über bspw. Gewinne eines Kunden.

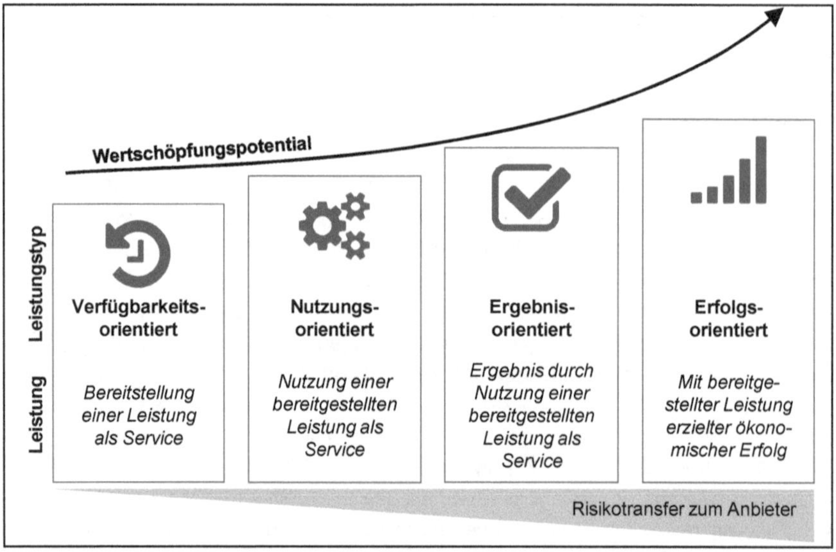

Abbildung 2-11: Leistungssysteme für Subskriptionsmodelle (eigene Darstellung i. A. a. STOPPEL 2016, S. 58)

Alle Leistungen stellen von Unternehmen nachgefragte Leistungen dar, die als Wiedereinsatzfaktoren in Produktionsprozesse des Kunden eingehen. Diese Leistungen stellen somit investive Dienstleistungen dar (s. BACKHAUS U. HAHN 1998, S. 2; MEFFERT ET AL. 2019, S. 26). Investive Dienstleistungen werden dem Kunden als eine einkaufbare Lösung (bspw. für den ergebnisorientierten Leistungstyp eine erreichte Performance in Form der hergestellten Teile pro Stunde) angeboten (s. BULLINGER ET AL. 2017, S. 101; STOPPEL 2016, S. 58). Im Kontext dieser Arbeit wird daher folgendes Verständnis zugrunde gelegt (s. BELZ ET AL. 1997, S. 26; BIEGER U. REINHOLD 2011, S. 36; MEIER U. UHLMANN 2012, S. 6; STOPPEL 2016, S. 58; MEFFERT ET AL. 2019, S. 26):

Definition 10 | Subskriptionsleistungssystem (engl. *Subscription-Product-Service-System*)
Subskriptionsleistungssysteme sind datenbasierte Leistungssysteme, bestehend aus vernetzten Produkten, Dienstleistungen und digitalen Leistungen, die auf eine hohe Wertschöpfung während der Nutzung ausgerichtet sind. Das resultierende Leistungsversprechen ist auf die konkreten Anforderungen eines Kundensegments ausgerichtet. Dazu werden als kontinuierliches Leistungsangebot individuelle Lösungen erbracht, die auf die Verfügbarkeit, den Nutzungsgrad, das Ergebnis oder den ökonomischen Erfolg eines Kunden ausgerichtet sind.

2.2.4 Kundenwert und -nutzen bei Subskriptionsleistungssystemen

Bei der Bewertung von Subskriptionsleistungen in Bezug auf den Nutzen kann zwischen der Perspektive des Anbieters und der des Kunden unterschieden werden. Subskriptionsleistungen verknüpfen diese Perspektiven miteinander, wodurch beide Perspektiven von Bedeutung für den Erfolg eines Geschäfts sind. Zur Bewertung eines solchen Geschäfts wird in der deutschen und der angloamerikanischen Literatur der Begriff Kundenwert (*Customer Value*) genutzt. Der Begriff ist jedoch nicht eindeutig belegt und wird sowohl für den Wert einer Leistung aus Kundensicht als auch den Wert eines Kunden aus Anbietersicht genutzt (s. KUNSCHERT 2019, S. 12; SCHÖNUNG 2008, S. 48).

Der Wert des Kunden aus Anbietersicht spiegelt das ökonomische Gewicht eines Kunden zur Zielerreichung eines Anbieters über die ganzheitliche Geschäftsbeziehung wider (s. KRÜGER-STROHMAYER 2000, S. 114; KUNSCHERT 2019, S. 14). Dieser Nutzen hat in diesem Zusammenhang für den Anbieter einen mehrdimensionalen Charakter, da ein Anbieter nicht nur einen einmaligen monetären Gewinn erzielen kann, sondern beispielsweise auch sein Know-how aus der Zusammenarbeit kontinuierlich steigern kann, um die eigene Leistung und somit die Profitabilität zu verbessern (s. DORSCH U. CARLSON 1996, S. 253; KUNSCHERT 2019, S. 13). PLINKE beschreibt den Kundenwert aus Anbietersicht daher als „den Schaden, der eintritt, wenn der Kunde abwandert, also den drohenden Verlust von Erfolgspotentialen" (PLINKE 1989, S. 316). Da der Kundenwert im Kontext von Subskriptionsmodellen über die gesamte zeitliche Dimension der Kundenbeziehung eine fundamentale Rolle spielt, müssen hier neben direkten monetären Determinanten zum Unternehmenserfolg auch nicht-monetäre Determinanten in Form des Potentials zur Leistungs- und somit Profitabilitätssteigerung mit einbezogen werden (s. LENNARTZ 2017, S. 19f.). Dieser Wert, den Kunden über die gesamte Zeit der Kundenbeziehung darstellen, wird auch als „*Customer-Lifetime-Value*" (CLV) bezeichnet. Diese Kenngröße hat sich vor allem in den letzten Jahren als feste Steuergröße innerhalb von Unternehmen etabliert, um den Wert des Kunden für den Anbieter zu beschreiben (s. KUNSCHERT 2019, S. 14f.; PUFAHL 2014, S. 39). Dieser Definitionslegung folgt diese Arbeit, weshalb Kundenwert in dieser Arbeit wie folgt definiert wird (s. KRÜGER-STROHMAYER 2000, S. 114; KUNSCHERT 2019, S. 14; PUFAHL 2014, S. 39; REINECKE U. KELLER 2006, S. 256):

Definition 11 | Kundenwert (engl. *Customer-Lifetime-Value*)
Der Kundenwert ist der Wert des Kunden für den Anbieter über die gesamte zeitliche Dimension der Kundenbeziehung. Er stellt eine Kennzahl für das ökonomische Gewicht des Kunden, d.h. dessen monetäre und nicht-monetäre Beiträge zur Zielerreichung eines Anbieters dar. Der Kundenwert ist eine relative Größe, die immer für eine Anbieter-Kunde Beziehung steht.

In der Literatur wird nicht trennscharf zwischen Wert und Nutzen bei der Benennung des Vorzugs eines Kunden durch den Bezug einer Leistung unterschieden (s. SCHÖNUNG 2008, S. 47f.). Die Begriffe werden beispielsweise in den wirtschaftswissenschaftlichen Disziplinen zum Marketing häufig vermischt und uneinheitlich genutzt. Ein Wert stellt im allgemeinen die Vorzugswürdigkeit eines Subjekts, Objekts oder einer Aktion (in diesem Kontext Leistung) dar (s. KUNSCHERT 2019, S. 10). Die daraus resultierende Präferenz eines Subjekts, Objekts oder einer Aktion stellt im wirtschaftlichen Kontext eine Bewertung dar. Diese Bewertung resultiert aus den Nutzenvorstellungen der jeweiligen Beteiligten aus dem Sachverhalt (s. KUNSCHERT 2019, S. 10; MEYER 1990, S. 18). Unter Nutzen wird der Beitrag der Eigenschaften einer Leistung zur Bedürfnisbefriedigung eines Wirtschaftssubjektes sowie das Maß an Bedürfnisbefriedigung durch den Konsum einer Leistung verstanden (s. SCHÖNUNG 2008, S. 47). Dies wird durch DRUCKER wie folgt zusammengefasst „*What the customer buys and considers value is never a product. It is always utility – that is, what a product or a service does for him*" (DRUCKER 1994, zit. n. SAWHNEY 2015, S. 365ff.). Daher kann Leistungen kein objektiver Wert zugeordnet werden, sondern die Bewertung erfolgt immer nach dem jeweiligen subjektiven Nutzen des Empfängers (s. LENNARTZ 2017, S. 19). Die Zahlungsbereitschaft des Kunden in der produzierenden Industrie ist in der Regel daher auch nicht an den Besitz eines Produktes geknüpft, sondern an die Befriedigung seiner Bedürfnisse, also an den Nutzen (s. FROHMANN 2018, S. 222). Der aus Sicht des Kunden erfahrene Wert durch eine Leistung, der mit dessen Preisbereitschaft korreliert, wird daher im weiteren Verlauf als Kundennutzen bezeichnet und wie folgt definiert (s. BRUCKER-KLEY ET AL. 2018, S. 5; HOMBURG 2017, S. 509; KUNSCHERT 2019, S. 14f.; MENTHE U. SIEG 2018, S. 64; PUFAHL 2014, S. 39):

Definition 12 | Kundennutzen (engl. *Customer Value*)
Der Kundennutzen ist der Wert der Leistung aus Sicht eines Kunden. Der Kundennutzen ist der vom Kunden tatsächlich wahrgenommene Nutzen aus der Befriedigung seiner Bedürfnisse durch den Bezug einer Leistung. Die Kennzahl stellt den Beitrag des Anbieters zur Erreichung der monetären und nicht-monetären Ziele des Kunden dar.

2.3 Preisbildung

Die Preisbildung ist für Unternehmen von übergeordneter Bedeutung, da Preise die effektivsten Gewinntreiber innerhalb von Geschäftsmodellen darstellen (s. SIMON U. FASSNACHT 2016, S. 1). Nach der allgemeinen kalkulatorischen Definition stellt der

Preis die monetäre Gegenleistung (Entgelt) eines Kunden für eine festgelegte Mengeneinheit eines Wirtschaftsgutes dar (s. DILLER 2003, S. 23ff.; HÜTTMANN 2003, S. 19; SIMON U. FASSNACHT 2016, S. 6). In der unternehmerischen Praxis wird der Preis jedoch durch komplexe Einflussgrößen, wie Leistungssysteme, Kunden und Wettbewerb beeinflusst, sodass eine eindimensionale Betrachtung der Preisparameter zu kurz greift (s. SCHÖNUNG 2008, S. 44). Daher wird in dieser Arbeit die betriebswirtschaftliche Definition des Preises zugrunde gelegt (s. SIMON 1982, S. 3):

Definition 13 | Preis (engl. *Price*)
Der Preis stellt die monetäre Kompensation eines Kunden gegenüber einem Anbieter dar, wofür der Kunde eine Leistung und den damit verbundenen Nutzen erhält. Preise setzen sich aus den Dimensionen Geldeinheit pro Mengeneinheit einer Leistung zusammen.

Preisbildung kann als Kernbereich in das Preismanagement eingeordnet werden und grenzt sich von anderen Aufgaben des Preismanagements ab. Zentraler Faktor innerhalb der Preisbildung ist die im Fokus stehende Determinante. Hier wird grundsätzlich zwischen der kostenorientierten, wettbewerbsorientierten und nutzenorientierten (bzw. wertorientierten) Determinante unterschieden (s. SIMON U. FASSNACHT 2016, S. 97ff.). Insbesondere die nutzenorientierte Preisbildung ist im Rahmen von Subskriptionsmodellen von hoher Bedeutung (s. MANSARD U. CAGIN 2019, S. 11). Als zentrales Werkzeug der Preisbildung ist zudem das Preismodell relevant (s. DILLER 2003, S. 5ff.). Der Wechsel zum Subskriptionsmodell ermöglicht mehrdimensionale Preismodelle, die durch Verknüpfung von Leistungskomponenten und Preiselementen unter Berücksichtigung der Einflussgrößen von Kunde, Anbieter und Wettbewerb beschrieben sind (s. FROHMANN 2018, S. 219).

2.3.1 Einordnung der Preisbildung in das Preismanagement

Das Preismanagement stellt die Gesamtheit der strategischen und operativen Handlungsfelder der Praxis in Bezug auf einen Preis dar. Es ist neben dem Produkt-, Distributions- und Kommunikationsmanagement eines der vier Instrumente des Marketing-Mix (s. MEFFERT ET AL. 2019, S. 20; SCHÖNUNG 2008, S. 49). DILLER beschreibt das Preismanagement als die komplexe Managementaufgabe von Preisen, die sowohl strategische als auch operative Entscheidungsparameter beinhaltet (s. DILLER 2003, S. 5). Der Begriff wurde erstmals in den 1980er Jahren durch SIMON eingeführt, um eine handlungswissenschaftliche Perspektive der unternehmerischen Praxis abzubilden. Zuvor wurden Preise wissenschaftlich primär aus den Grundlagenwissenschaften der Mikro- und Makroökonomie betrachtet und von vielen Unternehmen in der Praxis nicht als zentrales Handlungsfeld des Managements begriffen (s. SIMON 2015, S. 13f.). Zu den Aufgaben des Preismanagements zählen die Durchführung von Analyse- und Planungsaufgaben sowie von Entscheidungs-, Durchsetzungs- und Kontrollfunktionen und die Gestaltung der Preisorganisation im Unternehmen (s. DILLER 2003, S. 3). Die Begriffe Preispolitik, Price-Management, Konditionenpolitik sowie Entgelt- bzw. Kontrahierungspolitik werden in der Literatur synonym für das Preismanagement verwendet (s. Diller 2003, S. 5; Schuppar 2006, S. 11). Das Preismanagement schöpft als Handlungswissenschaft aus vielfältigen wissenschaftlichen Erkenntnisquellen wie der Makro- und Mikroökonomie, dem Marketing sowie der Verhaltensforschung (s. Simon u. Fassnacht 2016, S. 17). Dies führt zu einer Vielzahl von Definitionen des Preismanagementbegriffes (s. Reiner 2002, S. 10). Eine Übersicht gängiger Definitionen findet sich in der Ausarbeitung von Schuppar (s. Schuppar 2006, S. 11). In dieser Arbeit werden die prozessuale und organisatorische Managementsicht des Preismanagements für handelnde Menschen der unternehmerischen Praxis fokussiert (Fassnacht 2009, S. 9). Forschungsstränge wie die Makroökonomie fördern das theoretische Verständnis über Marktmechanismen in Abhängigkeit von Preisen, doch liefern lediglich in beschränktem Maße Entscheidungshilfen für das unternehmerische Preismanagement (s. Simon u. Fassnacht 2016, S. 17) und stehen daher in dieser Arbeit nicht im Vordergrund. In Anlehnung an Diller und Simon u. Fassnacht wird der Begriff Preismanagement in dieser Arbeit wie folgt definiert (s. Diller 2003, S. 8; 2008, S. 36; Simon u. Fassnacht 2016, S. 1):

Definition 14 | Preismanagement (engl. *Price Management*)
Preismanagement ist das Management der strategischen und operativen Entscheidungsparameter für Preise. Es beinhaltet die Durchführung von Analyse- und Planungsaufgaben sowie von Entscheidungs-, Durchsetzungs- und Kontrollfunktionen sowie die Gestaltung der Preisorganisation im Unternehmen. Dies umfasst alle von den Zielen des Anbieters geleisteten und gesteuerten Aktivitäten zur Suche, Auswahl und Durchsetzung von Preis-Leistungs-Relationen und damit verbundenen Problemlösungen für den Kunden.

Das Preismanagement stellt nach Wiltinger einen abgeschlossenen Entscheidungsprozess im Unternehmen dar, in dem über einen bzw. gleichzeitig über mehrere Bestandteile eines Preises entschieden wird (s. Wiltinger 1998, S. 22). Seine prozessorientierte Betrachtungsweise bezieht sich explizit auf Transaktionspreise, also eine produktorientierte Sichtweise, die den Verkauf eines Produktes oder einer Dienstleistung in einer einmaligen Transaktion impliziert. Nach dieser Sichtweise besteht das Preismanagement aus den fünf Schritten Preisanalyse, Preisstrategie, Preisbildung, Implementierung und Preismonitoring (s. Abbildung 2-12) (s. Frohmann 2018, S. 74; Meffert et al. 2019, S. 490; Schuppar 2006, S. 72; Simon u. Fassnacht 2016, S. 17). In Rahmen dieser Arbeit steht vor allem die Preisbildung im Fokus:

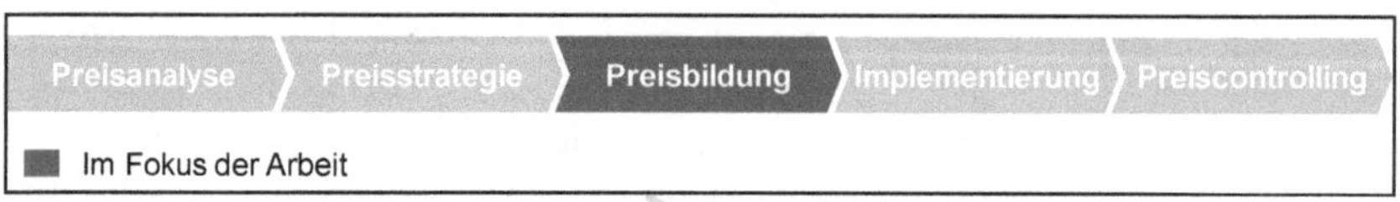

Abbildung 2-12: Preismanagementprozess (eigene Darstellung)

In der Preisanalyse werden Informationen von internen und externen Quellen gesammelt und aufbereitet, um diese im späteren Verlauf des Prozesses als Entscheidungsgrundlage heranzuziehen (s. Bonnemeier et al. 2010, S. 234; Frohmann 2018, S. 74).

Hierzu werden Kunden-, Wettbewerbs-, Kosten- und strategische Analysen durchgeführt (s. DILLER 2003, S. 25). Die Preisstrategie definiert preispolitische Ziele und die Preis-Leistungs-Positionierung (s. FASSNACHT 2009, S. 9). Zur Festlegung der langfristigen Preisparameter werden zunächst die Unternehmensziele in preisbezogene Ziele übersetzt (s. BONNEMEIER ET AL. 2010, S. 234). Weiterhin wird auf Basis der Marktanalysen eine strategische Preispositionierung im Wettbewerbsumfeld erarbeitet (s. SCHUPPAR 2006, S. 14). Der Prozessschritt der Preisbildung, stellt die Gesamtheit der operativen Aktivitäten zur Festlegung eines Preises für eine Leistung dar (s. SCHÖNUNG 2008, S. 53). Dieser Schritt wird aufgrund des Fokus in dieser Arbeit im Folgenden ausführlicher behandelt. Die Implementierung, auch Preisdurchsetzung genannt, befasst sich mit der internen und externen Überführung der festgelegten Preise an den Vertrieb sowie der Kommunikation und Verhandlung der Preise mit dem Kunden (STOPPEL 2016, S. 47; SCHUPPAR 2006, S. 14f.). Hierzu werden Maßnahmen zur Preiswerbung, Preisverhandlung und zur Festlegung des Transaktionspreises durchgeführt (s. DILLER 2003, S. 25). In der abschließenden Phase des Preismonitorings wird ein Preiscontrolling implementiert und eine Informationsrückkopplung der vorgelagerten Phasen sichergestellt (s. FASSNACHT 2009, S. 12f.; STOPPEL 2016, S. 49). Das Preismonitoring sollte dabei nicht isoliert am Ende des Prozesses betrachtet werden, sondern entlang des gesamten Prozesses zur Geltung kommen. Informationen über den Ist-Zustand sollen erfasst und mit den definierten Zielen verglichen und evaluiert werden (s. STOPPEL 2016, S. 49).

2.3.2 Definition und Eigenschaften der Preisbildung

Für den Prozessschritt der Preisbildung können in der Literatur zum Preismanagement alternative Definitionen gefunden werden, die große inhaltliche Schnittmengen aufweisen. Äquivalente Termini sind beispielsweise Preisfindung, Preissetzung, Preisermittlung, Preisfestlegung, Preisung oder auch Preisgestaltung (s. SCHÖNUNG 2008, S. 53; SIMON 2015, S. 20ff.; STOPPEL 2016, S. 51). Der Begriff Preisbildung impliziert hieraus am deutlichsten einen systematischen, prozessualen Charakter für Unternehmen der Praxis. Daher hat sich dieser in den letzten Jahren in der praxisbezogenen Literatur durchgesetzt und wird auch in dieser Arbeit verwendet (s. FROHMANN 2018, S. 9ff.; SIMON U. FASSNACHT 2016, S. 98ff.). Ziel der Preisbildung ist es, mithilfe eines Erlös- und Preismodells für definierte Leistungsangebote einen Preis und eine Preisstruktur festzulegen (s. SIMON U. FASSNACHT 2016, S. 97ff.). Unternehmen haben für die konkrete Auswahl des Preises und der Preisstruktur ein Preisintervall bzw. einen Preisspielraum. Dieses Preisintervall wird durch die drei ökonomischen Determinanten der Preisbildung definiert (s. Abbildung 2-13). Diese Determinanten sind im Kern die Kosten, der Kundennutzen und die Wettbewerbspreise (s. HALLER U. WISSING 2020, S. 322; REINECKE U. HAHN 2014, S. 338; SIMON U. FASSNACHT 2016, S. 97).

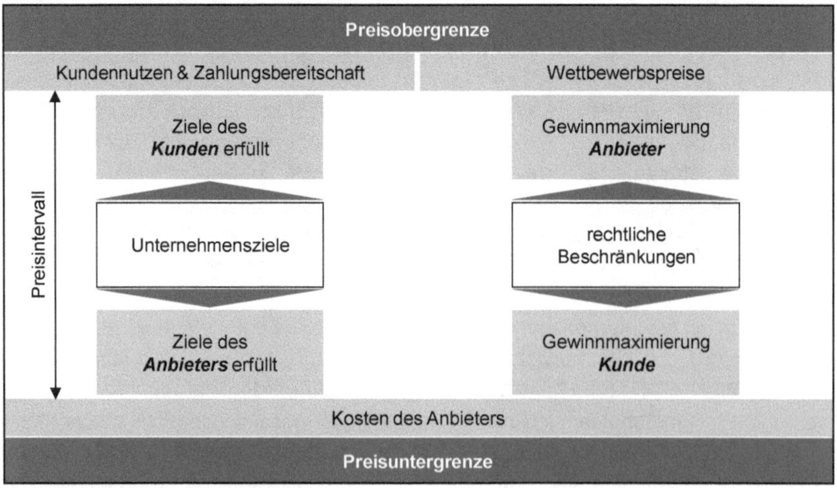

Abbildung 2-13: Einflussfaktoren auf das Preisintervall (eigene Darstellung i. A. a. SIMON U. FASSNACHT 2016, S. 99)

Der Nutzen des Kunden und der Wettbewerb charakterisieren extern beeinflusste Determinanten und sind gleichzeitig die Preisobergrenze des Preisintervalls. Die Kosten eines Unternehmens sind eine intern beeinflusste Determinante und charakterisieren die Untergrenze des Preisintervalls (s. ROTH 2006, S. 7; SIMON U. FASSNACHT 2016, S. 98). In Abhängigkeit des Erfüllungsgrades der Unternehmensziele von Kunden und Anbieter findet die konkrete Festlegung des Preises statt. Der Gewinn des Anbieters ergibt sich aus der Differenz vom Preis für eine Leistung und den Kosten zur Leistungserbringung. Der Gewinn des Kunden ergibt sich aus der Differenz von Nutzen durch die Leistung und dem Preis für die Leistung. Folgende Definition wird im Kontext dieser Arbeit für die Preisbildung zugrunde gelegt (s. SCHÖNUNG 2008, S. 53; SIMON U. FASSNACHT 2016, S. 97ff.):

Definition 15 | Preisbildung (engl. *Pricing*)
Preisbildung ist die Gesamtheit aller Aktivitäten zur Festlegung eines Preises unter Berücksichtigung der Kosten, des Kundennutzens und der Wettbewerbspreise. Ziel des Preisbildungsprozesses ist es, mithilfe eines Erlös- und Preismodells für definierte Leistungsangebote einen Preis und eine Preisstruktur festzulegen.

2.3.3 Determinanten der Preisbildung

Die in der produzierenden Industrie dominierende kostenorientierte Preisbildung nutzt als primäre Ressourcen interne Kosteninformationen (s. HOMBURG 2017, S. 742). Diese Informationen können beispielsweise Materialkosten, Personalkosten, Dienstleistungskosten, Betriebsmittelkosten oder Steuern und Gebühren umfassen. Zur Preisbildung werden daraus resultierend die vorkalkulierten Stückkosten herangezogen (s. STEINHARDT 2019, S. 26). Den Kosten wird eine Zielmarge aufgeschlagen, sodass eine Transaktion für einen Anbieter profitabel ist (s. FROHMANN 2018, S. 74).

Diese Preisbildung wird daher auch als Kosten-plus-Preisbildung (engl. *cost-plus-pricing*) bezeichnet (s. MEFFERT ET AL. 2019, S. 542). Die kostenorientierte Preisbildung findet oftmals Anwendung, wenn keine Informationen über Wettbewerbspreise oder kundenbezogene Daten vorliegen (s. STOPPEL 2016, S. 34). Insbesondere bei dem Vertrieb komplexer, kundenindividueller Anlagen ist die kostenorientierte Preisbildung weit verbreitet, da für diese Produkte aufgrund der Individualität der Leistung kein Wettbewerbspreis existiert, der Orientierung bietet (s. SIMON U. FASSNACHT 2016, S. 468). Kostenorientierte Preisbildung ist hilfreich, um Preisuntergrenzen zu ermitteln. Allerdings werden durch diese rein auf internen Daten beruhende Preisbildung keine Kundenpräferenzen berücksichtigt (s. STEINHARDT 2019, S. 26). Folglich hat die kostenorientierte Preisbildung eine wichtige Rolle bei der Sicherstellung von Profitabilität, durch die ausschließliche Nutzung wird das volle Preispotential jedoch nicht ausgeschöpft (s. FROHMANN 2018, S. 74; MEFFERT ET AL. 2019, S. 542).

Eine weitere Determinante bildet die auf externe Preise beruhende wettbewerbsorientierte Preisbildung (s. SIMON U. FASSNACHT 2016, S. 197). Die Bildung des eigenen Preises erfolgt durch Analyse der Wettbewerberpreise (s. STOPPEL 2016, S. 34). Für wettbewerbsorientierte Preise werden hauptsächlich die beiden Strategien Anpassungsstrategie und Nischenstrategie gewählt (s. SIMON U. FASSNACHT 2016, S. 197). Bei der Anpassungsstrategie werden die eigenen Preise an einen Orientierungspreis angelehnt. Der Preis des Preis- oder Marktführers dient in der Regel als Orientierungspreis (s. SIMON U. FASSNACHT 2016, S. 197). Bei der Nischenstrategie wiederum wird der Preis bewusst nicht an die Höhe des Orientierungspreises geknüpft (s. STOPPEL 2016, S. 34). Ziel ist es, sich durch die Positionierung auf einen nicht abgedeckten Bereich der Preisskala zu differenzieren (s. SIMON U. FASSNACHT 2016, S. 197f.).

Die nutzenorientierte Preisbildung fokussiert die spezifischen Anforderungen und Problemstellungen der Kunden (s. STOPPEL U. ROTH 2016, S. 378). Die nutzenorientierte Preisbildung (engl. *value-based pricing*), auch wertorientierte Preisbildung genannt, verwendet zur Preisbestimmung den vom Kunden wahrgenommenen Nutzen durch eine erbrachte Leistung (s. HOMBURG 2017, S. 738). Der Kundennutzen stellt in der Regel die maximale Preisbereitschaft des Kunden dar. In der Praxis wird ein niedrigerer Preis aus dem Preisspielraum gewählt, damit der Nutzengewinn durch den Kunden nicht durch den zu zahlenden Preis ganzheitlich abgeschöpft wird (s. BLIEMEL U. ADOLPHS 2003, S. 140). Im Kern der nutzenorientierten Preisbildung steht die Quantifizierung des individuellen Kundennutzens (s. HOMBURG 2017, S. 738), weshalb die nutzenabhängige Preisobergrenze auch immer nur für einen individuellen Kunden angegeben werden kann. Diese Preisbildungsdeterminante eignet sich insbesondere bei industriellen Leistungen, die sowohl einen hohen Individualisierungsgrad als auch eine starke Differenzierung vom Wettbewerb aufweisen (s. STOPPEL 2016, S. 35). Industrielle Kunden bewerten eine Leistung danach, was deren wertschaffende Aktivitäten ihnen bringen (s. STOPPEL U. ROTH 2016, S. 378). Somit schafft der reine Besitz noch keinen Nutzen für den Kunden, wodurch der Fokus zunehmend auf die Nutzungsphase beim Kunden gelegt werden muss (s. FROHMANN 2018, S. 220). Die nutzenorientierte Preisbildung hat sich bisher in der produzierenden Industrie bei ca. 25 Prozent und im SaaS-Geschäft bei ca. 39 Prozent der Unternehmen etabliert (s. LIOZU 2017, S. 21; 2022, S. 121; POYAR 2021, S. 1).

2.3.4 Eigenschaften von Preismodellen

Preismodelle dienen als Werkzeuge zur operativen Durchführung der Preisbildung. Durch Preismodelle wird definiert, wofür und auf Basis welcher Parameter ein Preis gebildet wird (s. FROHMANN 2018, S. 218). Preismodelle dienen dazu, Leistungskomponenten eines Anbieters mit Preiselementen in Form eines monetären Gegenwertes zu verknüpfen (s. PECHTL 2003, S. 71). Neben dem Begriff Preismodell (s. FROHMANN 2018, S. 218; SIMON U. FASSNACHT 2016, S. 571; STADIE U. ZWIRGLMAIER 2016, S. 111) sind in der Literatur auch die Begriffe Preissystem (s. PECHTL 2003, S. 71; STOPPEL 2016, S. 51) und Preiskonzept (s. HÜTTMANN 2003, S. 27) gebräuchlich. Der Begriff Preismodell ist dabei stärker aus der praxisorientierten Literatur geprägt, weshalb dieser Begriff in dieser Arbeit genutzt wird. Ein Preismodell beinhaltet nach BINCKEBANCK die beiden Komponenten Preisdimension und Preismetrik (s. STADIE U. ZWIRGLMAIER 2016, S. 111). Über die Preisdimension wird die Bezugsgröße bestimmt, für die der Kunde zahlt, und über die Preismetrik wird der Berechnungsmechanismus für den Preis angegeben. Ein solcher Mechanismus definiert in einer Preisformel die Anzahl an Komponenten, aus denen sich der Preis zusammensetzt, sowie deren Einfluss auf die Preishöhe (s. STADIE U. ZWIRGLMAIER 2016, S. 111; STOPPEL 2016, S. 53). Das Preismodell gibt somit durch die Preisdimension ein qualitatives Logikgerüst bestehend aus Bemessungsgrundlagen und Preiskomponenten vor. Weiterhin wird als Preismetrik ein quantitativer Berechnungsmechanismus, bestehend aus Zahlungsform, Preishöhe und dem Zeitpunkt der Preisbildung, definiert (s. FROHMANN 2018, S. 218; LIOZU 2022, S. 144f.; HÜTTMANN 2003, S. 28) (s. Abbildung 2-14). Alle fünf Elemente eines Preismodells sind im Rahmen dieser Arbeit relevant und werden adressiert.

Durch die Bemessungsgrundlage wird die Grundlogik des Preismodells definiert. Diese kann in klassischen nutzungsunabhängigen Modellen ein Preis für ein Produkt oder ein Service sein. Im nutzungsabhängigen Modell erfolgt der Preis, den ein Kunde zahlt, für eine Verfügbarkeit (Preis für Zugangszeit), eine Nutzung (Preis für Nutzung der Leistung), ein Ergebnis (Preis für Output mit der Leistung) oder für einen Erfolg (Gewinn bzw. Einsparung durch Leistung). Im Element Preiskomponenten ist zum einen festzulegen, aus wie vielen verschiedenen Preiskomponenten sich das Preismodell zusammensetzt. Dabei können sowohl eindimensionale (eine nutzungsabhängige oder nutzungsunabhängige Preiskomponente) als auch mehrdimensionale (Kombination aus mehreren nutzungsabhängigen oder nutzungsunabhängigen Preiskomponenten) Modelle ausgestaltet werden (s. STOPPEL 2016, S. 51ff.). Je nach Zielstellungen und Anforderungen sind die jeweiligen Preiskomponenten hinsichtlich der angebotenen Leistungskomponenten und der Risiken aufeinander abzustimmen.

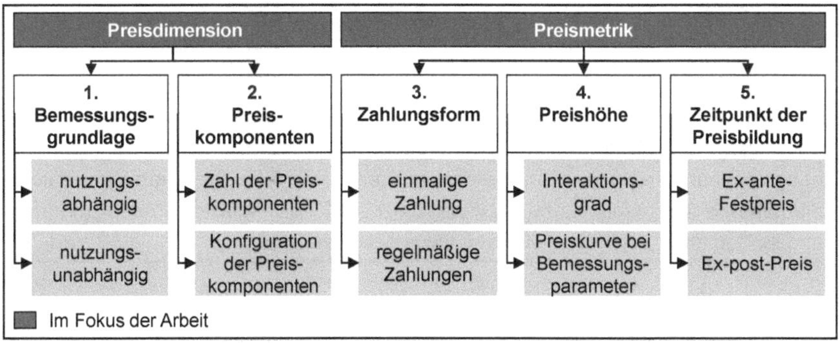

Abbildung 2-14: Zentrale Elemente des Preismodells (eigene Darstellung i. A. a. FROHMANN 2018, S. 221)

Die Zahlungsform legt fest, ob eine Zahlung einmalig oder regelmäßig für eine Leistung gezahlt wird. Die Einmalzahlung sichert dem Kunden für den erworbenen Teil der Leistungskomponenten ein zeitlich unbegrenztes Nutzungsrecht zu. Bei der regelmäßigen Zahlung erfolgt die Zahlung für zeitlich begrenzt bereitgestellte Leistungskomponenten (s. FROHMANN 2018, S. 221). Neben der Höhe der Zahlung sind auch die Frequenz und die Dauer der Bereitstellung der Leistung festzulegen. Bei der Preishöhe wird der monetäre Gegenwert für eine Leistungskomponente festgelegt. Bei der Definition der Preishöhe kann zwischen verschiedenen Interaktionsgraden unterschieden werden. Eine Möglichkeit ist, dass Anbieter ohne Interaktion mit den Kunden einen Preis einseitig festlegen. Weitere Möglichkeiten sind interaktive Preisbildungsverfahren, beispielsweise Verhandlungen, Ausschreibungen oder Auktionen, bei denen die Kunden einen größeren Einfluss auf die Preishöhe haben bzw. diese selbst festlegen. Weiterhin spielt der Verlauf der Preishöhe in Abhängigkeit der Höhe des Parameters der Bemessungsgrundlage eine Rolle. Diese Preiskurve kann entweder konstant bleiben, einen Kurvenverlauf aufweisen oder für entsprechende Wertebereiche des Parameters spezifische Preishöhen aufweisen (s. LIOZU 2022, S. 145). Als weiteres Element wird mit dem Zeitpunkt der Preisbildung festgelegt, wann der abzurechnende Preis bestimmt wird. Hierbei wird zwischen einem Ex-ante-Festpreis und einem Ex-post-Preis unterschieden. Der Ex-ante-Festpreis ist in der Regel über ein Kundensegment standardisiert und ist sowohl Kunden als auch Anbietern vor Transaktionen konkret bekannt und kommuniziert. Beim Ex-post-Preis ist der Preis abhängig von Leistungsfaktoren und variiert fallspezifisch (s. FROHMANN 2018, S. 226). Insbesondere Preisbildung auf Basis von Leistungsdaten des Kunden im Sinne dieser Arbeit erfolgt nach dem Ex-post-Prinzip. Hierbei ist es jedoch erforderlich, relevante Rahmenbedingungen wie die Preishöhen ex ante festzulegen und den Ex-post-Preis nach einem klar definierten Vorgehen zu errechnen. Folgende Definition wird in dieser Arbeit für Preismodelle zugrunde gelegt (s. FROHMANN 2018, S. 221; PECHTL 2003, S. 71):

Definition 16 | Preismodell (engl. *Pricing Model*)
Ein Preismodell beinhaltet eine geordnete Menge von Preiselementen, die sich auf die angebotenen Leistungskomponenten beziehen und einen monetären Gegenwert als Preis definieren, den ein Anbieter für seine Leistungen erhält. Ein Preismodell verfügt als Grundlogik über eine qualitative Preisdimension und als Berechnungsmechanismus über eine quantitative Preismetrik. Eine Preismetrik muss über eine interne (ökonomische Begründung der Relationen zwischen Preiselementen) und eine externe Logik (vom Kunden akzeptiert) verfügen.

2.4 Einordnung und Eingrenzung der Arbeit

Im Folgenden wird die Arbeit in die Managementlehre und in das Forschungsfeld des Dienstleistungsmarketings eingeordnet. Anschließend erfolgt eine Eingrenzung des Untersuchungsbereiches der Arbeit.

2.4.1 Einordnung in die Managementlehre und das Dienstleistungsmarketing

Das Management hat die Aufgabe, sich stetig im Wandel befindliche Organisationen mithilfe von Instrumenten und Methoden durch Gestaltung, Lenkung und Entwicklung zu ökonomischer Effizienz und sozialer Identität zu führen. Die Managementlehre integriert verschiedene Inhalte zur Führung dieser zweckorientierten, sozialen Systeme auf einer normativen, strategischen und operativen Ebene (s. STAEHLE ET AL. 1999, S. 71f.; ULRICH 2001, S. 110). Sie greift als Realwissenschaft Erkenntnisse aus Ökonomie, Ökologie, Ingenieurwissenschaft, Informatik, Soziologie, Psychologie und Rechtswissenschaften auf. Die Managementlehre fokussiert die Realisierung von Wertschöpfung innerhalb von Unternehmen durch Gestaltung und Steuerung von Prozessen zur Leistungserstellung. Einen grundlegenden Ordnungsrahmen hierfür bietet das St. Galler Management-Modell (s. BAECKER 2003, S. 218ff.). Dieses Modell stellt innerhalb einer Matrixstruktur die relevanten Managementebenen eines Unternehmens dar (s. Abbildung 2-15). Diese Ebenen bestehen in der Vertikalen aus normativer, strategischer und operativer Ebene. Auf der Horizontalen liegen Strukturen, Aktivitäten und Verhalten eines Unternehmens. Elemente innerhalb der Matrix spiegeln den Entwicklungspfad einer Organisation wider (s. BLEICHER 2011, S. 86ff.). Auf der normativen Ebene bzw. der begründenden Ebene können die generellen Ziele einer Organisation mit Prinzipien, Normen und Spielregeln eingeordnet werden, die auf die Sicherstellung der Lebens- und Entwicklungsfähigkeit einer Organisation ausgerichtet sind. Hierdurch definiert diese Ebene des Managementmodells den Inhalt für unternehmenspolitisches Handeln und Verhalten. Die festgelegten Prinzipien, Normen und Spielregeln durch das normative Management werden durch das strategische Management in Wettbewerbsvorteile umgesetzt. Das strategische Management bzw. ausrichtende Management dient zum Aufbau, der Pflege und der Ausnutzung von Erfolgspotentialen durch die vorliegenden Ressourcen in der Organisation. Die Konzepte aus dem normativen und strategischen Management werden im operativen Management angewendet und realisiert. Das operative bzw. ausführende Management führt operative Führungsaufgaben mit ökonomischen Aspekten hinsichtlich Leistung, Finanzen und Informationswirtschaft zusammen. Hierbei werden Prozesse, Aufträge und Ausrichtungen definiert. (s. BLEICHER 2011, S. 86ff.)

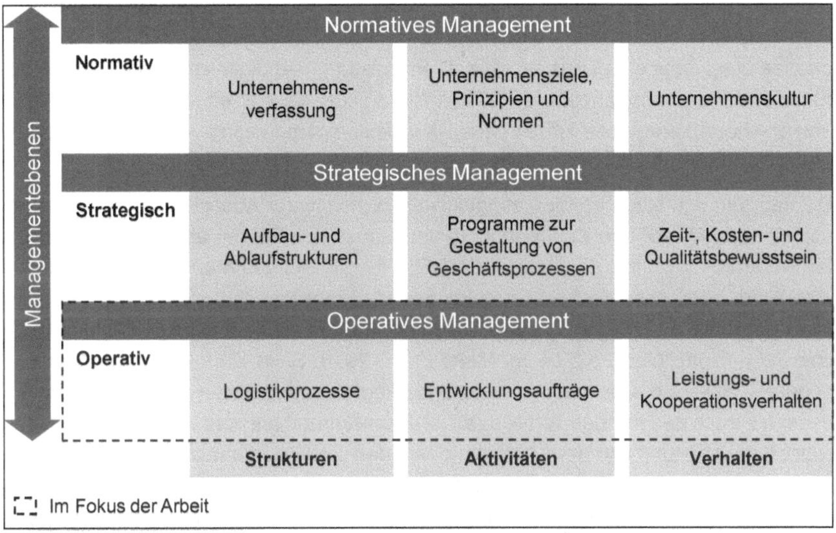

Abbildung 2-15: Einordnung der Arbeit in die Managementlehre (eigene Darstellung i. A. a. Bleicher 2011, S. 91)

Diese Arbeit ist darauf ausgerichtet, Unternehmen bei der praxisorientierten Umsetzung der Konfiguration und Preisbildung von Subskriptionsleistungssystemen zu unterstützen. Hierzu werden im Rahmen dieser Arbeit konkrete Prozesse, Funktionen, Datenmodelle und Handlungsempfehlungen entwickelt und in der Praxis erprobt. Der Aspekt der Konfiguration und Preisbildung von Leistungssystemen stellt dabei eine Kernfunktionalität in Unternehmen dar, mit der Leistungs- und Finanzaspekte in Unternehmen durch operative Tätigkeiten zusammengeführt werden. Daher ist diese Arbeit vor allem dem operativen Management zuzuordnen. Im Verlauf dieser Arbeit wird ein Modell entwickelt, das normative und strategische Rahmenbedingungen aus Unternehmen aufgreift und diese durch zu definierende operative Strukturen, Aktivitäten und Verhalten für Unternehmen anwendbar macht.

Die dargelegte Arbeit verfolgt das Ziel, Unternehmen bei der Konfiguration und Preisbildung von Subskriptionsleistungssystemen zu unterstützen. Durch die Konfiguration und Preisbildung von Subskriptionsleistungssystemen werden zwei der vier Kernbereiche (Produkt und Preis) des Marketings dargestellt und miteinander verknüpft (s. MEFFERT ET AL. 2019, S. 20; SCHÖNUNG 2008, S. 49). Im Marketing wird zwischen den drei Teilbereichen des Konsumgüter-, Investitionsgüter- und Dienstleistungsmarketings unterschieden (s. MEFFERT ET AL. 2019, S. 28). Dem Dienstleistungsmarketing ist als Grundkonzept das Beziehungsmarketing (engl. *Relationship Marketing*) zuzuordnen. Dieses widmet sich dem Auf- und Ausbau langfristiger Kundenbeziehungen mit dem Ziel beidseitiger Nutzensteigerungen (s. MÖHLENBRUCH ET AL. 2016, S. 214f.).

Diese Prinzipien werden auch beim Angebot von Subskriptionsleistungssystemen verfolgt. Der Ansatz der *Service-Dominant-Logic*, der in Kapitel 4.1 konkreter beschrieben wird, baut auf diesem Verständnis zum Dienstleistungsmarketing auf und schlägt die Etablierung einer ganzheitlich neuen Marketingperspektive vor, die den Tausch von Dienstleistungen anstatt von Gütern in den Vordergrund stellt. Hierbei wird ein integriertes Lösungsangebot aus Produkt, Dienstleistung und digitaler Leistung dem Kunden als Dienstleistung angeboten (s. VARGO U. LUSCH 2004, S. 4ff.; 2015, S. 3ff.). Dementsprechend kann diese Arbeit dem Dienstleistungsmarketing nach den Prinzipien der Service-Dominant-Logic zugeordnet werden.

Die internen und externen Marketingaktivitäten dienen zur Ausrichtung der Unternehmensleistungen auf den Kundennutzen und zur Erreichung der absatzmarktorientierten Unternehmensziele (s. BRUHN 2019, S. 14). Ein Ziel des Marketings ist die effiziente und bedürfnisgerechte Gestaltung von Transaktionsprozessen zu Kunden (s. MEFFERT ET AL. 2019, S. 3). Dabei unterliegen die Transaktionen dem Gratifikations- und dem Kapazitätsprinzip (s. MEFFERT ET AL. 2019, S. 4). Das Gratifikationsprinzip bedeutet, dass ein Austausch nur zustande kommt, wenn dieser sowohl für den Anbieter als auch den Kunden von Nutzen ist. Dem Kunden entstehen Vorteile durch den Nutzen der Leistung und dem Anbieter durch den Gewinn, der mithilfe des Preises für die Leistung erwirtschaftet wird. Das Kapazitätsprinzip beschreibt, dass Kunden und Anbieter lediglich über begrenzte finanzielle, technologische, informationsbezogene und zeitliche Ressourcen verfügen. Mit diesen wollen beide Parteien einen möglichst hohen Nutzen erzielen (s. MEFFERT ET AL. 2019, S. 4). Theoretische Grundlagen zur Beschreibung von Rahmenbedingungen bei Transaktionen bieten die in Kapitel 4.1 näher beschriebene *Transaktionskostentheorie* sowie die *Prinzipal-Agent-* und *Stewardship-Theorie* (s. EARL U. POTTS 2011, S. 2; LIPPOLD 2015, S. 4; SHAPIRO 2010, S. 138).

2.4.2 Zusammenfassung der Eingrenzung der Arbeit

Zur Konkretisierung des zu betrachtenden Untersuchungsbereiches im Rahmen dieser Arbeit erfolgen eine abschließende Zusammenfassung und Abgrenzung der zuvor dargestellten Definitionen, Merkmale und der fokussierten Eigenschaften (s. Abbildung 2-16). Übergeordnete Kategorien zur Eingrenzung dieser Arbeit bilden die Zielbranche der produzierenden Industrie, die zu konfigurierenden Subskriptionsleistungssysteme sowie die dafür durchzuführende Preisbildung. Diese Arbeit befasst sich mit Leistungsangeboten innerhalb der **produzierenden Industrie**. Im Fokus steht dabei die Bereitstellung von Investitionsgütern durch Maschinen- und Anlagenbauer als Anbieter an Nachfrager aus der produzierenden Industrie (s. GNOSS 2008, S. 175ff.; SCHUH U. SCHMIDT 2014, S. 2). Auf Basis der Digitalisierung streben Anbieter an, neuartige externe Leistungsangebote mit hohen Nutzenversprechen für Kunden anzubieten (s HERMANN 2019, S. 3). Hierzu werden Leistungssysteme aus Produkten, Dienstleistungen und digitalen Leistungen als eine integrierte Lösung für den Kunden konfiguriert und angeboten (s. BELZ ET AL. 1997, S. 28). Subskriptionsgeschäftsmodelle können verschiedene Bezugsebenen adressieren, über die definiert wird, wie konkret ein solches Modell ausgestaltet ist. Im Kontext dieser Arbeit wird mit der Leistungsebene die detaillierteste Ebene für Geschäftsmodelle adressiert (s. WIRTZ 2019, S. 40). Das Angebot einer Leistung in einem solchen Subskriptionsmodell geht im Rahmen dieser Arbeit über das reine Abonnement für Produkte hinaus. Dazu werden der Kunde und die Erfüllung seiner Bedürfnisse in den Fokus der Tätigkeiten des Anbieters gestellt (s. MANSARD U. CAGIN 2019, S. 11; ZOLNOWSKI U. BÖHMANN 2013, S. 10). In Subskriptionsleistungssystemen kann zwischen vier Leistungstypen als **Bezugsgrundlagen** unterschieden werden. In diesen vier aufeinander aufbauenden Leistungstypen konfigurieren Anbieter integrierte Leistungssysteme für Kunden mit Fokus auf die Verfügbarkeit, die Nutzung, das Ergebnis oder den Erfolg der Maschinen und Anlagen (s. MEFFERT ET AL. 2019, S. 27; STOPPEL 2016, S. 58).

	Merkmal	Eigenschaften				
Produzierende Industrie	**Güterart**	Vorleistungsgüter	Investitionsgüter	Gebrauchsgüter	Verbrauchsgüter	
	Investitionsgut	Teil	Modul	Maschine	Anlage	
	Digitalisierungsperspektive	Interne Verbesserung	Externe Leistungsangebote			
	Leistungsangebote	Produkte	Dienstleistungen	Digitale Leistungen		
Subskriptionsleistungssystem	**Bezugsebene**	Industrieebene	Unternehmensebene	Ebene der Geschäftseinheit	Leistungsebene	
	Ansatz Geschäftsmodell	Produktzentrischer Ansatz	Kundenzentrischer Ansatz			
	Leistungstyp (Bezugsgrundl.)	Verfügbarkeit	Nutzung	Ergebnis	Erfolg	
	Werterfassung	Anbieterperspektive (Kundenwert)	Kundenperspektive (Kundennutzen)			
Preisbildung	**Preismanagement**	Preisanalyse	Preisstrategie	Preisbildung	Implementierung	Preismonitoring
	Preisbildungsdeterminante	Kostenorientiert	Wettbewerbsorientiert	Nutzenorientiert		
	Preismodell	Preisdimension	Preismetrik			

▢ Im Fokus der Arbeit

Abbildung 2-16: Eingrenzung der Arbeit (eigene Darstellung)

Da bei Subskriptionsmodellen der Geschäftserfolg des Anbieters und des Kunden miteinander verknüpft sind, müssen bei der **Werterfassung** der konfigurierten Leistungssysteme sowohl Anbieter- als auch Kundenperspektive berücksichtigt werden (s. KUNSCHERT 2019, S. 14; PUFAHL 2014, S. 39). Die Preisbildung stellt eine der zentralen Tätigkeitsfelder des Preismanagements dar und hat zum Ziel für ein konfiguriertes Subskriptionsleistungssystem ein passgenaues Preismodell auszugestalten (s. SIMON

u. Fassnacht 2016, S. 97ff.; Schönung 2008, S. 53). Im Rahmen von Subskriptionsmodellen gewinnt insbesondere die nutzenorientierte Preisbildungsdeterminante an Bedeutung, da auf Basis der vorhandenen Echtzeit-Leistungsdaten für den Anbieter ein kontinuierlicher Anreiz zur Verbesserung des Leistungsangebots über den Preis implementiert werden kann (s. Frohmann 2018, S. 74; Simon u. Fassnacht 2016, S. 97ff.). Preismodelle dienen zur Verknüpfung von Leistungs- und Preiselementen in einer auf Anbieter- und Kundenanforderungen harmonisierten Logik. Die Ausgestaltung der Preismodelle erfolgt über eine qualitative **Preisdimension** zur Festlegung eines Gerüsts sowie eine zu dieser Dimension passenden **Preismetrik** als Kalkulationsformel für den Preis (s. Frohmann 2018, S. 221).

3 Bewertung bestehender wissenschaftlich-technischer Ansätze

Im Folgenden wird hierzu der bestehende Stand der Forschung in Bezug auf die Problemstellung erfasst und systematisch analysiert (s. ULRICH ET AL. 1984, S. 193). Ziel dieses Kapitels ist es, zu identifizieren, wie vorliegende Ansätze bei der Realisierung des Forschungsziels dieser Arbeit einfließen können und an welchen Stellen insbesondere wissenschaftlicher Handlungsbedarf besteht (s. SWALES U. FEAK 2012, S. 12ff.). Hierzu wird im Folgenden eine strukturierte Literaturanalyse nach dem Vorgehen nach WEBSTER U. WATSON durchgeführt (s. WEBSTER U. WATSON 2002, S. 2ff.). Hierbei werden zunächst Kriterien zur Strukturierung und Analyse bestehender Ansätze in der bestehenden Literatur definiert (s. Kapitel 3.1). Danach werden bestehende Ansätze für den Forschungsbereich der Preisbildung für Subskriptionsmodelle mit diesen Kriterien analysiert (s. Kapitel 3.2). Die Ergebnisse der Auswertung aller Literaturansätze werden zum Abschluss zusammengeführt und miteinander verglichen (s. Kapitel 3.3). Anhand des Abgleichs wird die durch diese Arbeit adressierte Forschungslücke herausgearbeitet.

3.1 Kriterien zur Bewertung bestehender Ansätze

Im Folgenden werden die Kriterien zur Bewertung bestehender Modelle zur Preisbildung untersucht. Die Kriterien zur Analyse können in Kriterien des **Objektbereichs** und des **Zielbereichs** unterteilt werden. Der Objektbereich definiert sowohl den branchenspezifischen als auch den inhaltlichen Betrachtungsbereich der bestehenden Ansätze. Der Zielbereich definiert, inwieweit die Methoden bei der operativen Umsetzung der Preisbildung mithilfe von Strukturen, Aktivitäten und Empfehlungen unterstützen. Ein Kriterium kann für jeden analysierten Ansatz entweder vollständig, teilweise oder nicht erfüllt sein. Ein Kriterium ist nicht erfüllt, falls ein bestehender Ansatz ein im folgenden definiertes Kriterium nicht oder unzureichend adressiert.

3.1.1 Bewertungskriterien des Objektbereichs

Aus der Eingrenzung des Inhalts dieser Arbeit können Bewertungskriterien für bestehende Ansätze im Hinblick auf den Objektbereich der Arbeit definiert werden. Die Kriterien werden in Anlehnung an den inhaltlichen Untersuchungsbereich der Arbeit gewählt (s. Kapitel 2.4.2). Dementsprechend werden Ansätze inhaltlich in Bezug auf die produzierende Industrie, Bezugsgrundlage, Werterfassung, Preisdimension und Preismetrik untersucht.

Produzierende Industrie: Dieses Kriterium spiegelt wider, wie weit der untersuchte Ansatz auf die produzierende Industrie ausgerichtet ist. Aufgrund der charakteristischen Eigenschaften der produzierenden Industrie muss auch die Konfiguration und Preisbildung von Leistungssystemen branchenspezifisch erfolgen (s. SIMON U. FASSNACHT 2016, S. 462). Im vorliegenden Fall ist dieses Kriterium dann voll erfüllt, wenn der Ansatz konkret für die produzierende Industrie entwickelt wurde. Das Kriterium ist teilweise erfüllt, wenn keine großen branchentechnischen Unterschiede vorliegen und durch leichte Anpassungen eine Übertragbarkeit auf die produzierende Industrie möglich ist.

Bezugsgrundlage: Subskriptionsleistungssysteme stellen für Kunden Lösungen auf deren Anforderungen dar (s. SCHUH ET AL. 2019, S. 1). Das Kriterium bezieht sich darauf, inwieweit ein bestehender Ansatz dazu beiträgt, Leistungsangebote aus Produkten, Dienstleistungen und digitalen Leistungen zu einem integrierten Subskriptionsleistungssystem als Bezugsgrundlage zu konfigurieren, für die ein Preis gebildet werden kann. Wenn ein Ansatz dazu beiträgt, komplexe Leistungsangebote zu einer individuellen Lösung für Kunden zu konfigurieren, erfüllt jener das Kriterium voll. Wenn die Bezugsgrundlage lediglich aus einzelnen Leistungsangeboten besteht oder der Ansatz lediglich unspezifisch die Konfiguration von Leistungsangeboten zu Lösungen adressiert, ist das Kriterium teilweise erfüllt.

Werterfassung: Im Rahmen der Konfiguration und Preisbildung von Subskriptionsleistungssystemen sind die kundenindividuelle Werterfassung einer einkaufbaren Bezugsgrundlage sowie die Werterfassung der Leistung aus Anbietersicht erforderlich (s. HOMBURG 2017, S. 738). Wenn ein Ansatz eine quantitativ erfassbare individuelle Werterfassung einer Subskriptionsleistung aus Kunden und Anbietersicht ermöglicht, dann ist das Kriterium voll erfüllt. Eine teilweise Erfüllung des Kriteriums ist gegeben, wenn durch den Ansatz lediglich Abschätzungen oder qualitative Bewertungen für Kunde und Anbieter möglich sind.

Preisdimension: Die Preisdimension beschreibt die Grundlogik eines im Rahmen der Preisbildung ausgestalteten Preismodells (s. FROHMANN 2018, S. 218; PECHTL 2003, S. 71). Bei bestehenden Ansätzen, die für alle Subskriptionsleistungstypen qualitative Grundlogiken zur Verknüpfung des Kundennutzens mit dem zu entrichtenden Preis definieren, ist das Kriterium voll erfüllt. Wenn die Leistungstypen lediglich teilweise durch passgenaue, am individuellen Kundennutzen ausgerichtete Preismodelle abgebildet werden können, ist das Kriterium teilweise erfüllt.

Preismetrik: Die Preismetrik beschreibt einen operationalisierbaren Zusammenhang zwischen Leistungs- und Preiskennzahlen, mithilfe dessen ein Preis anhand von Leistungsdaten des Kunden errechnet werden kann (s. SIMON 2017, S. 272). Wenn ein bestehender Ansatz hinreichende Metriken bietet, anhand derer mittels Leistungsdaten ein Preis für alle Subskriptionstypen berechnet werden kann, dann ist das Kriterium voll erfüllt. Falls ein bestehender Ansatz lediglich die Berechnung von Preisen für vereinzelte Leistungselemente ermöglicht oder die Leistungs- und Nutzungsdaten des Kunden nicht vollumfänglich erfasst, dann ist das Kriterium teilweise erfüllt.

3.1.2 Bewertungskriterien des Zielbereichs

Ziel dieser Arbeit ist die Entwicklung eines Vorgehensmodells zur operativen Durchführung der Konfiguration und Preisbildung von Subskriptionsleistungssystemen für die produzierende Industrie. Hieraus ergeben sich für die Bewertung des Zielbereiches die Kriterien Prozesssicht, Funktionssicht, Datensicht und Gestaltungsempfehlungen.

Prozesssicht: Die Prozesssicht ist eine zeitlich-logische Struktur zur operativen Durchführung von Methoden mithilfe definierter Prozessschritte sowie Prozesselemente. Die Prozesssicht bietet den Rahmen zur Zusammenführung von Funktions- und Datensicht (s. SCHEER 2002, S. 36). Wenn der Ansatz über einen durchgängigen Prozess zur Konfiguration und Preisbildung von Leistungssystemen verfügt, der die relevanten Funktionen und Datenobjekte zur Preisbildung strukturiert, ist dieses Kriterium voll erfüllt. Falls der Ansatz einen überwiegenden Teil der Funktionen und Datenobjekte in einem Prozess strukturiert, ist dieses Kriterium teilweise erfüllt.

Funktionssicht: Die Funktionssicht stellt Vorgänge bereit, die definieren, wie innerhalb eines Prozesses definierte Inputfaktoren stets in definierte Outputfaktoren überführt werden (s. SCHEER 2002, S. 36). Wenn in einem Ansatz Methoden oder Vorgänge beschrieben werden, mit denen innerhalb eines operativen Prozesses definierte Inputfaktoren in definierte Outputfaktoren zur Konfiguration und Preisbildung von Subskriptionsleistungssystemen überführt werden, ist dieses Kriterium erfüllt. Der Detaillierungsgrad der Beschreibung bestimmt den Erfüllungsgrad des Kriteriums.

Datensicht: Die Datensicht erfasst und strukturiert Datenobjekte innerhalb eines Datenmodells, die innerhalb der Funktionen im operativen Prozess genutzt werden (s. SCHEER 2002, S. 36). Wenn in einem bestehenden Ansatz ein Datenmodell oder eine Struktur zur Erfassung und Verarbeitung der relevanten externen und im Prozess generierten Datenobjekte zur Konfiguration und Preisbildung von Subskriptionsleistungssystemen vorliegt, ist der Ansatz erfüllt. Der Erfüllungsgrad des Kriteriums ist abhängig davon, wie detailliert und umfassend die Datenobjekte für die operative Aufgabe beschrieben und strukturiert werden.

Gestaltungsempfehlung: Damit die Outputs aus der Prozess-, Funktions- und Datensicht innerhalb des Unternehmens richtig umgesetzt werden, bedarf es in Abhängigkeit der Outputs konkreter und operativ umsetzbarer Gestaltungsempfehlungen (s. BLEICHER 2011, S. 86ff.). Die Erfüllung des Kriteriums ist abhängig davon, wie weit in einem Ansatz die Praxis durch konkrete Empfehlungen bei der Umsetzung der Konfiguration und Preisbildung von Subskriptionsleistungssystemen beraten wird.

3.2 Bewertung bestehender Ansätze in der Literatur

Im Folgenden werden relevante Ansätze aus der wissenschaftlichen Literatur ausgewählt, jeweils beschrieben und anhand der Kriterien bewertet. Aktuell liegt der Schwerpunkt der Forschung zur Konfiguration und Preisbildung von Subskriptionsleistungen besonders auf der Softwareindustrie und ist nur eingeschränkt auf die produzierende Industrie anwendbar. Aufgrund weniger bisher bestehender Beiträge aus dem Bereich der Konfiguration und Preisbildung von Leistungssystemen für Subskriptionsmodelle in der produzierenden Industrie wird der Untersuchungsbereich auf Ansätze aus dem Subskriptionsgeschäft im Allgemeinen (s. Kapitel 3.2.1) sowie auf Ansätze zur nutzenorientierten Konfiguration und Preisbildung von Leistungssystemen in der produzierenden Industrie (s. Kapitel 3.2.2) erweitert. Ziel ist es, für alle Aspekte des Objektbereichs der Arbeit Beiträge zu identifizieren. Hierbei werden Ansätze bevorzugt, bei denen möglichst viele Kriterien ganz oder teilweise erfüllt sind. Im Fokus der Analyse liegen aktuelle Beiträge zur Konfiguration und Preisbildung von Leistungssystemen aus wissenschaftlichen Fachzeitschriften der letzten Jahre. Zudem fließen thematisch relevante Dissertationen, Buchbeiträge, Sammelbände und Beiträge relevanter Fachkonferenzen mit ein. In Einzelfällen umfassen diese auch relevante ältere Arbeiten.

3.2.1 Literatur zur Leistungskonfiguration und Preisbildung in Subskriptionsmodellen

In der Softwareindustrie haben sich bereits seit mehreren Jahren Subskriptionsmodelle etabliert. Hierbei hat sich gezeigt, dass die Leistungskonfiguration und Preisbildung ein zentraler Erfolgsfaktor bei der Etablierung dieser Geschäftsmodelle ist (s. LAH u. WOOD 2016, S. 26; TZUO u. WEISERT 2018, S. 12 ff). Viele Aspekte aus diesen Ansätzen lassen sich auf die produzierende Industrie übertragen. Es ist aber gleichzeitig darauf hinzuweisen, dass es zwischen den Branchen signifikante Unterschiede gibt, weshalb die Modelle nicht ohne genauere Analyse übertragen werden können. Diese Unterschiede bestehen einmal in der Leistung an sich. Die Subskriptionsleistungssysteme der produzierenden Industrie sind aufgrund der Kombination aus physischen Komponenten, Dienstleistungen und digitalen Leistungen viel komplexer als alleinstehende Softwareangebote. Dadurch sind die Wertschöpfung, der Individualisierungsgrad und der Aufwand zur Erbringung der Leistung in der produzierenden Industrie signifikant höher. Gleichzeitig ist der Markt der produzierenden Industrie oftmals kleiner und das Angebot kann nicht so schnell skaliert werden (s. HARLAND 2018, S. 12ff.). Im Folgenden werden die Ansätze zur Konfiguration und Preisbildung von Leistungsangeboten in Subskriptionsmodellen vorgestellt und unter Berücksichtigung der definierten Bewertungskriterien analysiert sowie bewertet.

Is innovation in pricing your next source of competitive advantage? (HINTERHUBER u. LIOZU 2014)

Im Beitrag von HINTERHUBER u. LIOZU wird untersucht, wie die Nutzung von Innovationen in der Preisbildung zu einem Wettbewerbsvorteil führen kann. In der Arbeit wird dargelegt, dass Produktinnovationen einen hohen Stellenwert im Unternehmen haben, während Pricing-Innovationen kaum betrachtet werden. Laut den Autoren setzen sich lediglich fünf Prozent der Unternehmen mit Innovationen im Pricing auseinander, obwohl die Performance der Anwender von Innovationen im Pricing die der Wettbewerber signifikant übertrifft. Im Beitrag analysieren die Autoren aktuelle in der Industrie genutzte Pricing-Innovationen, um daraus Gestaltungsempfehlungen für die Praxis abzuleiten. Hierdurch können Unternehmen sowohl die Kundenzufriedenheit als auch die Margen erhöhen. Hierzu werden relevante Vorgehen der Pricing-Innovation in einer Roadmap hinsichtlich der Strategie-, Taktik- und Organisationsebene dargestellt. Die

Autoren haben hierzu Experteninterviews mit mehr als 50 Führungskräften durchgeführt und die Pricing-Ansätze von weltweit 70 Unternehmen analysiert. Die auf dieser Basis entwickelte Roadmap für Pricing-Innovationen besteht aus 21 möglichen Vorgehen, die in die drei Ebenen Strategie, Vorgehensweisen und Organisation eingeteilt sind (s. Abbildung 3-1).

	keine Innovation	Roadmap für Innovationen in der Preisbildung						
Strategie	kosten- o. wettbewerbs-basiertes Pricing	gut-besser-am besten Marktseg-mentierung	bedürfnis-basierte Marktseg-mentierung	leistungs-basiertes Pricing	Preis-gestaltung zur Markt-expansion	neue Preis-metriken	Null als Spezial-preis	partizi-patives Pricing
Vorgehens-weisen	Preis-nachlässe	Ertrags-manage-ment	bedingtes Pricing	Bünde-lung	individua-lisiertes Pricing	Flatrate-Modell	kreative Preis-nachlässe	psycho-logisches Pricing
Organisation	kein Pricing-Team	dezidierte Pricing-Funktion	Zentrali-sierung der Pricing-Funktion	CEO als Pricing-Champion	Selbst-vertrauen	Unterneh-mensweite Pricing-Fähigkeiten	Verände-rungs-manage-ment	Pricing-Experiment: Pricing als Lern-prozess

Abbildung 3-1: Innovationsroadmap für die Preisgestaltung (eigene Darstellung i. A. a. HINTERHUBER U. LIOZU 2014, S. 415)

Der Ansatz fokussiert die Industrie im Allgemeinen und ein Teil der dargestellten Beispiele bezieht sich auf die produzierende Industrie im Sinne dieser Arbeit. Daher wird dieses Kriterium als teilweise erfüllt gewertet (s. Tabelle 3-1). Der Strategiebereich der entwickelten Roadmap liefert insbesondere hinsichtlich Preisdimension und Preismetrik einen Beitrag. Laut HINTERHUBER U. LIOZU wechseln innovative Unternehmen von der kosten- bzw. wettbewerbsorientierten Preisbildung hin zu nutzenbasierter Preisbildung. Die Preisbildung auf Basis des Nutzens rückt das Ergebnis in den Vordergrund und schafft eine neue Form der Zusammenarbeit zwischen Anbieter und Kunde. Kernelemente der Innovation sind zudem eine bedürfnisorientierte Marktsegmentierung sowie die aktuelle Einbindung des Kunden bei der Preisbildung. Darüber hinaus sehen die Autoren in Maßnahmen wie der Bündelung von Produkten zu Paketen, der kundenindividuellen Preisbildung oder auch der Verwendung von Flatrate-Preismodellen hohe Potentiale zur Steigerung der Profitabilität und der Kundenzufriedenheit. Zu den Vorgehensweisen hinsichtlich Preisdimension und Preismetrik werden jeweils Beispiele gegeben, jedoch nicht konkretisiert. Daher werden diese Kriterien als teilweise erfüllt gewertet. Durch die Roadmap wird ein konzeptioneller Rahmen zur Umsetzung von Innovationen in der Preisbildung dargelegt. Die Autoren konkretisieren keinen Umsetzungsprozess, geben jedoch Empfehlungen zur Ausgestaltung einzelner Aspekte der Roadmap. Insbesondere wird auf Gestaltungsempfehlungen hinsichtlich innovativer Preismodelle und -metriken eingegangen. Diese werden jedoch nicht in der Tiefe behandelt. Daher ist das Kriterium Gestaltungsempfehlung teilweise erfüllt.

Tabelle 3-1: Bewertung HINTERHUBER U. LIOZU 2014

<table>
<tr><th colspan="9">Bewertung | Hinterhuber und Liozu (2014)</th></tr>
<tr><th colspan="5">Objektbereich</th><th colspan="4">Zielbereich</th></tr>
<tr><td>produzierende Industrie</td><td>Bezugs-grundlage</td><td>Wert-erfassung</td><td>Preis-dimension</td><td>Preis-metrik</td><td>Prozess-sicht</td><td>Funktions-sicht</td><td>Daten-sicht</td><td>Gestaltungs-empfehlung</td></tr>
<tr><td>◑</td><td>○</td><td>○</td><td>◑</td><td>◑</td><td>○</td><td>○</td><td>○</td><td>◑</td></tr>
<tr><td colspan="9">Legende ○ nicht erfüllt ◑ teilweise erfüllt ● vollständig erfüllt</td></tr>
</table>

Technology-as-a-Service Playbook (LAH U. WOOD 2016)

Der Buchbeitrag von LAH U. WOOD beinhaltet für Technologieunternehmen praktische strategische Handlungsanweisungen zum Aufbau eines profitablen Subskriptionsgeschäftsmodells. Das Buch hat zum Ziel, Anbieter von cloudbasierten Lösungen dazu zu befähigen, technologische Lösungen aus Hardware, Dienstleistungen und Software in Everything-as-a-Service-Geschäftsmodellen als Subskriptionsleistung anzubieten. Hierzu wird im Buch ein aus einer 3x3-Matrix bestehendes Modell zur Transformation des Geschäftsmodells hin zum erfolgreichen Subskriptionsgeschäft entwickelt. Wichtige Ebenen des Modells sind Portfolio und Pricing. Ausgangspunkt dieser Ebenen bieten die vier Pricing-Quadranten zur Auswahl einer Preisstrategie (s. Abbildung 3-2). In diesen werden die zu wählende Preisdimension und das Preisniveau abhängig von der Individualität einer Leistung für den Kunden und der Differenzierung der Leistung vom Wettbewerb gewählt. Zur Durchführung der Preisbildung mithilfe der vier Pricing-Quadranten werden zwei Phasen mit folgenden Schritten durchlaufen:

Phase 1: Grenzen setzen

1. Platzierung des Portfolios in einen zeitlichen Gewinnhorizont.
2. Festlegung des anzubietenden Leistungsbündels anhand des Portfolios.
3. Erfassung, ob eine Leistung bereits von einem Konkurrenten angeboten wird.
4. Berechnen der tatsächlichen Stückkosten.
5. Bestimmung des finanziellen Nutzens des Kunden durch die Leistung.

Phase 2: Preisbildungstaktiken anwenden

6. Festlegung des Preisbildungsmechanismus für jedes Leistungsbündel.
7. Identifikation eines preislichen Ankers für die Leistung.
8. Anwendung des Preismodells und Festlegung des Anfangspreises.

Der Ansatz von LAH U. WOOD ist branchenunabhängig ausgelegt und kann laut Autoren auf fast jedes Subskriptionsangebot angewandt werden. Da der Fokus der Autoren jedoch auf der Softwarebranche liegt, ist das Kriterium der produzierenden Industrie nicht erfüllt (s. Tabelle 3-2). Der Ansatz adressiert zentrale Aspekte der Preisbildung für Subskriptionsmodelle. Diese beinhalten die Leistungssystemgestaltung, die Werterfassung sowie die Preisdimensionierung. Alle genannten Elemente werden innerhalb des Prozesses beschrieben, jedoch wird nicht vertieft auf diese Elemente eingegangen. Daher werden die Kriterien dieser Elemente alle lediglich als teilweise erfüllt bewertet.

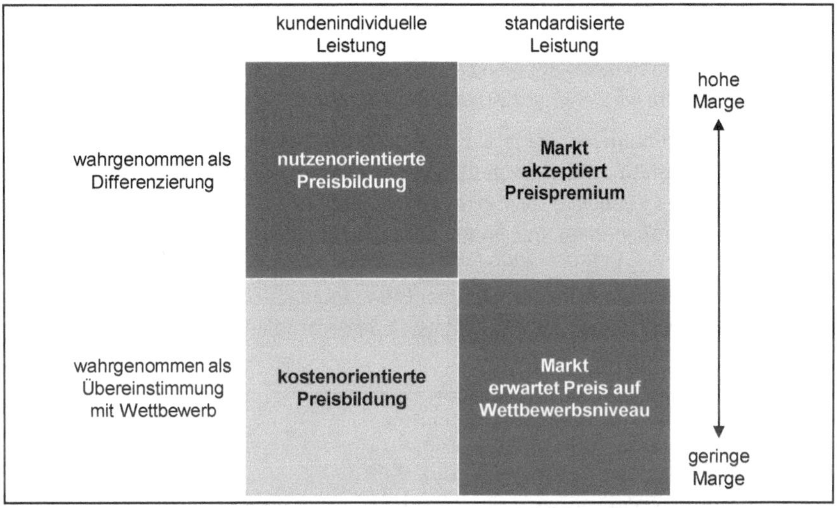

Abbildung 3-2: Die vier Pricing-Quadranten (eigene Darstellung i. A. a. LAH U. WOOD 2016, S. 144)

Der Ansatz folgt einem groben Prozesscharakter und enthält über die vier Pricing-Quadranten ein einfaches Modell zur Auswahl eines Preismodells in Abhängigkeit von definierten Eingangsfaktoren. Sowohl Methoden als auch daran angelehnte Gestaltungsempfehlungen sind praxisorientiert und vom Umfang auf eine praktische Anwendung ausgelegt. Doch der Ansatz ist in der Prozess-, Funktions- und Gestaltungsebene nicht konkret und es fehlt an Detailtiefe. Daher werden diese Kriterien alle als teilweise erfüllt bewertet.

Tabelle 3-2: Bewertung LAH U. WOOD 2016

Bewertung | Lah und Wood (2016)								
Objektbereich					Zielbereich			
produzierende Industrie	Bezugsgrundlage	Werterfassung	Preisdimension	Preismetrik	Prozesssicht	Funktionssicht	Datensicht	Gestaltungsempfehlung
○	◑	◑	◑	○	◑	◑	○	◑
Legende		○ nicht erfüllt		◑ teilweise erfüllt		● vollständig erfüllt		

The conceptualization of pricing schemes (STOPPEL U. ROTH 2017)

Im Beitrag von STOPPEL U. ROTH werden eine Konzeptualisierung und Klassifizierung von Preismodellen vorgestellt. Der Beitrag hat zum Ziel, das Verständnis zur nutzenbasierten Preisbildung für Leistungen zu erweitern, die für den Kunden während der Nutzungsphase erbracht werden. Hierzu werden für die nutzenbasierte Preisbildung produkt- und kundenzentrierte Ansätze klassifiziert. Hierzu werden eine Analyse relevanter Literatur zu Arten der nutzenbasierten Preismodelle durchgeführt und anschließend mit vier Fallstudien aus der Praxis sowie ergänzender Experteninterviews abgeglichen. Der Beitrag zeigt, dass kundenzentrierte Ansätze stärker auf den Nutzwert des Kunden ausgerichtet sind, da sich die Umsätze auf die Nutzungsphase des Kunden verlagern. Durch diese Kopplung der Wertschöpfung beim Kunden an die Einnahmen des Anbieters wird die Zusammenarbeit von Kunde und Anbieter gestärkt.

In der Arbeit wird dargelegt, dass ein Preismodell allgemein aus den beiden Komponenten Bezugsgröße und Berechnungsmechanismus besteht (s. Abbildung 3-3). Durch die Bezugsgröße wird die Einheit der Berechnung des Preises in Abhängigkeit der Leistungskomponenten bestimmt. Diese teilen sich in produkt- und kundenzentrierte Preismodelle auf. Die Struktur von Preismodellen unterscheidet sich in Abhängigkeit zu ihrer Bezugsgröße. Mit dem Berechnungsmechanismus wird die funktionale Beziehung zwischen der Bezugsgröße und dem monetären Gegenwert für einen spezifischen Kunden abgebildet.

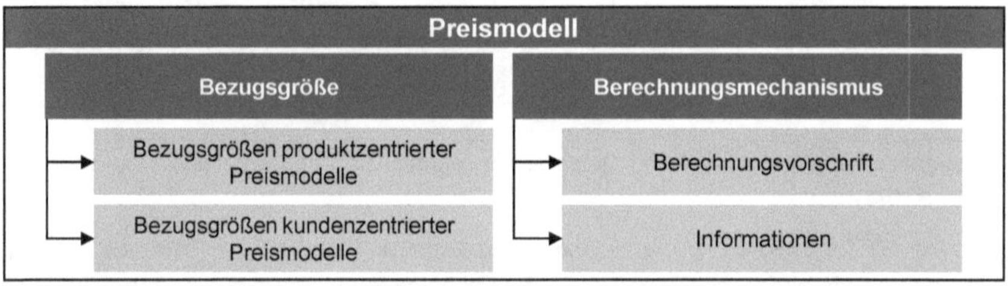

Abbildung 3-3: Komponenten eines Preismodells (eigene Darstellung i. A. a. STOPPEL u. ROTH 2017, S. 79)

Als zentrale Komponenten des Berechnungsmechanismus definieren die Autoren die Berechnungsvorschrift sowie spezifische Informationen über preisbestimmende Inputfaktoren. Beim Angebot von individuellen Kundenlösungen im industriellen Kontext besteht ein Bedarf für Preismodelle, die den gemeinsam geschaffenen Nutzen (auch genannt co-kreierter Nutzen) abschöpfen. Durch kundenzentrierte Preismodelle kann die Wertschöpfung des Kunden während der Nutzungsphase erfasst und auf Grundlage jener Preismodelle unter den Geschäftspartnern aufgeteilt werden.

Der Ansatz zur Preisbildung fokussiert ausschließlich die produzierende Industrie. Alle vier betrachteten Fallstudien behandeln den industriellen Kontext; jedoch ist lediglich eine der Fallstudien der produzierenden Industrie im Verständnis dieser Arbeit zuzuordnen, sodass dieses Kriterium teilweise erfüllt ist (s. Tabelle 3-3). Die Autoren beschreiben, dass ihr Ansatz ein Konzept zur Monetarisierung des kontextabhängigen, phänomenologisch wahrgenommenen Nutzens eines Kunden darstellt, mit dem der Value-in-Use des Kunden abgeschöpft und zwischen Kunde und Anbieter aufgeteilt werden kann. Da auf die Werterfassung jedoch nicht konkreter eingegangen wird, ist dieses Kriterium lediglich teilweise erfüllt. Der Fokus des Beitrags liegt auf der Beschreibung der Preisdimension und der Preismetrik. Die Einteilung der Bezugsgröße in produkt- und kundenzentrierte Modelle schafft eine konkrete Grundlage zur Klassifizierung. In Abhängigkeit vom Kontext und dem damit einhergehenden Nutzenversprechen werden für die kundenzentrierten Preismodelle konkretere Stufen angegeben. Diese Stufen sind verfügbarkeitsorientiert, nutzungsorientiert, ergebnisorientiert und erfolgsorientiert. Entsprechend dieser Reihenfolge steigen das monetäre Potential und somit der Anreiz für den Anbieter, wobei er im Gegenzug zusätzliche Aufgaben, Risiken und Kosten des Kunden übernimmt. Aus Sicht der Autoren erfasst und teilt hierbei das erfolgsorientierte Preismodell den co-kreierten Nutzen am besten. Für alle Ansätze werden zudem Beispiele für passende Preismetriken wie *pay-for-availability* (Verfügbarkeit), *pay-per-use* (Nutzung), *pay-per-unit* (Ergebnis) und *profit sharing* (Erfolg) mitsamt Messeinheit beschrieben. Zudem wird erörtert, warum die einzelnen Fallstudien ein entsprechendes Preismodell ausgewählt haben. Aufgrund der Detailtiefe sind die Kriterien Preisdimension und Preismetrik voll erfüllt.

Im Ansatz werden Zusammenhänge zwischen dem Kundennutzen und den daraus resultierenden Bezugsgrößen für ein Preismodell klar dargelegt, es wird jedoch keine vollständige Systematik erarbeitet. Zudem wird anhand der Fallstudien eine Auswahl an Gestaltungsempfehlungen zur Umsetzung der Preismodelle in der Praxis gegeben. Daher sind die Kriterien Funktionssicht und Gestaltungsempfehlung teilweise erfüllt.

Tabelle 3-3: Bewertung STOPPEL U. ROTH 2017

Bewertung | Stoppel und Roth (2017)								
Objektbereich					Zielbereich			
produzierende Industrie	Bezugsgrundlage	Werterfassung	Preisdimension	Preismetrik	Prozesssicht	Funktionssicht	Datensicht	Gestaltungsempfehlung
◑	○	◑	●	●	○	◑	○	◑
Legende		○ nicht erfüllt		◑ teilweise erfüllt		● vollständig erfüllt		

Risikobasierte Preisgestaltung von Full-Service-Verträgen (DOMBROWSKI ET AL. 2017)

Im Beitrag von DOMBROWSKI ET AL. wird ein Vorgehensmodell zu risikobasierter Preisbildung von Full-Service-Verträgen für Windenergieanlagen vorgestellt. Durch Full-Service-Verträge können Instandhaltungsdienstleister dem Kunden hochwertige Leistungsversprechen durch Übernahme von Risiken anbieten (Verfügbarkeitsrisiko, Instandhaltungskostenrisiko). Das im Beitrag entwickelte Vorgehen unterstützt Serviceanbieter bei der Preisbildung von Full-Service-Verträgen, um negative Rendite und negative Deckungsbeiträge zu vermeiden. Hierzu wird ein dreistufiges Vorgehen zur Preisbildung vorgestellt. Die Schritte lauten 1. Entwicklung der Instandhaltungsstrategie, 2. Definition des Preismodells und 3. Risikobasierte Vertragsoptimierung. Zentrales Ergebnis des Beitrags ist ein Entscheidungsbaum zur Identifikation des passenden Preismodells für angebotene Leistungselemente (s. Abbildung 3-4). DOMBROWSKI ET AL. fokussieren im Modell hochwertige Instandhaltungsleistungen für die Windenergiebranche. Somit sind die Leistungsangebote und die Branche im Sinne dieser Arbeit der produzierenden Industrie zuzuordnen. Da diese jedoch lediglich spezifische Teilmengen davon darstellen, ist das Kriterium produzierende Industrie teilweise erfüllt (s. Tabelle 3-4).

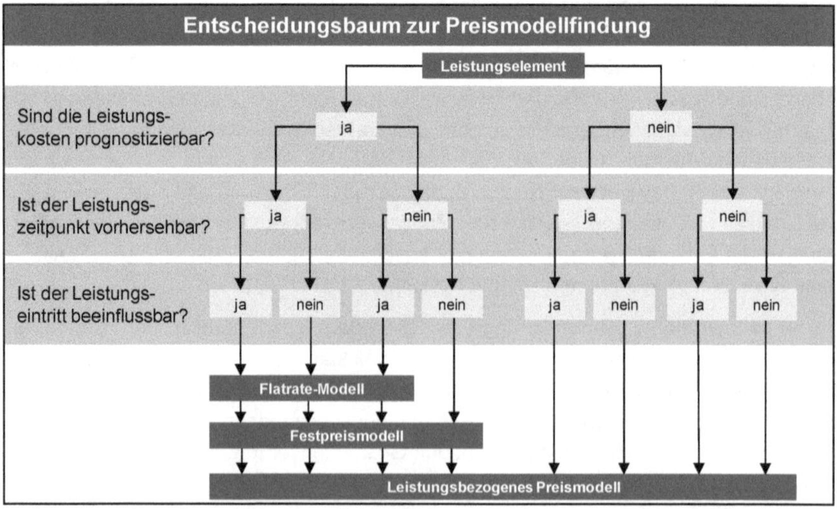

Abbildung 3-4: Entscheidungsbaum zur Ableitung eines Preismodells (eigene Darstellung i. A. a. DOMBROWSKI ET AL. 2017, S. 751)

Der erste Schritt des Modells umfasst die Definition der Instandhaltungskosten und den Wartungszeitpunkt der Komponenten der Windkraftanlage. Zunächst wird die Produktstruktur analysiert und die daraus resultierenden Produktstrukturelemente in Gruppen sowie Untergruppen aufgeteilt. Die Verteilungen der Ausfallwahrscheinlichkeiten der Produktelemente werden anschließend auf Basis historischer Produktdaten oder Experteneinschätzungen bestimmt. Aufbauend darauf werden die passenden Wartungsleistungen und die anfallenden Wartungskosten festgelegt. Diese Verknüpfung bildet die Basis, anhand der durch Bildung von Instandhaltungs- und Wartungsgruppen eine Instandhaltungsstrategie entwickelt werden kann. Folglich reduziert sich die Betrachtung auf den Dienstleistungsaspekt von Leistungssystemen, weshalb dieses Kriterium teilweise erfüllt ist. Der zweite Schritt des Ansatzes fokussiert Preismodelle. Die Autoren unterscheiden zwischen den drei Preismodellen Festpreismodell, Flatrate-Modell und leistungsbezogenes Modell. Der Anwender der Methode ordnet jedem zuvor definierten Leistungselement ein Preismodell zu. Die Preisbasis für das Festpreismodell, bei dem die Leistungen zu einem fixen Preis angeboten werden, wird anhand der Ausfallwahrscheinlichkeit eines Produktelements und der Kosten zur Leistungserbringung errechnet. Das Flatrate-Modell koppelt den zu zahlenden Preis an einen variablen Parameter (z. B. die erzeugte Energie in kWh) und einen Preis pro Parametereinheit. Eine Preisbasis hierfür wird analog zum Festpreismodell berechnet, jedoch fließt zusätzlich die Laufzeit des Produktstrukturelementes mit ein. Im leistungsbezogenen Preismodell wird ein Preis nach dem tatsächlich verbrauchten Material und der geleisteten Arbeit ermittelt. Mit den verschiedenen Preismodellen wird eine differenzierte Berücksichtigung der Risiken ermöglicht. Der Ansatz leistet einen Beitrag hinsichtlich der leistungsspezifischen Auswahl von Preisdimension und -metrik, doch beide Kriterien sind lediglich teilweise erfüllt, da die dargelegten Preismodelle nicht noch differenzierter, insbesondere hinsichtlich Kundennutzen, betrachtet werden.

Der Ansatz verfügt über einen klaren prozessualen Charakter und insbesondere der Entscheidungsbaum stellt eine klare Struktur zur Identifikation des Preismodells dar. Daher ist das Kriterium der Prozesssicht voll erfüllt. Da die Einteilung von Leistungselementen sowie die konkrete Umsetzung der angegebenen Preismodelle in der Praxis jedoch nicht konkret beschrieben werden, sind die Kriterien Funktionssicht und Gestaltungsempfehlung teilweise erfüllt.

Tabelle 3-4: Bewertung DOMBROWSKI ET AL. 2017

Bewertung | Dombrowski (2017)								
Objektbereich					Zielbereich			
produzierende Industrie	Bezugsgrundlage	Werterfassung	Preisdimension	Preismetrik	Prozesssicht	Funktionssicht	Datensicht	Gestaltungsempfehlung
◑	◑	○	◑	◑	●	◑	○	◑
Legende		○ nicht erfüllt		◑ teilweise erfüllt		● vollständig erfüllt		

4 Effective subscription pricing strategies (TRUONG U. POLAR 2017)

Der Artikel von TRUONG U. POLAR stellt vier Preisstrategien für Subskriptionsmodelle vor. Der Artikel ist vor allem auf den *Business-to-Customer*-Markt (B2C-Markt) ausgerichtet und dient dazu, vor allem Unternehmen aus der Praxis bei der Durchführung der Preisbildung für angebotene Leistungen zu unterstützen. Hierzu werden die vier Preisstrategien hintereinander dargelegt und mitsamt Praxisbeispielen und Handlungsempfehlungen vorgestellt.

Aufgrund des Fokus auf dem B2C-Markt ist das Kriterium der produzierenden Industrie nicht erfüllt (s. Tabelle 3-5). Die Inhalte des Beitrags fokussieren primär die Kriterien Bezugsgrundlage und Preisdimension. Zunächst schlagen die Autoren vor, dem Kunden einen Teil der Leistungen als Freemium-Angebot oder Probeprodukt kostenlos anzubieten. Dies weckt schnell das Interesse von Konsumenten und bewirkt eine hohe Akzeptanz für die Leistung am Markt. Hierdurch wird das wahrgenommene Risiko des Kunden vermindert und Kunden mit niedriger Preisbereitschaft werden angesprochen. Als zweite Preisstrategie empfehlen die Autoren, einen Preispunkt genau in der Mitte einer Preisskala zu positionieren, um auch Konsumenten anzusprechen, die indifferent zwischen einem niedrig- und hochpreisigen Produkt sind. Als dritte Preisstrategie sollte ein hochpreisiges Leistungsangebot angeboten werden, um auch Kunden mit einer hohen Preisbereitschaft anzusprechen. Durch diesen hohen Preispunkt wird zudem ein Anker für den Kunden gesetzt, wodurch die anderen Leistungsangebote günstig erscheinen. Trotz der verschiedenen Preispunkte sieht die vierte und letzte Preisstrategie vor, die Preisstruktur des Leistungsangebots für den Kunden klar und übersichtlich darzulegen. Der Artikel stellt somit sehr spezifische Handlungsempfehlungen im

Bereich der Leistungssystemgestaltung und Preisdimension auf, weshalb die Kriterien lediglich teilweise erfüllt sind.

Für die jeweiligen Preisstrategien werden praxistaugliche und durch Beispiele unterstützte Gestaltungsempfehlungen abgegeben. Viele der Empfehlungen sind jedoch nicht konkret, sodass das Kriterium der Gestaltungsempfehlungen lediglich teilweise erfüllt ist.

Tabelle 3-5: Bewertung TRUONG U. POLAR 2017

Bewertung | Truong und Polar (2017)								
Objektbereich					Zielbereich			
produzierende Industrie	Bezugsgrundlage	Werterfassung	Preisdimension	Preismetrik	Prozesssicht	Funktionssicht	Datensicht	Gestaltungsempfehlung
○	◑	○	◑	○	○	○	○	◑
Legende		○ nicht erfüllt		◑ teilweise erfüllt		● vollständig erfüllt		

Improving Usage Metrics for Pay-per-Use Pricing with IoT Technology and Machine Learning (HEINIS ET AL. 2018)

Im Beitrag von HEINIS ET AL. wird ein Ansatz zur Messung des Nutzungsverhaltens für Produkte in der Industrie mithilfe von Datenanalysen und *Machine Learning* dargestellt. Dies bietet eine Grundlage, mithilfe von IoT-Technologien nutzenorientierte Preismetriken für Maschinen anzuwenden, deren Nutzungswert und Output bisher schwer messbar ist. Die Autoren verfolgen das Ziel, neue Preismetriken zu ermöglichen, die anhand von Maschinendaten messbar sind und direkt mit der Unternehmensleistung korrelieren. Dazu werden aus zwei Fallstudien mit elektronischen Handwerkzeugen die Nutzungsdaten von Sensoren ausgewertet. In den Fallstudien gelingt es, in Versuchen die konkrete produktive Nutzungszeit der Maschinen mit hoher Zuverlässigkeit anhand der Daten zu bestimmen.

Die behandelten Fallstudien mit elektronischen Handwerkzeugen stellen einen der produzierenden Industrie nahen Anwendungsfall dar. Daher ist dieses Kriterium teilweise erfüllt (s. Tabelle 3-6). Im Beitrag werden anhand von Machine-Learning-Klassifikatoren aus unverarbeiteten Sensordaten Nutzungsmuster herausgefiltert. Hierzu werden durch einen entwickelten Algorithmus Eingabedaten aus Sensoren in ein Nutzungsprofil überführt, welches als Input für Preismetriken dienen kann. In einen Machine-Learning-Algorithmus wird ein zeitdiskretes Signal aus Sensoren eingespeist. Der Algorithmus ordnet den Zeitreihendatensätzen eine Klasse zur Charakterisierung des Verwendungskontextes zu. Die nutzenorientierten Metriken werden schließlich anhand der Abfolge der Nutzungsklassen hinsichtlich des Zeitpunktes und der Häufigkeit des Auftretens interpretiert. Der Ansatz bietet eine datenbasierte Grundlage zur Ermittlung des Wertes sowie zur Verknüpfung von in der Nutzung erfassten Daten mit einer Preismetrik. Da jedoch kein Zusammenhang zum Kundennutzen hergestellt wird und Preismetriken nicht detailliert werden, sind diese Kriterien lediglich teilweise erfüllt.

Der Ansatz bietet eine Funktion zur datenbasierten Bestimmung des Nutzungsverhaltens von Maschinen in der produzierenden Industrie. Die Autoren fokussieren Anwendungsfälle, in denen der Output von Maschinen schwer messbar ist. Daher ist der Betrachtungsumfang gering. Der Ansatz ist dementsprechend spezifisch, bietet jedoch eine innovative Möglichkeit zur Operationalisierung von Daten für Preismetriken. Die Funktions- und Datensicht werden als teilweise erfüllt gewertet.

Tabelle 3-6: Bewertung HEINIS ET AL. 2018

Bewertung | Heinis (2018)								
Objektbereich					Zielbereich			
produzierende Industrie	Bezugsgrundlage	Werterfassung	Preisdimension	Preismetrik	Prozesssicht	Funktionssicht	Datensicht	Gestaltungsempfehlung
teilweise erfüllt	nicht erfüllt	teilweise erfüllt	nicht erfüllt	teilweise erfüllt	nicht erfüllt	teilweise erfüllt	teilweise erfüllt	nicht erfüllt
Legende			nicht erfüllt		teilweise erfüllt		vollständig erfüllt	

How to build a subscription business (HANSEN 2018)

Der Beitrag von HANSEN stellt einen schrittweisen Leitfaden zur Entwicklung oder Anpassung eines Subskriptionsgeschäftsmodells vor. Das Buch führt durch einen ganzheitlichen Prozess aus sieben Phasen mit insgesamt 29 spezifischen Unterschritten (s. Abbildung 3-5). Weiterhin werden insgesamt 50 Praxisbeispiele für die Implementierung eines Subskriptionsgeschäfts vorgestellt. Ziel ist es, Unternehmen aus der Praxis dabei zu unterstützen und zu beraten, ein Subskriptionsgeschäft zu etablieren. Dazu werden die einzelnen Unterschritte des Prozesses sukzessive durchlaufen und Handlungsschritte sowie Entscheidungsalternativen aufgezeigt.

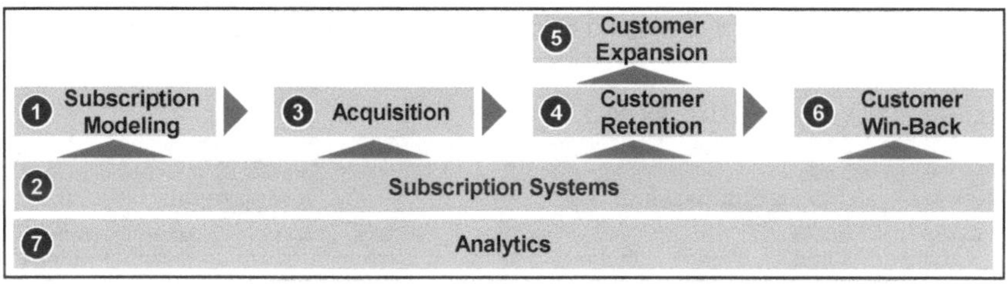

Abbildung 3-5: Prozess zur Entwicklung eines Subskriptionsgeschäfts (eigene Darstellung i. A. a. HANSEN 2018, S. 16)

Die Preisbildung wird im Rahmen des Prozesses in der ersten Phase, dem *Subscription Modeling*, durchgeführt. Hierbei wird die Entscheidung getroffen, wie die Leistung anzubieten ist, welche Preisstrategie gewählt und welcher Preis gebildet wird. HANSEN definiert für diese Phase die folgenden Schritte:

1. Stelle fest, ob das Subskriptionsmodell für das Unternehmen geeignet ist.
2. Beschreibe das Nutzenversprechen des Unternehmens.
3. Definiere die Nutzung des Produkts oder der Dienstleistung.
4. Lege die Preisstrategie fest.
5. Bestimme die Leistungsbündel, die dem Kunden angeboten werden.

6. Definiere die Subskriptionszeiträume.
7. Bilde den Preis.
8. Lege die Zahlungsmethoden fest.
9. Definiere das Rechnungs- und Mahnverfahren.
10. Entscheide über die Subskriptionsbedingungen und dokumentiere diese.

Der Ansatz von HANSEN beschreibt ein Vorgehen zur Umsetzung eines Subskriptionsmodells im B2C-Kontext. Die Übertragbarkeit auf die produzierende Industrie ist daher lediglich eingeschränkt gegeben und das Kriterium ist nicht erfüllt (s. Tabelle 3-7). Innerhalb des Ansatzes wird eine Definition des anbieterseitigen Nutzenversprechens, der Leistung und des Preises gegeben. Ein entscheidender Schritt des Ansatzes ist es, zu definieren, wie der Kunde die Leistung nutzt, und das richtige Nutzungsmodell für einen Kunden festzulegen. Abhängig davon werden sechs verschiedene Nutzungsmodelle vorgestellt. Zusätzlich gibt HANSEN vor, dass eine passgenaue Preisstrategie zu wählen ist. Abhängig von diesen Entscheidungen wird das Leistungsangebot detailliert, sodass dieses zu den anbieterseitigen Zielen und Kundenanforderungen passt. Bei der Preisbildung sollte stets ein nutzenorientierter Ansatz gewählt werden, wobei zusätzlich auch Kosten und das Angebot von Mitbewerbern Berücksichtigung finden sollen. Aufgrund fehlender Detailtiefe werden die Kriterien Bezugsgrundlage und Preisdimension als teilweise erfüllt gewertet. Der Beitrag fokussiert die Darstellung der Inhalte im Rahmen eines klaren Prozesses, der relevante Aspekte adressiert. Das Kriterium der Prozesssicht ist daher voll erfüllt. Es werden weiterhin Nutzungs- und Preismodelle und Gestaltungsempfehlungen angegeben sowie Praxisbeispiele aufgelistet. Diese sind jedoch zur Umsetzung in der Praxis oftmals nicht detailliert genug und es werden keine systematischen Verknüpfungen zwischen den im Beitrag vorgestellten Praxisbeispielen und dem Leitfaden gegeben. Daher ist dieses Kriterium teilweise erfüllt.

Tabelle 3-7: Bewertung HANSEN 2018

Bewertung | Hansen (2018)								
Objektbereich					Zielbereich			
produzierende Industrie	Bezugsgrundlage	Werterfassung	Preisdimension	Preismetrik	Prozesssicht	Funktionssicht	Datensicht	Gestaltungsempfehlung
○	◑	○	◑	○	●	○	○	◑
Legende		○ nicht erfüllt		◑ teilweise erfüllt		● vollständig erfüllt		

Determinanten der Preisfindung: Preismodelle (FROHMANN 2018)

Der Buchbeitrag von FROHMANN bietet einen praxisorientierten Überblick über Prozesse und Methoden zur ganzheitlichen Durchführung des Preismanagements für digitale Leistungsangebote. Das Werk adressiert dabei die drei Ebenen Geschäftsmodell, Erlösmodell und Preisprozess. Ziel ist es, Unternehmen, die digitale Leistungen anbieten, beim operativen Preismanagement mithilfe eines übergeordneten Rahmenwerks zu unterstützen. Daher werden die vorgestellten Ansätze an vielen Stellen durch

Fallbeispiele aus der Praxis unterstützt. Die drei Ebenen werden sukzessive beschrieben, wobei der Fokus auf dem Preisprozess liegt. Dieser besteht aus den fünf Prozessschritten 1. Analyse, 2. Strategie, 3. Struktur, 4. Implementierung und 5. Monitoring. Insbesondere der dritte Schritt Struktur adressiert zentrale Elemente der Preisbildung im Sinne dieser Arbeit.

Der Beitrag hat keinen spezifischen Branchenfokus, sondern adressiert im Allgemeinen Unternehmen, die digitale Leistungen anbieten. Ein großer Teil der Fallbeispiele ist dabei Unternehmen der Software- oder IT-Branche zuzuordnen. Daher ist das Kriterium der produzierenden Industrie nicht erfüllt (S. Tabelle 3-8). Zur Bestimmung des Wertes wird als Methode die *Value-Driver-Analysis* vorgestellt. Diese stellt die angebotenen Leistungskomponenten zunächst in einer Nutzen-Preis-Portfoliomatrix gegenüber. Anhand dieses Ausgangspunkts folgt die Preisbestimmung mithilfe von Kundenbefragungen zum Nutzenwert. Der Autor benennt als Aufgabe von Preismodellen die Fragestellung: Wofür, wann, von wem und auf Basis welcher Parameter der Preis gebildet wird. Diese Fragestellungen adressieren die Preisdimension und Preismetrik. Preismodelle werden im Buchbeitrag anhand des in Kapitel 2 beschriebenen Modells der 5 Säulen eines Preismodells (s. Abbildung 2-12) vorgestellt. Dabei kann grundsätzlich zwischen nutzungsunabhängigen und nutzungsabhängigen Grundlagen unterschieden werden. Für digitale Leistungen sind nach FROHMANN vor allem nutzungsabhängige Bemessungsgrundlagen von Bedeutung, da diese sich am tatsächlichen Nutzen des Kunden orientieren und somit neue Möglichkeiten der Monetarisierung von zusätzlicher Wertschöpfung für einen Kunden bieten. Insbesondere das *Value-Sharing* wird als ein Ansatz klassifiziert, der Anbieter durch eine Beteiligung am ökonomischen Ertrag dazu bewegt, höhere Risiken des Kunden zu übernehmen. Zur Gestaltung und Optimierung von Preismodellen werden acht Erfolgsfaktoren angegeben (s. Abbildung 3-6). Angelehnt an diese Faktoren wird ein zehnstufiges Vorgehen zur Preismodellierung von der Zieldefinition bis zur Testung von Prototypen vorgestellt.

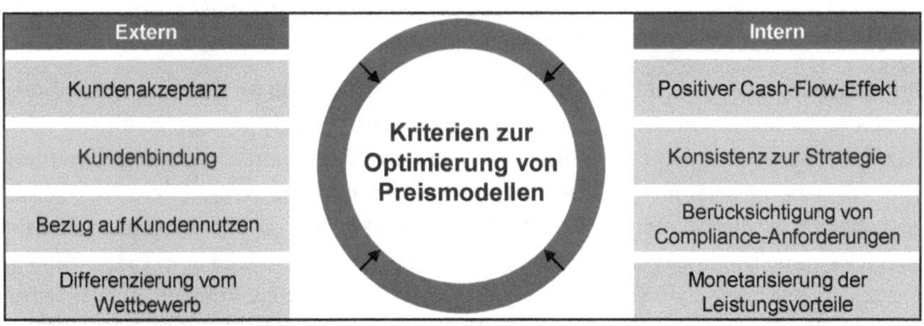

Abbildung 3-6: Kriterien zur Optimierung von Preismodellen (eigene Darstellung i. A. a. FROHMANN 2018, S. 241)

Neben der Preisdimension ist auch die Preismetrik ein zentrales Element des Preismodells. Hier wird allgemein zwischen ein-, zwei- und dreidimensionalen Metriken unterschieden. Diese unterscheiden sich durch die Zahl der Komponenten. Insbesondere Dienstleistungsunternehmen können durch die Wahl mehrdimensionaler Metriken aus beispielsweise fester und variabler Komponente den Gewinn steigern. Der Ansatz von FROHMANN thematisiert einen breiten Bereich der Preisbildung; dies geschieht jedoch zu Lasten von inhaltlicher Tiefe im Objektbereich. Daher werden alle Kriterien als teilweise erfüllt gewertet.

Im Rahmen des Beitrags werden anhand eines übergeordneten Prozesses zahlreiche Methoden und Vorgehen zur Preisbildung vorgestellt. Weiterhin werden anhand von konkreten Fallbeispielen auch Empfehlungen zur Gestaltung und Umsetzung von Preismodellen in der Praxis gegeben. Da der Ansatz jedoch vor allem auf eine möglichst breite Anwendbarkeit ausgelegt ist, erreicht dieser nicht den Umfang im Zielbereich, der für eine konkrete Umsetzung in der produzierenden Industrie erforderlich ist. Die Kriterien Prozesssicht, Funktionssicht und Gestaltungsempfehlung werden daher als teilweise erfüllt gewertet.

Tabelle 3-8: Bewertung FROHMANN 2018

Bewertung | Frohmann (2018)								
Objektbereich					Zielbereich			
produzierende Industrie	Bezugsgrundlage	Werterfassung	Preisdimension	Preismetrik	Prozesssicht	Funktionssicht	Datensicht	Gestaltungsempfehlung
nicht erfüllt	nicht erfüllt	teilweise erfüllt	teilweise erfüllt	teilweise erfüllt	teilweise erfüllt	teilweise erfüllt	nicht erfüllt	teilweise erfüllt

Legende: ○ nicht erfüllt ◑ teilweise erfüllt ● vollständig erfüllt

Defining a winning subscription pricing model (YAMAMOTO U. SHARMA 2019)

Im Beitrag von YAMAMOTO U. SHARMA wird ein Ansatz zur qualitativen Auswahl eines Preismodells für Subskriptionsmodelle vorgestellt. Der Beitrag beschreibt eine Methode zur passgenauen Auswahl eines Preismodells aus Kunden- und aus Anbietersicht. Ziel des Beitrags ist es, Akteuren aus der industriellen Praxis die Methode anwendungsnah vorzustellen. Dadurch können Unternehmen bei der Entscheidungsfindung zur Auswahl der Preisdimension und der Preismetrik unterstützt werden. Hierzu wird die Methode in mehreren Schritten vorgestellt.

Im vorgestellten Ansatz ist zunächst durch ein Brainstorming im Rahmen eines Workshops zu identifizieren, welche möglichen Preismetriken zum Nutzungsverhalten des Kunden passen und welche Preismetriken durch Wettbewerber verwendet werden. Die möglichen Metriken in diesen Feldern können typischerweise in die Kategorien *user-based*, *acitivity-based*, *business scale* und *performance-based* klassifiziert werden. Die identifizierten Preismetriken (Metrik A bis L) werden nach dem Brainstorming bezüglich der Vorteilhaftigkeit für den Kunden sowie für den Anbieter mithilfe einer Matrix bewertet (s. Abbildung 3-7). Zur Bewertung der Kundenseite dienen die Kriterien Nachvollziehbarkeit, Flexibilität und Preistransparenz. Auf Anbieterseite werden die Kundenakzeptanz, die Nutzenerfassbarkeit und der Umsetzungsaufwand als Kriterien herangezogen. Mit diesen Kriterien wird die Präferenz für eine Preismetrik für den Kunden und den Anbieter durch eine Gesamtpunktzahl bestimmt und auf einer Skala von eins (gering) bis fünf (hoch) in der Matrix dargestellt. Die im betrachteten

Anwendungsfall im Quadranten oben rechtsliegenden Preismetriken sollen für die weitere Betrachtung herangezogen werden.

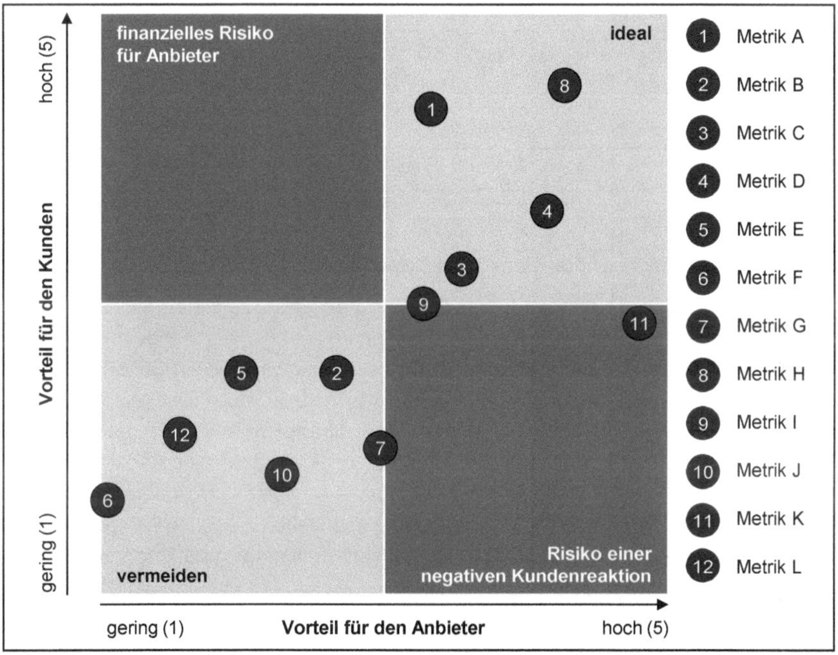

Abbildung 3-7: Bewertungsmatrix für Preismetriken (eigene Darstellung i. A. a. YAMAMOTO U. SHARMA 2019)

Der Ansatz fokussiert keine spezielle Branche, beinhaltet jedoch vor allem Beispiele aus der Preisbildung für Subskriptionsleistungen aus der Softwareindustrie. Da konkrete Anwendungsnachweise aus der produzierenden Industrie nicht benannt werden, ist das Kriterium nicht erfüllt (s. Tabelle 3-9). Der Fokus des Ansatzes liegt auf der Bestimmung einer passgenauen Preismetrik, wozu eine praxistaugliche Methode zur Auswahl der richtigen Preismetrik aus Kunden- und Anbietersicht vorgestellt wird. Dieses Kriterium wird daher als voll erfüllt bewertet. Weiterhin wird über die Kategorisierungen von Preismetriken ein Zusammenhang zu Preisdimensionen aufgebaut und es wird mithilfe der Bewertungskriterien der Preismetriken aus Kunden- und Anbietersicht eine Verknüpfung zur Werterfassung geboten. Aufgrund fehlender Detailtiefe können diese Kriterien jedoch lediglich als teilweise erfüllt gewertet werden. Im Beitrag wird der Ablauf der Methode beschrieben. Dieser folgt jedoch keiner konkreten prozessualen Struktur. Weiterhin bietet die Methode einen Funktionsrahmen zur Bewertung von Preismetriken. Zwar werden Kriterien zur Einordnung aus Kunden- und Anbietersicht vorgegeben, die Evaluation der Metriken anhand der Kriterien hängt jedoch von der subjektiven Einschätzung der Anwender ab. Weiterhin liefert der Ansatz Gestaltungsempfehlungen für Preismetriken. Der Betrachtungsumfang in Bezug auf die in dieser Arbeit definierten Anforderungen erscheint jedoch nicht weitreichend genug. Daher sind die Kriterien zur Prozesssicht, Funktionssicht und zu den Gestaltungsempfehlungen jeweils teilweise erfüllt.

Tabelle 3-9: Bewertung YAMAMOTO U. SHARMA 2019

Bewertung | Yamamoto und Sharma (2019)								
Objektbereich					Zielbereich			
produzierende Industrie	Bezugsgrundlage	Werterfassung	Preisdimension	Preismetrik	Prozesssicht	Funktionssicht	Datensicht	Gestaltungsempfehlung
◐	○	◐	◐	●	◐	◐	○	◐
Legende		○ nicht erfüllt		◐ teilweise erfüllt		● vollständig erfüllt		

Designing your subscription pricing approach (LIOZU 2022)

Der Buchbeitrag von LIOZU stellt einen praxisorientierten Leitfaden zur Gestaltung, Preisbildung und Skalierung eines Subskriptionsgeschäfts in der Industrie dar. Der Buchbeitrag adressiert die erforderlichen Voraussetzungen für ein Subskriptionsgeschäft, die Gestaltung des Subskriptionsgeschäftsmodells sowie die Preisbildung und die Skalierung. Weiterhin werden erfolgreiche Fallbeispiele aus der Industrie vorgestellt. Ziel des Beitrags ist es, Unternehmen aufzuzeigen, dass eine erfolgreiche Umsetzung von Subskriptionsmodellen in der Industrie erfolgen kann, indem diese systematisch und zielorientiert erfolgt. Dementsprechend stellen die Entwicklung eines Vorgehensmodells in Kombination mit Handlungsempfehlungen und Erfahrungswissen den Fokus des Beitrags dar.

Der Beitrag hat mit der produzierenden Industrie einen klaren Branchenfokus. Es werden insgesamt 25 Fallstudien aus der produzierenden Industrie vorgestellt und beschrieben. Daher ist das Kriterium der produzierenden Industrie voll erfüllt (s. Tabelle 3-10). Im Beitrag wird darauf hingewiesen, dass die Paketierung eines Leistungsangebots im Subskriptionsgeschäft untrennbar mit der Preisbildung verknüpft ist. Allerdings liegt kein konkreter Schwerpunkt auf der Ausgestaltung einer Bezugsgrundlage. Dementsprechend wird dieses Kriterium als nicht erfüllt bewertet. Zur Werterfassung wird ein Ansatz zur Definition einer *Value Metric* vorgestellt. Hierbei wird dargelegt, wie eine definierte *Value Metric* mit einem Preismodell verknüpft werden kann. Dazu wird ein Wertinnovationszyklus mit fünf Schritten vorgestellt. Dieser erfolgt zyklisch in den fünf Schritten: 1. *Value creation,* 2. *Value communication,* 3. *Value delivery,* 4. *Value documentation* und 5. *Value capture (pricing).* Im Ansatz wird allerdings nicht konkreter darauf eingegangen, wie der Wert aus Kunden- und Anbietersicht quantifiziert wird. Daher wird das Kriterium als teilweise erfüllt bewertet. Ein inhaltlicher Schwerpunkt des Beitrags liegt auf den Themenfeldern Preisdimension und Preismetrik. In diesem Zusammenhang werden verschiedene nutzenorientierte Preismodelle vorgestellt. Diese Preismodelle stellen typische Kombinationen aus der industriellen Praxis dar, die aus einer oder mehreren Preiskomponenten bestehen. Diese variieren in einem Spektrum von vollkommen festen Preiskomponenten bis zu vollkommen variablen Preiskomponenten und sind jeweils durch eine Preiskurve dargestellt, die einen Zusammenhang zwischen dem Preis und der Preismetrik visualisiert (s. Abbildung 3-8).

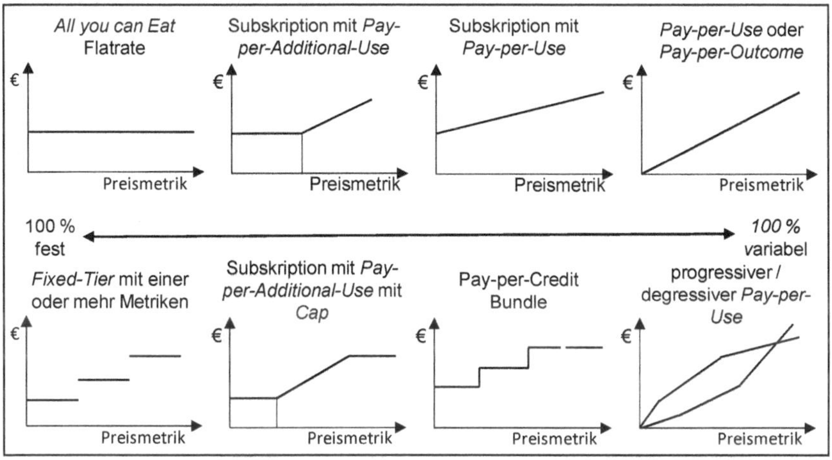

Abbildung 3-8: Spektrum der Preismodelle für Subskriptionsmodelle (eigene Darstellung i. A. a. LIOZU 2022, S. 145)

Anhand der insgesamt acht im Beitrag dargestellten Preismodelle wird veranschaulicht, welche Freiheitsgrade bei der Gestaltung von Subskriptionsmodellen hinsichtlich der gewählten Preismetrik bestehen. Neben eindimensionalen festen Zahlungen (Flatrate) und variablen Zahlungen (*Pay-per-Use* oder *Pay-per-Outcome*) mit linear veränderlichen Verläufen der Preismetrik, ist auch eine Kombination möglich. Dies sind beispielsweise verschiedene Flatrate Stufen (*Tier-Level*) für verschiedene Bereiche der Preismetrik. Weiterhin können variable und feste Preiskomponenten miteinander verknüpft werden, sodass die variable Komponente z. B. erst ab einem bestimmten Wert der Preismetrik einsetzt. Damit dieser variable Wert zudem gewisse Grenzen nicht überschreitet, kann zudem eine *Preiscap* in das Preismodell integriert werden. Des Weiteren können bei variablen Preismodellen auch verschiedene Anstiegsraten in Abhängigkeit der Preismetrik vereinbart werden. Dadurch entstehen beispielsweise progressive oder degressive Preiskurven. Aufgrund der inhaltlichen Tiefe im Beitrag werden die Kriterien Preisdimension und Preismetrik als voll erfüllt bewertet.

Der Beitrag beschreibt ein prozessuales Vorgehen zur Preisbildung aus insgesamt sechs Schritten. Diese Schritte sind: 1. *Define your P&P (Packaging & Pricing) vision*, 2. *List your customer value drivers and equations*, 3. *Shortlist your viable pricing metrics*, 4. *Determine your bundling structure*, 5. *Select your pricing model* und 6. *Price-level-setting methodology*. Anhand dieses Vorgehens können Anwender einer klaren Struktur zur Preisbildung folgen. Dementsprechend wird das Kriterium Prozesssicht als voll erfüllt gewertet. Im Rahmen des Beitrags wird zudem im groben dargelegt, wie die jeweiligen Handlungsschritte umzusetzen sind. Weiterhin wird ein Teil der Schritte auch durch Referenzen zu Fallstudien aus der Praxis mit konkreten Gestaltungsempfehlungen angereichert. Da der Umfang von Funktionen und Gestaltungsempfehlungen jedoch nicht umfassend ist, werden beide Kriterien als teilweise erfüllt bewertet. Darüber hinaus liefert der Beitrag keinen Bezug zur Verarbeitung von Daten zur Preisbildung, dementsprechend wird das Kriterium der Datensicht als nicht erfüllt bewertet.

Tabelle 3-10: Bewertung LIOZU 2022

Bewertung | Liozu (2022)								
Objektbereich					Zielbereich			
produzierende Industrie	Bezugs-grundlage	Wert-erfassung	Preis-dimension	Preis-metrik	Prozess-sicht	Funktions-sicht	Daten-sicht	Gestaltungs-empfehlung
●	○	◑	●	●	●	◑	○	◑
Legende		○ nicht erfüllt		◑ teilweise erfüllt		● vollständig erfüllt		

3.2.2 Literatur zur nutzenorientierten Konfiguration und Preisbildung von Leistungssystemen

In den letzten zwei Jahrzehnten wurden zahlreiche Ansätze zur nutzenorientierten Konfiguration und Preisbildung von Leistungssystemen für die produzierende Industrie entwickelt. Diese Ansätze beziehen sich jedoch zumeist auf transaktionsbasierte Geschäftsmodelle. Allgemein verfügen nutzenorientierte Ansätze zur Konfiguration und Preisbildung von Leistungssystemen über großes Wertschöpfungspotential für Anbieter, doch bisher haben sich viele der Ansätze aufgrund von zwei Kernproblemen nicht flächendeckend durchgesetzt (s. SCHÖNUNG 2008; s. SIMON U. FASSNACHT 2016; s. STOPPEL U. ROTH 2017). Zum einen stellt die Bestimmung von individuellen Werten aufgrund schwer erfassbarer Informationen eine große Hürde dar (s. SCHÖNUNG 2008; s. HINTERHUBER U. LIOZU 2014; s. SIMON U. FASSNACHT 2016; s. HOMBURG 2017). Zum anderen erfolgt die nutzenorientierte Preisbildung in diesen Modellen in der Regel in einer Ex-ante-Preisbildung. Dadurch wird der beim Kunden realisierte Nutzen nicht mit dem Preis verknüpft und es entsteht kein Verbesserungsanreiz für den Anbieter. Dieser Verbesserungsanreiz ist jedoch Voraussetzung dafür, dass aufgrund einer Harmonisierung der Interessen für Kunden und Anbieter eine Win-win-Situation aus der nutzenorientierten Konfiguration und Preisbildung von Leistungssystemen resultiert. Dennoch können wertvolle Erkenntnisse aus diesen Ansätzen abgeleitet werden, da diese näher an den Rahmenbedingungen der produzierenden Industrie angelegt sind. Im Folgenden wird ein Auszug der bestehenden Ansätze vorgestellt und anhand der Kriterien in Bezug auf die Anwendbarkeit auf die Problemstellung dieser Arbeit bewertet.

Wertorientierte Preisbildung (BLIEMEL U. ADOLPHS 2003)

BLIEMEL U. ADOLPHS stellen einen fünfphasigen Ansatz zur nutzenorientierten Preisbildung vor. Die Autoren üben Kritik an traditionellen Preisbildungsansätzen, wie dem kosten-, wettbewerbs- und nachfrageorientierten Ansatz, und entwickeln einen wertorientierten Preisbildungsprozess, der anstelle des Produktes den Kunden in das Zentrum rückt. Dazu wird das Konzept und Verfahren der wertorientierten Preisbildung näher erläutert sowie in die fünf Phasen des Modells eingeteilt (s. Abbildung 3-9).

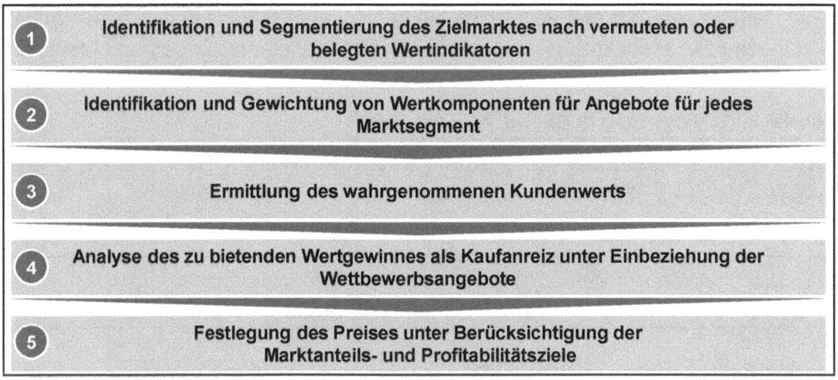

Abbildung 3-9: Phasen der wertorientierten Preisbildung (eigene Darstellung i. A. a. Bliemel u. Adolphs 2003, S. 147)

Im vorgestellten Ansatz wird kein konkreter Branchenbezug zur produzierenden Industrie hergestellt. Daher wird dieses Kriterium als nicht erfüllt gewertet (s. Tabelle 3-11). Inhaltlich fokussiert der Beitrag die Bereiche Bezugsgrundlage und Werterfassung. In der ersten Phase des Preisbildungsprozesses werden zunächst die Wertindikatoren des Zielmarktes identifiziert und der Markt entsprechend segmentiert. Entscheidend hierbei ist die Schaffung eines umfassenden Verständnisses für die Bedürfnisse, Wünsche und Verhaltensweisen der Kunden, um das Risiko einer falschen Kundenadressierung zu minimieren. Die zweite Phase bildet das Kernstück des Prozesses. Hierbei werden die Wertkomponenten evaluiert, anhand derer die Kunden eine Wertbeurteilung von Angeboten in einer spezifischen Produktkategorie vornehmen. Hierzu wird eine Gewichtung der Komponenten gemäß ihrer Wichtigkeit in jedem Kundensegment vorgenommen und die Ausprägungen der Komponenten werden entsprechend angepasst. Darauf aufbauend erfolgt in den nächsten Phasen die Ermittlung des wahrgenommenen Wertes des angebotenen Austauschobjektes. Bliemel u. Adolphs schlagen hierfür eine Bilanzierung von Leistungs- und Aufwandskomponenten zu einem Kundenwert vor. Dieser ergibt sich aus der Differenz zwischen dem Gesamtaufwand und der Gesamtleistung für einen Kunden. In der vierten Phase wird folglich, basierend auf dem wahrgenommenen Kundenwert, definiert, wie hoch der resultierende, wahrgenommene Wertgewinn für den Kunden ist. Die zentrale Fragestellung zielt dabei auf die Einschätzung des wahrgenommenen Preises für das Produktangebot ab. Ein möglicher Ansatz hierfür ist der wahrgenommene Durchschnittspreis, der die preisliche Veränderung eines Produktangebots über den Produktlebenszyklus berücksichtigt. Abgeschlossen wird der Prozess mit der Festlegung des Preises unter Berücksichtigung der Marktanteils- und Profitabilitätsziele.

Im Fokus steht die von den Wertkomponenten des Angebotes abgeleitete Werterfassung des Kunden, die von den Autoren in granularer Weise umfassend dargestellt wird. Zudem findet auch die Bezugsgrundlage durch die Analyse des Produktangebotes in diesem Ansatz Berücksichtigung, allerdings fehlt die Granularität in der Betrachtung. Darüber hinaus beziehen sich die Autoren nur auf Produkte und nicht auf Dienstleistungen bzw. Produkt-Service-Systeme. Gestaltungsempfehlungen und Methoden werden in dem Ansatz nicht bereitgestellt.

Tabelle 3-11: Bewertung Bliemel u. Adolphs 2003

Bewertung | Bliemel und Adolphs (2003)								
Objektbereich					Zielbereich			
produzierende Industrie	Bezugsgrundlage	Werterfassung	Preisdimension	Preismetrik	Prozesssicht	Funktionssicht	Datensicht	Gestaltungsempfehlung
○	◑	●	◑	○	●	○	○	○
Legende		○ nicht erfüllt		◑ teilweise erfüllt		● vollständig erfüllt		

Subjektive Nutzenpreise (Kuß 2003)

Kuß stellt einen quantitativen Ansatz zur Erfassung des Kundennutzens für ein Leistungsangebot für einen Kunden vor. Mit der dargestellten Methode können Akteure, eine Abschätzung des Kundennutzens für die nutzenorientierte Preisbildung durchführen. Die Methode ist ein in sechs Schritte untergliederter Prozess, der eine Beurteilung des ökonomischen Nutzens von Leistungen für den Kunden zulässt. Ein im Beitrag vorgestelltes Nutzenmodell dient als Basis zur Einschätzung des Kundennutzens für Leistungsangebote anhand von Einflussfaktoren.

Der vorgestellte Ansatz bezieht sich im Schwerpunkt auf die Nutzenberechnung für Produkte im *Business-to-Business*-Sektor (B2B-Sektor). Im Weiteren wird keine Spezifizierung des Betrachtungsfokus vorgenommen, weshalb das Kriterium der produzierenden Industrie im vorliegenden Fall als nicht erfüllt gewertet wird (s. Tabelle 3-12). Im Modell wird ein ganzheitlicher Prozess zur Werterfassung vorgestellt (s. Abbildung 3-10). Im ersten Schritt wird ein Team aus Experten der Bereiche Produktentwicklung, Kundendienst und Marketing zusammengestellt. Der zweite Schritt beinhaltet die Auswahl der Marktsegmente, für die zuerst eine Kundennutzenrechnung durchgeführt werden sollte. Hier werden Segmente empfohlen, über die ausreichende Informationen vorliegen und bei denen die Produktanwendung einfach erscheint. Anschließend werden die Einflussfaktoren auf den realisierten Kundennutzen identifiziert, indem alle Phasen der Produktnutzung sowie alle technischen, betriebswirtschaftlichen und qualitativen Nutzenelemente bewertet werden. Hieraus wird ein Modell der Einflussfaktoren für einen Kunden entwickelt. Der dann folgende vierte Schritt beinhaltet die Datensammlung zur Nutzenberechnung. In Zusammenarbeit mit dem Kunden werden Daten erhoben, mithilfe derer eine Quantifizierung der Nutzenfaktoren möglich wird. Im darauffolgenden fünften Schritt wird die Varianz der Nutzenfaktoren über verschiedene Kunden bzw. Marktsegmente abgeschätzt, um eine segmentweite Gültigkeit zu überprüfen. Bei erfolgreicher Anwendung findet anschließend die Kundennutzenrechnung statt. Der Ansatz ist ein die Werterfassung fokussierender Beitrag, weshalb dieses Kriterium als erfüllt gewertet wird.

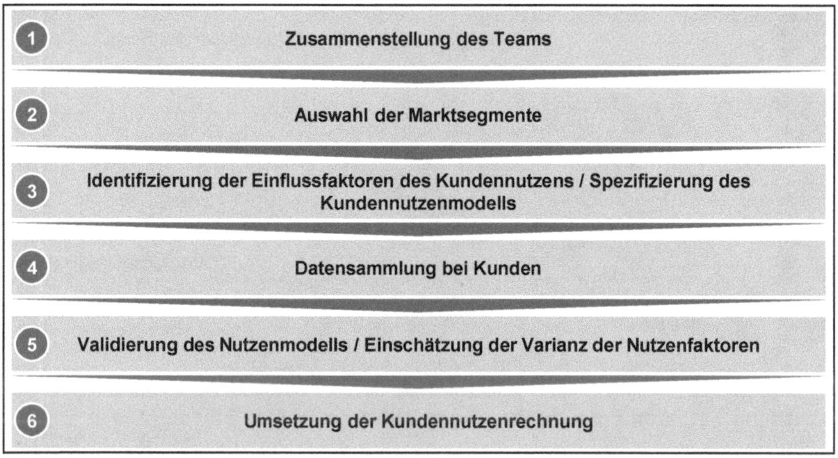

Abbildung 3-10: Ablauf der Kundennutzenrechnung (eigene Abbildung i. A. a. Kuß 2003, S. 291)

Der Beitrag beschränkt sich auf die Darstellung eines übergeordneten Prozesses zur Werterfassung. Hierbei werden innerhalb des Beitrags zwar Empfehlungen zur Ausgestaltung der Prozesse gegeben, jedoch werden keine konkreten Methoden und Funktionen zur Durchführung der Prozessschritte vorgegeben. Daher wird das Kriterium der Prozesssicht als voll und das Kriterium der Gestaltungsempfehlungen als teilweise erfüllt bewertet.

Tabelle 3-12: Bewertung Kuß 2003

Bewertung | Kuß (2003)								
Objektbereich					Zielbereich			
produzierende Industrie	Bezugs-grundlage	Wert-erfassung	Preis-dimension	Preis-metrik	Prozess-sicht	Funktions-sicht	Daten-sicht	Gestaltungs-empfehlung
○	○	●	○	○	●	○	○	◑
Legende		○ nicht erfüllt		◑ teilweise erfüllt		● vollständig erfüllt		

Kundenwertorientierte Preissetzung für Leistungssysteme im Maschinen- und Anlagenbau (Schönung 2008)

Schönung entwickelt ein Vorgehensmodell zur nutzenorientierten Preisbildung für Leistungssysteme im Maschinen- und Anlagenbau. Hiermit wird ermöglicht, den beim Kunden geschaffenen Nutzen durch Leistungssysteme aus Produkt und Dienstleistungen im Preis zu berücksichtigen. Dadurch wird Entscheidungsträgern und Experten ein Modellgerüst an die Hand gegeben, das jene durch den Prozess der nutzenorientierten Preisbildung führt. Der Lösungsansatz ist in ein Wertmodell und ein Verrechnungsmodell gegliedert (s. Abbildung 3-11). Im Wertmodell wird der Bruttoleistungswert einer Leistung anhand von Wertdeterminanten ermittelt und fließt dann als Eingangsgröße in das Verrechnungsmodell ein. In diesem werden anschließend mithilfe von Preisdeterminanten Verrechnungsoptionen zur Preisbildung hergeleitet.

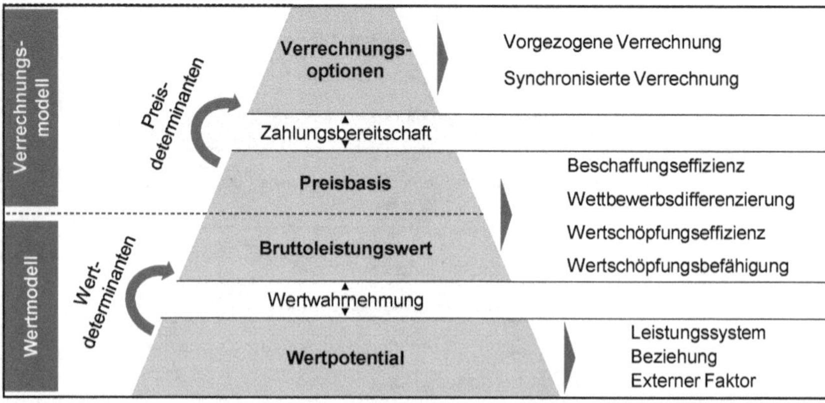

Abbildung 3-11: Wert-Preis-Modell (eigene Darstellung i. A. a. SCHÖNUNG 2008, S. 182)

Der Ansatz fokussiert die Preisbildung für kundenindividuelle Leistungsangebote im Maschinen- und Anlagenbau. Dies spiegelt den Betrachtungsfokus der produzierenden Industrie im Kontext dieser Arbeit vollumfänglich wider, weshalb dieses Kriterium voll erfüllt ist (s. Tabelle 3-13). Das Wertmodell bezieht sich auf die Kriterien Bezugsgrundlage und Werterfassung. Ausgangsbasis in dem Prozess ist das Wertpotential. Dies kann anhand des Leistungssystems, das aus Produkten und Dienstleistungen sowie den Beziehungsebenen zwischen Lieferanten, Kunden und weiteren externen Faktoren besteht, erfasst werden. Für dieses Leistungssystem wird der beim Kunden generierte Wert ermittelt. SCHÖNUNG macht diesen von Determinanten 1. und 2. Grades abhängig. Die Determinanten 1. Grades sind Wirkungszusammenhänge von externen Einflüssen und der Wertwahrnehmung des Leistungssystems für den Kunden, während Determinanten 2. Grades subjektive Einflüsse des Wertes beim Kunden reflektieren. Mithilfe dieser Determinanten wird der Bruttoleistungswert, bestehend aus den Dimensionen Beschaffungseffizienz, Wettbewerbsdifferenzierung, Wertschöpfungseffizienz sowie Wertschöpfungsbefähigung, erfasst. Da durch das Wert-Preis-Modell ein angebotenes Leistungssystem fokussiert wird, ist dieses Kriterium voll erfüllt. Die Einteilung in die Determinanten erlaubt eine Einschätzung des Wertes für den Kunden, wenngleich lediglich qualitativ. Daher ist dieses Kriterium teilweise erfüllt. Im Verrechnungsmodell wird die Preisdimensionierung fokussiert. Der Bruttoleistungswert stellt für den Preis die mögliche Preisobergrenze dar. Der zu definierende Preispunkt ist abhängig von markt- und anbieterseitigen Preisdeterminanten zu wählen. Die Preisdeterminanten können beispielsweise die Eigenerstellungskosten des Kunden oder vergleichbare Wettbewerberleistungen sein. Zudem wird der Preispunkt durch die Kosten zur Leistungserstellung beeinflusst. Die Verrechnung dieser Leistung kann anschließend entweder durch eine vorgezogene Verrechnung des zukünftig zu erwartenden Kundennutzens oder durch eine synchronisierte Verrechnung des während der Nutzung generierten Nutzens erfolgen. Der Ansatz verknüpft dadurch das Angebot von komplexen Leistungssystemen mit der Preismodellierung. Allerdings werden keine möglichen detaillierteren Preisdimensionen betrachtet, weshalb dieses Kriterium lediglich teilweise erfüllt ist.

Das Modell weist einen prozessualen Charakter auf. Die Prozessschritte im Modell sind jedoch nicht vollständig miteinander verknüpft, weshalb das Kriterium der Prozesssicht teilweise erfüllt ist. SCHÖNUNG stellt im Beitrag zudem in begrenztem Umfang Methoden und Gestaltungsempfehlungen zur Verfügung, weshalb diese Kriterien zum Teil erfüllt sind.

Tabelle 3-13: Bewertung SCHÖNUNG 2008

Bewertung | Schönung (2008)								
Objektbereich					Zielbereich			
produzierende Industrie	Bezugsgrundlage	Werterfassung	Preisdimension	Preismetrik	Prozesssicht	Funktionssicht	Datensicht	Gestaltungsempfehlung
●	●	◑	◑	○	◑	◑	○	◑
Legende			○ nicht erfüllt		◑ teilweise erfüllt		● vollständig erfüllt	

Prozess zur kundennutzenorientierten Preisfindung für industrielle Dienstleistungen (PODRATZ 2009)

Im Zeitschriftenbeitrag von PODRATZ wird ein Prozess zur kundennutzenorientierten Preisbildung für industrielle Dienstleistungen vorgestellt. Der Beitrag dient dazu die Preisbildung für Dienstleistungen zu standardisieren, damit die Relevanz dieser am Kunden orientierten Leistungen für den wirtschaftlichen Erfolg von Unternehmen steigt. Hierzu wurde durch einen Expertenkreis aus der Praxis im Rahmen von Interviews ein Prozess zur Preisbildung entwickelt. Dieser Prozess ist in die Entwicklung einer Dienstleistung eingebunden, setzt bei der Analyse der Dienstleistungsidee an und schließt mit dem Controlling der Dienstleistung in der Praxis (s. Abbildung 3-12). Im Prozess werden Aspekte zur Kosten- und Nutzenanalyse mit dem Ansatz des Target-Pricings und des Target-Costings verknüpft.

Der Ansatz wurde zusammen mit Experten aus der produzierenden Industrie entwickelt und im Fokus steht die Preisbildung für industrielle Dienstleistungen. Daher wird das Kriterium der produzierenden Industrie als vollständig erfüllt gewertet. (s. Tabelle 3-14) Der Ansatz fokussiert primär die Kriterien Bezugsgrundlage und Werterfassung. Zunächst werden im Prozess Dienstleistungsideen analysiert und unter Berücksichtigung des Marktpotentials und der Unternehmensstrategie anhand ihres Erfolgspotentials erfasst. Im Gate 1 werden die zu behandelnden Dienstleistungsideen ausgewählt. Anschließend werden simultan die Kosten- und Nutzenkomponenten der Dienstleistung analysiert. Für die Kostenkomponenten werden die anfallenden Kosten zur Erbringung der Dienstleistung kategorisiert und dann folgend quantifiziert.

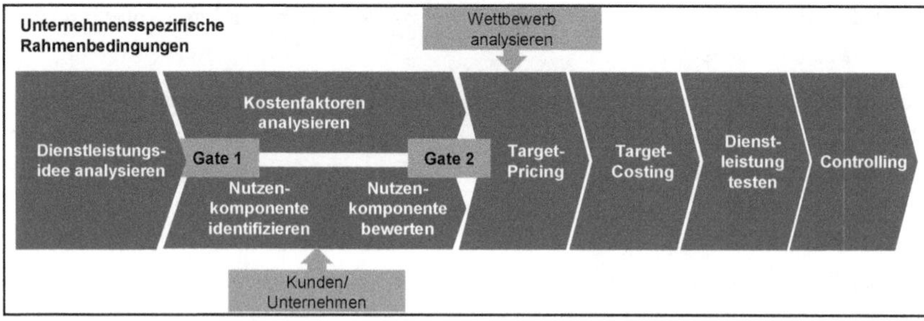

Abbildung 3-12: Preisbildungsprozess für industrielle Dienstleistungen (eigene Darstellung i. A. a. PODRATZ 2009, S. 61)

Zur Erfassung der Nutzenkomponenten werden aus Kunden- und Anbietersicht die Nutzentreiber identifiziert. Anschließend werden diese in Experten- oder Kundeninterviews bewertet und dann für alle Nutzenkomponenten kumuliert. Diese beiden Betrachtungen fließen im Gate 2 in eine Profitabilitätsbewertung ein, in der die Dienstleistungen anhand des Profitpotentials priorisiert werden. Unter Berücksichtigung von Wettbewerbsangeboten wird anhand dieser Informationen ein mögliches Preisintervall gebildet, welches einen Rahmen für den zu bildenden Zielpreis im Schritt des Target-Pricings bildet. In den weiteren Schritten werden anschließend die Zielkosten der Dienstleistung ermittelt und dann unter Implementierung eines dauerhaften Controllings in eine Testphase mit dem Kunden gebracht. Der Ansatz bietet einen praxistauglichen Rahmen zur Preisbildung, doch aufgrund fehlender Konkretisierung der Schritte werden die Kriterien zum Leistungssystem und zur Wertermittlung jeweils als teilweise erfüllt gewertet.

Im Ansatz wird als Schwerpunkt ein Prozess vorgestellt. Auf die Funktionen und konkreten Methoden sowie möglichen Gestaltungsempfehlungen zum Durchlaufen dieses Prozesses wird kaum eingegangen. Daher wird für diesen Ansatz die Prozesssicht als erfüllt gewertet, jedoch sind die anderen Ebenen des Zielbereichs nicht erfüllt.

Tabelle 3-14: Bewertung PODRATZ 2009

Bewertung | Podratz (2009)								
Objektbereich					Zielbereich			
produzierende Industrie	Bezugs-grundlage	Wert-erfassung	Preis-dimension	Preis-metrik	Prozess-sicht	Funktions-sicht	Daten-sicht	Gestaltungs-empfehlung
●	◑	◑	○	○	●	○	○	○
Legende		○ nicht erfüllt		◑ teilweise erfüllt		● vollständig erfüllt		

Towards a framework of customer value assessment in B2B markets (KERÄNEN U. JALKALA 2013)

In ihrem Beitrag stellen KERÄNEN U. JALKALA einen Prozess zur Kundennutzenbeurteilung im Zusammenhang mit integrierten Kundenlösungen auf B2B-Märkten vor. Der in fünf Schritte unterteilte Prozess basiert auf einer explorativen Feldstudie sowie Experteninterviews und stellt die elf Kernaktivitäten im Kontext der Kundennutzenbeurteilung komprimiert dar (s. Abbildung 3-13).

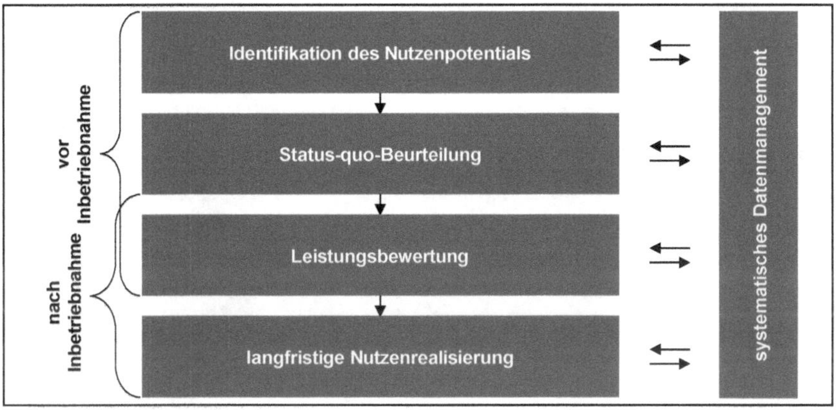

Abbildung 3-13: Prozess zur Kundennutzenbeurteilung (eigene Darstellung i. A. a. KERÄNEN U. JALKALA 2013, S. 1313)

Der erste Prozessschritt umfasst die Identifikation des Nutzenpotentials. Das Ziel des Schritts ist es, herauszufinden, wie der Anbieter dem Kunden Nutzen stiften kann. Nach KERÄNEN U. JALKALA ist es hierbei zunächst notwendig, die expliziten Bedürfnisse des Kunden zu identifizieren und dessen Prozesse zu verstehen. Des Weiteren ist ein Verständnis für die monetären Auswirkungen der Kundenlösung auf das Geschäft des Kunden von Bedeutung. Im zweiten Schritt wird eine Status-quo-Beurteilung der Situation vor Inbetriebnahme der Kundenlösung bei dem Kunden durchgeführt. Hierzu werden die aktuellen Leistungsparameter erfasst und die gemeinsamen Ziele genauer definiert. Die ersten beiden Schritte bilden folglich die Situation vor der Inbetriebnahme ab. Der dritte Schritt bewertet nun die Leistung, nachdem die Kundenlösung implementiert wurde. Basis hierfür bildet die Durchführung einer Reihe von Testläufen. Hiermit können die Auswirkungen der Leistung des Anbieters auf die Leistungsparameter des Kunden bewertet werden. Der vierte Schritt beinhaltet die langfristige Realisierung des Nutzens, indem sichergestellt wird, dass der Kunde den zugesicherten Nutzen auch tatsächlich erhält. Entscheidend hierbei ist die Verifizierung des tatsächlich wahrgenommenen Kundennutzens. Konnte dieser verifiziert werden, so ist er auch zu dokumentieren. Der Prozess schließt mit dem systematischen Datenmanagement. Dieses fungiert weniger als eigenständiger Prozessschritt, sondern vielmehr als Unterstützungs- und Managementfunktion für die übrigen Schritte. Aufgabe des systematischen Datenmanagements ist es, alle relevanten Kundendaten zu erheben und diese anderen Unternehmensbereichen zur Verfügung zu stellen.

KERÄNEN U. JALKALA fokussieren in ihrem Ansatz ganz allgemein den B2B-Bereich; verweisen jedoch auf keine spezifische Branche, sodass der Branchenbezug zur produzierenden Industrie fehlt (s. Tabelle 3-15). Sie erarbeiten eine umfangreiche, datengetriebene Methode zur Kundennutzenbeurteilung, die in elf Unterschritten detailliert die Vorgehensweise beschreibt. Dementsprechend is das Kriterium der Werterfassung vollständig erfüllt. Zudem berücksichtigen sie die Auswirkung der Kundenlösung auf die Leistung des Kunden, sodass das Kriterium der Bezugsgrundlage zum Teil erfüllt ist. Auf Preismodell und -metriken gehen die Autoren nicht ein.

Der Ansatz folgt einem klaren prozessualen Charakter. Darüber hinaus sind über die elf konkreten Unterschritte die funktionalen Zusammenhänge der Methode klar dargestellt. Daher sind die Kriterien der Prozess- und Funktionssicht voll erfüllt.

Tabelle 3-15: Bewertung KERÄNEN U. JALKALA 2013

Bewertung | Keränen und Jalkala (2013)								
Objektbereich					Zielbereich			
produzierende Industrie	Bezugs-grundlage	Wert-erfassung	Preis-dimension	Preis-metrik	Prozess-sicht	Funktions-sicht	Daten-sicht	Gestaltungs-empfehlung
○	◑	●	○	○	●	●	○	○
Legende		○ nicht erfüllt		◑ teilweise erfüllt		● vollständig erfüllt		

How business customers judge solutions (MACDONALD ET AL. 2016)

Im Fachbeitrag von MACDONALD ET AL. wird ein Ansatz zur Identifikation von Zusammenhängen zwischen Nutzungswert und der Qualität von Kundenlösungen vorgestellt. Die Autoren haben das Ziel, aufzuzeigen, wie der kontextspezifische Wert einer Leistung für den Kunden während der Nutzung anhand von Faktoren mithilfe eines operationalisierten Verfahrens bestimmt werden kann. Dabei wird die Bewertung des tatsächlich generierten Nutzens von Kunden im B2B-Bereich während der Nutzungsphase angestrebt. Hierzu werden in vier Fallstudien mithilfe von Experteninterviews die Zusammenhänge von Lösungsqualität und Kundennutzen unter Zuhilfenahme eines Ordnungsrahmens erfasst (s. Abbildung 3-14). Als Ergebnis der Arbeit werden für die vier Fallstudien jeweils Nutzenmatrizen in Abhängigkeit der Lösungen aufgestellt sowie diskutiert.

Der Beitrag von MACDONALD ET AL. fokussiert die produzierende Industrie. Auch können alle vier im Beitrag berücksichtigten Fallstudien dieser Branche zugeordnet werden, weshalb dieses Kriterium voll erfüllt ist (s. Tabelle 3-16). Der Beitrag adressiert die Bereiche Leistungssystem und Wertermittlung. Die Lösungsqualität von Leistungssystemen wird in Bezug auf die beiden Bereiche Ressourcenqualität und Prozessqualität untersucht. Die innerhalb eines Ressourcenintegrationsprozesses vom Anbieter eingebrachten Ressourcen und die durch den Kunden bereitgestellten Ressourcen definieren die Ressourcenqualität. Die Prozessqualität ist definiert über die Fähigkeit der Identifikation und Optimierung des aus der Lösung resultierenden Value-in-Use. Diese findet in der Value-in-Use Auditierung von Kunde und Anbieter Berücksichtigung. Der Ansatz bietet eine Möglichkeit zur Darstellung einer Lösung anhand vom Kunden bewerteter Qualitätseigenschaften. Da jedoch Qualität nicht die einzige Anforderung an eine Lösung durch einen Kunden darstellt, wird das Kriterium der Bezugsgrundlage als teilweise erfüllt gewertet.

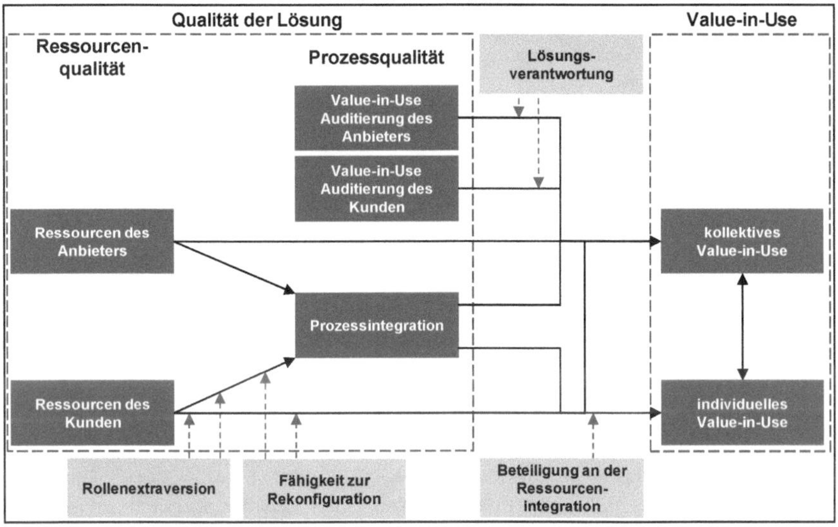

Abbildung 3-14: Zusammenhang zwischen Lösungsqualität und Value-in-Use (eigene Darstellung i. A. a. MACDONALD ET AL. 2016, S. 113)

Zur Wertermittlung unterteilt der Ansatz den Nutzen des Kunden in zu bewertende Konstrukte mit einem kollektiven und einem individuellen Anteil. Im kollektiven Teil bewerten die Kunden den Value-in-Use anhand der neun Faktoren schnelle Problemlösung, niedrige Kosten, Prozessverbesserung, Reduktion von Ausfallzeit, Vermeidung von Abhängigkeiten, Reduktion finanziellen Kapitals, Innovativität, Reduktion finanziellen Risikos und Wettbewerbsvorteil. Der individuelle Anteil besteht aus den sechs Konstrukten Einfachheit der Aufgaben, wahrgenommene Kontrolle, Reduktion von Druck, Reduktion von Unsicherheit, sozialer Komfort und persönliche Reputation. Die angebotene Lösung wird anhand dieser Konstrukte im Rahmen von Kundeninterviews auf Basis der vier Faktoren Lösungsverantwortung, Rollenextraversion, Fähigkeit zur Rekonfiguration und Beteiligung an der Ressourcenintegration bewertet. Damit stellt der Ansatz eine innovative Methode bereit, durch die der generierte Nutzen in der Nutzungsphase erfasst werden kann. Das Kriterium der Werterfassung wird somit als vollständig erfüllt gewertet.

Der Ansatz weist keinen prozessualen Charakter auf und im Ansatz werden zudem keine Gestaltungsempfehlungen für die Praxis gegeben. Die Methode stellt zwar eine Funktion dar, welche jedoch im Rahmen des Beitrags nicht im Detail beschrieben wurde. Zudem bietet die Methode ein Vorgehen zur Verarbeitung von Daten des Nutzers in Informationen des Nutzens für den Kunden, ist jedoch auch in dieser Hinsicht nicht detailliert. Daher werden die Kriterien der Funktionssicht und der Datensicht als teilweise erfüllt gewertet.

Tabelle 3-16: Bewertung MACDONALD ET AL. 2016

<table>
<tr><th colspan="9">Bewertung | Macdonald (2016)</th></tr>
<tr><th colspan="5">Objektbereich</th><th colspan="4">Zielbereich</th></tr>
<tr><td>produzierende Industrie</td><td>Bezugs-grundlage</td><td>Wert-erfassung</td><td>Preis-dimension</td><td>Preis-metrik</td><td>Prozess-sicht</td><td>Funktions-sicht</td><td>Daten-sicht</td><td>Gestaltungs-empfehlung</td></tr>
<tr><td>●</td><td>◑</td><td>●</td><td>○</td><td>○</td><td>○</td><td>◑</td><td>◑</td><td>○</td></tr>
<tr><td colspan="3">Legende</td><td colspan="2">○ nicht erfüllt</td><td colspan="2">◑ teilweise erfüllt</td><td colspan="2">● vollständig erfüllt</td></tr>
</table>

Servicezentriertes Wertverständnis (STOPPEL U. ROTH 2016)

STOPPEL U. ROTH befassen sich in ihrem Beitrag bezüglich der nutzenorientierten Preisbildung mit einem differenzierten Nutzenverständnis im Zusammenhang mit der Servicetransformation auf B2B-Märkten. Die Autoren treffen dabei eine Unterscheidung zwischen einem produktzentrierten und einem service- bzw. kundenzentrierten Nutzenverständnis.

Im Fokus von produktzentrierten Anbietern liegt der Aufbau eines Wettbewerbsvorteils durch ein überlegenes Produkt. Folglich zielen diese Anbieter darauf ab, in vorgelagerten Wertschöpfungsschritten Verbesserungspotentiale zu identifizieren und diese in den Wettbewerbsvorteil sowie in die Nutzenversprechen positiv einfließen zu lassen. Bezüglich des Nutzenverständnisses heben die Autoren drei verschiedene Themenfelder hervor. Der Nutzen wird zum einen durch Leistungskomponenten beschrieben. Der vom Kunden wahrgenommene Nutzen ist dabei die subjektive Gesamtbewertung eines Produktes, bei dem zwischen *Benefits* (Nutzenkomponenten aus Qualitätsmerkmalen und anderen Produktattributen) und *Sacrifices* (monetäre und nichtmonetäre Kosten) abgewogen wird. Darüber hinaus ist der Nutzen gemäß dem produktzentrierten Verständnis komparativ, d. h. er variiert je nach Personen oder herangezogenem Objekt; er ist somit personenbezogen sowie situativ. Darüber hinaus weisen die Autoren darauf hin, dass der produktzentrierte Nutzen in seiner Bewertung davon abhängig ist, welche Angebote dem Kunden alternativ zur Verfügung stehen. Basierend auf diesen drei Themenfeldern resultiert die Zahlungsbereitschaft des Kunden, die als monetäre Größe zur Entlohnung des wahrgenommenen Nutzens interpretiert wird. Zur Werterfassung im Rahmen der Preisbildung schlagen die Autoren zum einen das *Customer Value Mapping* und zum anderen das *Economic Value Modelling* vor.

In dem servicezentrierten Nutzenverständnis werden Produkte und Dienstleistungen zu Distributionsmechanismen für den eigentlich erbrachten Service, wodurch sie sich im Vergleich zu produktzentrierten Ansätzen besonders gut für den Vertrieb von Kundenlösungen eignen. Die Leistung wird dabei als ganzheitliche Lösung für ein kundenindividuelles Problem verstanden, die eine komplexe Verflechtung zwischen Anbieter und Kunden durch relationale Prozesse vorsieht. Folglich werden die Aktivitäten des Anbieters vorwärtsgerichtet in die Wertschöpfungsdomäne des Kunden verlagert. Das Nutzenverständnis von servicezentrierten Ansätzen lehnt sich hierbei an der Service-Dominant-Logic an, wonach der Nutzen durch den Value-in-Use in der Nutzungsphase determiniert wird. Anbieter und Kunde kombinieren ihre Ressourcen und sind durch ihre Interaktion beide an der Nutzenkreation beteiligt. Der Anbieter unterbreitet dieser Logik zufolge dem Kunden ex ante auch keinen Nutzen, sondern nur ein Nutzenversprechen. Folglich ist im Gegensatz zur produktzentrierten Sichtweise einem Produkt durch die Herstellung allein noch kein Nutzen inhärent. Dieser entsteht erst durch die Interaktion des Kunden mit bestimmen Ressourcen als Value-in-Use. Der Fokus rückt somit zunehmend in die Nutzungsphase. Die Werterfassung fokussiert daher das Potential des Angebots, beim Kunden Nutzen zu generieren. Die Autoren verweisen in diesem Kontext darauf hin, dass das Nutzenversprechen keine unidirektionale Vorgabe des Anbieters ist, sondern auch der Kunde durch sein Potential, einen gemeinsamen Nutzen zu kreieren, ein Nutzenversprechen aufzeigt. Dies ist insbesondere von Bedeutung bei der Entlohnung von Leistungen mit Preismodellen, die einen direkten Zusammenhang mit der Interaktionsintensität haben.

STOPPEL U. ROTH konzentrieren sich in ihrem Ansatz auf industrielle B2B-Märkte, jedoch nicht explizit auf die produzierende Industrie (s. Tabelle 3-17). Sie postulieren im Kontext der nutzenorientierten Preisbildung die Unterscheidung zwischen produkt- und servicezentriertem Nutzenverständnis. Dabei nehmen sie Bezug auf die Bezugsgrundlage sowie die Werterfassung, jedoch nur in einem untergeordneten Maße. Weiterhin wird eine Verknüpfung zu Preismodellen hergestellt, auf deren Darstellung an dieser Stelle allerdings verzichtet wird. Zudem verweisen die Autoren auf methodische Ansätze, wie beispielsweise das *Customer-Value-Mapping* im Kontext der Werterfassung. Ihre Ausführungen begrenzen sich allerdings lediglich auf die beispielhafte Darstellung bekannter Methoden anderer Autoren und werden inhaltlich nicht weiter vertieft. Daher werden die aufgeworfenen Kriterien produzierende Industrie, Bezugsgrundlage, Werterfassung, Preisdimension und Funktionssicht alle als teilweise erfüllt bewertet.

Tabelle 3-17: Bewertung STOPPEL U. ROTH 2016

Bewertung | Stoppel und Roth (2016)								
Objektbereich					Zielbereich			
produzierende Industrie	Bezugs-grundlage	Wert-erfassung	Preis-dimension	Preis-metrik	Prozess-sicht	Funktions-sicht	Daten-sicht	Gestaltungs-empfehlung
◐	◐	◐	◐	○	○	◐	○	○
Legende		○ nicht erfüllt		◐ teilweise erfüllt		● vollständig erfüllt		

Conjoint-Analyse (SCHUH ET AL. 2016b)

Die Conjoint-Analyse ist ein indirektes kompositionelles Messverfahren für die Quantifizierung des Kundennutzens und der Preisbereitschaft. Diese wird genutzt, indem anhand globaler Qualitätsurteile eine Rangliste verschiedener Merkmalsausprägungen für Leistungen gebildet wird, mit denen Teilqualitäten eines Angebots berechnet werden. In realen Kaufsituationen entscheidet der Kunde nicht allein über den Preis, sondern es besteht ein Trade-off zwischen Preis und wahrgenommenem Nutzen der Leistungsmerkmale. Dadurch gelingt eine gleichzeitige Schätzung des Nutzens von Produkteigenschaften und Preisen. Die klassische Conjoint-Analyse unterstützt Entscheidungen bei komplexen Problemspektren im Produkt- und Preismanagement (s. SIMON U. FASSNACHT 2016, S. 131).

Sie basiert auf der Annahme, dass sich der Gesamtnutzen einer Leistung aus dem Nutzen der Komponenten (Teilnutzenwerte) zusammensetzt (s. BRUHN 2016, S. 163; SCHUH ET AL. 2016b, S. 130). Durch die Abfrage der Zahlungsbereitschaft für mehrere verschiedene Produktmerkmale und nicht nur für das gesamte Produkt, ist die Conjoint-Analyse grundsätzlich für die Anwendung als Messung der Zahlungsbereitschaft im Rahmen von Subskriptionsleistungssystemen geeignet, da sich der Kundennutzen aus vielen Merkmalen und Leistungsbündeln, wie z. B. dem Preis, dem Produkt oder einzelnen Dienstleistungskomponenten, zusammensetzt. Daher werden die Kriterien der produzierenden Industrie und der Bezugsgrundlage als voll erfüllt bewertet (s. Tabelle 3-18). Je komplexer und individueller Leistungen an Kundenwünsche angepasst werden, desto weniger eignet sich die Conjoint-Analyse, da der damit verbundene Aufwand einer individuellen Werterfassung sehr hoch ist. Ein weiterer Nachteil besteht darin, dass eine Bewertung des Mehrwerts durch das Zusammenspiel von Systemkomponenten von der Methode unberücksichtigt bleibt. Zudem kann die kontinuierliche Steigerung der Performance nicht ohne Aufwand bewertet werden (s. KLARMANN ET AL. 2011, S. 155ff.). Daher wird das Kriterium der Werterfassung lediglich als teilweise erfüllt bewertet. Im Zielbereich wird das Kriterium Funktionssicht aufgrund des funktionalen Charakters der Conjoint-Analyse als voll erfüllt bewertet.

Tabelle 3-18: Bewertung SCHUH ET AL. 2016b

Bewertung | Schuh (2016)								
Objektbereich					Zielbereich			
produzierende Industrie	Bezugsgrundlage	Werterfassung	Preisdimension	Preismetrik	Prozesssicht	Funktionssicht	Datensicht	Gestaltungsempfehlung
●	●	◐	○	○	○	●	○	○
Legende		○ nicht erfüllt		◐ teilweise erfüllt		● vollständig erfüllt		

Price-Sensitivity-Meter (HOMBURG 2017)

Das Price-Sensitivity-Meter ist ein im B2B-Kontext häufig verwendetes Verfahren zur Preismarktforschung. Es werden vier standardisierte Fragen gestellt, für die Kunden ein Preisurteil bestimmen: 1. Nennen Sie einen Preis, der angemessen, aber noch günstig ist. 2. Nennen Sie einen Preis, der hoch, aber noch vertretbar ist. 3. Nennen Sie einen Betrag, ab dem der Preis zu hoch ist und 4. Nennen Sie einen Betrag, ab dem der Preis so niedrig ist, dass Zweifel an der Qualität der Leistung aufkommen. Durch Kumulierung der Verteilung der Antwortpreise zu den jeweiligen Fragen werden vier Kurven abgeleitet und grafisch zusammengeführt. Durch Übereinanderlegen der Kurven können vier Kurvenschnittpunkte bestimmt werden. Dabei handelt es sich um die Preisuntergrenze, die Preisobergrenze, den optimalen Preispunkt und den Indifferenzpunkt. Mittels des Price-Sensitivity-Meters wird nicht die maximale Preisbereitschaft, sondern der für den Kunden akzeptable Preisbereich ermittelt (s. KLARMANN ET

AL. 2011, S: 155ff.). Der Vorteil liegt in der Einfachheit des Modells. Es unterliegt jedoch recht hohen Verzerrungsrisiken und sollte nicht isoliert zur Preisbildung eingesetzt werden. Zur Ermittlung von Preisen für Leistungssysteme erweist sich das Modell als unvollkommen, da Dienstleistungskomponenten schwierig zu beurteilen sind. Folglich ist das Verfahren nur für einfache und standardisierte Leistungssysteme geeignet. Für individualisierte Systeme ist eine Berechnung des Preisbereichs auf der Grundlage von kumulierten Kundenangaben nicht möglich. Vor allem ist die Methode nicht in der Lage, zeitliche Leistungsveränderungen abzubilden. Daher werden die Kriterien produzierende Industrie, Bezugsgrundlage und Werterfassung als teilweise erfüllt bewertet (s. Tabelle 3-19). Die Methode bietet eine funktionale Vorgehensweise zur Ermittlung der Preisbereitschaft sowie zur Ermittlung von Gestaltungsempfehlungen beim Preis. Es fehlt der Methode jedoch an Möglichkeiten, eine dynamisch veränderliche Situationen zu bewerten, sodass sie lediglich bei der Analyse der Ist-Situation genutzt werden kann (s. TOTZEK ET AL. 2019, S. 471). Dementsprechend werden die Kriterien der Funktionssicht und Gestaltungsempfehlung als teileweise erfüllt bewertet.

Tabelle 3-19: Bewertung HOMBURG 2017

Bewertung | Homburg (2017)								
Objektbereich					Zielbereich			
produzierende Industrie	Bezugs-grundlage	Wert-erfassung	Preis-dimension	Preis-metrik	Prozess-sicht	Funktions-sicht	Daten-sicht	Gestaltungs-empfehlung
◑	◑	◑	○	○	○	◑	○	◑
Legende		○ nicht erfüllt		◑ teilweise erfüllt		● vollständig erfüllt		

Value quantification (HINTERHUBER 2017)

In seinem Ansatz präsentiert HINTERHUBER ein Vorgehen für Industrieunternehmen zur Quantifizierung des Kundennutzens. Dieser fußt auf dem Grundgedanken, dass im Vertrieb nicht mehr die Kommunikation von Produktvorteilen bzw. -funktionalitäten zählt, sondern das Dokumentieren und Quantifizieren von Nutzen für den Kunden. Basierend auf einer empirischen Studie, in der die Nutzenversprechen von 125 B2B-Unternehmen analysiert wurden, wird im Ansatz ein aus fünf Schritten bestehender Prozess zur Nutzenquantifizierung vorgeschlagen (s. Abbildung 3-15).

HINTERHUBERS Prozess startet mit der Analyse des Kunden, um ein umfangreiches Kundenverständnis zu erlangen. Entscheidend hierfür ist die Fähigkeit, unerfüllte Kundenbedürfnisse zu entdecken und richtig zu interpretieren. In diesem Zusammenhang wird auf den ethnographischen Forschungsansatz sowie auf die Anwendung von ergebnisorientierten Innovationsmethoden verwiesen. Ergebnis dieses ersten Prozessschrittes ist idealerweise ein umfassendes Kundenverständnis. Der zweite Schritt sieht die Differenzierung gegenüber Wettbewerbern in Kategorien vor, die für den Kunden basierend auf den vorherigen Erkenntnissen besonders relevant sind. Ziel ist es, herauszufinden, inwiefern der eigene Wettbewerbsvorteil zur Generierung von Kundennutzen beiträgt und letztlich dessen Zahlungsbereitschaft bzw. Gesamtnutzen beeinflusst. Der dritte Schritt umfasst die Entwicklung eines Nutzenversprechens. Nach HINTERHUBER ist das Nutzenversprechen ein Instrument, um den Kundennutzen in quantifizierbare, monetäre Vorteile zu übersetzen. Zur Überprüfung des entwickelten Nutzenversprechens sieht der Ansatz eine Best-Practice-Checkliste vor. Im vierten Schritt wird der Nutzen quantifiziert bzw. werden die Wettbewerbsvorteile in finanzielle Kundenvorteile übersetzt. Der Kundennutzen ergibt sich dabei aus den qualitativen und quantitativen Vorteilen. Abgeschlossen wird der Prozess mit der Implementierung und Dokumentation der Resultate, um dem Vertrieb handfeste Argumente gegenüber dem Kunden an die Hand zu geben.

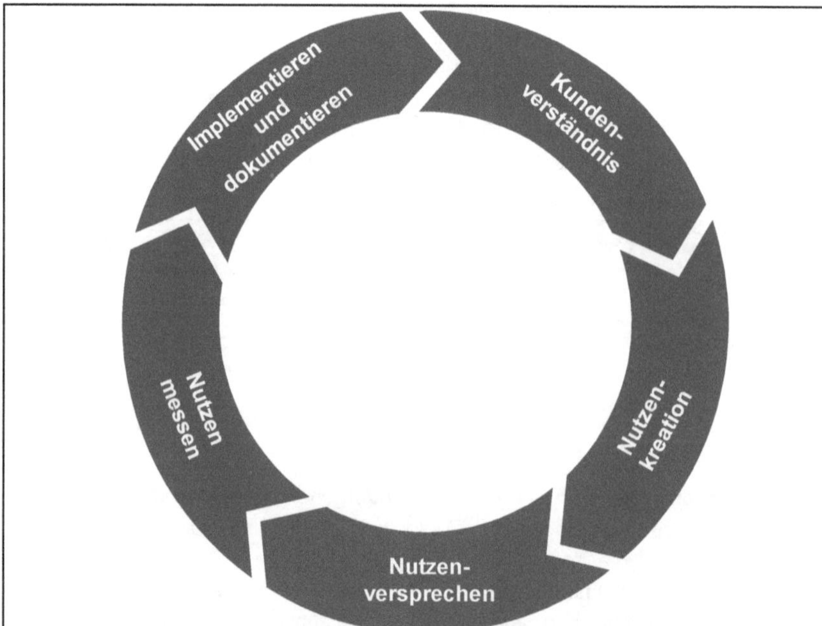

Abbildung 3-15: Nutzenquantifizierungsprozess (eigene Darstellung i. A. a. HINTERHUBER 2017, S. 63)

HINTERHUBER fokussiert in seinem Prozess die Nutzenquantifizierung im Rahmen von Preisbildungsprozessen auf industriellen Märkten und erfüllt damit den Branchenbezug der produzierenden Industrie (s. Tabelle 3-20). Zentraler Betrachtungspunkt des Ansatzes ist die Erfassung bzw. Quantifizierung des Nutzens im Kontext der Werterfassung, die in ganzheitlicher und granularer Weise beschrieben wird. Die Bezugsgrundlage findet zusammen mit Preismodell bzw. -metrik keine Berücksichtigung im Ansatz.

Aufgrund des prozessualen Charakters des Ansatzes ist das Kriterium der Prozesssicht voll erfüllt. Hierbei werden auf Basis der Studienergebnisse vereinzelte Gestaltungshinweise und methodische Hinweise gegeben. Diese erfolgen allerdings nicht durchgängig über den ganzen Prozess hinweg. Dementsprechend sind die Kriterien Funktionssicht und Gestaltungsempfehlung jeweils teilweise erfüllt.

Tabelle 3-20: Bewertung HINTERHUBER 2017

<table>
<tr><th colspan="9">Bewertung | Hinterhuber (2017)</th></tr>
<tr><th colspan="5">Objektbereich</th><th colspan="4">Zielbereich</th></tr>
<tr><td>produzierende Industrie</td><td>Bezugs-grundlage</td><td>Wert-erfassung</td><td>Preis-dimension</td><td>Preis-metrik</td><td>Prozess-sicht</td><td>Funktions-sicht</td><td>Daten-sicht</td><td>Gestaltungs-empfehlung</td></tr>
<tr><td>●</td><td>○</td><td>●</td><td>○</td><td>○</td><td>●</td><td>◑</td><td>○</td><td>◑</td></tr>
<tr><td colspan="3">Legende</td><td colspan="2">○ nicht erfüllt</td><td colspan="2">◑ teilweise erfüllt</td><td colspan="2">● vollständig erfüllt</td></tr>
</table>

Eignung bestehender Methoden zur nutzenorientierten Preisbildung (TOTZEK ET AL. 2019)

TOTZEK ET AL. analysieren in ihrem Beitrag die Eignung bestehender Methoden im Kontext der nutzenorientierten Preisbildung für Produkt-Service-Systeme auf industriellen B2B-Märkten. Die Autoren knüpfen hierbei an die Bewertung von KLARMANN ET AL. an und erweitern diese für ihre Zwecke (s. Abbildung 3-16). KLARMANN ET AL. bewerten die Eignung bestehender Preisbildungsmethoden unter Berücksichtigung der Charakteristika der Beschaffungsprozesse, der Leistungen und der Geschäftsbeziehung auf B2B-Märkten. Nach TOTZEK ET AL. bilden diese Kriterien jedoch nur unzureichend die Besonderheiten von Produkt-Service-Systemen ab, sodass die bestehende Bewertung im Ansatz erweitert wird. Hierzu wird zunächst eine Unterscheidung zwischen klassischen Produkt-Service-Systemen (PSS) und *Internet-of-Things*-induzierten PSS (IoT-induzierte PSS) vorgenommen. Klassische PSS bündeln physische Produkte und Dienstleistungen zum Zweck der Nutzengenerierung für Kunden zu einem integrierten Angebot. IoT-induzierte PSS wiederum verbinden die physische mit der digitalen Welt, indem über Sensorik am Produkt Daten generiert werden und diese zum Aufbau digitaler Leistungen verwendet werden.

Im Ansatz betrachten TOTZEK ET AL. fünf verschiedene Methoden zur Bestimmung der Zahlungsbereitschaft im Rahmen der nutzenorientierten Preisbildung: rating- und auswahlbasierte Conjoint-Analyse, Price-Sensitivity-Meter und interne sowie externe Value-in-Use. Die Zahlungsbereitschaft entspricht dem theoretisch wahrgenommenen Nutzen und stellt damit den maximal erzielbaren Preis dar. Die Autoren treffen bezüglich des Value-in-Use eine Unterscheidung zwischen einer internen und externen Datengrundlage. Interne Daten oder Informationen werden unternehmensintern gesammelt bzw. verarbeitet. Der Kunde spielt demzufolge keine aktive Rolle in der Datenerhebung und -sammlung. Bei der unternehmensexternen Bestimmung hingegen werden mithilfe des Kunden relevante Informationen gesammelt.

Bezüglich klassischer PSS stellen die Autoren fest, dass der wahrgenommene Nutzen am besten mit einem extern erfassten Value-in-Use zu bestimmen ist. Diese Methode wird den Charakteristika von B2B-Geschäftsbeziehungen von allen Methoden am besten gerecht. Über die Zusammenarbeit mit Referenzkunden können relevante Informationen extern gesammelt und im Idealfall auf den eigentlichen Kunden übertragen werden. Problematisch ist dabei jedoch die fehlende Übertragbarkeit, wenn das angebotene PSS zunehmend individueller gestaltet wird. Bei IoT-induzierten PSS wiederum können Anbieter bedingt durch die Vernetzung der physischen Produkte auf eine bessere interne Datenbasis zurückgreifen. Die in Echtzeit gesammelten Anlagen- und Prozessdaten erlauben eine schnellere, günstigere sowie genauere Bestimmung des Value-in-Use. Voraussetzung dafür ist die Verfügbarkeit der Daten einer Vielzahl von Kunden. Folglich können IoT-induzierte PSS in einem deutlich größeren Umfang Nutzungsdaten in die Preisbildung mit einbeziehen.

	Angepasstheit an B2B-Spezifika			Angepasstheit an PSS-Spezifika	Angepasstheit an IoT-induzierte PSS-Spezifika
	Prozesse	Leistungen	Beziehungen		
Value-in-Use (intern)	◔	◑	◔	◑	◕
Value-in-Use (extern)	◑	◑	◕	◕	◑
Price-Sensitivity-Meter	◑	◔	◑	◔	◑
Ratingbasierte Conjoint-Analyse	◕	◕	◑	◑	◔
Auswahlbasierte Conjoint-Analyse	◑	◑	◑	◔	◔

Abbildung 3-16: Bestimmung der Zahlungsbereitschaft im B2B-Kontext (eigene Darstellung i. A. a. TOTZEK ET AL. 2019, S. 467)

TOTZEK ET AL. fokussieren die Preisbildung in der produzierenden Industrie und stellen damit einen Branchenbezug her. Es werden umfassende Methoden zur Bestimmung der Zahlungsbereitschaft im Kontext nutzenorientierter Preisbildungsansätze auf detaillierte Weise vorgestellt. Im Objektbereich sind daher die Kriterien produzierende Industrie und Werterfassung voll erfüllt (s. Tabelle 3-21).

Darüber hinaus werden die Methoden konkret beschrieben und hinsichtlich Eignung für verschiedene Anwendungskontexte bewertet. Dadurch liegen umfangreiche funktionale und detaillierte Gestaltungsempfehlungen vor. Dementsprechend sind im Zielbereich die Kriterien Funktionssicht und Gestaltungsempfehlungen voll erfüllt.

Tabelle 3-21: Bewertung TOTZEK ET AL. 2019

Bewertung | Totzek (2019)								
Objektbereich					Zielbereich			
produzierende Industrie	Bezugsgrundlage	Werterfassung	Preisdimension	Preismetrik	Prozesssicht	Funktionssicht	Datensicht	Gestaltungsempfehlung
●	○	●	○	○	○	●	○	●
Legende		○ nicht erfüllt		◑ teilweise erfüllt		● vollständig erfüllt		

3.3 Zusammenfassung der Bewertung und des Forschungsbedarfs

Im Folgenden werden die im Kapitel 3.2 dieser Arbeit dargestellten und analysierten Ansätze aus der Literatur zusammengeführt und strukturiert. Hierdurch wird aufgezeigt, inwieweit bestehende Ansätze aus der Literatur zur Lösung des Forschungsproblems beitragen und in welchen Bereichen bisher innerhalb der Literatur Lücken bestehen, welche zu adressieren sind. In Tabelle 3-22 ist eine Übersicht über die Bewertung aller untersuchten Ansätze und Methoden dargestellt.

Die Betrachtung bestehender Modelle zur Konfiguration und Preisbildung von Leistungssystemen führt zum Fazit, dass bisher kein anwendbares Vorgehensmodell zur Subskriptionsmodelle für die produzierende Industrie besteht. Einige Ansätze bieten Teillösungen zur Angebotskonfiguration und Preisbildung für Subskriptionsmodelle mit primärem Fokus auf der Softwareindustrie (s. FROHMANN 2018; LAH U. WOOD 2016; MACDONALD ET AL. 2016; STOPPEL U. ROTH 2017; YAMAMOTO U. SHARMA 2019). Diese können jedoch nicht direkt auf die produzierende Industrie übertragen werden, da die angebotenen Leistungssysteme in dieser Branche komplexer sind und sowohl der Aufwand als auch der Wert einzelner Leistungsangebote, insbesondere bei hohen Individualisierungsgraden, signifikant höher sind als in der Softwareindustrie. Inhalte aus den bestehenden Ansätzen müssen zunächst an die Gegebenheiten der Branche angepasst werden. Auch bestehende Ansätze zur nutzenorientierten Konfiguration und Preisbildung von Leistungssystemen aus der produzierenden Industrie bieten lediglich Lösungsaspekte und können nicht ganzheitlich für Subskriptionsmodelle genutzt werden (s. HINTERHUBER 2017; KERÄNEN U. JALKALA 2013; MACDONALD ET AL. 2016; SCHUH ET AL. 2016b; TOTZEK ET AL. 2019). Bei diesen Ansätzen fehlt vor allem die Adressierung der Kriterien Preisdimension und Preismetrik, da in transaktionalen Geschäftsmodellen kaum Gestaltungsmöglichkeiten für das Preismodell bestehen. Im Folgenden werden die einzelnen Kriterien konkreter diskutiert.

Die Analyse und Bewertung zeigt, dass aus der **produzierenden Industrie** bereits Ansätze zur nutzenorientierten Konfiguration und Preisbildung von Leistungssystemen bestehen (s. SCHÖNUNG 2008; SCHUH ET AL. 2016b; HOMBURG 2017). Die Beiträge aus der produzierenden Industrie fokussieren primär die Kriterien Bezugsgrundlage und Werterfassung, während die Kriterien Preisdimension und vor allem Preismetrik kaum bis gar nicht adressiert werden. Weiterhin mangelt es bestehenden Ansätzen an der Berücksichtigung von digital verfügbaren Daten bei der operativen Umsetzung sowie an konkreten Gestaltungsempfehlungen für eine effiziente Anwendung in der Praxis. Lediglich ein analysierter Ansatz aus der fokussiert explizit Subskriptionsmodelle für die produzierende Industrie (s. LIOZU 2022).

Der Bereich **Bezugsgrundlage** findet in den Ansätzen der Leistungskonfiguration und Preisbildung für Subskriptionsmodelle bisher wenig bis keine Beachtung. Ansätze aus der nutzenorientierten Konfiguration und Preisbildung von Leistungssystemen im industriellen Kontext thematisieren die Gestaltung eines Leistungssystems als Grundlage für den Preis (s. SCHÖNUNG 2008; PODRATZ 2009; MACDONALD ET AL. 2016). Besonders hervorzuheben ist an dieser Stelle die Ausarbeitung von SCHÖNUNG (s. SCHÖNUNG 2008). Elementarer Bestandteil seines Ansatzes ist der Aufbau eines Leistungssystems anhand des Schalenmodells nach BELZ, das sowohl die Produkt- und Dienstleistungsumfänge als auch die Beziehungsebenen zwischen Anbieter und Kunde sowie externe Faktoren umfasst (s. BELZ ET AL. 1997). Das beschriebene Leistungssystem bildet die Bezugsgrundlage und den Ausgangspunkt für die nutzenorientierte Preisbildung.

Tabelle 3-22: Bewertung bestehender Ansätze (eigene Darstellung)

Bewertung bestehender Ansätze										
		Objektbereich					Zielbereich			
		produz. Industrie	Bezugsgrundlage	Werterfassung	Preisdimension	Preismetrik	Prozesssicht	Funktionssicht	Datensicht	Gestaltungsempfehlung
Leistungskonfiguration und Preisbildung für Subskriptionsmodelle	Hinterhuber u. Liozu 2014	◑	○	○	◑	◑	○	○	○	◑
	Lah u. Wood 2016	○	◑	◑	◑	○	◑	◑	○	◑
	Stoppel u. Roth 2017	◑	○	◑	●	●	○	◑	○	◑
	Dombrowski et al. 2017	◑	◑	○	◑	◑	●	◑	○	◑
	Truong u. Polar 2017	○	◑	○	◑	○	○	○	○	◑
	Heinis et al. 2018	◑	○	◑	○	◑	○	◑	◑	○
	Hansen 2018	○	◑	○	◑	○	●	○	○	◑
	Frohmann 2018	○	○	◑	◑	◑	◑	◑	○	◑
	Yamamoto u. Sharma 2019	◑	○	◑	◑	●	◑	◑	○	◑
	Liozu 2022	●	○	◑	●	●	●	◑	○	◑
nutzenorientierte Konfiguration und Preisbildung von Leistungssystemen	Bliemel u. Adolphs 2003	○	◑	●	◑	○	●	○	○	○
	Kuß 2003	○	○	●	○	○	●	○	○	◑
	Schönung 2008	●	●	◑	◑	○	◑	◑	○	◑
	Podratz 2009	●	◑	◑	○	○	●	○	○	○
	Keränen u. Jalkala 2013	○	◑	●	○	○	●	●	○	○
	Macdonald et al. 2016	●	◑	●	○	○	○	◑	◑	○
	Stoppel u. Roth 2016	◑	◑	◑	◑	○	○	◑	○	○
	Schuh et al. 2016b	●	●	◑	○	○	○	●	○	○
	Homburg 2017	◑	◑	◑	○	○	○	◑	○	◑
	Hinterhuber 2017	●	○	●	○	○	●	◑	○	◑
	Totzek et al. 2019	●	○	●	○	○	○	●	○	●
	eigener Ansatz	●	●	●	●	●	●	●	●	●

Legende: Forschungsbedarf ○ nicht erfüllt ◑ teilweise erfüllt ● vollständig erfüllt

Wie das Leistungssystem wird auch die **Werterfassung** in Ansätzen der Leistungskonfiguration und Preisbildung für Subskriptionsmodelle nicht im Kern thematisiert. Wenige Ansätze aus diesem Bereich, beispielsweise die von STOPPEL U. ROTH oder

FROHMANN, thematisieren die Werterfassung für eine Leistung im Rahmen der Preisbildung (s. FROHMANN 2018; STOPPEL U. ROTH 2017). Im Gegensatz dazu ist die Werterfassung bei nahezu allen Ansätzen der nutzenorientierten Konfiguration und Preisbildung von Leistungssystemen ein Bestandteil. Hieraus kann gefolgert werden, dass in diesem Kontext innerhalb der produzierenden Industrie die Erfassung des Nutzens der Leistung essentiell ist. Hervorzuheben sind hier die Ansätze von MACDONALD ET AL. und TOTZEK ET AL. (s. MACDONALD ET AL. 2016; TOTZEK ET AL. 2019). Im Rahmen des Ansatzes von MACDONALD ET AL. wird ein Vorgehen vorgestellt, mithilfe dessen der Nutzungswert einer Leistung (Value-in-Use) anhand quantitativ messbarer Eigenschaften aus Sicht des Kunden ermittelt werden kann. TOTZEK ET AL. bieten eine Übersicht über verschiedene Verfahren zur Wertermittlung für Leistungen. Klassische Verfahren wie die Conjoint-Analyse oder das Price-Sensitivity-Meter stoßen bei der Wertermittlung für Subskriptionsleistungen aufgrund mangelnder Adaptierbarkeit an Leistungssysteme und kontinuierlich erfassbare IoT-Daten an die Grenzen. Demgegenüber ist insbesondere der Value-in-Use-Ansatz auf Basis externer Kundendaten für Subskriptionsleistungssysteme geeignet.

Der Bereich **Preisdimension** findet sich nicht in detaillierter Form innerhalb der nutzenorientierten Preisbildung für Transaktionsgeschäftsmodelle wieder. Da die Preislogik im Transaktionsgeschäft grundsätzlich Produkt gegen Einmalzahlung darstellt, wird diese in den klassischen Ansätzen vielfach nicht vertieft. Eine Differenzierung in der Preisdimension findet sich vor allem in zahlreichen Ansätzen der Subskriptionspreisbildung wieder (s. DOMBROWSKI ET AL. 2017; LAH U. WOOD 2016; LIOZU 2022; STOPPEL U. ROTH 2017). Besonders hervorzuheben ist in diesem Zusammenhang der Beitrag von STOPPEL U. ROTH (s. STOPPEL U. ROTH 2017). Basierend auf einem differenzierten Nutzenverständnis erarbeiten die Autoren eine Konzeptualisierung und Klassifizierung von Preismodellen, die bedeutsame Zusammenhänge zwischen dem Nutzenverständnis und den daraus resultierenden Preisdimensionen als Bezugsgrößen aufzeigen. Diese ermöglichen für Leistungen, die während der Nutzungsphase angeboten werden, eine umfassende Grundlage zur Differenzierung von Leistungstypen.

Auch in Bezug auf die **Preismetrik** gibt es kaum Beiträge aus der nutzenorientierten Preisbildung. In subskriptionsspezifischen Ansätzen zur Leistungskonfiguration und Preisbildung wird dieser Aspekt allerdings in einigen Beiträgen adressiert (HEINIS ET AL. 2018; LIOZU 2022; STOPPEL U. ROTH 2017; YAMAMOTO U. SHARMA 2019). Insbesondere hinsichtlich der Auswahl einer optimalen Preismetrik für eine zuvor gewählte Preismetrik bieten YAMAMOTO U. SHARMA einen qualitativen Ansatz zur Entscheidungsfindung (s. YAMAMOTO U. SHARMA 2019). Sowohl hier als auch bei LIOZU und bei STOPPEL U. ROTH werden zudem bereits mögliche alternative Preismetriken vorgestellt. Die Verknüpfung der Preismetriken mit konkreten, beim Kunden erfassbaren Daten erfolgt in den betrachteten Ansätzen jedoch nicht.

Hinsichtlich der **Prozesssicht** bestehen vor allem für die nutzenorientierte Konfiguration und Preisbildung von Leistungssystemen in transaktionalen Geschäftsmodellen Ansätze (s. BLIEMEL U. ADOLPHS 2003; HINTERHUBER 2017; KERÄNEN U. JALKALA 2013;

KUß 2003; PODRATZ 2009). Zusätzlich sind auch Ansätze aus dem Subskriptionsgeschäfts hierzu vorhanden (s. DOMBROWSKI ET AL. 2017; HANSEN 2018; LIOZU U. ULAGA 2018; LIOZU 2022). Doch keiner der bestehenden Prozesse deckt den gesamten Objektbereich in hinreichender Genauigkeit ab. Allerdings bestehen auf einer übergeordneten Ebene Gemeinsamkeiten und Überschneidungen zwischen verschiedenen Prozessen bestehender Ansätze. Auf Basis dieser Gemeinsamkeiten kann ein übergeordneter Prozessrahmen für diese Arbeit anhand der bestehenden Ansätze entwickelt werden.

Die **Funktionssicht** ist durch einen überwiegenden Anteil der Ansätze teilweise adressiert. Jedoch weisen lediglich bei wenigen Ansätzen die Funktionen einen hinreichend detaillierten Umfang auf (s. KERÄNEN U. JALKALA 2013; TOTZEK ET AL. 2019). Weiterhin decken die adressierten Ansätze lediglich begrenzte Teile des Objektbereichs ab. Daher können im Bereich der Funktionssicht keine ganzheitlichen Funktionen für diese Arbeit aus bestehenden Ansätzen entnommen werden. Vielmehr dienen die bestehenden Inhalte der Funktionen als Anhaltspunkte und Informationsquellen für die Entwicklung neuer Funktionen in dieser Arbeit.

Die analysierten bestehenden Ansätze der Konfiguration und Preisbildung für Leistungssysteme adressieren bisher in unzureichendem Ausmaß die **Datensicht**. Dies ist darauf zurückzuführen, dass die Datenverarbeitung von Leistungsdaten als Grundlage zur Leistungskonfiguration und Preisbildung bisher vielfach nicht im Fokus steht, denn insbesondere die nutzenorientierten Preismodelle auf Basis von Leistungsdaten des Kunden sind neuartig in der produzierenden Industrie. Dementsprechend stellt dieser Aspekt eine Lücke in der Literatur dar, die durch diese Arbeit adressiert werden soll.

Das Kriterium der **Gestaltungsempfehlungen** wird durch einen Teil der Ansätze teilweise adressiert. In diesem Bereich weisen lediglich vereinzelte Ansätze hinreichend tiefen Umfang auf. Weiterhin decken die Gestaltungsempfehlungen bei keinem Ansatz den gesamten Objektbereich ab. Im Rahmen dieser Arbeit sind Gestaltungsempfehlungen aus verschiedenen Ansätzen in einem Modell zusammenzuführen. Aufgrund der fehlenden Detailtiefe sind die Gestaltungsempfehlungen der Literatur weiterhin im Rahmen dieser Arbeit um Inhalte aus der industriellen Praxis anzureichern, um bisher fehlende Aspekte praxisnah zu ergänzen.

Zusammenfassend kann festgestellt werden, dass sowohl im Bereich der Leistungskonfiguration und Preisbildung für Subskriptionsmodelle als auch in der nutzenorientierten Konfiguration und Preisbildung von Leistungssystemen Ansätze bestehen, die einen Teil der definierten Kriterien teilweise oder ganzheitlich erfüllen. Vielen aktuellen Ansätzen für Subskriptionsmodelle fehlt der Branchenbezug zur produzierenden Industrie. Zudem berücksichtigen diese komplexe Leistungssysteme und die Wertermittlung unzureichend. Die nutzenorientierten Ansätze aus der produzierenden Industrie weisen einen konträren Betrachtungsschwerpunkt auf. Während Leistungssysteme und Wertermittlung im Vordergrund stehen, finden Preisdimension und Preismetriken in geringem Maße Berücksichtigung. Kein untersuchter Ansatz deckt alle geforderten Kriterien im erforderlichen Ausmaß der Problemlösung ab. Im Zielbereich finden sich für die nutzenorientierten Ansätze für die produzierende Industrie konkrete Prozesse, die eine Steuerung der Funktionen ermöglichen. Diese Prozesse decken jedoch vielfach lediglich einen Teil des Betrachtungsbereichs ab, bieten aber Grundlagen für die Gestaltung eines Prozesses im Kontext dieser Arbeit. Weiterhin können in allen Themenbereichen aus verschiedenen Quellen Methoden identifiziert werden, die Grundlagen für die Funktionssicht bieten. Hinsichtlich der Datensicht kann kein bestehender Ansatz identifiziert werden, der die Thematik ausreichend abdeckt. Weiterhin fehlt innerhalb der Gestaltungsempfehlungen in vielen Themenbereichen eine ausreichende Detailtiefe, sodass auch hier Handlungsbedarf besteht.

4 Beschreibung wissenschaftlich-theoretischer Grundlagen

In diesem Kapitel werden relevante wissenschaftlich-theoretische und methodische Bezugspunkte zur Gestaltung des zu entwickelnden Vorgehensmodells vorgestellt und der Bezug dieser Modelle auf den Kontext dieser Arbeit konkretisiert. Zunächst werden unter Berücksichtigung der zentralen Themenkomplexe dieser Arbeit die wissenschaftstheoretischen Modelle vorgestellt, die dieser Arbeit zugrunde liegen. Diese Modelle dienen zur Erklärung der wissenschaftlich-theoretischen Perspektive dieser Arbeit und zur Einordnung des normativen Grundkonzepts des in dieser Arbeit entwickelten Vorgehensmodells. Diese Modelle werden in Grundlagen des Objektbereichs mit Fokus auf Konfiguration und Preisbildung von Subskriptionsleistungssystemen (s. Kapitel 4.1) sowie in Grundlagen des Zielbereichs mit Fokus auf der Entwicklung eines Vorgehensmodells (s. Kapitel 4.2) unterteilt.

4.1 Theoretische Grundlagen des Objektbereichs der Arbeit

Die Service-Dominant-Logic (SDL), die Transaktionskostentheorie und die Prinzipal-Agent- und Stewardship-Theorie stellen die relevantesten Wissenschaftstheorien des Objektbereichs der Arbeit dar. Die Theorien spiegeln Implikationen und normative Grundlagen zur Durchführung von operativen Managementtätigkeiten im Spannungsfeld der Konfiguration und Preisbildung von Subskriptionsleistungen in der produzierenden Industrie wider. Die Theorien sind komplementär zueinander und bauen teilweise aufeinander auf. Die SDL beschreibt eine Grundlage der Wertschöpfungslogik für Subskriptionsleistungssysteme. Mit der Transaktionskostentheorie werden organisationale Hemmnisse bei der Gestaltung von Verträgen sowie der Realisierung von Preisbildungsprozessen zwischen zwei Leistungspartnern in Form von Kosten beschrieben. Die Prinzipal-Agent- und Stewardship-Theorie spezifiziert die Problemstellung der Informationsasymmetrie zwischen zwei Leistungspartnern innerhalb der Vertragserstellung.

4.1.1 Service-Dominant-Logic

Die SDL ist eine im Jahr 2004 veröffentlichte Theorie von VARGO U. LUSCH. Die Theorie postuliert einen Paradigmenwechsel im Marketing vom produktzentrischen auf den servicezentrischen Leistungsfokus (s. VARGO U. LUSCH 2004, S. 1). Die Theorie beruht auf der Annahme, dass eine Leistung erst durch die Nutzung des Kunden den intendierten Wert entfaltet. Der sogenannte Value-in-Use ist der Wert der Leistung und das Produkt stellt lediglich den Kanal für den Austausch von Dienstleistungen dar (s. VARGO U. LUSCH 2004, S. 7). Damit begründet die Theorie den Wandel von produktdominierten Leistungsangeboten, in denen die Wertschöpfung durch die Herstellung von Gütern und deren Transaktion als sog. *Value-in-Exchange* stattfindet, zu servicedominierten Leistungsangeboten. In dieser Theorie stellen Leistungen in Interaktion mit dem Kunden den Kern des wirtschaftlichen Handelns dar (s. VARGO U. LUSCH 2004,

S. 7). Der Wert eines Produkts, z. B. einer Maschine, entsteht nicht durch Herstellung oder Verkauf, sondern erst durch die erbrachte Maschinenleistung im Produktionsprozess des Kunden. Die Gegenüberstellung des produktzentrischen und des servicezentrischen Leistungsfokus wird in Tabelle 4-1 konkretisiert.

Tabelle 4-1: Übergang der produktzentrischen zur servicezentrischen Logik (eigene Darstellung i. A. a. VARGO U. LUSCH 2008, S. 258)

Produktzentrische Logik	Servicezentrische Logik
Physisches Objekt herstellen	Den Kunden im eigenen Wertschöpfungprozess unterstützen
Wert der Produktion	Wert durch Co-Creation
Kunden als unabhängige Einheiten	Kunden im Kontext ihrer eigenen Netzwerke
Kunden als Zielobjekte	Kunden als Ressourcen
Grundsatz der Effizienz	Effizienz durch Effektivität

Anbieter und Kunde integrieren hierzu die operanten Ressourcen, bestehend aus Fähigkeiten, Wissen und Gütern, in einem gemeinsamen Wertschöpfungsprozess (Value-Co-Creation) beim Kunden (s. VARGO U. LUSCH 2008, S. 258). Die konfigurierten und erbrachten Leistungssysteme können durch vier Kernprämissen beschrieben werden (s. VARGO U. LUSCH 2008, S. 258; ZOLNOWSKI U. BÖHMANN 2013, S. 10):

- (1) *Co-Creation:* Die Interaktion zwischen Kunde und Anbieter ist ein wesentliches Charakteristikum. Leistungen werden immer in *Co-Creation* mit dem Kunden erbracht. Daraus folgt, dass Wertschöpfung beim Kunden durch eine angebotene Leistung aufgrund von Zusammenwirken von Anbieter und Kunde realisiert wird (s. GRÖNROOS 2008, S. 310).
- (2) *Value-in-Use:* Ein Anbieter allein kann keinen Nutzen, sondern lediglich ein Nutzenversprechen anbieten. Der Nutzen des Kunden entsteht erst während der Leistungserbringung beim Kunden (s. VARGO U. LUSCH 2004, S. 5).
- (3) *Leistungsintegration:* Sowohl der Anbieter als auch der Kunde integrieren ihre Ressourcen zur gemeinsamen Leistungserstellung. Die Ressourcen setzen sich aus immateriellen Ressourcen (z. B. Wissen, Fähigkeiten, Daten, Personal) und technischen Ressourcen (z. B. Maschinen, IT-Systeme, technische Ausrüstung) zusammen (s. VARGO U. LUSCH 2008, S. 254ff.).
- (4) *Kundenindividueller Nutzen:* Der individuelle Nutzen des Kunden während der Leistungserbringung ist erfahrungs- und kontextbezogen und ist durch die phänomenologische Bewertung des Empfängers einzigartig. Dies bedeutet, dass identische Leistungen für verschiedene Kunden zu unterschiedlichen Nutzen führen (s. VARGO U. LUSCH 2008, S. 254ff.).

Der kundenzentrierte Geschäftsmodellansatz gilt seit Begründung der modernen Wirtschaftswissenschaften durch ADAM SMITH als dominierend gegenüber dem produktorientierten Ansatz, da dieser auf den realen Nutzen des Kunden ausgerichtet ist und nicht auf den niedrigeren nominalen Wert eines Produktes. Dennoch konnte sich historisch der produktzentrierte Geschäftsmodellansatz gegenüber dem kundenzentrierten Ansatz durchsetzen. Dies liegt darin begründet, dass der kundenzentrierte Ansatz in der Vergangenheit in der Praxis nicht effizient umsetzbar war und die Transaktionskosten zur Kundenintegration den zusätzlichen Nutzen überstiegen (s. VARGO 2009, S. 4). In den Geschäftsmodellen der Unternehmen der produzierenden Industrie sind serviceorientierte Leistungen insbesondere aufgrund von drei zentralen Herausforderungen nicht implementiert (s. ZOLNOWSKI U. BÖHMANN 2013, S. 35):

1. Fehlender effizienter Austausch von Informationen und Wissen zwischen Kunden und Anbieter
2. Fehlende effiziente Integration der Leistung und permanente Interaktion trotz räumlicher Trennung zwischen Kunde und Anbieter
3. Fehlende faire monetäre Kompensation des Anbieters für die kontinuierlich zusammen mit dem Kunden erbrachte Leistung

Die Digitalisierung in der produzierenden Industrie bietet erstmals die Möglichkeit, um diese Transaktionskosten zu minimieren. Daher stellt die Digitalisierung den zentralen Schlüssel zur erfolgreichen Implementierung servicezentrierter Geschäftsmodelle dar (s. HERMANN 2019, S. 3ff.; TZUO U. WEISERT 2018, S. 21). Dadurch werden das Angebot zusätzlicher Services und digitaler Leistungen für den Kunden, die Steigerung von Wissen über den individuellen Kunden, die Reduktion von notwendigen, physischen Transaktionen, die Schaffung neuer und effizienterer Möglichkeiten der Kooperation sowie die Koordination und Interaktion mit Kunden und Partnern ermöglicht (s. BERTHON U. JOHN 2015, S. 199f.). Die SDL findet in vielseitigen dienstleistungsorientierten Anwendungsfällen Anwendung, beispielsweise im Beschwerdemanagement (s. TRONVOLL 2007, S. 602), in Service-Ökosystemen (s. VARGO ET AL. 2015, S. 66) oder in der Analyse der Service-Experience (s. CHANDLER U. LUSCH 2015, S. 12ff.). Den Subskriptionsleistungssystemen im Verständnis dieser Arbeit liegt die SDL zugrunde.

4.1.2 Transaktionskostentheorie

Die Theorie geht auf den Wirtschaftsnobelpreisträger RONALD COASE zurück und wurde durch OLIVER E. WILLIAMSON, einen weiteren Wirtschaftsnobelpreisträger, weiterentwickelt (s. WILLIAMSON 1995, S. 210ff.). Die Theorie beschreibt die Kosten für die Transaktion von Verfügungsrechten für Leistungen zwischen Marktakteuren. Die Transaktionskostentheorie macht dabei erklärbar, warum Kooperationen zwischen Unternehmen oft rational sind, aber dennoch nicht zustande kommen. Die Theorie beschreibt, dass Kosten immer dann entstehen, wenn es zur Zusammenarbeit zwischen zwei Unternehmen kommt (s. EARL U. POTTS 2011, S. 2; SHAPIRO 2010, S. 138). Transaktionen stellen in der Betriebswirtschaftslehre dabei die Verhandlung und Durchführung eines Leistungsaustausches dar (s. GIBBONS 2010, S. 264ff.) Kosten und Auswirkungen von Transaktionen können dabei zeitlich in die zwei Ebenen Ex-ante-Kosten und Ex-post-Kosten unterteilt werden (s. Abbildung 4-1). Ex-ante-Kosten sind Aufwände, die vor einem Vertragsabschluss anfallen. Dies sind zum Beispiel Verhandlungskosten oder Vertragskosten. Ex-post-Kosten sind Aufwände, die nach einem erfolgten Vertragsabschluss anfallen. Dies sind zum Beispiel Kontroll-, Leistungserbringungs- und Anpassungskosten.

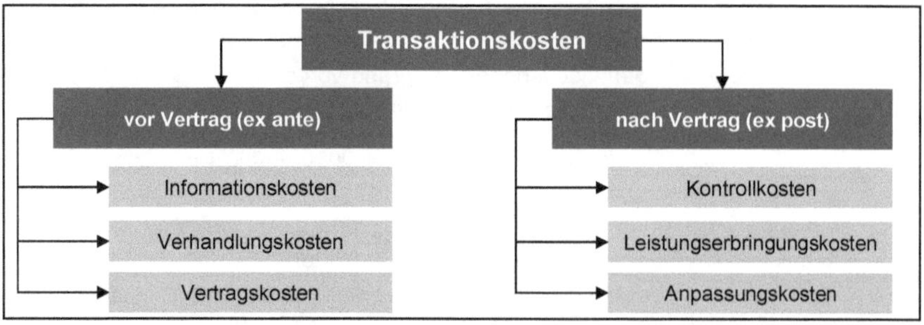

Abbildung 4-1: Transaktionskosten zwischen wirtschaftlichen Akteuren (eigene Darstellung)

Grundsätzlich wird bei der Transaktionskostentheorie zwischen den drei Unternehmensformen Markt, Kooperation und eigenständige Unternehmung unterschieden. Eine Kooperation wird in diesem Zusammenhang nur dann gewählt, wenn sie aufgrund der sich aus der Unsicherheit und Spezifität ergebenden Transaktionskosten ökonomisch sinnvoll ist (s. WIENINGER 2020, S. 79). Dabei unterliegt das Handeln der Akteure den zwei Verhaltensgrundlagen der beschränkten Rationalität und des opportunistischen Handelns. Menschen handeln nicht in jeder Situation rational, sondern unterliegen verhaltensökonomischen Beschränkungen. Weiterhin handeln Akteure nicht wohlfahrtsoptimal, sondern opportunistisch im Sinne der eigenen Nutzenoptimierung (s. Kapitel 4.1.3 Prinzipal-Agent-Theorie) (s. SUEMATSU 2014, S. 192ff.). Ein übergeordnetes Ziel jedes wirtschaftlich handelnden Akteurs besteht in der Reduktion der aufkommenden Transaktionskosten. Die Nutzung von Informationstechnologien führt zu einer Reduktion von Transaktionskosten und ermöglicht neue Formen der inter- und intraorganisationalen Zusammenarbeit zwischen Organisationen. Weiterhin können insbesondere verhaltensökonomisch geprägte Aktivitäten wie die Preisbildung durch automatisierte und datenbasierte Prozesse rationaler gestaltet werden (s. PICOT ET AL. 2020, S. 34ff.). Diese Effekte haben insbesondere im E-Business und im softwarebasierten Geschäft bereits Auswirkungen gezeigt und dazu geführt, dass die Geschäftsmodelle in diesen Branchen durch eine starke Reduktion der Transaktionskosten zwischen Akteuren transformiert wurden (s. DASILVA U. TRKMAN 2014, S. 4ff.). Auch im Bereich der produzierenden Industrie wird prognostiziert, dass niedrigere Transaktionskosten bedingt durch die Digitalisierung in dieser Branche resultieren und somit die Geschäftsmodelle transformieren werden. Dies macht insbesondere den Übergang von Einmaltransaktionen beim Kauf von Maschinen hin zu periodischen Transaktionen beim Bezug des Outputs durch eine Leistung wirtschaftlich attraktiver (s. EHRET U. WIRTZ 2016, S. 6ff.). Insbesondere die Preisbildung für komplexe Leistungsangebote im Rahmen von Subskriptionsmodellen ist ein großer Treiber für Transaktionskosten in der produzierenden Industrie. Dabei entstehen sowohl ex ante bei der Vertragsgestaltung als auch ex post bei der kontinuierlichen Abrechnung hohe Transaktionskosten. Dementsprechend beschreibt die Transaktionskostentheorie, warum die Preisbildung bisher ein zentrales Hemmnis bei der Gestaltung und Skalierung von Subskriptionsmodellen darstellt. Dementsprechend besteht in diesen Geschäftsmodellen ein großer Bedarf für standardisierbare und automatisierbare Preisbildungsprozesse.

4.1.3 Prinzipal-Agent- und Stewardship-Theorie

Die Prinzipal-Agent-Theorie definiert das Handeln von Akteuren in Organisationen in Vertragsbeziehungen unter asymmetrischer Informationsverteilung (s. LIPPOLD 2015, S. 4). Die Theorie beschreibt die Gestaltung von Verträgen sowie Entlohnungs- und Anreizsystemen zwischen einem Auftraggeber bzw. Kunden (Prinzipal) und einem Auftragnehmer bzw. Anbieter (Agent) und kann der Forschungsrichtung der neuen Institutionenökonomik zugeordnet werden (s. GASSMANN ET AL. 2016, S. 50). Dabei wird das Dilemma unterschiedlicher Zielsysteme von miteinander kooperierenden Kunden und Anbietern dargelegt, bei denen während der Vertragsgestaltung eine asymmetrische Verteilung von Informationen vorliegt (s. EISENHARDT 1989a, S. 58). Diese Situation führt dazu, dass ein Anbieter opportunistisch handeln könnte und zur Maximierung des eigenen Nutzens nicht zwangsläufig im Interesse des Prinzipals handelt (s. JENSEN U. MECKLING 1976, S. 308). Dies bedeutet, dass ein Anbieter bei der Erbringung einer Leistung anstrebt, dass möglichst hohe Preise bei niedrigen eigenen Kosten erzielt werden. Dabei ist die Bewertung der Qualität einer Leistung bzw. der resultierende Nutzen durch die Leistung vor Vertragsschluss durch den Kunden entweder nicht möglich oder die Überprüfung ist mit hohen Kosten eines Kunden verknüpft (s. EISENHARDT 1989a, S. 58). Durch die adverse Selektion wählt ein Kunde dabei bei funktional gleichen Leistungen die günstigere, welche jedoch oftmals mit niedrigerer Qualität einhergeht. Weiterhin bestehen nachvertragliche Herausforderungen innerhalb der Nutzungszeit, durch die ein Anbieter ohne Anreiz versuchen wird, die eigenen Kosten möglichst zu minimieren (s. PAVLOU ET AL. 2007, S. 110). Die Probleme des Handelns unter asymmetrischer Informationsverteilung sind auf fünf zentrale Problemtypen zurückzuführen (s. LIPPOLD 2015, S. 5):

1. Agenturkosten: Kosten zur Auflösung der Informationsasymmetrie fallen an.
2. Verborgene Eigenschaften: Der Kunde hat vor Vertragsabschluss keine vollständige Kenntnis über die Eigenschaften und Qualität der Leistung.
3. Verborgenes Handeln: Der Kunde kann nach Vertragsabschluss die erbrachte Leistung nicht vollständig nachvollziehen.
4. Verborgene Information: Der Kunde kann die Leistungen des Anbieters beobachten, aufgrund fehlender Informationen jedoch hinsichtlich Qualität bzw. Nutzen nicht beurteilen.
5. Verborgene Absicht: Der Kunde kennt die Ziele des Anbieters während der Vertragserfüllung nicht.

Durch die Stewardship-Theorie ist die Prinzipal-Agent-Theorie weiter gefasst worden und bezieht mit ein, dass der Anbieter (Agent) direkt vom Erfolg des Kunden (Prinzipal) abhängig ist (s. PRATT 1985, S. 2; SNIPPERT ET AL. 2015, S. 575). Durch diese Erweiterung verschiebt sich die individuelle Nutzenmaximierung durch eine Zielkonvergenz zunehmend zu einer anzustrebenden Nutzenmaximierung des Gesamtsystems (s. DAVIS ET AL. 1997, S. 37). Durch eine Nutzung von Informationssystemen können die Informationsasymmetrie aufgehoben und die Problemtypen durchbrochen werden (s. Abbildung 4-2) (s. PAVLOU ET AL. 2007, S. 106). Dabei sind sowohl Anbieter als auch Kunde danach bestrebt, die Informationsasymmetrie durch aktive Signalisierung von Kompetenzen und kontinuierliche Überwachung aufzuheben (s. VAN SLYKE 2006, S. 180f.).

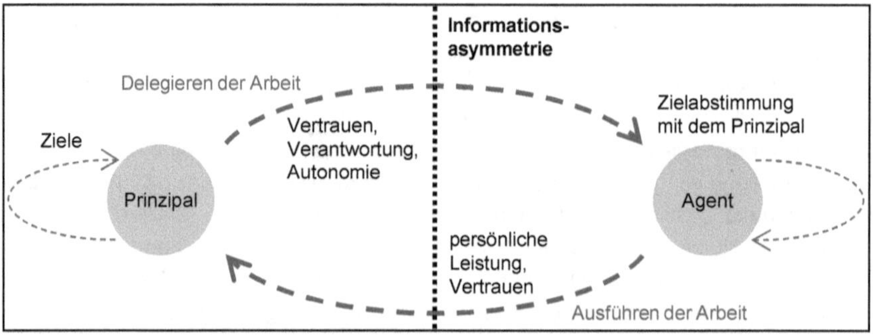

Abbildung 4-2: Prinzipal-Agent- und Stewardship-Theorie (eigene Darstellung i. a. A. SNIPPERT ET AL. 2015, S. 573)

Eine Zielkonvergenz kann durch langfristige Vertragsbeziehungen, kontinuierliche Nutzenmaximierung, Vertrauen, Autonomie und Kollaboration erreicht werden (s. SEGAL U. LEHRER 2012, S. 172f.; SNIPPERT ET AL. 2015, S. 574). Die Theorien können auf die Subskriptionsmodelle im Kontext dieser Arbeit angewendet werden. Dabei wird die Wechselwirkung zwischen Leistungskonfiguration und Preisbildung zu einem zentralen Werkzeug zur Auflösung der Handlungsprobleme. Insbesondere nutzenorientierte Preisbildung schafft einen Anreiz zur Nutzenmaximierung für den Anbieter durch kontinuierliche Leistungsoptimierung für den Kunden durch Koppelung des Erlöses des Anbieters an den Erfolg des Kunden. Dazu muss die Preisbildung zum einen effizient und automatisierbar sein. Zum anderen ermöglichen messbare Daten des Kunden eine Möglichkeit zur kontinuierlichen Messung von Qualität und Nutzen sowie zur objektiven Leistungsabrechnung. Hierdurch kann eine wohlfahrtsoptimale Nutzenmaximierung zwischen Kunde und Anbieter erreicht werden.

4.2 Theoretische Grundlagen des Zielbereichs der Arbeit

Im Folgenden werden die theoretischen Grundlagen des Zielbereichs dieser Arbeit näher erörtert. Ziel dieser Arbeit ist die Entwicklung eines strukturierten Vorgehensmodells. Diesem Vorgehensmodell wird das theoretische Fundament der Systemtheorie, der Systemtechnik und der Modellierung zugrunde gelegt.

4.2.1 Systemtheorie

Nach dem managementorientierten Systemansatz von ULRICH stellen Unternehmen nicht reine Wirtschaftssubjekte, sondern zweckgerichtete, dynamische und komplexe Systeme dar (s. ULRICH 2001, S. 588). Die Systemtheorie hat zum Ziel, die Struktur und das Verhalten von komplexen Systemen zu beschreiben (s. SCHWANINGER 1998, S. 4) und Aufgaben und Probleme bei der Gestaltung komplexer Systeme in Teilprobleme zu zerlegen (s. PATZAK 1982, S. 5). Das Konzept ist grundsätzlich disziplinunabhängig und bietet sich für den Einsatz von disziplinübergreifenden Anwendungsfeldern an (s. KLEIN 2007, S. 48). Dieser ursprünglich vom Biologen BERTALANFFY für die Formalwissenschaften entwickelte Ansatz wurde von ULRICH 1968 auf die Betriebswissenschaften überführt (s. ULRICH 2001, S. 588). Innerhalb der Systemtheorie beschreibt ein System die Gesamtheit von Elementen innerhalb eines durch eine Systemgrenze festgelegten Bereichs, zwischen denen wechselseitig beeinflussbare und zeitlich variable Beziehungen bestehen (s. BRUNS 1991, S. 31). Die Systemtheorie hat zum Ziel, durch die Entwicklung von vereinfachenden Modellen komplexe Zusammenhänge innerhalb eines Systems und zwischen Systemen zu erklären (s. HABERFELLNER ET AL. 2019, S. 41). Erkenntnisse der Systemtheorie bilden die Grundlage für Systemdenken (s. ULRICH U. PROBST 1995, S. 27ff.). Systeme sind in hohem Maße vernetzt. Daher können einzelne Elemente des Systems nicht isoliert betrachtet werden. Das System muss vielmehr als Ganzes betrachtet werden, um die zugrundeliegenden Ordnungsmuster zu verstehen (s. VESTER 2002, S. 157). Der Systembegriff umfasst drei Modellkonzepte, die zu verschiedenen methodischen Implikationen führen (s. ROPOHL 2005, S. 4). Diese sind das Funktional-, das Struktural- und das Hierarchiekonzept (s. Abbildung 4-3).

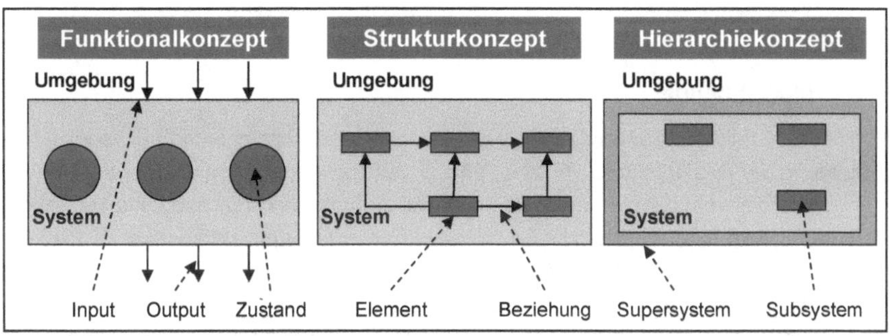

Abbildung 4-3: Modellkonzepte der Systemtheorie (eigene Darstellung i. A. a. ROPOHL 2005, S. 4)

Das Funktionalkonzept beschreibt das Systemverhalten und bietet einen prozessualen Rahmen zur Darstellung aller denkbaren Bedingungen und Folgen. Im Strukturkonzept werden alle Elemente und deren Beziehungen zueinander modelliert. Das Hierarchiekonzept bringt den Grundsatz des Systemdenkens zum Ausdruck, in dem eine Ganzheit aus verschiedenen Teilen (Subsystemen) besteht und gleichzeitig immer ein Teil einer umfassenderen Ganzheit (Supersystem) ist. (s. ROPOHL 2005, S. 4f.)

4.2.2 Systemtechnik

Die Systemtechnik (*Systems Engineering*) ist eine Methodik, die auf der Systemtheorie beruht und die Lösung schwer fassbarer und komplexer Problemstellungen fokussiert (s. HABERFELLNER ET AL. 2019, S. 27). In der Systemtechnik liefert ein Vorgehensmodell nach HABERFELLNER ET AL. einen Ansatz, mit dessen Hilfe eine systematische Analyse und Lösung von Problemen möglich ist (s. HABERFELLNER ET AL. 2019, S. 110). Der Systemtechnik liegen vier Prinzipien zugrunde, die in der Folge näher erläutert werden:

1. Vom Groben ins Detail: Nach diesem Prinzip (auch Top-down-Ansatz genannt) hat eine Eingrenzung des Untersuchungsbereichs zu erfolgen. Dazu wird zunächst mit einem Betrachtungsfokus der übergeordneten Systemebene begonnen, um die Untersuchung schrittweise auf eine untergeordnete Systemebene mit höherem Detailgrad einzugrenzen (s. HABERFELLNER ET AL. 2019, S. 28ff.).

2. Variantenbildung: Zur Lösung von Problemstellungen besteht eine Vielzahl an möglichen Lösungsvarianten. Daher sind alternative denkbare Lösungsvarianten auf der jeweiligen Betrachtungsstufe zu erfassen und auszubilden (s. HABERFELLNER ET AL. 2019, S. 31ff.).

3. Phasengliederung: Die als System entwickelte Problemlösung ist in einzelne, zeitlich und logisch voneinander trennbare Phasen zu unterteilen. Die Phasengliederung erweitert die zuvor genannten Prinzipien um die prozessuale Sichtweise der Problemlösung (s. HABERFELLNER ET AL. 2019, S. 35ff.).

4. Problemlösungszyklus: Die Problemstellungen sind auf Mikroebene anhand einer Arbeitslogik als formaler Leitfaden zu behandeln. Diese folgt den iterativen Schritten Zielkonkretisierung, Lösungssuche und Auswahl der Lösung (s. HABERFELLNER ET AL. 2019, S. 43ff.).

4.2.3 Modelltheorie

Ein Modell stellte eine vereinfachte, verständliche, übersichtliche und aussagekräftige Abbildung der Realität dar (s. PATZAK 1982, S. 306) (s. Abbildung 4-4). Modell bedeutet zum einen die Abbildung eines Systems der bestehenden Wirklichkeit und zum anderen das Vorbild für ein System im Sinne eines Entwurfs für eine zukünftige Wirklichkeit (s. STACHOWIAK 1973, S. 129). Modelle stellen die Ableitung eines realen Systems auf ein abstrahiertes System dar, das die wichtigsten Eigenschaften des realen Systems beinhaltet (s. KUHLMANN 2011, S. 68ff.). Ziel ist, das Systemverhalten für diesen fokussierten Anwendungsbezug darzustellen und daraus Erklärungen und Vorhersagen zum Systemverhalten abzuleiten (s. STACHOWIAK 1973, S. 113). Gemäß STACHOWIAK müssen systemtheoretische Modelle grundsätzlich drei Merkmale erfüllen (s. STACHOWIAK 1973, S. 131ff.):

Abbildungsmerkmal: Modelle sind stets Abbildungen von natürlichen und künstlichen Originalen, die selbst wieder Modelle sein können.

Verkürzungsmerkmal: Modelle erfassen nicht alle Attribute des repräsentierten Originals, sondern nur die den Modellerschaffern relevant erscheinenden Attribute.

Pragmatisches Merkmal: Modelle sind den repräsentierten Originalen nicht per se eindeutig zugeordnet. Daher hat eine anwendungsspezifische Beschreibung zu erfolgen.

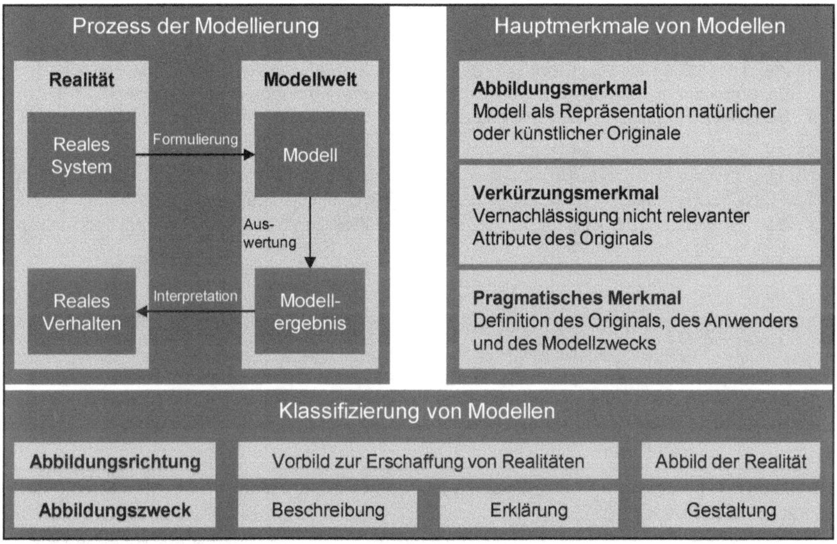

Abbildung 4-4: Grundlagen der Modelltheorie (eigene Darstellung i. A. a. AUERBACH 2010, S. 39)

In der Literatur liegen verschiedene Konzepte zur Klassifizierung von Modellen vor (s. PATZAK 1982, S. 313ff.; STACHOWIAK 1973, S. 157ff.; WÖHE ET AL. 2020, S. 34ff.). Eine verbreitete Einordnung nach dem Verwendungszweck in Beschreibungsmodelle, Erklärungsmodelle, Gestaltungsmodelle und Metamodelle hat sich etabliert (s. Abbildung 4-5). Da die Grenzen der Modelle mehr oder weniger fließend und voneinander abhängig sind, ist eine eindeutige Zuordnung in die Modellkategorien nicht immer möglich (s. BANDTHE 2007, S. 205).

Beschreibungsmodelle sind deskriptive Modelle, die dazu dienen, Sachverhalte und Phänomene möglichst präzise und einfach bzw. leicht verständlich darzustellen. Die Modelle gewinnen Informationen aus der aktuellen Beschaffenheit von Systemen oder erhalten Informationen von in der Vergangenheit existierenden Systemen (s. BROSZE 2011, S. 64). Strukturell-deskriptive Beschreibungsmodelle beschreiben einen statischen Zustand und verhaltensmäßig-deskriptive Modelle einen Zeitverlauf (s. LEHNER ET AL. 2006, S. 30f.; SCHOLL 2001, S. 17f.).

Erklärungsmodelle basieren in der Regel auf Beschreibungsmodellen und stellen Wirkungszusammenhänge dar, die zwischen den beobachteten Phänomenen identifiziert werden können (s. SCHIEMENZ U. SCHÖNERT 2005, S. 49f.). Basierend auf Analysen dieser Zusammenhänge können Prognosen des Systemverhaltens abgeleitet werden.

Modelle, die zum Ziel haben, das zugrundeliegende Beschreibungsmodell zu verbessern, heißen *Kausales Modell* und Modelle zur Vorhersage eines zukünftigen Zustands heißen *Prognose-Modell* (s. LEHNER ET AL. 2006, S. 31).

Beschreibungsmodelle

- **Ziel:** Darstellung von Sachverhalten oder Phänomenen
- **Beispiel:** Straßenkarte, Röntgenaufnahme

Erklärungsmodelle

- **Ziel:** Analyse von Gesetzmäßigkeiten, Prognose möglichen Verhaltens
- **Beispiel:** 3D-Modell eines Werkzeugs zur Kollisionssimulation

Gestaltungsmodelle

- **Ziel:** Veränderung der Realität, Erläuterung eines Zielzustands
- **Beispiel:** Konstruktionszeichnung

Metamodelle

- **Ziel:** Gestaltung von Modellen, Benennung von Relevanz
- **Beispiel:** Konstruktionsrichtlinie

Vorgehensmodelle

- **Präskriptives Gestaltungsmodell mit Elementen von Beschreibungs- und Metamodellen**
- **Ziel:** Leitfaden und Methodensammlung zur Veränderung der Realität
- **Beispiel:** V-Modell

Abbildung 4-5: Grundlegende Modelltypen (eigene Darstellung i. A. a. GIEHLER 2010, S. 78)

Gestaltungsmodelle bieten einen Ansatz für den zielgerichteten Einsatz von möglichen Einflussgrößen im Modell. Diese Modelle dienen zur Veränderung der zukünftigen Wirklichkeit, indem eine praktische Lösung für ein Problem entwickelt wird. Bei diesen Modellen kann zwischen normativen Modellen, die Leitbilder zur Darstellung eines Handlungsrahmens bieten, und präskriptiven Modellen zur Darstellung einer Vorgehensweise durch Vorbild-, Beispiel- oder Musterfunktionen unterschieden werden (s. LEHNER ET AL. 2006, S. 31; ULRICH U. FLURI 1984, S. 180).

Metamodelle stellen Ordnungen zur Beschreibung von Modellen und nicht die Realität selbst dar. Dieses auch als generisches Modell bezeichnete Regelwerk veranschaulicht die relevanten Aspekte und Komponenten zur Gestaltung und Nutzung von Modellen sowie deren Zusammenhänge (s. LEHNER ET AL. 2006, S. 32). Metamodelle beschreiben als Modelle eines Modells die Syntax eines Modellsystems (s. SCHÜTTE 1998, S. 72).

Vorgehensmodelle stellen einen strukturierten Prozess mitsamt Methoden und Techniken zur Veränderung einer Realität dar. Das Modell beschreibt die Aufgabenstellungen und Aktivitäten in einer sinnvollen logischen Abfolge vom Problem bis zur Lösung. Vorgehensmodelle vereinen dabei Elemente der Beschreibungs-, Gestaltungs- und Metamodelle zu einem praxistauglichen Leitfaden mitsamt Methodensammlung (s. GRÄßLE ET AL. 2010, S. 86f.).

5 Konzeptionierung des Vorgehensmodells

In der Praxis ist ein holistisches Vorgehensmodell zur Konfiguration und Preisbildung von Subskriptionsleistungssystemen erforderlich, das im Folgenden konzipiert wird. Aufgrund fehlender ganzheitlicher Ansätze in der Literatur ist ein neuartiger Ansatz für ein Vorgehensmodell erforderlich, der ein Prozessmodell, ein Funktionsmodell, ein Datenmodell und ein Gestaltungsmodell beinhaltet (s. Abbildung 5-1). In diesem Kapitel werden zunächst Grundlagen zur Entwicklung von Vorgehensmodellen beschrieben (s. Kapitel 5.1). Anschließend werden für das zu entwickelnde Modell Anforderungen definiert, damit die Zielsetzung und Forschungsfragen dieser Arbeit durch das Modell umfassend adressiert werden (s. Kapitel 5.2). Darauf folgen die Entwicklung einer Modellstruktur und Modelllogik für das Vorgehensmodell (s. Kapitel 5.3). Anschließend werden methodische Grundlagen zur Ausgestaltung des Vorgehensmodells erläutert (s. Kapitel 5.4). Schließlich erfolgt eine Zusammenfassung des Konzepts für das Vorgehensmodell (s. Kapitel 5.5).

Abbildung 5-1: Wissenschaftliche Anforderungen an das Vorgehensmodell (eigene Darstellung)

5.1 Grundlagen zur Entwicklung des Vorgehensmodells

Ein Vorgehensmodell (s. Kapitel 4.2.3) zielt darauf ab, die Abläufe befristeter Projekte zu strukturieren. Das in dieser Arbeit zu entwickelnde konfigurierbare Vorgehensmodell hat den Anspruch, Anwender aus industriellen Praxis dazu zu befähigen, die Konfiguration und Preisbildung für eigene unternehmensspezifische Subskriptionsleistungssysteme durchzuführen. Dabei soll das Modell flexibel, universell und unternehmensübergreifend innerhalb der industriellen Praxis für die Leistungskonfiguration und Preisbildung für Subskriptionsmodelle nutzbar sein. Modelle mit dem Zweck der Wiederverwendung werden als Referenzmodelle bezeichnet und müssen entweder tatsächlich für die Gestaltung neuer Modelle genutzt werden oder mit der Absicht hierfür entwickelt worden sein (s. HARLAND 2019, S. 82). Demgemäß entspricht das in dieser Arbeit zu entwickelnde Modell einem Vorgehensmodell mit Referenzmodellcharakter bzw. einem Referenz-Vorgehensmodell. Zur besseren Lesbarkeit wird jedoch im Folgenden durchgängig der Begriff Vorgehensmodell genutzt. Die Eigenschaften von Referenzmodellen werden daher im Folgenden beschrieben.

5.1.1 Eigenschaften von Referenzmodellen

Ein Referenzmodell (Referenz von lat. *referre* = „auf etwas zurückführen", „sich auf etwas beziehen", „berichten") dient zur Bündelung von Empfehlungen und einheitlichen Begriffssystemen zur Nutzung von wiederverwertbaren Konstrukten. Ein Referenzmodell stellt für die Entwicklung unternehmensspezifischer Modelle einen Bezugspunkt dar, da hiermit eine Klasse von Anwendungsfällen repräsentiert wird (s. SCHÜTTE 1998, S. 69). Referenzmodelle verweisen somit nicht auf ein bestimmtes Original innerhalb eines Unternehmens, sondern definieren Typisierungen möglicher originaler Ausprägungen. Ähnlich einer Schablone bietet ein Referenzmodell einen Bezugspunkt zur Empfehlung und Gestaltung unternehmensspezifischer Modelle (s. ERDMANN 2003, S. 178; MEYER 2007, S. 50f; VOM BROCKE U. BUDDENDICK 2004, S. 27f.). Aus der Adaption, Erweiterung und Detaillierung können direkt für einen konkreten Anwendungsfall Gestaltungshinweise abgeleitet werden (s. SCHÜTTE 1998, S. 70ff.; SCHUH U. SCHMIDT 2006, S. 110; VOM BROCKE U. BUDDENDICK 2004, S. 27f.). Ziel der Referenzmodellierung ist, durch den Transfer von Best Practices Rationalisierungspotentiale und durch Wissenskombination Differenzierungspotentiale zu erschließen (s. GADATSCH 2017, S. 43; SCHÜTTE 1998, S. 65ff.). Dadurch können operative Unternehmensaufgaben schneller und in höherer Qualität durchgeführt werden (s. BECKER U. DELFMANN 2004, S. 325; s. BROSZE 2011, S. 65; BURMEISTER 1997, S. 21; INTRA 2000, S. 49; WERMERS 2000, S. 43). Die Überprüfung der realen Gültigkeit eines Referenzmodells hat durch die konkrete Anwendung des Modells zu erfolgen (s. SCHÜTTE 1998, S. 70).

Durch ein Metamodell (s. Kapitel 4.2.3) wird in einem Referenzmodell ein syntaktisches Regelwerk zur Aufstellung einer Ordnung geboten. Die semantische Ebene steht bei Referenzmodellen im Vordergrund. Auf dieser Ebene wird basierend auf dem aufgestellten Regelwerk ein unternehmensunspezifisches Gestaltungsmodell zum Vorgehen für einen operativen Unternehmensprozess geboten (s. SCHÜTTE 1998, S. 72). Eine konkrete und zielgerichtete Anwendung in der Praxis kann anschließend durch eine Spezifizierung des Gestaltungsprozesses auf einen Unternehmenskontext ermöglicht werden. Referenzmodelle verfügen allgemein über die folgenden vier Eigenschaften (s. BROSZE 2011, S. 65):

1. Modularität: Dient zur Reduktion der Komplexität durch Zusammenfassung von Objekten zu Subsystemen in Form von Modulen. Diese sind in sich selbstständig.

2. Integration: Die ineinander integrierten Bausteine sind aufeinander abgestimmt und bilden ein einheitliches Ganzes. Integration bedeutet, dass beispielsweise die Daten aus dem Datenmodell mit den Funktionen des Modells verknüpft sind.

3. Wiederverwendbarkeit: Die Bausteine des Modells verfügen unabhängig von den Spezifika eines zu modellierenden Modells über Allgemeingültigkeit. Anhand der generischen Modellbasis werden spezifische Vorgaben abgeleitet.

4. Transparenz: Durch Transparenz des Modells werden Zusammenhänge und Aspekte der Realität sichtbar.

5.1.2 Vorgehen der Referenzmodellbildung nach SCHÜTTE

Der Entwicklung des Referenzmodells in dieser Arbeit liegt das Vorgehen zur Referenzmodellbildung nach SCHÜTTE zugrunde (s. SCHÜTTE 1998, S. 175ff.). Weiterhin werden die Grundsätze der ordnungsgemäßen Referenzmodellierung erläutert, die bei einer Erstellung eines qualitativ hochwertigen Referenzmodells zu beachten sind. Im Vorgehen werden die fünf aufeinanderfolgenden Phasen Problemdefinition, Konstruktion des Modellrahmens, Konstruktion der Modellstruktur, Komplettierung und Anwendung iterativ durchlaufen (s. Abbildung 5-2). Dieses Modell bietet einen konkreten Ablauf, der das übergeordnete weitere Vorgehen innerhalb dieser Arbeit definiert.

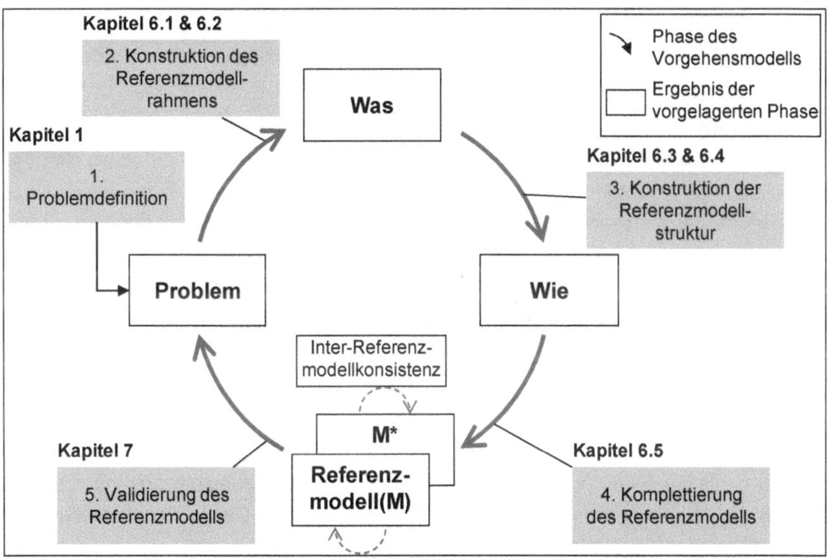

Abbildung 5-2: Vorgehen zur Referenzmodellbildung nach SCHÜTTE (eigene Darstellung i. A. a. SCHÜTTE 1998, S. 185)

1. Problemdefinition: Ausgangspunkt der Referenzmodellierung stellt ein Problem aus der Praxis dar, welches die Grundlage für eine Top-down-Modellierung ist. Hierdurch soll vermieden werden, dass nicht eine Lösung für ein Problem konstruiert wird, das real nicht existiert. Diese Phase erfolgt unter Einbezug mehrerer Experten aus der

Praxis als multipersoneller Prozess. Ziel der Problemdefinition ist die Herleitung einer Hypothese über eine Problemstellung (s. SCHÜTTE 1998, S. 184ff.). Die Problemdefinition in dieser Arbeit erfolgt im ersten Kapitel in Form der Forschungsfrage.

2. Konstruktion des Referenzmodellrahmens: In dieser Phase sind die Eigenschaften und Bestandteile des Modells sowie die Erstellung standardisierter Modellbestandteile festzulegen. Diese dienen zur Definition von Merkmalen und Merkmalausprägungen, anhand derer eine Konfiguration erfolgt. Ein Metamodell des Vorgehensmodells trägt zur Standardisierung von Begriffen und Bausteinen bei und dient als Regelwerk für unternehmensspezifische Modellvarianten (s. SCHÜTTE 1998, S. 187). Ergebnisse dieser Phase sind die Definition einer übergeordneten Modellstruktur in Form eines Ordnungsrahmens und die Auswahl von Modellsichten sowie eine Definition der Struktur und des Verhaltens dieser Sichten zueinander. In dieser Arbeit ist diese Phase die Gestaltung eines Ordnungsrahmens für das Modell in Kapitel 6.1 und die Definition des Metamodells in Kapitel 6.2.

3. Konstruktion der Referenzmodellstruktur: Die in Phase zwei festgelegten Modellsichten werden mithilfe formaler Modellierungssprachen ausgestaltet. Die Phase liefert eine detaillierte Struktur des zuvor konzipierten Referenzmodellrahmens. Dazu werden Referenzprozesse und Modelle geschaffen und durch Verbindungen über die Prozesssicht miteinander verknüpft. Eine Überprüfung der Vollständigkeit der Referenzmodellstruktur wird im Rahmen der Validierung im Anwendungsumfeld empfohlen (s. SCHÜTTE 1998, S. 187). Die Konstruktion der einzelnen Sichten des Vorgehensmodells erfolgt in dieser Arbeit in Kapitel 6.3 und 6.4.

4. Komplettierung des Referenzmodells: Um eine konsistente Anwendung zu gewährleisten, werden Querverbindungen im Referenzmodell sowie zwischen den Teilmodellen ergänzt. Zudem sind anwendungsnahe Informationen aus der Praxis hinzuzufügen. Anhand dieser Informationen kann das entwickelte Modell angewandt werden und es bestehen Anhaltspunkte für Benchmarkings (s. SCHÜTTE 1998, S. 188). Die Komplettierung wird in dieser Arbeit in Kapitel 6.5 durchgeführt.

5. Validierung des Referenzmodells: Innerhalb der Validierung erfolgt mithilfe des entwickelten Referenzmodells eine spezifische Leistungskonfiguration und Preisbildung in der Praxis. Im Rahmen der Anwendung des Referenzmodells sind Abweichungen zwischen Referenzmodell und der Praxis zu erfassen und bei Bedarf anzupassen. Im Anschluss wird das Referenzmodell überarbeitet. Dieses Vorgehen ist iterativ fortzusetzen, bis das Referenzmodell als geeignet für die Abbildung der gewünschten Unternehmensteile befunden wird (s. SCHÜTTE 1998, S. 188). Dieser Schritt entspricht in der vorliegenden Arbeit der Validierung in Kapitel 7.

5.2 Anforderungen an das Vorgehensmodell

Bei der Entwicklung und Anwendung eines Vorgehensmodells wird stets eine Zielsetzung verfolgt. Bei einer wissenschaftlich fundierten Vorgehensweise der Modellierung sind im Voraus konkrete Anforderungen an das Modell zu definieren. Hierzu wird im

Folgenden zwischen formal-konzeptionellen und inhaltlichen Modellanforderungen unterschieden. Formal-konzeptionelle Anforderungen stellen strukturiertes und systematisches Vorgehen bei der Modellierung sicher. Im Rahmen dieser Arbeit basieren diese Anforderungen auf den Grundsätzen ordnungsgerechter Referenzmodellierung. Die inhaltlichen Anforderungen gewährleisten, dass mit dem Modell die in den Forschungsfragen aufgeworfene Problemstellung der Arbeit vollumfänglich adressiert wird (s. Kapitel 1.2). Dementsprechend werden im Folgenden formal-konzeptionelle und inhaltliche Anforderungen für das zu entwickelnde Modell definiert und zusammengefasst. Durch Definition der Modellanforderungen werden konkrete Zielkriterien aufgestellt, anhand derer in der Validierung eine erfolgreiche Adressierung der Forschungsfragen durch das entwickelte Vorgehensmodell abgeleitet werden kann.

5.2.1 Definition formal-konzeptioneller Modellanforderungen

Die **Grundsätze ordnungsmäßiger Modellierung (GoM)** dienen dazu, sicherzustellen, dass eine qualitätsgerechte und vergleichbare Referenzmodellierung erfolgt (s. BECKER ET AL. 2012, S. 31). Diese Grundsätze gehen auf eine aus sechs Grundsätzen bestehende Architektur durch BECKER ET AL. zurück (s. BECKER ET AL. 1995, S. 437ff.). Diese Grundsätze wurden durch SCHÜTTE aufgegriffen und insbesondere im Anwendungsbezug auf die Modellierung von Referenzmodellen spezifiziert (s. SCHÜTTE 1998, S. 112). Dementsprechend hat auch diese Arbeit den im Folgenden vorgestellten GoM nach SCHÜTTE zu genügen (s. SCHÜTTE 1998, S. 119ff.):

1. Grundsatz der Konstruktionsadäquanz: Für ein Referenzmodell muss die Nützlichkeit auf seinem Anwendungskontext im Vordergrund stehen. Ein Referenzmodell muss auf die Lösung des Problems ausgerichtet sein, für welches es erstellt wurde. Man spricht vom „Konsens über das im Modell zu repräsentierende Problem“ (s. SCHÜTTE 1998, S. 120). Zudem muss ein „Konsens zur Modelldarstellung“ vorliegen. Dies bedeutet, dass für die im Modell verwendeten Datenobjekte eine eindeutige Form der Abbildung bestehen muss. Dabei sollte einerseits die Konsistenz innerhalb des Modells gegeben sein und andererseits die Darstellungsweise zwischen verschiedenen Modellen hinsichtlich Vergleichbarkeit gleich oder ähnlich sein (s. SCHÜTTE 1998, S. 120f.).

2. Grundsatz der Sprachadäquanz: Die im Modell verwendete Sprache zur Beschreibung des Modells muss geeignet und korrekt sein (s. SCHÜTTE 1998, S. 125). Die Richtigkeit bezieht sich zudem auf die korrekte Anwendung der Sprache gemäß dem zugrundeliegenden Regelwerk. Dieses wird typischerweise durch ein zu definierendes Metamodell festgelegt. Zudem hat das erstellte Modell in Bezug auf das Metamodell vollständig und konsistent zu sein (s. SCHÜTTE 1998, S. 126).

3. Grundsatz der Wirtschaftlichkeit: Bei der Erstellung und Nutzung eines Referenzmodells sind ökonomische Zielsetzungen in den Fokus zu stellen. Im Anwendungskontext sind der Aufwand und die damit verbundenen Kosten zur Anwendung des Vorgehensmodells als negativ und die Wirtschaftlichkeitspotentiale neuer Preismodelle als positiv zu betrachten (s. SCHÜTTE 1998, S. 127). Durch flexible Gestaltung und einfache Adaptierbarkeit des Modells kann somit die Wirtschaftlichkeit erhöht werden. Außerdem empfiehlt sich die Verwendung einfacher Modellierungssprachen, da dies die Einstiegshürden zur Anwendung des Modells senkt (s. SCHÜTTE 1998, S. 129)

4. Grundsatz des systematischen Aufbaus: Die für die Zielstellung relevanten Aspekte des Objektsystems sind durch entsprechende Sichten zu erfassen. Ein systematischer Aufbau verschiedener Sichten reduziert die Komplexität des Modells, ohne auf die Darstellung relevanter Inhalte zu verzichten. Zwischen den Sichten ist eine Inter-Modellkonsistenz zur Darstellung des Struktur- und Verhaltensmodells sowie die Darstellung ihres Zusammenhangs vorzusehen. Weiterhin ist bei der Auswahl der Modellierungssprachen auf die Fähigkeit zur Verknüpfbarkeit verschiedener Sichten zu achten (s. SCHÜTTE 1998, S. 130).

5. Grundsatz der Klarheit: Die im Modell dargestellten Informationen sind für die Zielgruppe verständlich zu gestalten. Der Aspekt der Klarheit fasst die Forderungen nach adressatengerechter Hierarchisierung, Layoutgestaltung und Filterung zusammen. Die Hierarchisierung bezieht sich auf die Aufschlüsselung in sinnvolle Abstraktionsgrade (s. BECKER ET AL. 2012, S. 35; SCHÜTTE 1998, S. 131). Die Layoutgestaltung beschreibt eine durchgängige und zielgruppengerechte Logik zur grafischen Anordnung der Komponenten und Informationen (s. SCHÜTTE 1998, S. 132).

6. Grundsatz der Vergleichbarkeit: Zwischen zwei Modellen besteht Vergleichbarkeit, wenn verwendete Sprachen miteinander kompatibel sind. Eine Übersetzung darf beispielsweise beim Überführen einer semantisch mächtigeren Sprache in eine semantisch ärmere Sprache nicht zu Informationsverlust führen (s. SCHÜTTE 1998, S. 133f.). Ebenso muss auf Modellebene eine Überführbarkeit der dargestellten Objekte gegeben sein (s. SCHÜTTE 1998, S. 134).

5.2.2 Definition inhaltlicher Modellanforderungen

Im Folgenden werden die inhaltlichen Modellanforderungen dargestellt. Diese korrespondieren mit den in Kapitel 3.1 definierten Kriterien zur Bewertung bestehender Ansätze und werden an dieser Stelle lediglich kurz aufgegriffen. Der Objektbereich spiegelt den inhaltlichen Betrachtungsbereich des Modells wider und der Zielbereich definiert die zur operativen Anwendung des Modells in der Leistungskonfiguration und Preisbildung zu adressierenden Ebenen.

Anforderungen des Objektbereichs

Produzierende Industrie: Im Vorgehensmodell wird ein konkreter Ansatz zur Konfiguration und Preisbildung für Subskriptionsleistungen für die produzierende Industrie entwickelt. Dies beinhaltet spezifische Anwendungs- und Gestaltungshinweise des Vorgehensmodells in der produzierenden Industrie.

Bezugsgrundlage: Mit dem Modell sind komplexe Leistungssysteme aus vernetztem Produkt, Dienstleistungen und digitale Leistungen derart abgebildet, dass diese zu einer einkaufbaren Lösung als Bezugsgrundlage der Preisbildung konfiguriert werden.

Werterfassung: Im Modell hat eine quantitative Bewertung des individuellen Wertes während der Nutzung einer Subskriptionsleistung aus Kunden- und Anbietersicht zu erfolgen.

Preisdimension: Das Modell hat für realisierte individuelle Nutzen durch kontinuierlich erbrachte Lösungen passgenaue Grundlogiken und Auswahlempfehlungen zur Preisbildung bereitzustellen, durch die Ziele und Anforderungen von Kunden und Anbieter harmonisiert werden.

Preismetrik: Im Modell sind Preismetriken zu entwickeln, durch die für die definierten Grundlogiken zur Preisbildung mithilfe von Leistungs- und Nutzendaten ein Preis für die Subskriptionsleistungen berechnet werden kann.

Anforderungen des Zielbereichs

Prozesssicht: Im Modell sind über einen definierten Prozess alle relevanten Modellelemente inhaltlich sinnvoll zu strukturieren, sodass im operativen Management eine effiziente Anwendung ermöglicht wird.

Funktionssicht: Die funktionalen Elemente des Modells in Form von Methoden und Vorgängen sind in klar beschriebene und anwendbare Funktionen zu strukturieren, in denen der gleiche Input stets in den gleichen Output überführt wird.

Datensicht: Anhand eines Datenmodells sind interne und externe Rohdaten sowie die im Prozess generierten und verarbeiteten Datenobjekte zur Leistungskonfiguration und Preisbildung zu strukturieren und mit den Funktionen des Modells zu verknüpfen.

Gestaltungsempfehlung: Zur Umsetzung des Modells in der Praxis sind in Abhängigkeit der Outputs aus dem Modell konkrete Gestaltungsempfehlungen bereitzustellen.

5.2.3 Zusammenfassung der Anforderungen

Die formulierten Anforderungen werden im Folgenden zusammengeführt (s. Abbildung 5-3). Diese Anforderungen dienen nachfolgend dazu, einen zielgerichteten und konsistenten Modellierungsprozess für ein konfigurierbares Vorgehensmodell zur Konfiguration und Preisbildung von Subskriptionsleistungssystemen für die produzierende Industrie zu erreichen. Die Anforderungen stellen im Rahmen der Modellentwicklung eine Konkretisierung der definierten Zielsetzung sowie Forschungsfragen (s. Kapitel 1.2) dieser Arbeit dar. Daher muss das Vorgehensmodell zur Erreichung der Zielsetzung dieser Arbeit die definierten Anforderungen vollständig erfüllen. Dementsprechend werden diese Anforderungen innerhalb der Validierung als Zielgrößen genutzt, auf die das entwickelte Modell hinsichtlich formaler und inhaltlicher Qualitätsanforderungen überprüft wird. An dieser Stelle sei zu bemerken, dass hierbei nicht alle Anforderungen quantitativ bewertbar sind. Dieser Umstand ist bei Auswahl der Validierungsmethode zu berücksichtigen.

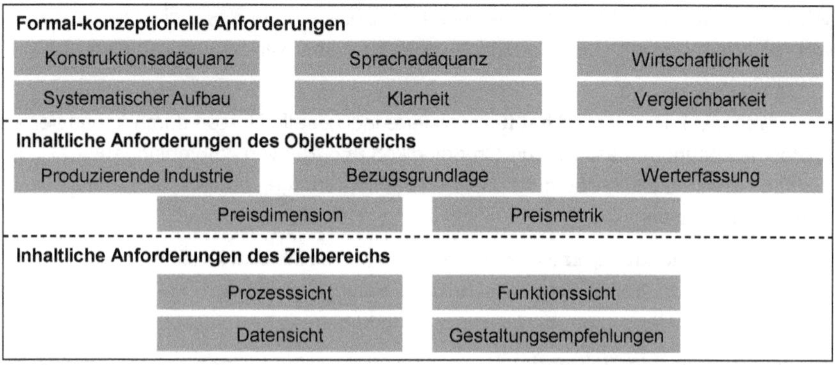

Abbildung 5-3: Formale und inhaltliche Anforderungen an das Vorgehensmodell (eigene Darstellung)

5.3 Festlegung der Modellstruktur und der Betrachtungsebene

Das Vorgehensmodell zur Leistungskonfiguration und Preisbildung stellt das übergeordnete zu entwickelnde Gesamtsystem dar. Die Struktur des Modells sowie die darin betrachteten Ebenen sind im Folgenden weiter zu detaillieren. Als Modellierungsparadigma wird ein funktionaler Modellierungsansatz (s. Kapitel 4.2.1) gewählt, bei dem im Modell zwischen Daten- und Funktionsmodell getrennt wird. Hierdurch wird die Komplexität des Modells reduziert (s. KALLENBERG 2002, S. 51f.). Beide Subsysteme bzw. Teilmodelle des Vorgehensmodells aus Daten- und Funktionsmodell werden über ein Prozessmodell als weiteres Subsystem verknüpft. Um diese drei Teilmodelle in einen funktionalen, strukturellen und hierarchischen Zusammenhang zu bringen, ist eine Modellarchitektur erforderlich. Eine Architektur dient bei der Modellierung dazu, Ordnung und Struktur zu schaffen (s. KALLENBERG 2002, S. 52). Damit der Ansatz breite Anwendung in der Praxis finden kann, wird auf eine system- und domänenunspezifische Architektur zurückgegriffen. Dazu wird im Rahmen dieser Arbeit die Architektur ARIS (Architektur integrierter Informationssysteme) verwendet. Diese bietet sich besonders für den Bezugsrahmen dieser Arbeit an, da sie der Verknüpfung von betriebswirtschaftlichen und informationstechnischen Elementen dient. Der Ansatz bietet sich somit insbesondere für Vorgehensmodelle zur Abbildung und Optimierung von operativen Geschäftsprozessen an (s. MATTHES 2011, S. 73). Weiterhin verfügt dieser Ansatz über breite Akzeptanz und Bekanntheit in der Praxis und hat durch kontinuierliche Weiterentwicklung einen hohen methodischen Reifegrad (s. KALLENBERG 2002, S. 53; MATTHES 2011, S. 72; SCHEER 2002, S. 132ff.; SEIDLMEIER 2019, S. 9).

ARIS (Architektur integrierter Informationssysteme)

ARIS ist eine von SCHEER im Jahr 1991 veröffentliche Architektur aus der Wirtschaftsinformatik zur Erstellung betrieblicher Informationssysteme (s. MATTHES 2011, S. 72). Der Ansatz dient dazu, die betriebswirtschaftliche Sicht eines Unternehmens in Form der Geschäftsprozesse mit der in der realen Welt implementierten Informations-

und Kommunikationstechnik zu verknüpfen. Hierzu teilt die ARIS-Architektur die Unternehmenselemente in fünf Sichten ein. Diese sind die Organisations-, Prozess-, Funktions-, Daten- und Leistungssicht (s. MATTHES 2011, S. 73; SCHEER 2002, S. 33; SOFTWARE AG 2016, S. 9). Zur Verknüpfung dieser Sichten liegt der Architektur das ARIS-Haus zugrunde (s. Abbildung 5-4). Die einzelnen Sichten stellen als Subsysteme eigenständige Modelle dar. Diese bestehen aus einzelnen Komponenten, die durch eine Auswahl an Modellierungssprachen aufgebaut werden können (s. MATTHES 2011, S. 73). Abhängig vom Verwendungszweck kann das Vorgehensmodell über alle im Folgenden vorgestellten Sichten des ARIS-Hauses verfügen oder ausgewählte Sichten fokussieren.

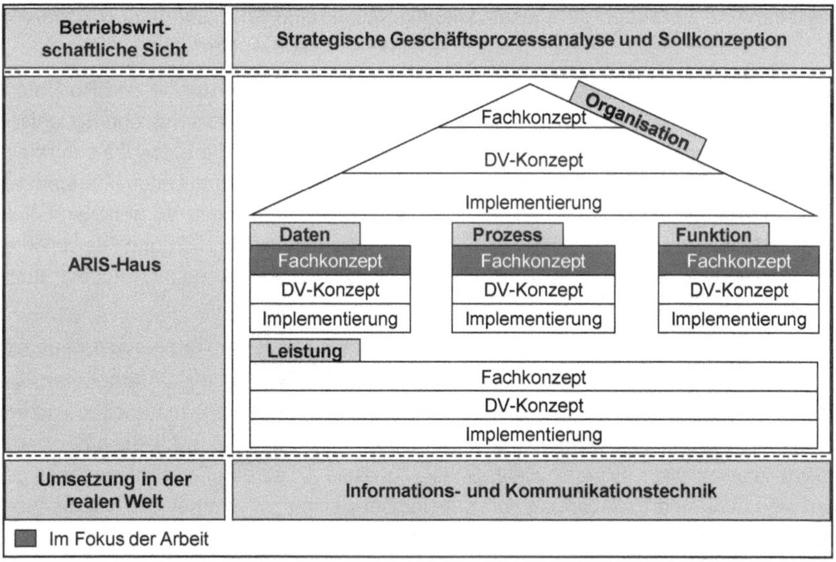

Abbildung 5-4: Verwendung des ARIS-Hauses im Anwendungskontext (eigene Darstellung i. A. a. SCHEER 2002, S. 41)

Durch die Organisationssicht wird die Aufbauorganisation des Unternehmens abgebildet (s. MATTHES 2011, S. 73; SCHEER 2002, S. 36). Die Sicht enthält Ressourcen wie Mitarbeiter, Maschinen und sonstige Hardware und definiert deren Beziehung untereinander (s. MATTHES 2011, S. 73). Hierzu werden Organisationseinheiten mit gleichen Funktionen und Aufgaben in dieser Sicht zusammengefasst (s. SCHEER 2002, S. 36). Da diese Sicht unternehmensspezifisch ist, wird sie in dem unternehmensunabhängigen Vorgehensmodell dieser Arbeit nicht modelliert.

Die Prozesssicht führt alle anderen Sichten des Modells zusammen und definiert die Beziehungen zwischen den einzelnen Elementen der jeweiligen Sichten. Über einen Prozess werden die einzelnen Sichten in einen logischen und zeitlichen Ablaufplan integriert (s. MATTHES 2011, S. 73). Dadurch wird ein Rahmen für die systematische Betrachtung aller bilateralen Beziehungen der Sichten sowie ein Rahmen in Bezug auf das Verhalten des Gesamtsystems geschaffen (s. SCHEER 2002, S. 36). Die Prozesssicht wird im Vorgehensmodell dieser Arbeit anhand eines Prozesses zur Leistungskonfiguration und Preisbildung modelliert.

Die Funktionssicht definiert statische Vorgänge, Tätigkeiten, Funktionen und Beziehungen zur Transformation von Input-Leistungen in Output-Leistungen. Auch werden Ziele dieser Sicht zugeordnet, da Funktionen zur Erfüllung dieser Ziele dienen und durch diese gesteuert werden (s. MATTHES 2011, S. 73; SCHEER 2002, 36). Funktionen werden durch ein konkretes Start-Ereignis ausgelöst, unter Verarbeitung der Daten aus der Datensicht durchgeführt und durch ein konkretes Ergebnis-Ereignis abgeschlossen (s. SCHÜTTE 1998, S. 72). Funktionen stellen in der vorliegenden Arbeit Tätigkeiten und Methoden der Leistungskonfiguration und Preisbildung dar und werden durch konkrete Gestaltungsempfehlungen aus der Praxis konkretisiert.

Die Datensicht beschreibt alle unternehmensrelevanten Datenobjekte und Rohdaten. Dies sind beispielsweise Produktionsdaten, Schriftverkehr, Dokumente und Ereignisse zur Generierung neuer Daten (s. MATTHES 2011, S. 73). Mithilfe eines Datenmodells werden die Datenobjekte über ein Objektsystem mit den Input- und Output-Ereignissen der Funktionen verknüpft (s. HARS 1994, S. 8). Im Rahmen des Vorgehensmodells dieser Arbeit umfasst die Datensicht alle zur Leistungskonfiguration und Preisbildung relevanten Datenobjekte. Im Verständnis dieser Arbeit werden dabei auch die durch digitale Integration beim Kunden erfassten Daten mit einbezogen.

Die Leistungssicht (bzw. Servicesicht) beschreibt als Fundament des ARIS-Hauses alle Sach-, Dienst- und finanziellen Leistungen und Output eines Unternehmens an einen Kunden (s. MATTHES 2011, S. 74). In der Sicht werden alle materiellen und immateriellen Input- und Output-Leistungen einer Organisation einschließlich der Geldflüsse dargestellt (s. SCHEER 2002, S. 36). Da diese Arbeit den Geschäftsprozess der Konfiguration und Preisbildung von Subskriptionsleistungssystemen beschreibt, nicht aber die unternehmensspezifische Umsetzung von Leistungen und Geldflüssen, wird diese Sicht nicht fokussiert.

Zur Integration eines entwickelten Modells zur Optimierung betriebswirtschaftlicher Geschäftsprozesse in das Informationssystem eines Unternehmens beschreibt der ARIS-Ansatz ein Phasenmodell mit drei Stufen (s. SCHEER 2002, S. 38). Hierzu werden in jeder Sicht des ARIS-Hauses die drei Ebenen Fachkonzept, Datenverarbeitungskonzept (DV-Konzept) und Implementierungskonzept durchlaufen. Das **Fachkonzept** formalisiert und detailliert die Problemstellung aus betriebswirtschaftlicher Perspektive. Diese semantische Modellierung liefert eine strukturierte Darstellung der Objekte in einer betriebswirtschaftlich orientierten Modellierungssprache, die einen Ausgangspunkt für eine konsistente DV-technische Implementierung bietet (s. SCHEER 2002, S. 40). Das **DV-Konzept** passt mittels Anforderungskonzepten die zuvor im Fachkonzept modellierten Objekte an die Schnittstellen der Implementierungswerkzeuge an. Hierzu werden beispielsweise Strukturdiagramme genutzt, sodass die fachlichen Funktionen in ausführende Module und Transaktionen überführt werden (s. MATTHES 2011, S. 74; SCHEER 2002, S. 40). In der **Implementierung** werden die DV-Konzepte in konkrete Hard- und Softwarelösungen überführt. Dazu wird beispielsweise eine Abbildung der verwendeten Protokolle, Anwendungsprogramme und Datenbankbeschreibungen durchgeführt und eine Verbindung zur IT geschaffen (s. MATTHES 2011, S. 74). Im Rahmen der Modellentwicklung dieser Arbeit liegt der Fokus auf dem Fachkonzept. Dies umfasst die Modellierung der Sichten aus einer betriebswirtschaftlichen Perspektive mittels semantischer Modellierungssprachen (s. GADATSCH 2013, S. 116; SCHEER 2002, S. 40). Die danach folgenden Phasen des DV-Konzepts und der Implementierung werden im Rahmen dieser Arbeit nicht durchgeführt, da diese Arbeit die wissenschaftliche Problemstellung auf Funktionsebene und nicht die informationstechnische Implementierung fokussiert.

5.4 Datenerfassungsmethoden zur Modellentwicklung

Datenerfassungsmethoden dienen zur strukturierten und möglichst verzerrungsfreien Erkenntnisgewinnung aus quantitativen und qualitativen Daten der Praxis (s. KALLENBERG 2002, S. 70). Kern der Erkenntnisgewinnung des explorativen Forschungsansatzes zur Entwicklung des Vorgehensmodells in dieser Arbeit sind die Sammlung und Verarbeitung von Daten aus der Praxis (s. KUBICEK 1977, S. 15). Die Daten werden dazu parallel zur Erarbeitung des Vorgehensmodells erhoben und tragen zur kontinuierlichen Konkretisierung des Ergebnisses bei. Zur Sammlung von Daten aus der Praxis werden Untersuchungsmethoden der Fallforschung eingesetzt. Die Durchführung der Datenaufnahme muss die tatsächliche Situation in der Praxis widerspiegeln und sich am heuristischen Bezugsrahmen der Arbeit (s. Kapitel 1.3) orientieren (s. SCHÖGEL U. TOMCZAK 2009, S. 92). Die Kombination mehrerer Einzelmethoden dient zur Reduzierung der Einflüsse durch methodenbedingte Verzerrungen. Im Rahmen der explorativen Forschungsarbeit werden Desk-Research, Experteninterviews und Fallstudienaufnahmen durchgeführt. Die Forschungsmethoden und das Vorgehen zur Anwendung dieser werden im Folgenden näher beschrieben.

Datenerfassungsmethode 1: Desk-Research

Beim Desk-Research werden zum Anwendungsbereich passende Literaturquellen identifiziert und hinsichtlich des Forschungsziels analysiert (s. KALLENBERG 2002, S. 70). Die Methode des Desk-Research ist der Sekundärforschung zuzuordnen. Dies bedeutet, qualitative und quantitative Daten werden nicht primär für die aktuelle Forschungsarbeit erhoben, sondern sind bereits veröffentlicht (s. VARTANIAN 2011, S. 3). Quellen für die Sekundärforschung stellen im Rahmen dieser Arbeit wissenschaftliche Veröffentlichungen, Managementliteratur, Studien, Diskussionspapiere, Whitepaper und Websites dar.

Datenerfassungsmethode 2: Experteninterviews

Im Rahmen eines Experteninterviews wird durch ein strukturiertes persönliches Gespräch das Erfahrungswissen über einen dezidierten Anwendungsfall erfasst. Ein Experteninterview ist eine qualitative Methode zur Erfassung von Primärdaten (s. BOGNER ET AL. 2009, S. 2; DRISCOLL 2011, S. 154). Die im Rahmen des Forschungsprozesses befragten Experten wurden aus der produzierenden Industrie auf Basis definierter Kriterien hinsichtlich des bestehenden Erfahrungswissen zur Thematik ausgewählt. Aufgrund individueller Anwendungsfälle wurden die Experteninterviews anhand eines semi-strukturierten Fragebogens durchgeführt (s. GALLETTA 2013, S. 2). Alle Experteninterviews erfolgten drei parallel zur Dissertationsschrift durchgeführten Konsortialforschungsprojekten *„Smart Services Vertrieb“* (SSV), *„Subscription Business Benchmarking“* (SBB) und *„Pricing digitaler Produkte“* (PDP). Dabei wurden über einen Zeitraum von April 2018 bis April 2021 insgesamt 63 Experteninterviews mit Unternehmen der produzierenden Industrie geführt. Für jedes der Konsortialforschungsprojekte wurde eine vordefinierte Interviewstruktur entwickelt, innerhalb derer Fragen zu Gestaltungsmerkmalen, Erfahrungswerten und Handlungsempfehlungen zu verschiedenen Schwerpunktthemen gestellt wurden (s. Anhang A.1)

Datenerfassungsmethode 3: Fallstudienaufnahmen
Eine Fallstudie beschreibt die systematische Untersuchung eines Forschungsobjekts im realen Umfeld. Hierbei werden sämtliche im Bezugsrahmen der Arbeit relevanten Daten eines Anwendungsfalls erfasst. Gemäß dem Prinzip der Triangulation werden sowohl qualitative als auch quantitative Methoden berücksichtigt (s. BORCHARDT U. GÖTHLICH 2009, S. 37ff.; LAMNEK U. KRELL 2016, S. 145ff.). Hierbei können nach YIN insgesamt sechs verschiedene Arten von Datenquellen eines Anwendungsfalls nutzbar gemacht werden. Dies sind Dokumente, Archiveinträge, Interviews, direkte Beobachtungen, teilnehmende Beobachtung und Artefakte (s. YIN 2015, S. 85ff.). Die Auswahl der Fälle muss nach EISENHARDT auf theoretischen Begründungen fußen. Dadurch soll sichergestellt werden, dass Fälle die zu entwickelnde Methode sinnvoll ergänzen oder bestätigen (s. EISENHARDT 1989b, S. 537). Durch die stetige Analyse der Anwendungsfälle wird erkennbar, an welcher Stelle weitere Beobachtungen die Analyse sinnvoll ergänzen (s. EISENHARDT 1989b, S. 539). Alle Fallstudien dieser Dissertationsschrift erfolgten mit Partnerunternehmen innerhalb der drei Konsortialforschungsprojekte SSV, SBB und PDP. Insgesamt wurden Fallstudien mit 26 verschiedenen Unternehmen der industriellen Praxis durchgeführt (s. Anhang A.1, Tabelle A-1). In jeder der Fallstudien wurden zunächst Anforderungen und Rahmenbedingungen des Partnerunternehmens erfasst. Anschließend wurden innerhalb des Projekts in Individualworkshops die Gestaltungs- und Handlungsempfehlungen aus dem Konsortialforschungsprojekt (u. a. zum Thema Konfiguration und Preisbildung von Subskriptionsleistungen) auf die individuelle Unternehmenssituation angewandt, um so Herausforderungen der Unternehmen zu adressieren.

5.5 Konzept zur Gestaltung des Vorgehensmodells

Im Folgenden werden die zuvor definierten Rahmenbedingungen des zu entwickelnden Modells in einem Konzept zur Gestaltung des Vorgehensmodells zur Konfiguration und Preisbildung von Subskriptionsleistungssystemen für die produzierende Industrie zusammengeführt. Der Prozess zur Entwicklung folgt dem zuvor beschriebenen Vorgehen zur Referenzmodellierung nach SCHÜTTE. Die Struktur des Modells wird an die ARIS-Modellarchitektur nach SCHEER angelehnt (s. SCHEER 2002, S. 41; SCHÜTTE

1998, S. 185). Die Zusammenführung des Prozesses zur Referenzmodellierung und der Modellstruktur führt zu einem Gestaltungsprozess, innerhalb dessen das Vorgehensmodell im Verlauf dieser Dissertationsschrift in fünf Schritten entwickelt wird (s. Abbildung 5-5).

Im **ersten Schritt** der wird ein Ordnungsrahmen für das gesamte Modell gebildet. Hierzu wird ein Modell eines allgemeinen Prozesses zur Leistungskonfiguration und Preisbildung entwickelt. Durch Zusammenführung von Subskriptionsspezifika wird ein spezifischer Prozess der Leistungskonfiguration und Preisbildung für Subskriptionsmodelle in der produzierenden Industrie hergeleitet. Für diesen Prozess werden anschließend konkrete inhaltliche Anforderungen und Ziele hergeleitet. Im **zweiten Schritt** wird ein übergeordnetes Metamodell entwickelt. Innerhalb dieses Modells werden Funktions-, Prozess- und Datenmodell als Teilmodelle des übergeordneten Metamodells eingeführt. Dazu werden für diese Modelle anforderungsgerechte Modellierungssprachen sowie Gestaltungsrichtlinien definiert und beschrieben. Der **dritte Schritt** stellt die Gestaltung der Teilmodelle dar. Hierfür werden anhand der Erkenntnisse aus Expertengesprächen, den Fallstudien und der Literaturanalyse die Funktionen zur Leistungskonfiguration und Preisbildung für Subskriptionsmodelle hergeleitet und den einzelnen Schritten im Ordnungsrahmen zugeordnet. Anschließend werden die Funktionen über das Prozessmodell miteinander verknüpft und in eine zeitlich-logische Abfolge gebracht. Das Datenmodell wird anhand der in den Funktionen verarbeiteten Datenobjekte mithilfe von Experteninterviews und Desk-Research entwickelt. Im **vierten Schritt** werden die drei Teilmodelle in ein praxisorientiertes Vorgehen zusammengeführt. Zur Komplettierung des Modells wird ein methodenbasierter Modellrahmen durchlaufen und anhand von Praxisbeispielen aus den Fallstudien und Experteninterviews mit der produzierenden Industrie durch Gestaltungs- und Handlungsempfehlungen angereichert. Die Modellgestaltung schließt im **fünften Schritt** mit einer Validierung des Vorgehensmodells in der Praxis durch Anwendung auf insgesamt drei Fallbeispiele ab.

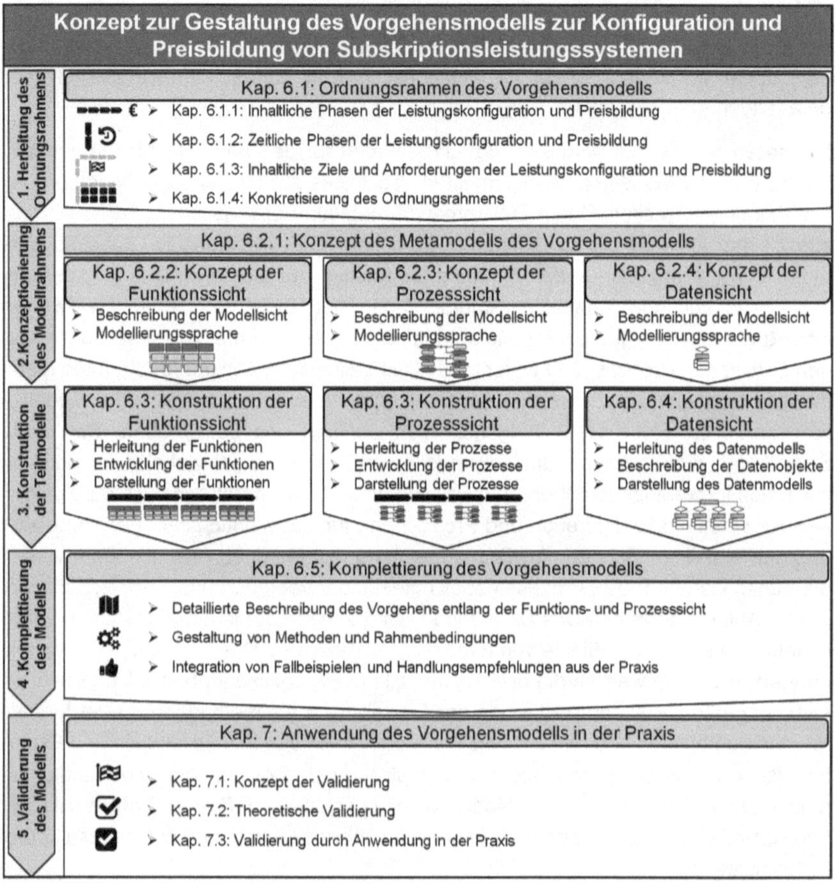

Abbildung 5-5: Konzept zur Gestaltung des Vorgehensmodells (eigene Darstellung)

6 Gestaltung des Vorgehensmodells

Im Rahmen dieses Kapitels erfolgen die Entwicklung und Ausgestaltung des Vorgehensmodells zur Konfiguration und Preisbildung von Subskriptionsleistungssystemen. Hierzu wird das im vorherigen Kapitel entwickelte Konzept zur Entwicklung des Vorgehensmodells umgesetzt (s. Kapitel 5.5). Dazu werden die beschriebenen Schritte sukzessive durchlaufen.

6.1 Herleitung und Beschreibung des Ordnungsrahmens

Für die Entwicklung eines Modells zur Durchführung von Geschäftsprozessen hat es sich in der wissenschaftlichen Praxis bewährt, einen geeigneten Ordnungsrahmen zugrunde zu legen. Anhand dessen können die Elemente eines Modells inhaltlich logisch strukturiert und in eine Reihe oder Rangfolge gebracht werden. Dazu werden die Zusammenhänge auf einem hohen Abstraktionsgrad gezeigt (s. KUHLMANN 2011, S. 72; MEISE 2001, S. 59ff.). Der Ordnungsrahmen für das zu entwickelnde Vorgehensmodell soll dabei über eine Ablauflogik verfügen, welche die Aktivitäten in eine zeitlich-logische Reihenfolge bringt. Er besteht dazu aus acht Prozessschritten, die ein Akteur aus der Praxis zur konkreten Leistungskonfiguration und Preisbildung durchläuft (s. LEITING ET AL. 2021, S. 723) (s. Abbildung 6-1). Der inhaltliche Rahmen besteht aus den vier inhaltlichen Phasen **Bezugsgrundlage**, **Werterfassung**, **Preisdimension** und **Preismetrik** sowie den zwei zeitlich voneinander abgetrennten Phasen eines Subskriptionsgeschäfts, der **Vertriebsphase** und der **Nutzungsphase**. In der **Bezugsgrundlage** werden Subskriptionsleistungssysteme konfiguriert und angepasst. In der **Werterfassung** werden die Leistungssysteme aus Kunden- und Anbietersicht bewertet und quantifiziert. In der **Preisdimension** werden Preismodelle für die Leistungssysteme definiert und optimiert. In der **Preismetrik** wird ein datenbasierter Zusammenhang zwischen Preis- und Leistungsparametern aufgestellt.

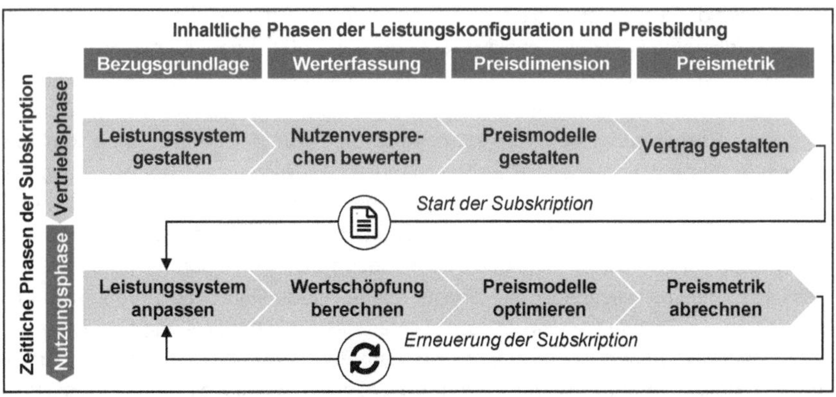

Abbildung 6-1: Vorgehen zur Leistungskonfiguration und Preisbildung für Subskriptionsmodelle (eigene Darstellung i. A. a. LEITING ET AL. 2021, S. 723)

Die **Vertriebsphase** beschreibt den Zeitraum vor dem Vertragsschluss eines Subskriptionsvertrags mit einem Kunden. Ziel dieser Phase ist die Gestaltung eines für den Kunden passgenauen Leistungsangebots sowie zugehörigen Preismodells. Die **Nutzungsphase** beschreibt den Zeitraum nach Vertragsschluss bzw. nach der Implementierung des Leistungsangebots und endet mit dem Beenden des Subskriptionsvertrags. Ziel dieser Phase ist die Optimierung des Preismodells auf Basis der Anforderungen von Kunde und Anbieter sowie die Ausschöpfung weiterer Preispotentiale durch Verbesserung des Leistungsangebots. Die inhaltlichen Phasen werden nacheinander durchlaufen und die zeitlichen Phasen werden durch das konkrete Ereignis des Starts der Subskription getrennt. Die Schritte in der Nutzungsphase sind immer wieder mit der kontinuierlichen Erneuerung der Subskription zu durchlaufen. Die einzelnen Phasen des Vorgehensmodells werden im Folgenden kurz vorgestellt und anhand der Literatur hergeleitet (s. Kapitel 6.1.1 und 6.1.2). Darauf aufbauend werden inhaltliche Rahmenbedingungen und Eigenschaften der einzelnen Phasen hergeleitet und im Prozess strukturiert (s. Kapitel 6.1.3 und 6.1.4). Die Vertriebsphase beginnt mit der **Gestaltung des Leistungssystems**. Hierbei wird einem Kunden eine auf seine Bedürfnisse abgestimmte Leistung „as-a-Service“, bestehend aus Produkt, Dienstleistung und digitaler Leistung, zusammengestellt. Darauf folgt die **Bewertung des Nutzenversprechens.** In dieser Phase ist das angebotene Leistungssystem hinsichtlich des Nutzens für den Kunden und des Risikos für den Anbieter zu bewerten. Ziel ist es, eine datenbasierte quantitative Bewertungsgrundlage zu schaffen. In der dann folgenden Phase der **Gestaltung des Preismodells** dient dieses Nutzenversprechen als Ausgang für die Definition der zu wählenden Preisdimensionen. Innerhalb einer Preisdimension sind anschließend die für den Anwendungsfall passenden Preismodelle sowie die Preiskomponenten zu wählen. Für ausgewählte Preismodelle erfolgt im vierten Schritt die **Gestaltung des Vertrags**. Hierzu wird die Preismetrik festgelegt. Für diese werden zum einen die Parameter definiert und zum anderen wird die Zahlungsform festgelegt. Die in dieser Vertriebsphase festgelegten Preiselemente dienen während der Laufzeit der Subskription als fester Rahmen für die Preisbildung. In der Nutzungsphase erfolgt eine kontinuierliche **Anpassung des Leistungssystems.** Hierbei werden die individuellen Bedürfnisse des Kunden und deren Erfüllung evaluiert und die Leistung wird darauf kontinuierlich angepasst. Mithilfe der Daten aus der Nutzung erfolgt eine **Berechnung der Wertschöpfung** beim Kunden. Hierzu sind konkrete Messindikatoren zur datenbasierten Bestimmung des Nutzens aus dem Leistungsangebot für den Kunden und der Geschäftsbeziehung durch den Anbieter zu etablieren. Zur Ausschöpfung weiterer Potentiale für Kunde und Anbieter erfolgt die **Optimierung des Preismodells**. Das Preismodell ist in Bezug auf Verbesserungspotentiale zur Ausschöpfung von beiderseitigen Vorteilen zu bewerten. Darauf aufbauend sind Mechanismen zur Schaffung von Anreizen zur Verbesserung der Leistung für den Anbieter zu identifizieren und zu implementieren. Zum Abschluss des Vorgehens erfolgt die **datenbasierte Abrechnung der Preismetrik.** Hierzu werden die Daten der festgelegten Preisparameter erfasst. Anschließend wird der zu zahlende Preis auf Basis der Preismetrik berechnet. Der für verschiedene Zahlungsperioden zu entrichtende Preis kann durch veränderliche Leistungsdaten oder Anpassungen des Preismodells bzw. der Preisparameter variieren.

6.1.1 Inhaltliche Phasen der Konfiguration und Preisbildung von Leistungssystemen

Im Folgenden erfolgt die Herleitung der inhaltlichen Phasen für den Ordnungsrahmen zur Leistungskonfiguration und Preisbildung für Subskriptionsmodelle. Hierzu werden Prozesse bzw. Vorgehen von bestehenden Ansätzen aus der Literatur zur Leistungskonfiguration und Preisbildung erfasst (s. Kapitel 3) und miteinander verglichen. Die Analyse der Ansätze zeigt ein einheitliches Muster in Bezug auf Inhalt und Ablauf der Leistungskonfiguration und Preisbildung auf (s. ANDERSON U. NARUS 1998; BLIEMEL U. ADOLPHS 2003; DOMBROWSKI ET AL. 2017; FROHMANN 2018; HANSEN 2018; HINTERHUBER 2004; KERÄNEN U. JALKALA 2013; LAH U. WOOD 2016; PODRATZ 2009; REINECKE 1997; SCHÖNUNG 2008; STOPPEL U. ROTH 2017) (s. Abbildung 6-2).

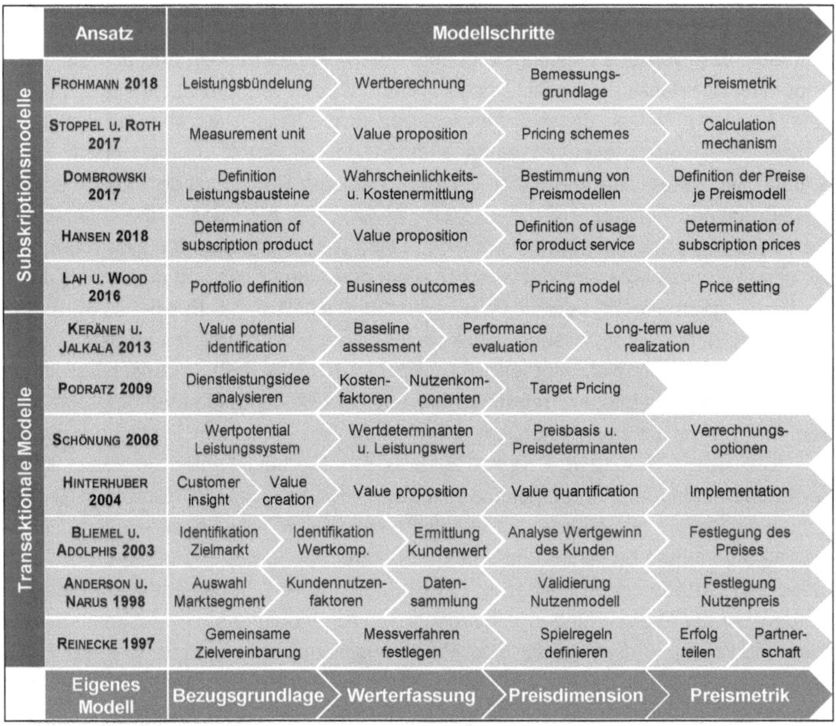

Abbildung 6-2: Inhaltliche Phasen der Leistungskonfiguration und Preisbildung (eigene Darstellung)

Die Ansätze unterscheiden sich zwar in Umfang und Inhalt, jedoch können die Elemente einem übergeordneten inhaltlichen Prozessrahmen eindeutig zugeordnet werden. Die Ansätze für Subskriptionsgeschäftsmodelle fokussieren inhaltlich primär

Preisdimension und Preismetrik, wohingegen Ansätze der transaktionalen Geschäftsmodelle den Fokus stärker auf Bezugsgrundlage und Werterfassung legen. Zusammengeführt resultiert ein Prozessrahmen mit vier Phasen der Leistungskonfiguration und Preisbildung, der im Folgenden genutzt und weiter ausdetailliert wird. Die Phasen der bestehen in diesem Rahmen aus **Bezugsgrundlage, Werterfassung, Preisdimension** und **Preismetrik**. Dieses Phasenmodell dient als inhaltliche Grundlage für das Vorgehensmodell zur Konfiguration und Preisbildung von Subskriptionsleistungssystemen.

Ausgangspunkt des Prozessrahmens zur Leistungskonfiguration und Preisbildung ist die **Bezugsgrundlage**. In dieser Phase wird das anzubietende Leistungssystem, für die der zu zahlende Preis bezahlt wird, erfasst, konfiguriert und beschrieben. Alle weiteren Aktivitäten des beziehen sich auf diese initial erarbeitete Grundlage. Bisher werden in bestehenden nutzenorientierten Ansätzen zur Leistungskonfiguration und Preisbildung vor allem physische Produkte als Bezugsgrundlage angeboten (s. SCHÖNUNG 2008, S. 155ff.). Die **Werterfassung** folgt logisch auf die Bezugsgrundlage. In dieser Phase ist der Wert des Leistungsangebots aus Sicht des Kunden und aus Sicht des Anbieters zu erfassen. Aus Sicht des Kunden ist der Wert einer Leistung abhängig davon, welcher Nutzen damit für ihn realisiert wird. Dieser Wert stellt die maximale theoretische Preisbereitschaft eines Kunden dar (s. SIMON U. FASSNACHT 2016, S. 99ff.). Nutzenorientierte Ansätze verknüpfen diesen Nutzen mit dem zu zahlenden Preis durch den Kunden (s. STOPPEL 2016, S. 34f.). Aus Sicht des Anbieters resultiert ein Kundenwert aus der während der Geschäftsbeziehung realisierten Wertschöpfung mit einem Kunden. Dieser Wert wird vor allem durch den Preis und durch die Kosten zur Leistungserbringung beeinflusst (s. KUNSCHERT 2019, S. 14; PUFAHL 2014, S. 39). Bisher erfolgt die Werterfassung bei Ansätzen in der produzierenden Industrie vor allem als eine Ex-ante-Nutzenprognose (s. TOTZEK 2019, S. 463). Im Anschluss an die Werterfassung wird mit der **Preisdimension** der qualitative Zusammenhang zwischen dem Wert einer Leistung und dem vom Kunden zu zahlenden Preis beschrieben (s. FROHMANN 2018, S. 218; STOPPEL 2016, S. 52). Hierbei ist unter Berücksichtigung der Kunden- und Anbieterperspektive ein passgenaues Preismodell zu wählen. Dieses enthält eine geordnete Menge an Preiselementen, die sich auf die angebotenen Leistungskomponenten beziehen und einen monetären Gegenwert definieren, der durch beide Seiten Anerkennung findet (s. PECHTL 2003, S. 71). In bestehenden Ansätzen werden bei der Preisbildung in der produzierenden Industrie als Preisdimension vor allem die Kosten im Sinne einer Cost-Plus-Preisbildung fokussiert (s. SIMON U. FASSNACHT 2016, S. 98). In der letzten Phase wird die **Preismetrik** ausgestaltet. Diese stellt einen berechenbaren Zusammenhang zwischen dem Preis und datenbasiert messbaren Leistungsparametern auf (s. SIMON 2017, S. 272). Der ihr zugrundeliegende Berechnungsmechanismus quantifiziert den vom Kunden zu zahlenden Preis für die Leistung. Dieser erfolgt in bestehenden Ansätzen vor allem auf Basis von vorab durch den Anbieter definierten Pauschalbeträgen (s. FROHMANN 2018, S. 226).

6.1.2 Zeitliche Phasen der Leistungskonfiguration und Preisbildung für Subskriptionsmodelle

Die zugrundeliegenden Ansätze der nutzenorientierten Konfiguration und Preisbildung für datenbasierte Leistungssysteme in der produzierenden Industrie sind auf das transaktionale Geschäft ausgerichtet. Für diese Modelle finden alle Aufgaben und Funktionen der Leistungskonfiguration und Preisbildung innerhalb der Vertriebsphase statt (s. LEMON U. VERHOEF 2016, S. 77). Die Preisbildung ist auf einen bestimmten Zeitpunkt des Verkaufs vor der eigentlichen Nutzung der Leistung fokussiert (s. HOMBURG 2017; SCHÖNUNG 2008; SCHUH ET AL. 2016b). Die Bestimmung des Wertes für die Leistung erfolgt dementsprechend ex ante im Hinblick auf die Nutzungsphase. Folglich basiert der Preis auf einem antizipierten Nutzen für den Kunden (s. Abbildung 6-3). Dies bedeutet, dass der realisierte Nutzen keinen direkten Einfluss auf den gezahlten Preis hat, sodass sich aus der Nutzungsphase keine direkten monetären Konsequenzen für den Anbieter ergeben. Durch nachgelagerte Aktivitäten wie beispielsweise das Preismonitoring kann zwar eine Informationsrückkopplung vom Kunden implementiert werden (s. FASSNACHT 2009, S. 12f.; STOPPEL 2016, S. 49), es ist jedoch nicht möglich, diese mit dem dann bereits abgerechneten transaktionalen Preis zu verknüpfen. Dementsprechend werden auch keine direkten Anreize für den Anbieter geschaffen, Ressourcen in die kontinuierliche Verbesserung des Leistungssystems für den Kunden und damit in die Steigerung des Kundennutzens zu investieren.

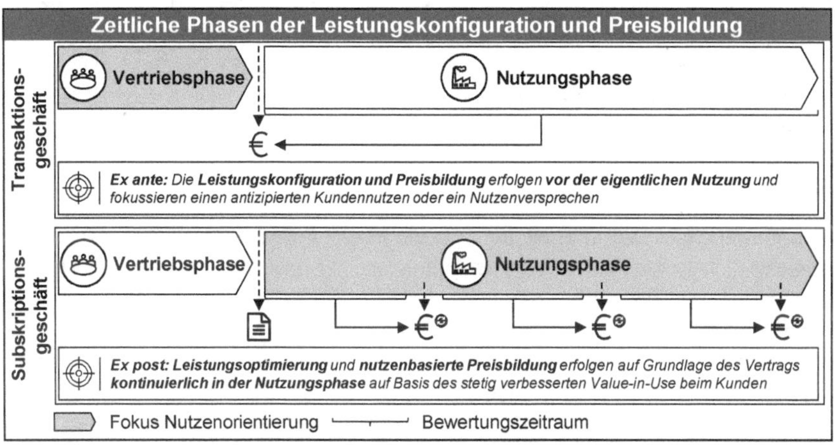

Abbildung 6-3: Zeitliche Phasen der Leistungskonfiguration und Preisbildung (eigene Darstellung)

Im Gegensatz dazu ist das Subskriptionsgeschäftsmodell auf kontinuierlich wiederkehrende Zahlungen während der Nutzungsphase ausgerichtet. Weiterhin kommt es initial nicht zu einer klassischen Transaktion, sondern zu einer vertraglichen Vereinbarung zwischen Kunde und Anbieter über die Konditionen der zukünftigen Zusammenarbeit (s. TZUO U. WEISERT 2018, S. 165ff.). Dadurch erfolgt die Preisbildung innerhalb der

Nutzungsphase basierend auf einem in der Vertriebsphase definierten Vertragsrahmen für eine kontinuierlich bereitgestellte und durch Verbesserungsmaßnahmen stetig optimierte Lösung. Dementsprechend wird ein Teil der Aufgaben der Leistungskonfiguration und Preisbildung in der Nutzungsphase durchgeführt.

In der produzierenden Industrie teilt sich die Leistungskonfiguration und Preisbildung für Subskriptionsmodelle somit in zwei zentrale zeitliche Phasen auf, in denen unterschiedliche Rahmenbedingungen vorliegen. Die erste zeitliche Phase ist die **Vertriebsphase**, in der ein Subskriptionsvertrag zwischen dem Anbieter und dem Kunden ausgestaltet wird. Neben der Definition des Leistungsangebots müssen in diesem Vertrag auch das zugrundeliegende Preismodell mitsamt der Preiskomponenten und der Preismetriken festgelegt werden (s. FROHMANN 2018, S. 244ff.). Als zweite zeitliche Phase folgt dann auf den Abschluss des Vertrags die **Nutzungsphase** beim Kunden. In dieser wird in einem vorher definierten Zyklus für die erbrachte Leistung und den daraus resultierenden realisierten Nutzen auf wiederkehrender Basis ein Preis kalkuliert und abgerechnet. Die Kalkulation der Preise erfolgt gemäß der im Vertrag festgelegten Konditionen auf Basis der erfassten Daten des Kunden. Dieser Mechanismus ermöglicht eine Ex-post-Preisbildung auf Basis des realisierten Nutzens beim Kunden. Die Preisbildung muss einerseits Anreize zur kontinuierlichen Verbesserung des Leistungsangebots für den Anbieter schaffen und andererseits den sich dynamisch verändernden realisierten Nutzen beim Kunden auf Basis von Kundendaten berücksichtigen. Dementsprechend ist die Leistungskonfiguration und Preisbildung in Subskriptionsmodellen innerhalb der Nutzungsphase ein flexibler und iterativer Prozess (s. MANSARD U. CAGIN 2019, S. 42ff.; TZUO U. WEISERT 2018, S. 165ff.). Die Schritte innerhalb der Nutzungsphase sind daher kontinuierlich zu wiederholen bzw. durchzuführen und erfolgen dabei teilweise simultan.

6.1.3 Inhaltlicher Rahmen des Vorgehensmodells

Das Vorgehensmodell wird mit dem Ziel entwickelt, für Anwender aus der Praxis ein effektives Werkzeug zur Leistungskonfiguration und Preisbildung für Subskriptionsmodelle bereitzustellen. Aufgrund neuartiger, charakteristischer Eigenschaften der Subskriptionsmodelle stehen Anwender der Praxis vor neuen Rahmenbedingungen, die durch das zu entwickelnde Vorgehensmodell adressiert werden müssen. Als übergeordnete inhaltliche Rahmenbedingungen werden die vier charakteristischen Merkmale von Subskriptionsgeschäftsmodellen entlang der vier Geschäftsmodelldimensionen nach GASSMANN ET AL. zugrunde gelegt (s. GASSMANN ET AL. 2013, S. 6; HARLAND 2018, S. 6). Aus diesen charakteristischen Merkmalen leiten sich neuartige Randbedingungen für die Leistungskonfiguration und Preisbildung für Subskriptionsmodelle ab. Diese werden im Folgenden hergeleitet und den vier inhaltlichen Phasen zu Leistungskonfiguration und Preisbildung zugeordnet (s. Abbildung 6-4).

	Bezugsgrundlage	Werterfassung	Preisdimension	Preismetrik
Ziel	*Angebot datenbasierter Leistungssysteme anstatt physischer Leistungen*	*Datenbasierte Quantifizierung des Kundennutzens anstatt Nutzenprognosen*	*Nutzendatenorientierte, partizipative Preismodelle anstatt Cost-plus-Ansatz*	*Abrechnung des Preises auf Basis von Kundenbetriebsdaten anstatt Pauschalbeträgen*
Anforderungen	▪ **Individualität:** Leistungsangebote adressieren individuelle Anforderungen der Kunden ▪ **Neuheit:** Angebot neuartiger Leistungsversprechen des Subskriptionsmodells ▪ **Komplexität:** Integration komplexer Leistungs-systeme aus Produkt, Dienstleistung und digitaler Leistung ▪ **Verbesserung:** Kontinuierliche Anpassung und Optimierung des Leistungsangebots	▪ **Relevanz:** Fokussierung der wichtigsten Kundenanforderungen bei der Nutzenbewertung ▪ **Messbarkeit:** Definition von objektiv messbaren Kriterien zur Nutzenbewertung ▪ **Genauigkeit:** Identifikation des konkreten Mehrnutzens als Grundlage zur Preisbildung ▪ **Dynamik:** Datenbasierte Erfassung eines kontinuierlich veränderlichen realisierten Nutzens	▪ **Nutzenbasis:** Definition von passgenauen Preismodellen auf Basis von Nutzungsdaten des Kunden ▪ **Risikoübernahme:** Übernahme von Geschäftsrisiken des Kunden durch den Anbieter ▪ **Mehrdimensionalität:** Paralleles Angebot mehrerer Preismodelle und Preiskomponenten ▪ **Partizipation:** Schaffung eines Anreizes für den Anbieter zur kontinuierlichen Verbesserung des Kundennutzens	▪ **Skalierbarkeit:** Definition kundenübergreifender Bemessungsgrundlagen und Preisformeln ▪ **Klarheit:** Schaffung eines klaren und belastbaren Rahmens als Abrechnungsgrundlage ▪ **Automatisierbarkeit:** Verknüpfung der Abrechnungssysteme mit den Kundendaten ▪ **Transparenz:** Schaffung von Akzeptanz beim Kunden für den datenbasiert errechneten Preis

Abbildung 6-4: Inhaltliche Rahmenbedingungen bei der Leistungskonfiguration und Preisbildung (eigene Darstellung)

Charakteristisches Merkmal Nutzenversprechen: Kontinuierliche Wertsteigerung durch Leistungsanpassung – Die Leistung ist auf die tatsächlich beim Kunden generierte Wertschöpfung ausgerichtet. Diese wird individuell für einen Kunden erbracht und wird basierend auf den individuellen Anforderungen des Kunden kontinuierlich im Hinblick auf einen höheren Kundennutzen angepasst (s. HARLAND 2018, S. 6). Daraus resultiert als **Ziel für die Bezugsgrundlage** der Preisbildung, dass **datenbasierte Leistungssysteme aus Produkt, Dienstleistungen und digitalen Leistungen** anstatt physische Produkte anzubieten sind.

Charakteristisches Merkmal Kunde: Kenntnis über den individuellen Kundennutzen und Kundenwert – Der Nutzen des Kunden steht im Zentrum. Der digitale Kundenzugang und der partizipative Ansatz ermöglichen die Erfassung der individuellen Nutzungsdaten. Hierdurch verfügt der Anbieter über eine tiefe Kenntnis bezüglich des individuellen Nutzens und der Bedürfnisse des Kunden (s. HARLAND 2018, S. 6). Daraus resultiert als **Ziel für die Werterfassung**, dass eine **datenbasierte Quantifizierung des Kundennutzens** auf Basis der Leistungsdaten des Kunden anstatt der Nutzenprognosen zu erfolgen hat.

Charakteristisches Merkmal Wertschöpfungsarchitektur: Integrierte, kontinuierliche und partizipative Wertschöpfung – Der Anbieter integriert ein komplexes, datenbasiertes Leistungssystem kontinuierlich in die Wertschöpfungskette des Kunden. Zwischen Kunde und Anbieter besteht eine langfristige, partizipative Leistungserstellung, sodass eine hohe Wertschöpfung beim Kunden sowie eine daraus resultierende beidseitige Win-win-Situation das Produkt der Kollaboration sind (s. HARLAND 2018, S. 6). Daraus resultiert als **Ziel für die Preisdimension**, dass **nutzendatenorientierte, partizipative Preismodelle** zur Schaffung von kontinuierlichen Verbesserungsanreizen für den Anbieter anstatt der Cost-plus-Preisbildung erforderlich sind.

Charakteristisches Merkmal Ertragsmechanismus: Periodische Zahlungen auf Basis des realisierten Nutzens – Der Transfer der Leistung vom Anbieter an den Kunden erfolgt kontinuierlich durch Bereitstellung von Produkten, Dienstleistungen und digitalen Leistungen. Dafür entrichtet der Kunde periodische Zahlungen an den Anbieter, die an den erbrachten Nutzen gekoppelt sind (s. HARLAND 2018, S. 6). Daraus resultiert als **Ziel für die Preismetrik**, dass eine **Abrechnung des Preises auf Basis der** in Echtzeit erfassten **Kundenbetriebsdaten** anstatt vordefinierter Pauschalbeträge erforderlich ist.

Rahmenbedingungen bei der Konfiguration und Preisbildung von Subskriptionsleistungssystemen

Um die hergeleiteten Ziele zu erfüllen, werden im Folgenden konkrete Rahmenbedingungen für die Leistungskonfiguration und Preisbildung für Subskriptionsmodelle innerhalb des Vorgehensmodells abgeleitet und strukturiert. Auf Basis einer Literaturanalyse und darauf aufbauender Experteninterviews (s. Anhang A.1) wird analysiert, welche Anforderungen speziell bei der Leistungskonfiguration und Preisbildung für Subskriptionsmodelle am wichtigsten sind, um die Ziele zu erfüllen. Diese im Folgenden zusammengefassten Anforderungen dienen als inhaltlicher Rahmen für die Gestaltung des Vorgehensmodells zur Leistungskonfiguration und Preisbildung. Durch Erfüllung dieser Anforderungen geht das zu entwickelnde Vorgehensmodell über bestehende Ansätze der Literatur hinaus.

In Bezug auf die **Bemessungsgrundlage** stellen Individualität, Neuheit, Komplexität und Verbesserung des Leistungsangebots zentrale Anforderungen in der Konfiguration und Preisbildung von Subskriptionsleistungssystemen dar. **Individualität**: Kunden verfügen über individuelle Anforderungen, die durch individuelle Leistungen passgenau adressiert werden können. Dabei stellen auf der einen Seite die Erfassung der individuellen Anforderungen des Kunden und auf der anderen Seite die individuelle Gestaltung eines Leistungsangebots auf die individuellen Anforderungen des Kunden wichtige Grundlagen in Subskriptionsmodellen dar (s. FLIESS ET AL. 2011, S. 11). **Neuheit**: Subskriptionsangebote zeichnen sich durch einzigartige und neue Nutzen- und Leistungsversprechen, wie beispielsweise Risikoübernahmen, aus (s. STOPPEL 2016, S. 58f.). Dies eröffnet zum einen Chancen, doch zum anderen fehlen dem Kunden und dem Anbieter bei der Preisbildung für neuartige Leistungsangebote Referenzpunkte, anhand derer das Preispotential und der Preis festgelegt werden können (s. SIMON U. FASSNACHT 2016, S. 585). **Komplexität**: Die angebotenen Leistungssysteme stellen komplexe Lösungen, bestehend aus Produkt, Service und digitaler Leistung, für einen Kunden dar, die kontinuierlich in Co-Produktion beim Kunden als Service erbracht werden (s. LAH U. WOOD 2016, S. 7ff.). Aufgrund des Zusammenwirkens aller Komponenten beim Kunden ist es nicht mehr möglich, den Nutzenbeitrag einzelner Leistungselemente zu erfassen. Des Weiteren werden durch die Leistung parallele Nutzenversprechen adressiert. Zudem sind die Leistungsangebote in der produzierenden Industrie aufgrund der physischen Komponenten signifikant teurer als reine Softwaresubskriptionsleistungen (s. HARLAND 2018, S. 28). Dadurch werden auch die Kosten zur Leistungserbringung zu einer wichtigen Dimension Leistungskonfiguration. **Verbesserung**: Durch den Zugriff auf die Leistungsdaten des Kunden kann der Anbieter den Wertschöpfungsprozess des Kunden über den Zeitverlauf der Nutzung immer besser verstehen (s. HARLAND 2018, S. 12). So können neue Anforderungen und Potentiale identifiziert werden, hinsichtlich derer ein Anbieter innerhalb der Nutzungsphase das Leistungsangebot kontinuierlich verändern und anpassen kann. Hieraus resultiert ein stetiger Anstieg des Nutzens und neuartige Nutzenversprechen können hinzukommen (s. HARLAND 2018, S. 20ff.; JUSSEN U. FRANK 2019, S. 10). Zudem sind während der Nutzungsphase mögliche Verbesserungen für das Preismodell erforderlich, damit dieses optimal zum verbesserten Leistungsangebot passt.

In Bezug auf die **Werterfassung** stellen Relevanz, Messbarkeit, Genauigkeit und Dynamik des Nutzenversprechens bzw. des Value-in-Use zentrale Anforderungen dar. **Relevanz:** Die kontinuierliche Kenntnis der relevantesten Nutzenversprechen für einen individuellen Kunden ist elementare Voraussetzung, um diesen Nutzen auch in den Fokus der Preisbildung zu stellen (s. JUSSEN U. FRANK 2019, S. 9). Dieser Nutzen resultiert nicht aus dem Besitz einer Leistung, sondern erst aus der Nutzung einer Leistung und dem daraus resultierenden Ergebnis für einen Kunden (s. FROHMANN 2018, S. 231). Der Fokus des Geschäfts liegt demzufolge auf der Nutzungsphase und dem tatsächlich realisierten Nutzen in dieser (Value-in-Use) (s. VARGO U. LUSCH 2004, S. 6ff.). Dabei wird eine Leistung aufgrund des phänomenologischen Charakters des Nutzens durch verschiedene Kunden unterschiedlich bewertet (s. MACDONALD ET AL. 2016, S. 3ff.). **Messbarkeit:** Die kontinuierlich erfassbaren Echtzeit-Betriebsdaten bieten eine Grundlage zur Messung des Kundennutzens. Dazu können über messbare Größen in Form von Kennzahlen objektive Rückschlüsse auf den Kundennutzen gezogen werden (s. SCHUH ET AL. 2020b, S. 603). Hierzu ist aus Effizienz- und Akzeptanzgründen ein skalierbares Verfahren erforderlich, durch das von den Echtzeit-Betriebsdaten auf den Kundennutzen geschlossen werden kann (s. LAH U. WOOD 2016, S. 7ff.). **Genauigkeit:** Die Berechnung des konkreten Mehrwerts eines Leistungsangebots stellt einen relevanten Erfolgsfaktor bei der Durchsetzung von Preisen gegenüber von Kunden dar (s. SIMON U. FASSNACHT 2016, S. 414). Der datenbasierte Ansatz hat das Potential, sowohl aus Kunden- als auch aus Anbietersicht mögliche Verzerrungsrisiken bei der Nutzenberechnung zu minimieren. Dazu besteht jedoch die Anforderung, die Nutzenberechnung präzise auszulegen, da Mängel in dieser Berechnung entweder zum Nicht-Ausschöpfen von Kundenpotential oder zum Verlust von Kunden führen (s. KLARMANN ET AL. 2011, S. 156ff.). **Dynamik:** Während der Nutzungsphase unterliegt der Kundennutzen aufgrund von Leistungsschwankungen und -anpassungen einer dynamischen Veränderung. Daher ist es nicht ausreichend, die Wertschöpfung aus Kunden- und Anbietersicht in diskontinuierlichen Abständen zu messen. Dementsprechend ist ein echtzeitdatenbasiertes Vorgehen zur Erfassung des Value-in-Use für konkrete Entscheidungen zur Leistungskonfiguration und Preisbildung erforderlich (s. HARLAND 2018, S. 22).

Innerhalb der **Preisdimension** stellen die Nutzenbasis, Risikoübernahmen, Mehrdimensionalität und Partizipation der Preismodelle für Subskriptionsgeschäfte Herausforderungen dar. **Nutzenbasis:** Die Integration von Leistungsdaten des Kunden in die Preismodelle eröffnet die Möglichkeit, neuartige und individuelle Preismodelle zu gestalten. Bisher haben sich diese Modelle erst in wenigen Anwendungsfällen etabliert (s. SIMON U. FASSNACHT 2016, S. 571). Hierbei bestehen neue und kreative Möglichkeiten und Freiheitsgrade zur Preisbildung (s. YAMAMOTO U. SHARMA 2019, S. 1f.). Damit neue Preismodelle strukturiert entwickelt werden und damit für die angebotenen Leistungsangebote ein passgenaues Preismodell gewählt werden kann, bedarf es eines Vorgehens zur Entwicklung und Auswahl von datenbasierten, nutzenorientierten Preismodellen. **Risikoübernahmen:** Durch höherwertige Leistungsangebote werden gleichzeitig auch höhere Risiken des Kunden übernommen. Risikoübernahmen führen auf der einen Seite zu höherem Preispotential, können jedoch auch zu höheren Kosten bzw. Verlusten führen. Durch Auswahl des passenden Preismodells kann das übernommene Risikopotential beeinflusst werden (s. MANSARD U. CAGIN 2019, S. 11; STOPPEL 2016, S. 58). Dementsprechend stellt die Abwägung des richtigen Nutzen- und Risikopotentials bei der Auswahl des Preismodells eine wichtige Aufgabe während der Preisbildung dar (s. LAH U. WOOD 2016, S. 7ff.). **Mehrdimensionalität:** Im Rahmen von Subskriptionsmodellen in der produzierenden Industrie können komplexe Leistungen aufgrund von möglichen nicht beherrschbaren Risiken oder mehreren adressierten Nutzenversprechen oft nicht über eine Preiskomponente abgebildet werden oder es sind mehrere parallele Preismodelle für verschiedene Kunden erforderlich (s. HARLAND 2018, S. 1ff.; LIOZU 2022, S. 109). Dementsprechend sind die verschiedenen Preiskomponenten so aufeinander abzustimmen, dass diese die Ziele von Anbieter und Kunde bestmöglich erfüllen. **Partizipation:** Das Subskriptionsmodell ist auf die kontinuierliche Steigerung des Kundennutzens ausgerichtet. Hierzu führen Anbieter dann Verbesserungen durch, wenn sie einen monetären Anreiz dazu haben. Daher muss das Preismodell auch in der Nutzungsphase bestmögliche Anreize für die Leistungsverbesserung setzen, sodass sowohl der Kunde als auch der Anbieter an dieser Nutzensteigerung monetär partizipieren. Hierdurch entsteht durch eine Win-win-Situation ein beidseitiger Lock-in-Effekt, der zu einer kontinuierlichen Weiterführung des Subskriptionsvertrags motiviert (s. LAH U. WOOD 2016, S. 26; TRUONG U. POLAR 2017, S. 2; TZUO U. WEISERT 2018, S. 20ff.; YAMAMOTO U. SHARMA 2019, S. 2).

Bei der **Preismetrik** stellen die Skalierbarkeit, Klarheit, Automatisierbarkeit und Transparenz zentrale Herausforderungen dar. **Skalierbarkeit:** In der praktischen Umsetzung der Subskriptionsmodelle ist die Skalierung einer einheitlichen, datenbasierten Preismetrik über verschiedene Unternehmen erforderlich (s. KLARMANN ET AL. 2011, S. 156ff.). Innerhalb von Unternehmen bestehen jedoch häufig heterogene Datengrundlagen, die sich hinsichtlich Entstehungs-, Verarbeitungs- und Speicherungsort unterscheiden, weshalb klare Werkzeuge und Strukturen zur Definition der Preismetrik erforderlich sind (s. HERMANN 2019, S. 189ff.). **Klarheit:** Bei der Preisbildung für Subskriptionsleistungen werden datenbasierte, variable Preiskomponenten genutzt. Durch diese wird der zu zahlende Preis in einer Ex-post-Berechnung erst innerhalb der Nutzungsphase anhand einer Berechnungsformel definiert (s. FROHMANN 2018, S. 218ff.). Weiterhin wird der Preis in einem Subskriptionsmodell nicht einmalig bezahlt, sondern setzt sich aus möglichen Einmalzahlungen sowie regelmäßigen Zahlungen zusammen. Diese regelmäßigen Zahlungen hängen von neuartigen Faktoren wie Zahlungsintervallen und Laufzeiten ab (s. KHISRO 2020, S. 71f.). Damit die zu zahlenden Preise für Kunde und Anbieter dennoch eindeutig sind, ist hierzu ein klarer Rahmen zu definieren, dem zu entnehmen ist, wie der Preis und die erfassten Betriebsdaten des Kunden zusammenhängen. **Automatisierbarkeit:** Die Abrechnung der periodischen, datenbasierten Subskriptionsgebühren führt zu einem erheblichen systemseitigen Mehraufwand gegenüber einer transaktionalen Abrechnung. Daraus resultieren höhere Transaktionskosten, welche eine automatisierbare Abrechnung erforderlich machen (s. EHRET U. WIRTZ 2016, S. 6ff.). Aufgrund von möglichen Fehlern in den Echtzeit-Betriebsdaten kommt der Sicherstellung der Datenqualität der empfindlichen Preis- und Abrechnungsdaten eine wichtige Aufgabe zu. **Transparenz:** Durch die datenbasierte Preisbildung ergibt sich der zu zahlende Preis synchron zur Leistungserbringung und hängt von dynamischen Faktoren wie den Leistungsdaten der Kunden ab (s. ATZERT 2011, S. 368). Damit mögliche Informationsasymmetrien aufgehoben werden, ist eine transparente und kontinuierliche Darstellung des sich zusammensetzenden Preises für eine partnerschaftliche Zusammenarbeit und eine erfolgreiche Preisdurchsetzung elementar (s. SIMON U. FASSNACHT 2016, S. 511).

6.1.4 Konkretisierung des Ordnungsrahmens des Vorgehensmodells

Im Folgenden werden die acht Vorgehensschritte für das in der Einleitung von Kapitel 6.1 vorgestellte Modell hergeleitet und beschrieben. Hierbei wird der strukturelle Rahmen aus den acht Phasen mit den Anforderungen und inhaltlichen Eigenschaften zusammengeführt und während der Konstruktion der Funktions- und Prozesssicht (s. Kapitel 6.3) durchlaufen. Dies sind die vier inhaltlichen Phasen der Leistungskonfiguration und Preisbildung (s. Kapitel 6.1.1), die jeweils einmal in den beiden zeitlichen Phasen von Subskriptionen durchlaufen werden (s. Kapitel 6.1.2). Als Anforderungen, Eigenschaften und Ziele dienen die in Kapitel 6.1.3 definierten Rahmenbedingungen bei der Leistungskonfiguration und Preisbildung von Subskriptionsmodellen. Die Vorgehensschritte des Ordnungsrahmens werden so angeordnet, dass zunächst alle inhaltlichen Phasen der Leistungskonfiguration und Preisbildung innerhalb der Vertriebsphase durchlaufen werden (s. Abbildung 6-5). Zum Ende dieser zeitlichen Phase besteht ein Subskriptionsvertrag; das Leistungsangebot wird beim Kunden implementiert und umgesetzt. Anschließend werden dann innerhalb der Nutzungsphase alle Phasen der Leistungskonfiguration und Preisbildung erneut durchlaufen.

Die Phase **Bezugsgrundlage** erfasst und beschreibt das Leistungssystem (s. Kapitel 6.1.1). Innerhalb der Vertriebsphase ist hierzu zunächst ein Leistungssystem für einen Kunden zu definieren. Dementsprechend lautet der **erste Schritt** des Ordnungsrahmens **Leistungssystem gestalten**. Innerhalb der Nutzungsphase besteht das Leistungssystem beim Kunden und wird kontinuierlich anhand der Anforderungen des Kunden angepasst. Dementsprechend lautet der erste Schritt der Nutzungsphase und somit der **fünfte Schritt** des Ordnungsrahmens **Leistungssystem anpassen**.

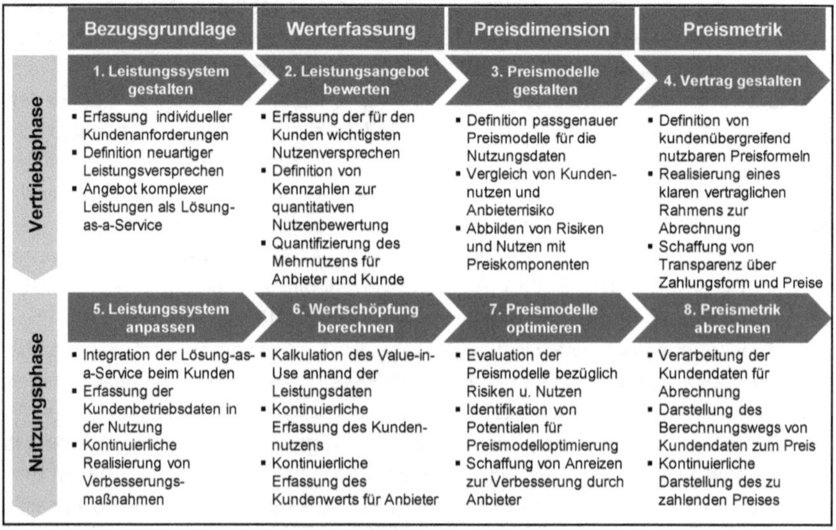

Abbildung 6-5: Detaillierter Ordnungsrahmen des Vorgehensmodells (eigene Darstellung)

Die Phase **Werterfassung** dient zur Bewertung des Leistungsangebots aus Kunden- und Anbietersicht (s. Kapitel 6.1.1). Innerhalb der Vertriebsphase ist zunächst mit den initial vorliegenden Informationen das angebotene Leistungssystem sowohl aus Kundenperspektive hinsichtlich Kundennutzen als auch aus Anbieterperspektive hinsichtlich Kosten und Risiken zu bewerten. Dementsprechend lautet der **zweite Schritt** des Ordnungsrahmens **Leistungsangebot bewerten**. Innerhalb der Nutzungsphase liegen Echtzeit-Leistungsdaten des Kunden vor, anhand welcher die konkrete Wertschöpfung aus Kunden- und Anbietersicht erfasst werden kann. Daher lautet der **sechste Schritt** des Ordnungsrahmens **Wertschöpfung berechnen**.

Im Rahmen der Phase **Preisdimension** ist ein für den Kunden und den Anbieter passendes Preismodell zu definieren (s. Kapitel 6.1.1). Innerhalb der Vertriebsphase liegen Informationen aus den beiden zuvor durchgeführten Schritten *Leistungssystem gestalten* und *Leistungsangebot bewerten* vor, mit denen passende Preismodelle definiert und aufeinander abgestimmt werden. Daher lautet der **dritte Schritt** des Ordnungsrahmens **Preismodelle gestalten**. Innerhalb der Nutzungsphase ist eine Anpassung des Preismodells auf das veränderliche Leistungssystem und die datenbasiert erfasste Wertschöpfung aus Kunden- und Anbietersicht vorzunehmen. Der **siebte Schritt** des Ordnungsrahmens lautet dazu **Preismodelle optimieren**.

Innerhalb der Phase **Preismetrik** ist für das Preismodell ein Berechnungsmechanismus zur Preisberechnung festzulegen und umzusetzen (s. Kapitel 6.1.1). Hierzu ist innerhalb der Vertriebsphase für das ausgewählte Preismodell die Preismetrik auszulegen und innerhalb des Subskriptionsvertrags als fester Rahmen zur Preisbildung festzulegen. Daher lautet der **vierte Schritt** des Ordnungsrahmens **Vertrag gestalten**. Im Rahmen der Nutzungsphase werden durchgängig Leistungsdaten des Kunden erfasst. Auf Basis dieser Daten ist der durch den Vertrag anfallende Preis in den im Vertrag definierten Intervallen abzurechen. Daher lautet der **achte Schritt** des Ordnungsrahmens **Preismetrik abrechen**.

Der detaillierte Ordnungsrahmen dient bei der Entwicklung des Vorgehensmodells als inhaltlicher Rahmen. Daher werden die acht hergeleiteten Vorgehensschritte im Folgenden beschrieben und anhand der Anforderungen und Ziele der Leistungskonfiguration und Preisbildung (s. Kapitel 6.1.3) konkretisiert.

1. Leistungssystem gestalten: Der Prozess beginnt mit dem Kunden und seinen Bedürfnissen. Der Anbieter muss eine Bewertung der individuellen Kundenanforderungen durchführen. Dazu muss der Anbieter die Ziele, Prozesse, Ressourcen und Aktivitäten des Kunden analysieren und verstehen (s. TULI ET AL. 2007, S. 5). Auf Basis dieser individuellen Kundenbedürfnisse ist ein zu adressierendes Leistungsversprechen zu definieren. Subskriptionsmodelle ermöglichen durch die Übernahme von Risiken des Kunden das Angebot von neuartigen Leistungsversprechen. Damit der Kunde einen möglichst großen Anreiz zum Abschluss eines Subskriptionsmodells hat, sind neuartige Leistungsversprechen, die über die bestehenden Angebote hinausgehen, zu fokussieren (s. LIOZU 2022, S. 47). Auf Basis des Leistungsversprechens sind Produkte, Dienstleistungen und digitale Leistungen in einem integrierten Leistungssystem für den Kunden zusammenzuführen. Dadurch wird eine übergeordnete Kundenlösung erstellt, die in relationalen Prozessen in die Wertschöpfungskette des Kunden integriert wird (s. VARGO U. LUSCH 2004, S. 8). Das Leistungsangebot wird dem Kunden als Lösung-as-a-Service angeboten, die auf dessen Anforderungen zugeschnitten ist (s. FLIESS ET AL. 2011, S. 10).

2. Leistungsangebot bewerten: Nach der Service-Dominant-Logic kann ein Anbieter in der Vertriebsphase dem Kunden keinen Nutzen, sondern nur ein Nutzenversprechen anbieten. Zur Erfassung der relevantesten kundenindividuellen Nutzenversprechen ist es notwendig, zu identifizieren, über welche Präferenzen und Ziele der Kunde verfügt (s. JAKOBY 2021, S. 46). Als weitere Anforderung sind relevante Kennwerte für die quantitative Bewertung des Nutzenversprechens zu identifizieren. Als Basis zur Identifikation der Kennwerte können auch Nutzungsdaten anderer Kunden aus einem passenden Kundensegment genutzt werden (s. HERMANN 2019, S. 201). Zur genauen Erfassung des Mehrnutzens sollten als Referenzpunkte Substitutionsangebote für das Subskriptionsangebot erfasst und zugrunde gelegt werden (s. KERÄNEN U. JALKALA 2013, S. 1313). Durch Subskriptionsmodelle entstehen für Kunden höhere Nutzen und für den Anbieter höhere Risiken als in Substitutionsangeboten. Anhand der Kennwerte ist in einer Prognose zu quantifizieren, inwieweit Nutzen und Kosten des Subskriptionsangebots die Werte von Substitutionsangeboten übersteigen (s. JUSSEN U. FRANK 2019, S. 15ff.).

3. Preismodelle gestalten: Die vier Leistungstypen für Subskriptionsmodelle (s. Kapitel 2.2.3) definieren mögliche Preismodelle über die Verfügbarkeit, die Nutzung, das Ergebnis oder den wirtschaftlichen Erfolg für den Kunden. Die Definition des nutzenorientierten Preismodells erfolgt in Abhängigkeit der Auswahl des angebotenen Leistungstyps. Beim Verfügbarkeitstyp wird der Preis für die verfügbare Zeit der Leistung zugrunde gelegt (z. B. Flatrate). Beim Nutzungstyp wird ein Preis an die genutzten Zeiteinheiten gekoppelt (z. B. *Pay-per-Use*). Beim Ergebnistyp wird ein Preis mit einer produzierten Einheit verknüpft (z. B. *Pay-per-Output*) und beim Erfolgstyp wird ein Preis für die Leistungssteigerung gebildet (z. B. Gewinnbeteiligung) (s. STOPPEL 2016, S. 58ff.). Die Wahl des Preismodells hat einen großen Einfluss auf die Realisierung der Wertschöpfung von Kunde und Anbieter. Daher muss anhand eines Abgleichs von Kundennutzen und Anbieterrisiko eine Bewertung möglicher Preismodelle durchgeführt werden (s. ROTH U. STOPPEL 2014, S. 193). Einerseits führt die Übernahme von höherwertigen Nutzenversprechen zu einer höheren Wertschöpfung beim Kunden, andererseits kann die Übernahme von mehr Risiken des Kunden zu hohen Kosten führen, wenn der Anbieter diese nicht beeinflussen kann (s. STOPPEL 2016, S. 67ff.). Zur Abbildung aller Nutzen und Risiken erfolgt die Festlegung der Dimensionalität der Preiskomponenten des Preismodells. Hierbei kann zwischen eindimensionalen, zweidimensionalen, dreidimensionalen oder multidimensionalen Komponenten unterschieden werden (s. FROHMANN 2018, S. 236ff.; LEHMANN U. BUXMANN 2009, S. 522ff.).

4. Vertrag gestalten: Für die Gestaltung des Vertrags sind Preisformeln auf Basis der Preiskomponenten anhand der beim Kunden erfassten Leistungsdaten zu gestalten (s. SIMON U. FASSNACHT 2016, S. 583ff.). Für die Leistungsdaten als Berechnungsgrundlagen für den Preis ist ein Rahmen zu definieren, der kundenübergreifend angewendet werden kann (s. STOPPEL U. ROTH 2017, S. 86ff.). Kriterien für die Definition dieser Berechnungsgrundlagen sind unter anderem die Preismodelle, die Anforderungen der Stakeholder und die einfache Messbarkeit (s. HEINIS ET AL. 2018, S. 33; SIMON U. FASSNACHT 2016, S. 583ff.). Ein weiteres zentrales Element des Subskriptionsgeschäfts stellt der Vertrag dar. Dieser ist anhand der definierten Preis- und Leistungselemente zu einer rechtlich sicheren Grundlage für das Geschäft der Nutzungsphase zu gestalten. Im Weiteren ist anhand der definierten Preiskomponenten eine Preisformel mitsamt der zu wählenden Zahlungsform zu definieren. Hierzu ist ein konkreter Preisbetrag für eine Bemessungsgrundlage festzusetzen und es sind eine Zahlungsform sowie ein Abrechnungsintervall für periodische Gebühr der Subskription zu wählen (s. FROHMANN 2018, S. 226ff.; SCHÖNUNG 2008, S. 194).

5. Leistungssystem anpassen: Der Anbieter integriert die Leistung als Lösung-as-a-Service kontinuierlich in den Wertschöpfungsprozess des Kunden (s. STOPPEL U. ROTH 2016, S. 379). Dazu findet eine kontinuierliche Erfassung der individuellen Echtzeit-Betriebsdaten des Kunden statt. Hierdurch können in einem iterativen, datengetriebenen Lernprozess Rückschlüsse auf das gesamte Nutzungsverhalten des Kunden gezogen werden (s. RIES 2012, S. 73). Weiteres Ziel ist es, dem Kunden in engen Zyklen der Leistungsverbesserung optimierte Lösungen anzubieten. Basierend auf den Erkenntnissen der Datenanalyse erfolgt eine Leistungsverbesserung innerhalb kontinuierlicher Releases (s. BAUERNHANSL ET AL. 2016, S. 34; BRECHER U. BROCKMANN 2020, S. 551).

6. Wertschöpfung berechnen: Mithilfe der Kennzahlen werden strategische Erfolgsfaktoren eines Unternehmens anhand der Leistungsdaten quantifiziert (s. PD ISO/TR 22400 2018, S. 5). Zentraler Wert zur Leistungsoptimierung und Preisbildung stellt die Operationalisierung und Darstellung des Value-in-Use dar (s. JUNG 2011, S. 160). Anhand des Value-in-Use kann die Veränderung des Kundennutzens und des Mehrwertes des Kunden durch die Subskriptionsleistung kontinuierlich erfasst werden. Als weiterer Faktor muss die Profitabilität eines Unternehmens auch durch die Berücksichtigung von Risiken und Kosten sichergestellt werden (s. SCHMIDT ET AL. 2016, S. 2). Auch hier müssen geeignete Daten und Kennwerte definiert werden. In diesem Zusammenhang spielen Daten zur Kostenerfassung aus den internen Systemen des Lieferanten eine wichtige Rolle (s. SIMON U. FASSNACHT 2016, S. 98ff.). Die Faktoren für die Nutzen- und Kostenbewertung fließen in den Customer-Lifetime-Value ein. Hierdurch kann der Kundenwert für den Anbieter erfasst werden. Die individuelle Messung des Customer-Lifetime-Values stellt dabei eine zentrale strategische Größe für Entscheidungen der Preisbildung und der Leistungsverbesserung in der Nutzungsphase dar (s. BORLE ET AL. 2008, S. 100).

7. Preismodelle optimieren: In der Nutzungsphase ist das implementierte Preismodell beim Kunden in periodischen Abständen hinsichtlich Risiken und Nutzen zu evaluieren. Ein zentrales Ziel liegt hierbei darin, zu erfassen, ob es für den Anbieter Hemmnisse gibt, Leistungsverbesserungen zu realisieren, da diese zwar zu hoher Wertschöpfung für den Kunden führen, jedoch für den Anbieter nicht rentabel sind. Diese Potentiale sind zu identifizieren, damit die Anreizmechanismen abgeleitet werden können. Um hohe Anreize für Verbesserungen zu definieren, muss der erwartete zusätzliche Nutzen von Kunde und Anbieter monetär ermittelt werden (s. GRÖNROOS 2011, S. 242; KERÄNEN U. JALKALA 2013, S. 1311). Der Anreiz ist so zu konfigurieren, dass ein Anbieter nur dann einen höheren Gewinn von seinem Kunden erhält, wenn auch dessen Wertschöpfung steigt (s. HERMANN 2019, S. 269). Die definierten Anreizmechanismen zur Verbesserung des Leistungsangebots können anschließend im Rahmen von Verhandlungen zwischen Kunde und Anbieter im Vertrag implementiert werden (s. FROHMANN 2018, S. 171).

8. Preismetrik abrechnen: Zur Erfassung variabler nutzenorientierter Preisparameter ist die aktive Einbindung kundenspezifischer Daten in die Abrechnung erforderlich. Um eine strukturierte Datenerfassung zur Berechnung dieser Preisparameter zu gewährleisten, müssen Strukturen, Prozesse und Richtlinien geschaffen werden, um die Daten aus dem Betrieb des Kunden in die Preisbildungsprozesse des Anbieters zu übergeben (s. BRACHT ET AL. 2018, S. 91). Darüber ist in der Abrechnung darzulegen, wie sich der durch den Kunden zu zahlende Preis für die Leistung anhand der im Vertrag definierten Rahmenbedingungen zusammensetzt (s. BOßLAU ET AL. 2017, S. 307). Innerhalb der Abrechnung des Preises ist eine Verrechnung von fixen oder datenbasierten, variablen Parametern möglich (s. FROHMANN 2018, S. 224; LEHMANN U. BUXMANN

2009, S. 522). Zur Aufhebung einer Informationsasymmetrie zwischen Anbieter und Kunde und zur Durchsetzung des datenbasiert kalkulierten Preises ist eine kontinuierlich zugängliche, transparente Darstellung des zu zahlenden Preises essentiell (s. SIMON U. FASSNACHT 2016, S. 511).

6.2 Metamodell des Vorgehensmodells

Die Entwicklung des Vorgehensmodells ist vergleichbar mit einem Konstruktionsprozess. Diesem Konstruktionsprozess liegt als übergeordnete Modellarchitektur das ARIS-Modell zugrunde. Aus diesem Modell werden die Fachkonzepte der Daten-, Funktions- und Prozesssicht definiert. Diese einzelnen Modellsichten werden im Folgenden zunächst gesondert betrachtet und separat zueinander konstruiert. Diese Konstruktion erfolgt anhand standardisierter Modellbausteine, die eine Integration der einzelnen Modellsichten erlauben. Dazu wird für die jeweiligen Modellteile zunächst eine anwendungsunabhängige Metamodellebene erarbeitet, welche den Rahmen zur Entwicklung beschreibt (s. Schütte 1998, S. 187). Jedem Modell zur Informationsmodellierung liegt ein Metamodell zugrunde, welches dessen Modellierungssprache und Aufbau beschreibt (s. Schütte 1998, S. 75; Hars 1994, S. 11). Die Modellierungssprache definiert analog zu den gesprochenen Sprachen die Syntaxregeln zur Dokumentation und Kommunikation von Informationen sowie eine Semantik zur Einschränkung des Interpretationsspielraums, damit eine interdisziplinäre Durchführung der Geschäftsprozesse durch mehrere Personen möglich wird (s. Becker et al. 2012, S. 2f.; Frank u. van Laak 2003, S. 7). Weiterhin wird dadurch eine Grundlage zur Einhaltung der Regeln ordnungsgerechter Modellierung (GoM) geschaffen. Der syntaktische und inhaltliche Aufbau des Metamodells ist dabei mit den Anforderungen an das Vorgehensmodell zur Konfiguration und Preisbildung von Subskriptionsleistungen zu harmonisieren (s. Scheer 2002, S. 120).

6.2.1 Konzeptionierung des Metamodells

Die Modellierungssprachen müssen verschiedene Abstraktionsgrade erlauben und hinsichtlich ihrer Anwendung möglichst einfach gehalten sein. Dazu wird innerhalb der einzelnen Fachkonzepte des Vorgehensmodells auf standardisierte und im ARIS-Konzept etablierte Modellierungssprachen zurückgegriffen. Dadurch wird eine Konformität der Modellierungssprachen zueinander sowie eine effiziente Implementierung und Anwendung in der Praxis sichergestellt. Zur konkreteren Anwendung auf den Kontext dieser Arbeit werden bei den Modellierungssprachen irrelevante Bestandteile ausgelassen und an anderen Stellen Spezifikationen hinzugefügt. Die in diesem Schritt festgelegten standardisierten Modellierungssprachen dienen als Basis für die folgende Referenzmodellierung. Bei der Gestaltung von Vorgehensmodellen im ARIS-Konzept für IT-basierte Geschäftsprozesse kann übergeordnet zwischen Modellierungssprachen für Aktivitäten und für Daten unterschieden werden (s. BECKER ET AL. 2012, S. 3ff.). Die Funktions- und Prozessmodellierung sind den Aktivitäten zugehörig. Als Standardmethode zur systematischen Abbildung der Funktionssicht hat sich als Modellierungssprache der Funktionsbaum etabliert (s. BECKER ET AL. 2012, S. 15; KALLENBERG 2002, S. 60f.; SEIDLMEIER 2019, S. 62) (s. Tabelle 6-1). Die etabliertesten Modellierungssprachen zur Prozessmodellierung sind die *erweiterte ereignisgesteuerte Prozesskette* (eEPK), das *Swim-Lane-Diagramm*, die *Business Process Modeling Notation* (BPMN), das *Aktivitäts-Diagramm* der *Unified Modeling Language* (UML) und *Petri-Netze* (s. HARLAND 2019, S. 88). Dabei unterscheiden sich diese Alternativen vor allem in ihren Fähigkeiten zur Detaillierung und zur Betrachtung mehrerer Akteure (s. GADATSCH 2013, S. 102). Eine umfassende Erfassung der Unternehmensprozesse ist lediglich mit der eEPK und der BPMN möglich (s. GADATSCH 2017, S. 24f.; KRCMAR 2015, S. 54). Die eEPK ist im Kontext von ARIS etabliert und hat sich aufgrund der Anschaulichkeit und Einfachheit in der Prozesssicht industrieller Geschäftsprozesse als Quasi-Standard durchgesetzt. Dementsprechend wird auch innerhalb der Prozesssicht dieser Arbeit die eEPK genutzt (s. BECKER ET AL. 2012, S. 15; HARLAND 2019, S. 90). Die Datenmodellierung ist der Gruppe der Daten zugehörig. In der Praxis der Datenmodellierung wird zwischen relationalen und objektorientierten Modellen unterschieden (s. Bodendorf 2006, S. 8). Als Modellierungssprachen sind das *erweitertes Entity-Relationship-Modell* (eERM) und das *UML-Klassendiagramm* vorherrschend (s. BECKER ET AL. 2012, S.4ff.; HARLAND 2019, S. 91). Der Unterschied der beiden Sprachen liegt darin, dass das eERM ein relationales Modell ist, während das UML-Klassendiagramm ein objektorientiertes Modell darstellt (s. HARLAND 2019, S. 91; KRCMAR 2015, S. 72). Im Folgenden wird für die Strukturierung der Datenobjekte in der Datensicht die relationale Datenmodellierung genutzt. In der relationalen Datenmodellierung wird ein Datenmodell dadurch aufgebaut, dass mathematische Beziehungen zwischen verschiedenen Objekttypen und deren Attributen aufgestellt werden. Hierbei erfolgt eine Strukturierung der Daten unabhängig von der konkreten Nutzung der Daten (s. CUBER 2017, S. 83f.). Dementsprechend erfolgt die Darstellung der Datensicht in der eERM Modellierungssprache.

Tabelle 6-1: Auswahl der Modellierungssprachen für das Vorgehensmodell

Modellsicht	Etablierte Modellierungssprachen *(Auswahl für dieses Modell fett gedruckt)*
Prozesssicht	**eEPK**, Swim-Lane-Diagramm, BPMN, UML-Aktivitätsdiagramm, Petri-Netze
Funktionssicht	**Funktionsbäume**
Datensicht	**eERM**, UML-Klassendiagramme

Im Kern des Metamodells des Vorgehensmodells steht die Ablauflogik zur Leistungskonfiguration und Preisbildung. Dementsprechend ist die Prozesssicht zentrales Element des Modells und Funktionen aus der Funktionssicht sowie Datenobjekte aus der Datensicht werden in die Prozesssicht als Bindeglied dieser beiden Sichten integriert (s. Abbildung 6-6). Dabei sind die Funktionen die Elemente, die Ereignisse der eEPK auslösen. Innerhalb der Funktionen werden Datenobjekte aus der Datensicht verarbeitet. Dabei fungieren Datenobjekte sowohl als Inputs als auch als Outputs der Funktionen. Im Weiteren erfolgt zunächst die Definition der Aktivitäten durch Konstruktion der Funktions- und Prozesssicht. In Abhängigkeit dieser Aktivitäten erfolgt dann die Konstruktion der Datensicht zur Strukturierung der in den Funktionen verarbeiteten Datenobjekte.

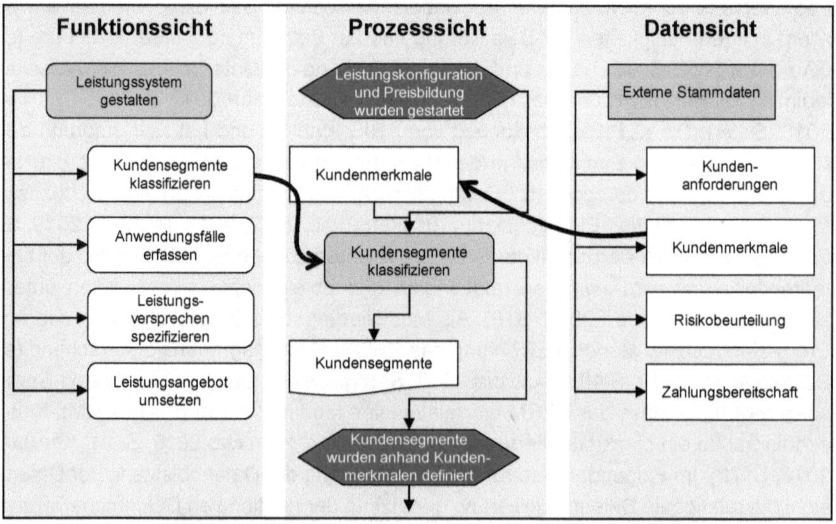

Abbildung 6-6: Metamodell des Vorgehensmodells (eigene Darstellung)

6.2.2 Konzeptionierung der Funktionssicht

Der Begriff der Funktion ist nicht allgemeingültig definiert und wird im Allgemeinen zur Beschreibung von Vorgängen, Tätigkeiten, Aktivitäten und Aufgaben verwendet (s. SCHEER 2002, S. 16ff.). Funktionen stellen definierte Vorgänge zur Transformation von Input-Leistungen in Output-Leistungen dar (s. SCHEER 2002, S. 36). Diese Vorgänge dienen dazu, an einem Objekt eine fachliche Aufgabe zur Unterstützung eines oder mehrerer Ziele zu erfüllen. Der Ablauf einer Funktion ist dabei statisch und zeitlich unveränderlich (s. EVERNDEN 1996, S. 46). Für Funktionen können unterschiedliche Verdichtungsebenen beschrieben werden. Diese können innerhalb eines Hierarchiediagramms in eine Detaillierungslogik untergliedert werden. Diese Hierarchisierung dient zur Reduktion von Komplexität und es ist erforderlich, dass hierbei ein annähernd gleiches Abstraktionsniveau eingehalten wird. Die Bezeichnung der einzelnen Ebenen wird abhängig vom Detaillierungsgrad konkretisiert (s. KALLENBERG 2002, S. 92ff.; KRCMAR 2015, S. 67; SCHEER 2002, S. 119). Die oberste Ebene ist das Funktionsbündel bzw. der Geschäftsprozess. Dieser bildet eine komplexe Funktion aus einer Vielzahl an Tätigkeiten. Dieses Funktionsbündel entspricht im Rahmen dieser Arbeit dem gesamten zu entwickelnden Vorgehensmodell zur Leistungskonfiguration und Preisbildung. Ein Geschäftsprozess ist in eine Anordnung von Funktionen untergliedert, die dessen elementare Schritte darstellen (s. HARLAND 2019, S. 87; SCHEER 2002, S. 11).

Ein Geschäftsprozess beinhaltet in Abgrenzung zu einer Funktion darüber hinaus auch eine dynamische Steuerung des Funktionsablaufs vom Start bis zum Ziel. Die Basis zur Funktionsmodellierung von Geschäftsprozessen ist ein strategisches Ausgangskonzept (s. Kapitel 6.1.4), in dem die Ziele definiert sind. Dieses wird anschließend durch die Funktionen adressiert (s. SCHEER 2002, S. 18ff.).

Funktionen werden in Funktionsbäumen als beschriftete Rechtecke dargestellt. Durch unbeschriftete Linien wird eine hierarchische Beziehung zwischen einzelnen Funktionen dargelegt. Die übergeordnete Funktion steht dabei in einer Ebene über den untergeordneten Funktionen. Die Funktionsbezeichnungen bestehen aus einer Tätigkeit (bspw. „gestalten") und einem Objekt (bspw. „Leistungssystem"), auf das sich die Tätigkeit bezieht. Zur Bezeichnung werden in der Literatur für diese Abbildung Verb und Substantiv empfohlen (s. BALZERT 1999, S. 115f.; SEIDLMEIER 2019, S. 62). Ein Funktionsbaum wird nach dem Top-down-Prinzip durch Zerlegung von übergeordneten Funktionen in Teilfunktionen erstellt (s. KALLENBERG 2002, S. 61). Grundsätzliche Gestaltungsregeln sind, dass einer übergeordneten Funktion nur fachlich eng zusammengehörige Funktionen zugeordnet werden sollen und je Hierarchieebene ein annähernd gleiches Abstraktionsniveau eingehalten wird (s. KALLENBERG 2002, S. 60). In Anwendung auf diese Arbeit besteht dieses Ausgangskonzept entlang des Ordnungsrahmens aus acht übergeordneten Funktionen zur Konfiguration und Preisbildung von Subskriptionsleistungen. Der Ordnungsrahmen für diese Arbeit mitsamt Eigenschaften und Zielen wurden in Kapitel 6.1 entwickelt. Die Abbildung des Ordnungsrahmens kann auch in einem Funktionsbaum erfolgen und stellt einen übergeordneten Funktionsbaum dar (s. Abbildung 6-7).

Die Funktionen sind komplexe Tätigkeiten, die weiter in Teilfunktionen und Elementarfunktionen untergliedert werden können, die im weiteren Verlauf der Modellierung anhand dieser Rahmenbedingungen detailliert werden. Teilfunktionen sind Tätigkeiten, die in weitere Teilfunktionen oder Elementarfunktionen zerlegt werden können. Elementarfunktionen stellen die unterste Ebene der Funktionen dar. Dies sind Tätigkeiten, die über eine geschlossene interne Ablaufstruktur ohne Bearbeitungsalternativen verfügen und nicht weiter sinnvoll untergliedert werden können. In dieser Arbeit bezieht der Funktionsbegriff auch Teilfunktionen und Elementarfunktionen mit ein (s. KRCMAR 2015, S. 67).

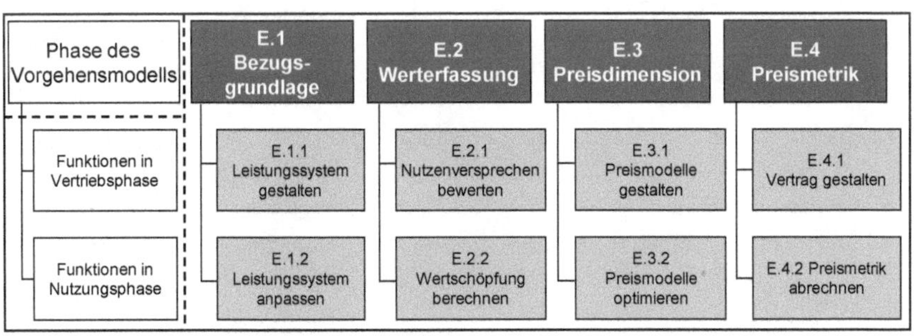

Abbildung 6-7: Übergeordneter Funktionsbaum (eigene Darstellung)

Zur Darstellung der Struktur der Funktionen werden innerhalb der Konstruktion der Funktionssicht Funktionsbäume verwendet. Dadurch wird eine feste Anordnung und ein logischer Aufbau zwischen den Funktionen eingebracht (s. SCHEER 2002, S. 159). Die Strukturierung der einzelnen Funktionen kann nach verschiedenen Kriterien erfolgen. Häufige Kriterien sind Objektorientierung (Bearbeitung desselben Objekts), Prozessorientierung (Orientierung nach Prozesszugehörigkeit) und Verrichtungsorientierung (gleiche Verrichtungsaufgaben) (s. SEIDLMEIER 2019, S. 62f.). Im Sinne eines zu entwickelnden prozessualen Vorgehensmodells wird im Rahmen dieser Arbeit die Prozessorientierung gewählt. Zur Detaillierung der Funktionen innerhalb des Funktionsmodells werden drei Hierarchieebenen gewählt. *Ebene 1* stellt als oberste Ebene die vier Phasen der Leistungskonfiguration und Preisbildung dar (Bezugsgrundlage, Werterfassung, Preisdimension und Preismetrik). Funktionen dieser Ebene werden im Modell als Prozessschritte benannt. *Ebene 2* entspricht den in Kapitel 6.1 hergeleiteten acht Schritten zur Konfiguration und Preisbildung von Subskriptionsleistungen aus dem Ordnungsrahmen. Die Funktionen werden im weiteren Verlauf als Teilprozesse bezeichnet. *Ebene 3* besteht aus den Elementarfunktionen der Teilprozesse als Basiselemente des Vorgehensmodells. Diese werden im Folgenden als Funktionen bezeichnet. Die Funktionen sind innerhalb der weiteren Modellbildung dieser Arbeit zu detaillieren.

6.2.3 Konzeptionierung der Prozesssicht

Die Prozesssicht dient zur Darstellung der Funktionen in einer definierten und zielgerichteten Abfolge. Mehrere sachlogisch strukturierte und verknüpfte Funktionen werden entweder parallel oder sequentiell abgelaufen. Ziel ist die Bearbeitung von abgeschlossenen betriebswirtschaftlich relevanten Objekten. Diese Objekte können materiell (bspw. ein Produkt) oder immateriell (bspw. ein Vertrag) sein (s. SCHWARZ ET AL. 2018, S. 22). Neben der Darstellung zeitlicher Abfolgen von Funktionen dient ein Prozessmodell auch zur Integration von verschiedenen Sichten eines Informationsmodells wie bspw. Datenobjekten (s. SCHEER 2002, S. 36). Die Abbildung der Prozesse erfolgt über eine eEPK-Modellierungssprache in gerichteten Graphen. Mit der eEPK ist es trotz weniger Elemente zur Modellierung möglich, Modelle mit hohem Detaillierungsgrad darzustellen (s. GADATSCH 2013, S. 102). Die gerichteten Graphen der eEPK setzen sich aus den Elementen Ereignisse, Funktionen, Datenobjekte, Kontrollflüsse und Konnektoren zusammen (s. Tabelle 6-2).

Tabelle 6-2: Elemente der ereignisgesteuerten Prozesskette (s. BECKER ET AL. 2012, S. 17; GADATSCH 2013, S. 79)

Element	Erläuterung	Darstellungsweise
Ereignis	Beschreibung eines eingetretenen Zustands	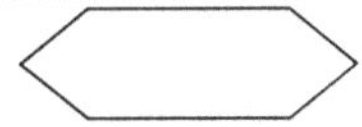
Funktion	Aktivität, die einen Eingangszustand in einen Ausgangszustand transformiert	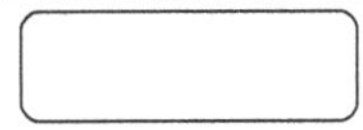
Externe Stammdaten	Zeitlich nicht veränderliches Datenobjekt aus prozessexternen Grunddaten	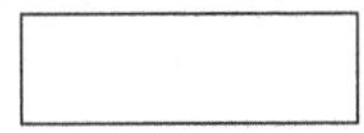
Prozessdaten	Zeitlich nicht veränderliches Datenobjekt, das im Prozess generiert wurde	
Berechnungsvariable	Zeitlich dynamisch veränderliches Datenobjekt, das im Prozess generiert wurde	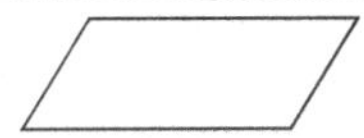
Echtzeit-Betriebsdaten	Zeitlich dynamisch veränderliches Datenobjekt aus prozessexternen IT-Systemen	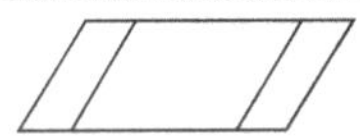
Konnektoren	Logische Verknüpfung bei Verzweigungen: (1) „exklusives oder“, (2) „oder“, (3) „und“	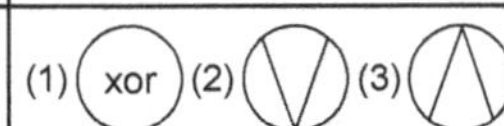
Prozesswegweiser	Horizontale Verknüpfung verschiedener Teilprozesse	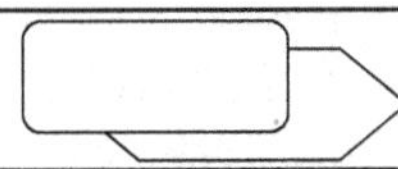
Kontrollfluss	Gerichtete Kante zur Verbindung von Elementen	

Funktionen sind aktive Tätigkeiten oder Aktivitäten innerhalb eines Prozesses, die durch abgerundete Rechtecke dargestellt werden. Die in einer eEPK verwendeten Funktionen entsprechen den in der Funktionssicht in Funktionsbäumen abgebildeten Funktionen (s. BECKER U. SCHÜTTE 1996, S. 56). Die durch Sechsecke dargestellten Ereignisse beschreiben Zustände im Prozess und haben daher einen passiven Charakter. Gerichtete Kanten (Kontrollflüsse) verbinden Funktionen und Ereignisse. Eine Funktion wird durch ein oder mehrere Ereignisse ausgelöst und erzeugt als Output ein Ereignis. Als Resultat ergibt sich eine wechselnde Abfolge von Funktionen und Ereignissen (s. BECKER ET AL. 2012, S. 15). Wenn eine lineare Abfolge eines Prozesses nicht hinreichend ist, werden Konnektoren eingefügt. Diese liegen in den drei Formen „exklusives ODER“ (*Disjunktion*), „inklusives ODER“ (*Adjunktion*) und „logisches UND“ (*Konjunktion*) vor. Die Konnektoren ermöglichen die Darstellung alternativer oder paralleler Teilabläufe. Innerhalb des Geschäftsprozesses werden sinnvoll und logisch abgrenzbare Funktionsbündel zu Prozessmodulen zusammengeführt (s. KLEIN 2007, S. 177). Als weitere Elemente integriert die eEPK Prozesswegweiser zur Darstellung übergreifender betrieblicher Abläufe (s. KRCMAR 2015, S. 61). Die Prozesssicht stellt nicht nur den Ablauf dar, sondern bietet auch die Möglichkeit, weitere Sichten eines

Systems (z. B. die Funktions- und Datensicht) in einen Ablauf zu integrieren (s. SCHEER 2002, S. 33ff.). Die eEPK ist dabei kompatibel mit den Modellierungssprachen des Funktionsbaums für die Funktionssicht und des eERM-Diagramms in der Datensicht, sodass die einzelnen Sichten problemlos ineinander integriert werden können (s. KALLENBERG 2002, S. 66). Hierzu werden im Rahmen dieser Arbeit die einzelnen Datenobjekte der verschiedenen Datentypen (s. Kapitel 6.2.4) des Datenmodells durch unterschiedliche Elemente dargestellt. Externe Stammdaten werden in Form von Rechtecken dargestellt. Die Prozessdaten werden als Rechtecke mit einer geschwungenen Unterseite dargestellt. Berechnungsvariable sind durch Parallelogramme dargelegt und Echtzeit-Betriebsdaten werden durch Parallelogramme mit innenliegenden Linien gekennzeichnet.

Die zuvor in einem Funktionsbaum dargestellten Funktionen des Prozessmodells zur Konfiguration und Preisbildung von Subskriptionsleistungen können dementsprechend auch in einer eEPK-Modellsprache als ein zusammenhängender Prozess dargestellt werden (s. Abbildung 6-8). Der dargestellte Prozess stellt den Ablauf der acht Phasen des Ordnungsrahmens in einem übergeordneten Prozessmodell dar und dient an dieser Stelle zur Veranschaulichung der Darstellung der Elemente einer eEPK in Form eines Graphen. Innerhalb des übergeordneten Prozessmodells liegen die vier übergeordneten Funktionen und Ereignisse der Vertriebsphase (E.1.1, E.2.1, E.3.1 & E.4.1) und der Nutzungsphase (E.1.2, E.2.2, E.3.2 & E.4.2) jeweils in einer sequentiellen Abfolge vor. Weiterhin besteht eine prozessuale Verknüpfung zwischen den Ergebnissen aus dem Prozess der Vertriebsphase und den Funktionen der Nutzungsphase (E.1.1 mit E.1.2, E.2.1 mit E.2.2, E.3.1 mit E.3.2, E.4.1 mit E.4.2 und E.4.1 mit E.1.2). Da die einzelnen Funktionen innerhalb der Nutzungsphase kontinuierlich durchzuführen sind, liegt jede dieser Funktionen als eine Schleife vor. Dadurch führt der Abschluss der Funktion jeweils dazu, diese wieder von neuem zu starten. Neben der Erfassung und Strukturierung der Datenobjekte innerhalb des Datenmodells erfolgt zudem eine Darstellung der Datenobjekte in der Prozesssicht als Input- und Outputfaktoren der durchlaufenden Funktionen.

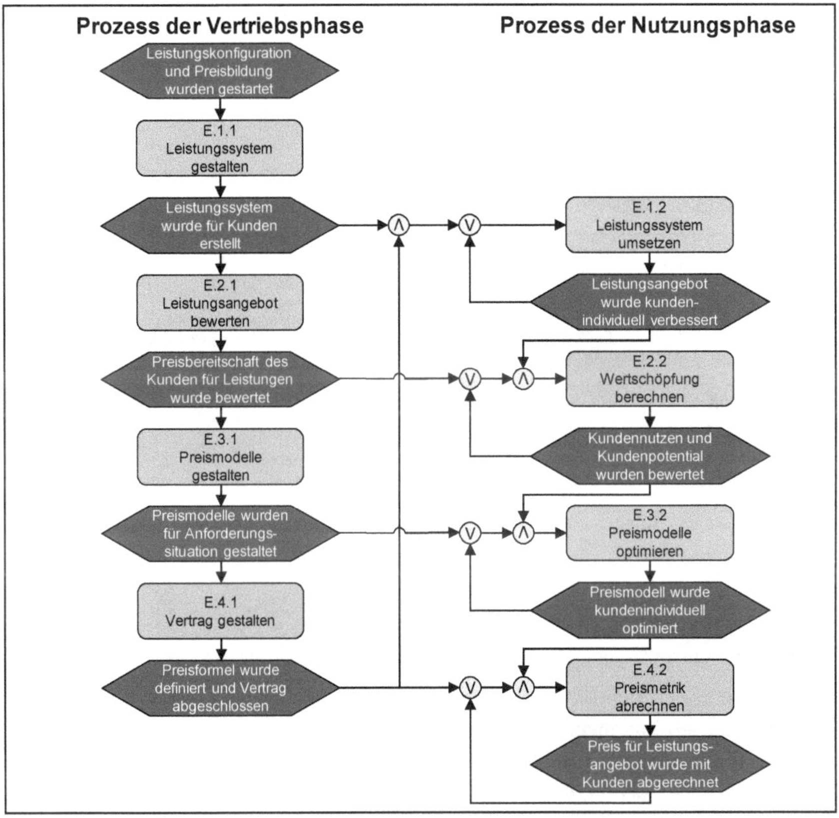

Abbildung 6-8: Übergeordnetes Prozessmodell (eigene Darstellung)

6.2.4 Konzeptionierung der Datensicht

In der Datensicht sind alle Datenobjekte beschrieben, die in der betrieblichen Praxis über die Prozesse und Funktionen verarbeitet werden (s. SCHEER 2002, S. 43ff.). Als Notation zur Beschreibung der Zusammenhänge der betrieblichen Datenobjekte wird ein Datenmodell genutzt (s. BODENDORF 2006, S. 8). Dies schafft eine eindeutige Spezifikation der Attribute und Beziehungen der betrieblichen Datenobjekte für die Informationszwecke (s. FERSTL U. SINZ 2013, S. 133ff.). Der Begriff Datenobjekt wird im Zusammenhang mit betrieblichen Daten mehrdeutig verwendet und umschreibt vielfältige Dokumententypen oder auch Schnittstellen zu objektorientierten Datenbanksystemen (s. SCHEER 2002, S. 43ff.). Daher erfolgt zunächst eine Spezifizierung und Beschreibung der vorliegenden Datenobjekttypen für den vorliegenden betrieblichen Anwendungsfall der Leistungskonfiguration und Preisbildung für Subskriptionsmodelle. Weiterhin erfolgt in dieser Konzeptionierung bereits eine Grobdatenmodellierung, welche konkrete Beziehungen zwischen den definierten Datenobjekttypen und der Funktions- und Prozesssicht definiert.

Grundsätzlich unterscheiden sich die verschiedenen betrieblichen Datenobjekte hinsichtlich Entstehungsart und der zeitlichen Variabilität des Datenobjekts. Daraus resultiert, was das Datenobjekt abbildet und wie das Datenobjekt innerhalb des Modells verwendet und verarbeitet wird (s. SCHEER 2002, S. 69f.). Die Aufgabe der Integration der Datenarten in die Funktionen und Prozesse der Leistungskonfiguration und Preisbildung fällt dem Datenmodell zu. Hierfür wird zunächst ein Ordnungsschema zur Strukturierung der vorliegenden Betriebsdaten hergeleitet (s. Abbildung 6-9).

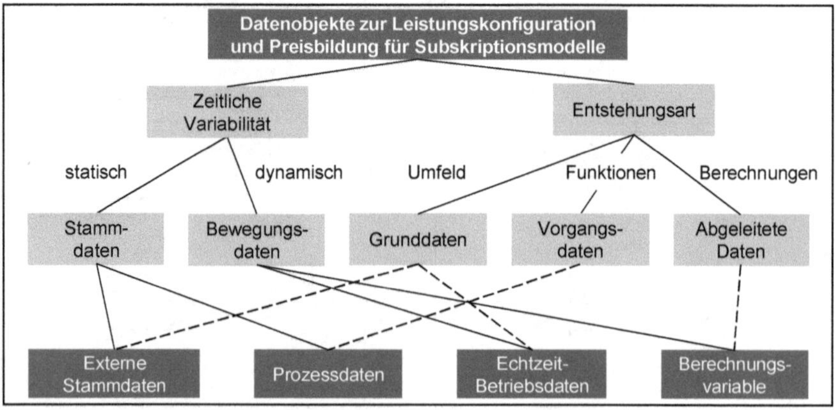

Abbildung 6-9: Ordnungsschema der Datenobjekte (eigene Darstellung)

Bei der zeitlichen Variabilität der Daten ist es entscheidend, wie abhängig die Daten von betrieblichen Ereignissen und Zuständen des realen Umfelds sind. Daraus ergeben sich unterschiedliche Anforderungen hinsichtlich systemischer und informationstechnischer Verarbeitung. In der Praxis wird in der Regel zwischen Stamm- und Bewegungsdaten unterschieden (s. MEIER ET AL. 2012, S. 374). Auf Stammdaten wird innerhalb der Unternehmensprozesse durchgängig von mehreren Anwendungen zugegriffen. Diese Daten zeichnen sich dadurch aus, über einen längeren Zeitraum unverändert zu bleiben, und unterliegen einem statischen Verhalten. Beispiele für Stammdaten sind Material-, Produkt-, Leistungs- und Kundenstammdaten. Diese Daten liegen aufgrund der zeitlichen Konstanz häufig in Datenbanken vor und werden hinsichtlich Auswertbarkeit und Qualität aufbereitet (s. SCHUH ET AL. 2012, S. 72ff.). Bewegungsdaten sind im Gegensatz zu Stammdaten auf eine kurze Zeitdauer beschränkt und unterliegen einer Dynamik. Die Daten werden oftmals anhand der Messung bzw. Erfassung einer aktuellen Wirklichkeit erhoben und stellen diese dementsprechend dar. Daher verfügen diese Daten in der Regel über eine Verknüpfung zu einer Zeitkomponente und sind jeweils nur für einen Zeitpunkt oder kurzen Zeitraum gültig. Beispiele für Bewegungsdaten sind Bestands-, Auftrags- und Betriebsdaten. Diese Daten werden oftmals nach der Erfassung über Informationssysteme automatisch weiterverarbeitet und zur Nutzung in den Geschäftsprozessen übermittelt (s. SCHUH ET AL. 2012, S. 78f.). Vorhandene Datenarten innerhalb der Leistungskonfiguration und Preisbildung für Subskriptionsmodelle variieren zwischen der Vertriebsphase und der Nutzungsphase. Innerhalb der Vertriebsphase liegen primär statische

Daten als Stammdaten vor und werden verarbeitet, während innerhalb der Nutzungsphase zusätzlich auch dynamische, echtzeitbasierte Daten vorliegen und verarbeitet werden müssen. So sind hier beispielsweise auch die in Echtzeit beim Kunden erfassten Betriebsdaten in den Prozess der Leistungskonfiguration und Preisbildung zu integrieren. Grunddaten stellen Daten der betrieblichen Anwendung dar, die unabhängig von anderen Grund- und Vorgangsdaten sind. Zu diesen Daten gehören die drei Grunddatentypen Sachanlagen, operative Grunddaten und Kategorien. Daten zu Sachanlagen beschreiben betriebliche Ressourcen, operative Grunddaten sind Daten des Routinebetriebs, und Kategorien dienen dem Controlling betrieblicher Entscheidungen. Vorgangsdaten sind Daten, die aus betrieblichen Prozessen entstehen und somit Ergebnisse von Funktionen. Beispiele hierfür sind Leistungen und Rechnungen (s. SPITTA U. BICK 2008, S. 71ff.). Abgeleitete Daten stellen entscheidungsrelevante Informationen dar, die über Prozesse hergeleitet werden. Die Daten werden beispielsweise über Berechnungen oder andere Funktionen aus originären Daten oder anderen abgeleiteten Daten erzeugt. Dabei ändern sich die abgeleiteten Daten immer dann, wenn auch die diesen zugrundeliegenden originären Daten verändert werden. Beispiele für abgeleitete Daten sind Bestandsdaten oder aggregierte Daten, die durch Vorgehen, Funktionen oder Berechnungen ermittelt werden (bspw. Budgets, Kosten, Preise und Kennzahlen). Der zur Preisbildung wichtige Grundsatz der Nachvollziehbarkeit zur ordnungsgemäßen Buchführung ist nur dann erfüllt, wenn sich abgeleitete Daten, wie Preise in Rechnungen, anhand originärer Daten berechnen lassen (s. SPITTA U. BICK 2008, S. 68). Bei der Leistungskonfiguration und Preisbildung für Subskriptionsmodelle liegen sowohl originäre Daten als auch abgeleitete Daten vor. Da in der Vertriebsphase keine Betriebsdaten der Nutzung vorliegen, dominieren hier originäre Daten, während in der Nutzungsphase aus originären Betriebsdaten der Nutzung kontinuierlich abgeleitete Daten zur Leistungskonfiguration und Preisbildung ermittelt werden.

Aus den im Ordnungsschema dargelegten Merkmalen und Attributen für betriebliche Daten resultieren insgesamt **vier konkrete Datenobjekttypen** zur Preisbildung für Subskriptionsmodelle. Die zeitlich statischen Stammdaten können entweder als Grunddaten oder als Vorgangsdaten vorliegen. Die Stammdaten, die der Gruppe der Grunddaten zugehörig sind, werden als **Externe Stammdaten** bezeichnet, da diese extern vom Prozess generiert werden und nicht über den abzubildenden Prozess des Vorgehensmodells beeinflusst werden. Stammdaten, die als zeitlich statische Vorgangsdaten aus den Funktionen des Vorgehensmodells resultieren, werden im Folgenden als **Prozessdaten** im Datenmodell strukturiert und bilden einen weiteren Datentyp. Die in der Nutzungsphase anfallenden dynamischen Bewegungsdaten erzeugen zwei Datentypen. Dies sind zum einen die originären Grunddaten, die vor allem in der Nutzung beim Kunden anfallen und über die Informationssysteme in Echtzeit vorliegen. Diese Daten werden als **Echtzeit-Betriebsdaten** klassifiziert. Über die Verarbeitung dieser dynamischen Bewegungsdaten in Berechnungen und Funktionen können dynamische **Berechnungsvariable** zur Leistungskonfiguration und Preisbildung abgeleitet werden, welche den vierten Datenobjekttypen bilden.

Damit die zuvor definierten, vielfältigen betrieblichen Daten möglichst wenig Interpretationsspielraum zulassen, werden diese in einem Datenmodell strukturiert. Ziel des Modells ist, die Beziehungslogik zwischen den Datenobjekttypen, den Funktionen und den Prozessen darzulegen. Das Datenmodell wird hierzu als eERM ausgelegt. Diese ursprünglich von Chen entwickelte Modellierungssprache wurde durch Erweiterungen im Laufe der Zeit stetig weiterentwickelt (s. Chen 1976) und ist die etablierteste Methode zur Strukturierung eines Datenmodells (s. Becker et al. 2012, S. 4). Die Sprache kommt mit lediglich zwei Grundkonstrukten aus, wodurch komplexe konzeptionelle Zusammenhänge durch leicht verständliche grafische Notation abgebildet werden können. Das eine Konstrukt ist die Entität (*Entity*), die ein betriebliches Datenobjekt darstellt. Eine Menge von Entitäten mit homogenen Attributen bildet einen Entitätstyp. Diese werden in der Modellierung als Rechtecke dargestellt (s. Tabelle 6-3).

Tabelle 6-3: Elemente des Entity-Relationship-Modells (s. Becker et al. 2012, S. 6)

Element	Erläuterung	Darstellungsweise
Entitätstyp	Repräsentiert eine homogene Gruppe an Objekten	
Beziehungstyp	Repräsentiert eine Beziehung zwischen zwei Entitätstypen	
Beziehung mit Kardinalitäten	Geben an, wie oft ein Entitätstyp eine Beziehung des jeweiligen Beziehungstypen eingehen muss/kann. Sie werden in der (min,max)-Notation dargestellt	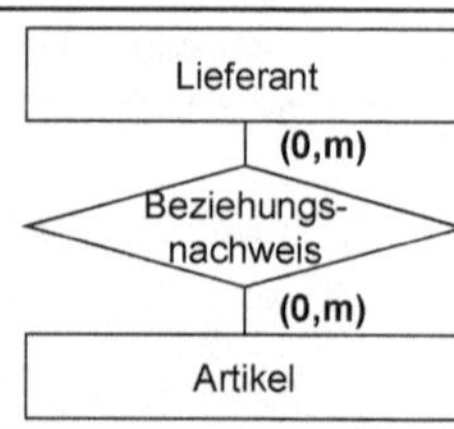

Das zweite Konstrukt ist die Beziehung (*Relationship*) zwischen den Entitäten. Diese Beziehungen zeigen semantische Zusammenhänge zwischen Entitäten auf. Eine Beziehung zwischen zwei Entitätstypen stellt einen durch eine Raute dargestellten Beziehungstyp dar. Über Kardinalitäten erfolgt eine weitere Charakterisierung der Beziehung zwischen verschiedenen Entitätstypen (s. Becker et al. 2012, S. 4). Darüber wird angegeben, wie oft eine Entität eines Entitätstyps in einen Beziehungstyp eingehen kann. Die Darstellung erfolgt in (min, max) Notation, wobei der min-Wert die Mindestanzahl und der max-Wert die Maximalanzahl an Entitäten in der Beziehung angibt (s. Becker et al. 2012, S. 5). Attribute dienen dazu, Objekte und Beziehungen konkreter zu beschreiben (s. Becker et al. 2012, S. 5; Krcmar 2015, S. 71). Attribute sind so zu wählen, dass diese eine Abstraktion von Sachverhalten zulassen (s. Becker et al. 2012, S. 7). Hierzu wird im eERM auf Konzepte zur Abstraktion, Generalisierung und Spezialisierung zurückgegriffen (s. Vossen 2008, S. 79f.). Hierdurch werden Hierarchien für die Entitätstypen eingeführt, die einem Entitätstyp mindestens zwei untergeordnete Entitätstypen zuordnen. Übergeordnete Entitätstypen vererben untergeordneten Entitätstypen automatisch die Attribute (s. BECKER ET AL. 2012, S. 7).

Die zuvor im Ordnungsschema hergeleiteten Datenobjekttypen zur Leistungskonfiguration und Preisbildung für Subskriptionsmodelle können mithilfe der beschriebenen Notation der eERM in ein Datengrobmodell für die Anwendung der Daten in Funktionen des Prozesses zur Leistungskonfiguration und Preisbildung überführt werden. Dementsprechend liegen diesem Modell die sechs Entitätstypen **Geschäftsprozess**, **Funktion**, **Externe Stammdaten**, **Prozessdaten**, **Echtzeit-Betriebsdaten** und **Berechnungsvariable** zugrunde (s. Abbildung 6-10).

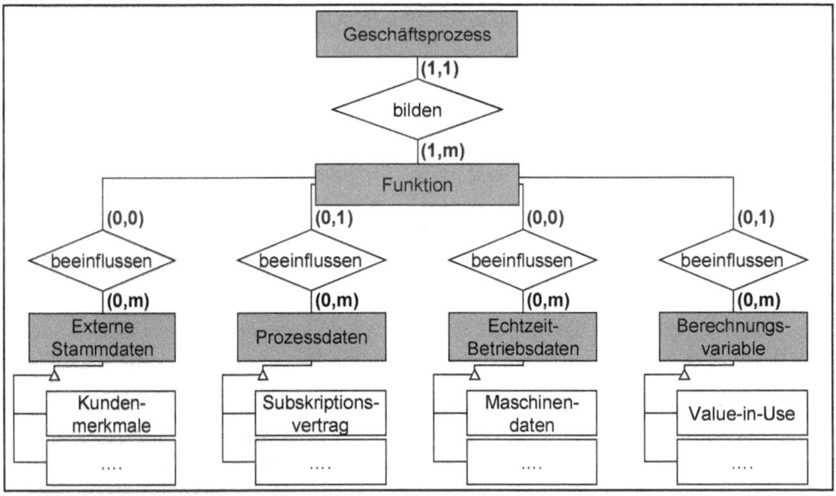

Abbildung 6-10: Übergeordnete Struktur des Datenmodells (eigene Darstellung)

Im Kern des Datengrobmodells steht der Entitätstyp *Funktion*. Zwischen der Funktion und allen anderen Entitätstypen liegen Beziehungen vor. Von allen vier Datenobjekttypen (*Externe Stammdaten*, *Prozessdaten*, *Echtzeit-Betriebsdaten* und *Berechnungsvariable*) können zwischen 0 und m Datenobjekte als Inputelemente eine Funktion beeinflussen. Demgegenüber kann eine *Funktion* Datenobjekte der beiden Datentypen *Externe Stammdaten* und *Echtzeit-Betriebsdaten* nicht beeinflussen, da diese Daten als Grunddaten aus dem Umfeld erfasst werden. Eine *Funktion* kann jedoch von den Datenobjekten *Prozessdaten* und *Berechnungsvariable* zwischen 0 und 1 Operationen beeinflussen. Das bedeutet, dass diese Datenobjekte als Outputs durch Funktionen erzeugt werden. Die Verknüpfung der Entität *Funktion* mit dem *Geschäftsprozess* definiert, dass zwischen 1 und m Funktionen einen Geschäftsprozess bilden, während ein Geschäftsprozess selbst eine Funktion bildet. Diese Logik stell eine übergeordnete Struktur des Datenmodells dar, anhand derer eine Strukturierung der betrieblichen Datenobjekte erfolgt. In der Konstruktion der Datensicht werden den einzelnen Datenobjekttypen konkrete Datenobjekte zugeordnet, die zur konkreten Durchführung der

Funktionen erforderlich sind. In dem Datenmodell werden lediglich die Datentypen modelliert, nicht aber die informationstechnischen Systeme, da diese nicht in den Betrachtungsrahmen des Fachkonzepts fallen (s. SCHEER 2002, S. 44).

6.3 Konstruktion der Funktions- und Prozesssicht des Vorgehensmodells

Im Weiteren erfolgt die Konstruktion der Funktions- und Prozesssicht des Vorgehensmodells. Die Funktionssicht schafft durch die Definition konkreter Tätigkeiten einen inhaltlichen Rahmen für das Vorgehensmodell. Ziel der Prozesssicht ist eine Zusammenführung der Elemente der Funktionssicht in eine zeitlich-sachlogische Reihenfolge. Dazu werden die Funktionen in einem gerichteten Ablauf zusammengeführt, innerhalb dessen Datenobjekte erstellt und verarbeitet werden. Grundlage für die Funktions- und Prozesssicht ist der in Kapitel 6.1 ausgestaltete Ordnungsrahmen zu Leistungskonfiguration und Preisbildung für Subskriptionsmodelle. Der Ordnungsrahmen definiert einen übergeordneten Prozess (Ebene 1 des Funktionsmodells) mit den vier Schritten *Bezugsgrundlage*, *Werterfassung*, *Preisdimension* und *Preismetrik*. Jedem dieser Prozessschritte sind im Ordnungsrahmen jeweils zwei Teilprozesse der Ebene 2 des Funktionsmodells zugeordnet. Dementsprechend setzen sich die acht Teilprozesse aus vier Prozessschritten der Vertriebsphase und vier Prozessschritten der Nutzungsphase zusammen. Dies sind *Leistungssystem gestalten*, *Leistungssystem anpassen*, *Leistungsangebot bewerten*, *Wertschöpfung berechnen*, *Preismodelle gestalten*, *Preismodelle optimieren*, *Vertrag gestalten* und *Preismetrik abrechnen*.

Jedem der Teilprozesse der Ebene 2 liegen spezifische Anforderungen zur Leistungskonfiguration und Preisbildung für Subskriptionsmodelle zugrunde (s. Kapitel 6.1.4). Ziel der Konstruktion der Funktions- und Prozesssicht ist die Herleitung sowie Strukturierung von Funktionen (Ebene 3 des Funktionsmodells) zur Konfiguration und Preisbildung von Subskriptionsleistungssystemen. Dazu wird anhand der Ergebnisse der durchgeführten Experteninterviews und auf Basis bestehender Erkenntnisse der Literatur erfasst, welche Tätigkeiten konkret in der Praxis in einer zweckmäßigen zeitlich-logischen Reihenfolge durchzuführen sind, um die Anforderungen zu erfüllen. Durch die Integration der Erkenntnisse der Experteninterviews in die Forschungsarbeit wird das Wissen der Literatur insbesondere an den Stellen angereichert, die aufgrund neuer Rahmenbedingungen durch Subskriptionsmodelle innerhalb der Leistungskonfiguration und Preisbildung bisher unzureichend adressiert werden. Für alle Tätigkeiten und Prozesse wurde anhand der Erkenntnisse aus der Anwendungspraxis und aus der Literatur ein homogenes Bild hinsichtlich der Funktionen und deren Prozessabfolge identifiziert. Durch eine branchenübergreifende Auswahl der Partner für die Experteninterviews innerhalb der produzierenden Industrie wird zudem sichergestellt, dass die Erkenntnisse auch branchenübergreifend in der produzierenden Industrie angewendet werden können.

Die konkrete Abfolge innerhalb eines Prozesses ist ein Ablaufvorschlag zur zeitlich-sachlogischen Verknüpfung der Funktionen, wobei auch alternative Anordnungen möglich sind. Zudem bietet die Struktur der Prozesse Anwendern die Möglichkeit, lediglich Teilprozesse des Gesamtprozesses zu durchlaufen (bspw. Preisdimension), wenn entsprechende Grundlagen vorhanden sind oder der Fokus des Anwenders besonders auf diesen Teilprozessen liegt. So hat beispielsweise der angebotene Subskriptionsleistungstyp Einfluss auf die erforderlichen Daten und Informationen zur Preisbildung und somit teilweise auf die Notwendigkeit einzelner Prozessschritte. Im Folgenden werden für jeden Prozessschritt die Funktionen hergeleitet und in einem Funktionsbaum strukturiert. Anschließend erfolgt die Zusammenführung der Funktionen in einem gerichteten Prozess unter Integration von konkreten Ereignissen und Datenobjekten (s. Kapitel 6.4) als Inputs und Outputs der Funktionen in einer eEPK-Struktur.

6.3.1 Konstruktion der Funktionen und Prozesse für Bezugsgrundlage

Der Prozessschritt *Bezugsgrundlage* ist durch die Anforderungen *Individualität, Neuheit, Komplexität* und *Verbesserung* der Leistungssysteme gekennzeichnet (s. Kapitel 6.1.4). Der Teilprozess der Vertriebsphase lautet *Leistungssystem gestalten*. Da sich Kunden sowohl hinsichtlich Anforderungen als auch hinsichtlich Relevanz unterscheiden (s. BINCKEBANCK 2016, S. 205), werden alle Kunden über die Funktion *Kundensegmente klassifizieren* in homogene Gruppen unterteilt. Da die Anforderungen bei einem Kunden auch anwendungsspezifisch variieren und die Leistungssysteme an diese Anforderungen anzupassen sind (s. BAUERNHANSL 2014, S. 63), werden mit der Funktion *Anwendungsfälle erfassen* die Anforderungen der individuellen Kunden für einen spezifischen Anwendungsfall aufgenommen. Der Anbieter kann durch Auswahl eines höherwertigen Subskriptionsleistungstyps über die Funktion *Leistungsversprechen spezifizieren* neuartige Leistungsversprechen für einen Kunden formulieren, die über bestehende transaktionale Leistungsversprechen hinaus gehen (s. LIOZU 2022, S. 47). Zur Erfüllung des formulierten Leistungsversprechens werden mit der Funktion *Leistungsangebot gestalten* Produkte, Dienstleistungen und digitale Leistungen zu einer integrierten Lösung-as-a-Service zusammengeführt (s. BURR 2016, S. 167ff.). Der Teilprozess in der Nutzungsphase lautet *Leistungssystem anpassen.* Während dieser Phase wird das Subskriptionsangebot durch den Anbieter beim Kunden erbracht und kontinuierlich für den Kunden verbessert. Über die Funktion *Leistungsangebot erbringen* wird die integrierte Wertschöpfung für den Kunden realisiert und es besteht ein kontinuierlicher Zugang des Anbieters zu den Betriebsdaten des Kunden. Der Zugang zu den Echtzeit-Betriebsdaten ermöglicht eine individuelle Analyse der Kundensituation (s. BRECHER U. BROCKMANN 2020, S. 545). Die Potentiale unterscheiden sich von Kunde zu Kunde und variieren bei jedem Kunden über die Nutzungsphase. Insbesondere Kunden mit hohem Verbesserungspotential ermöglichen durch partizipative Preismodelle hohe Preispotentiale. Die erfassbaren Daten des Kunden ermöglichen über die Funktion *Leistungscontrolling durchführen* eine Erfassung des Potentials. Dieses Potential ist durch einen kontinuierlichen Verbesserungsprozess durch die Funktion *Verbesserungsmaßnahmen durchführen* zu heben (s. BAUERNHANSL ET AL. 2016,

S. 34). Insgesamt bestehen als Ergebnis sieben Funktionen für die Prozessphase *Bezugsgrundlage* (s. Tabelle 6-4). Die definierten Funktionen sind auf der dargestellten Abstraktionsebene im Einklang mit den Tätigkeitsschritten bestehender Ansätze zur Leistungssystemgestaltung aus der Literatur (s. BONNEMEIER 2009; BURR 2016; KÖLSCH ET AL. 2019b; LAH U. WOOD 2016; SCHÖNUNG 2008; TULI ET AL. 2007). Die Literaturanalyse ergibt jedoch, dass in Bezug auf die Ausgestaltung der Funktionen (s. Kapitel 6.5) der Inhalt des Vorgehensmodells, insbesondere bei den Funktionen *Leistungsversprechen spezifizieren*, *Leistungscontrolling durchführen* und *Verbesserungsmaßnahmen durchführen*, über die bestehenden Ansätze hinausgeht.

Tabelle 6-4: Übersicht des Funktionsmodells E.1: *Bezugsgrundlage*

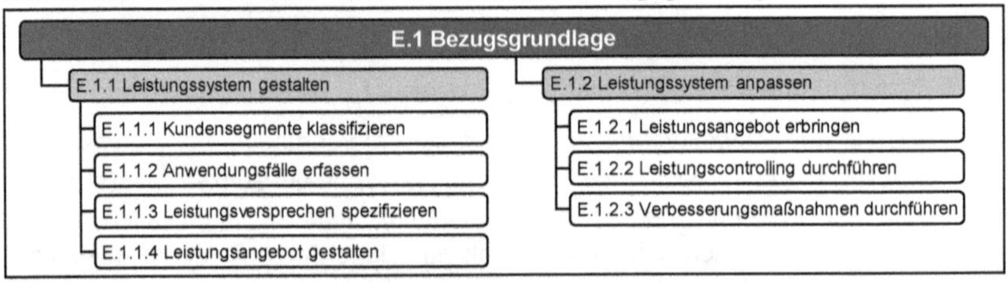

Teilprozess *Leistungssystem gestalten*

Der Teilprozess *Leistungssystem gestalten* verläuft linear und ist für einen Vertrag einmal durchzuführen (s. Abbildung 6-11). Nach dem Start des Teilprozesses wird die Funktion *Kundensegmente klassifizieren* als erste angestoßen. In dieser Funktion werden anhand von Kundenmerkmalen verschiedene Kundensegmente mithilfe von Segmentierungskriterien definiert. Dies ermöglicht eine Priorisierung bzw. Adressierung von Kundenprofilen, die ein hohes Potential durch Subskriptionsleistungen versprechen. Auf Basis dieser Grundlage erfolgt unter Berücksichtigung der Kundenanforderungen der Schritt *Anwendungsfälle erfassen.* Nachdem hieraus die Anforderungsspezifikation erstellt wurde, werden in der Funktion *Leistungsversprechen spezifizieren* mithilfe der Leistungskomponenten und individueller Anforderungsspezifikationen Leistungsversprechen anhand der vier möglichen Subskriptionsleistungstypen definiert. Schließlich erfolgt im Schritt *Leistungsangebot gestalten* eine Strukturierung des Leistungsangebots anhand der verfügbaren Leistungskomponenten und des definierten Leistungsversprechens. Grundlage hierfür bieten die Kundengeschäftsziele und die installierte Basis. Das Leistungsangebot besteht für die produzierende Industrie aus verschiedenen Teilleistungen, die als komplexe Gesamtlösung für einen Kunden erbracht werden. Ergebnis des Teilprozesses ist ein kundenindividuell ausgestaltetes Subskriptionsleistungsangebot.

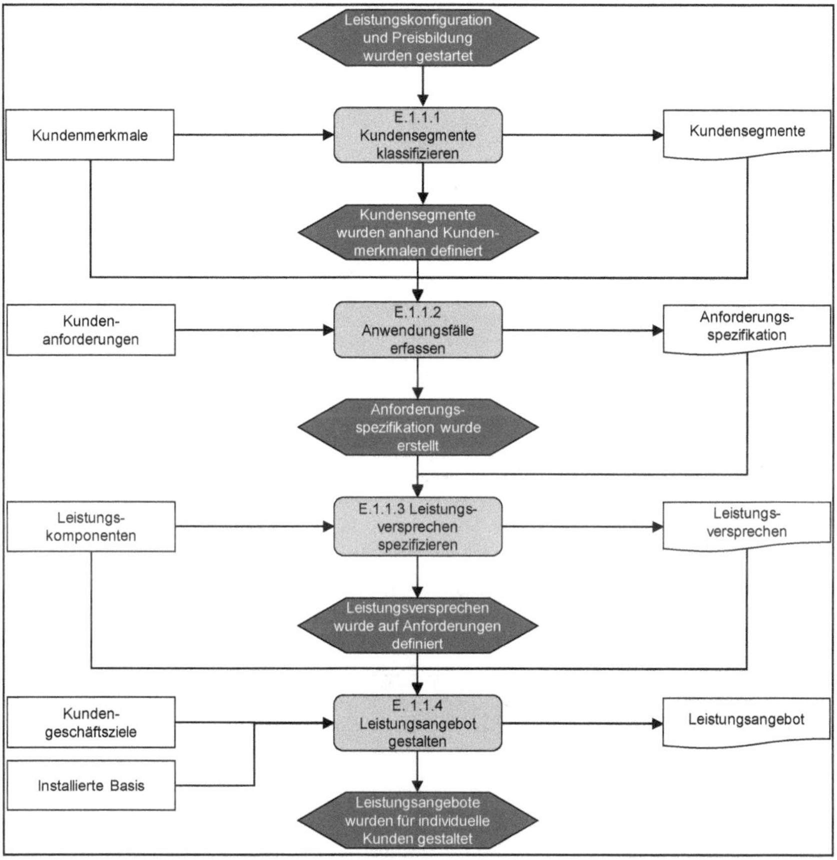

Abbildung 6-11: Teilprozess E.1.1 *Leistungssystem gestalten* (eigene Darstellung)

Teilprozess *Leistungssystem anpassen*

Nach Abschluss des Subskriptionsvertrags folgt in der Nutzungsphase der Teilprozess *Leistungssystem anpassen* (s. Abbildung 6-12). Da die Leistung kontinuierlich erbracht und angepasst wird, ist auch der Teilprozess *Leistungsangebot anpassen* kontinuierlich zu wiederholen.

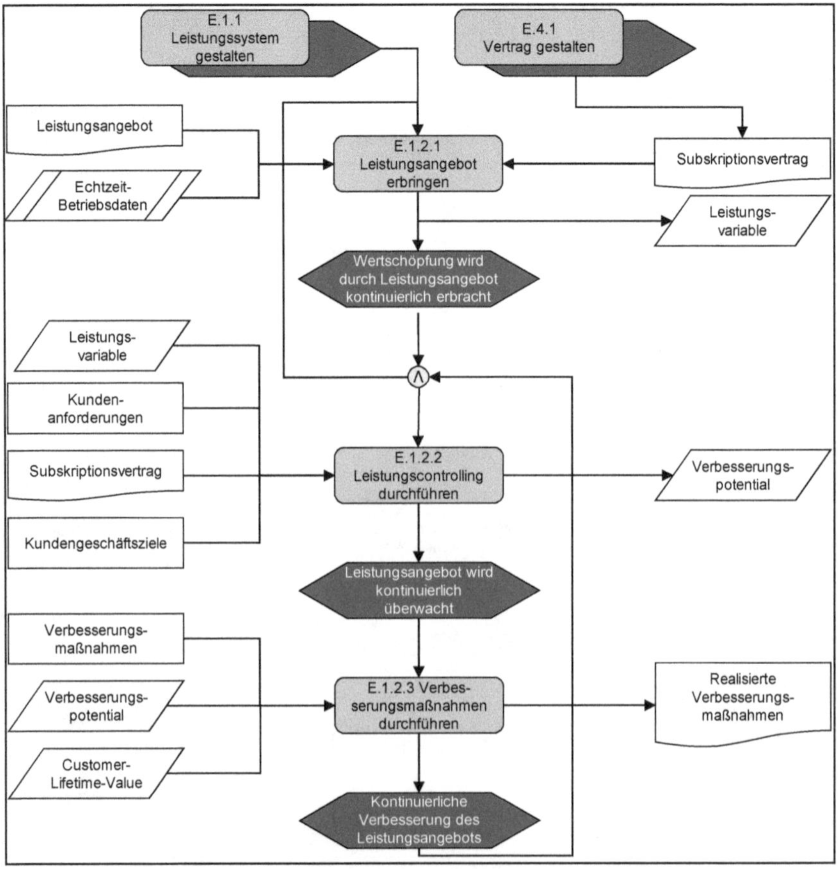

Abbildung 6-12: Teilprozess E.1.2 *Leistungssystem anpassen* (eigene Darstellung)

Die erste Funktion des Teilprozesses ist *Leistungsangebot erbringen.* Hierbei wird das Leistungsangebot in die Prozesse des Kunden integriert und durchgängig betrieben, weshalb die Funktion über eine Wiederholungsschleife verfügt. Im Betrieb werden in Echtzeit die Betriebsdaten des Kunden erfasst und als Leistungsvariable in den digitalen Schatten integriert. Darauf folgt die Funktion *Leistungscontrolling durchführen*, innerhalb derer basierend auf den Leistungsvariablen geprüft wird, wie weit das Angebot den veränderlichen Kundenanforderungen und -geschäftszielen sowie dem vereinbarten Rahmen des Subskriptionsvertrags entspricht. Daraus wird Verbesserungspotential abgeleitet, das im Rahmen der dann folgenden Funktion *Verbesserungsmaßnahmen durchführen* eine Eingangsvariable ist, in der konkrete Verbesserungsmaßnahmen definiert, ausgewählt und realisiert werden. Die Auswahl der durchzuführenden Verbesserungsmaßnahmen ist dabei wiederum von Anreizen über den Preis abhängig. Unter zusätzlicher Berücksichtigung von möglichen Verbesserungsmaßnahmen und dem Customer-Lifetime-Value werden passgenaue Maßnahmen kundenindividuell ausgewählt und umgesetzt. Auch die Funktionen *Leistungscontrolling durchführen* und *Verbesserungsmaßnahmen durchführen* unterliegen einer Wiederholungsschleife, da diese Maßnahmen kontinuierlich durchzuführen sind. Dementsprechend ist ein kontinuierlich erbrachtes und optimiertes Leistungssystem Ergebnis dieses Prozesses.

6.3.2 Konstruktion der Funktionen und Prozesse für Werterfassung

Dem Prozessschritt *Werterfassung* liegen die Anforderungen *Relevanz, Messbarkeit, Genauigkeit* und *Dynamik* zugrunde (s. Kapitel 6.1.4). In der Vertriebsphase erfolgt der Teilprozess *Leistungsangebot bewerten.* Leistungsangebote adressieren gleichzeitig unterschiedliche Nutzenversprechen. Darüber hinaus bewerten Kunden diese Nutzenversprechen individuell (s. OSTERWALDER ET AL. 2014, S. 43), weshalb die Funktion *Nutzenversprechen qualifizieren* erfolgt. Die objektive und quantitative Erfassung der identifizierten Nutzenversprechen kann über kundendatenbasierte Messgrößen mit der Funktion *Nutzenkennzahlen definieren* erfolgen (s. LIOZU U. ULAGA 2018, S. 149f.). Subskriptionsleistungsangeboten in der produzierenden Industrie stehen in der Regel alternative (transaktionale) Leistungsangebote gegenüber, gegen die ein Kunde das Angebot bei der Kaufentscheidung abwägt (s. SIMON U. FASSNACHT 2016, S. 103). Daher ist mit der Funktion *Referenzangebote bewerten* ein quantitativ messbarer Referenzanker zu definieren. Durch einzigartige Nutzenversprechen übertrifft das Angebot von Subskriptionsleistungen den Nutzen der am Markt bestehenden Referenzangebote (s. HERMANN 2019, S. 80f.). Dieser zusätzliche Nutzen ist über die Funktion *Mehrnutzenprognose berechnen* zu erfassen. Das Angebot hoher Leistungsangebotstypen ermöglicht die Realisierung hohen Wertschöpfungspotentials, führt jedoch gleichzeitig auch zu höheren Risiken für den Anbieter (s. STOPPEL 2016, S. 58), die über die Funktion *Geschäfts- und Leistungsrisiko bewerten* Berücksichtigung finden. Beim Angebot von Subskriptionsleistungen wird ein signifikanter Teil der Kosten des Anbieters in die Nutzungsphase verlagert (s. LAH U. WOOD 2016, S. 263f.). Dementsprechend werden diese über die Funktion *Leistungsangebotskosten erfassen* bei der Werterfassung berücksichtigt. Der zu wählende Preispunkt für das Leistungsangebot muss sowohl aus Sicht eines Kunden als auch eines Anbieters wirtschaftlich sinnvoll sein (s. SIMON U. FASSNACHT 2016, S. 129). Daher wird über die Funktion *Preisintervall erfassen* ein passendes Intervall für einen Preispunkt ermittelt. Innerhalb der Nutzungsphase folgt anschließend der Teilprozess *Wertschöpfung berechnen.* Der erbrachte Nutzen für einen Kunden ist stets subjektiv und kann nicht direkt gemessen werden (s. MACDONALD ET AL. 2016, S. 3f.). Jedoch werden über die Funktion *Nutzendaten erfassen* messbare Werte identifiziert, die mit dem Kundennutzen korrelieren. Der Value-in-Use dient als objektive und quantitative Kennzahl des dynamisch veränderlichen Kundennutzens (s. LÖBLER U. HAHN 2013, S. 263) und wird durch die Funktion *Value-in-Use berechnen* erfasst. Die anfallenden Lebenszykluskosten eines Anbieters unterliegen einer anwendungsspezifischen Dynamik und können durch unvorhergesehene Risiken zu unwirtschaftlichen Subskriptionsverträgen führen (s. LAH U.

WOOD 2016, S. 139f.), weshalb diese mit der Funktion *Kosten berechnen* in der Nutzungsphase konkreter zu erfassen sind. Anbieter von Subskriptionsmodellen müssen entscheiden, für welchen Kunden welche Verbesserungsmaßnahmen realisiert werden, denn nicht jede Maßnahme als Investition in einen Kunden zahlt sich hinsichtlich des Aufwand- und Nutzenverhältnisses aus (s. HOFMANN 2020, S. 152). Durch die Funktion *Kundenwert bewerten* wird der Kunde daher aus Anbietersicht hinsichtlich der zukünftigen Potentiale analysiert. Insgesamt besteht der Prozessschritt aus elf Funktionen (s. Tabelle 6-5). Es liegen in der Literatur bestehende Ansätze zur Werterfassung vor, die zum Teil auf Subskriptionsmodelle angewendet werden können (s. GLADEN 2014, S. 418ff.; GOTTMANN 2019, S. 76ff.; s. KERÄNEN U. JALKALA 2013, S. 1307ff.). Die Tätigkeiten dieser Ansätze erfüllen die Anforderungen jedoch lediglich teilweise, sodass der Ansatz dieser Arbeit insbesondere durch die Funktionen *Nutzenkennzahlen definieren*, *Mehrnutzenprognose berechnen*, *Preisintervall erfassen*, *Value-in-Use berechnen* und *Kundenwert bewerten* über die bestehenden Ansätze hinausgeht.

Tabelle 6-5: Übersicht des Funktionsmodells E.2: *Werterfassung*

E.2 Werterfassung	
E.2.1 Leistungsangebot bewerten	E.2.2 Wertschöpfung berechnen
E.2.1.1 Nutzenversprechen qualifizieren	E.2.2.1 Nutzendaten erfassen
E.2.1.2 Nutzenkennzahlen definieren	E.2.2.2 Value-in-Use berechnen
E.2.1.3 Referenzangebote bewerten	E.2.2.3 Kosten berechnen
E.2.1.4 Mehmutzenprognose berechnen	E.2.2.4 Kundenwert bewerten
E.2.1.5 Geschäfts- und Leistungsrisiko bewerten	
E.2.1.6 Leistungsangebotskosten erfassen	
E.2.1.7 Preisintervall erfassen	

Teilprozess *Leistungsangebot bewerten*

Der Teilprozess *Leistungsangebot bewerten* verfügt über zwei parallele Teile und ist in der Vertriebsphase einmalig durchzuführen (s. Abbildung 6-13). Die erste Funktion des Prozesses ist *Nutzenversprechen qualifizieren*. Durch diese werden zentrale Nutzenversprechen jeweiliger Kundensegmente durch das Leistungsangebot erfasst und hinsichtlich Relevanz eingeordnet. Dadurch wird sichergestellt, dass die relevantesten Nutzenversprechen für einen jeweiligen Kunden im Fokus der Werterfassung stehen. Aus dieser Funktion teilt sich der Prozess in zwei parallele Vorgänge für die Nutzen- und Kostenprognose. Nutzenseitig erfolgt die Funktion *Nutzenkennzahlen definieren*, in der zur Realisierung der Messbarkeit passgenaue Kennzahlen aus dem Leistungsprozess des Kunden auf Basis der qualifizierten Nutzenversprechen und der erfassbaren Betriebsdaten ausgewählt werden.

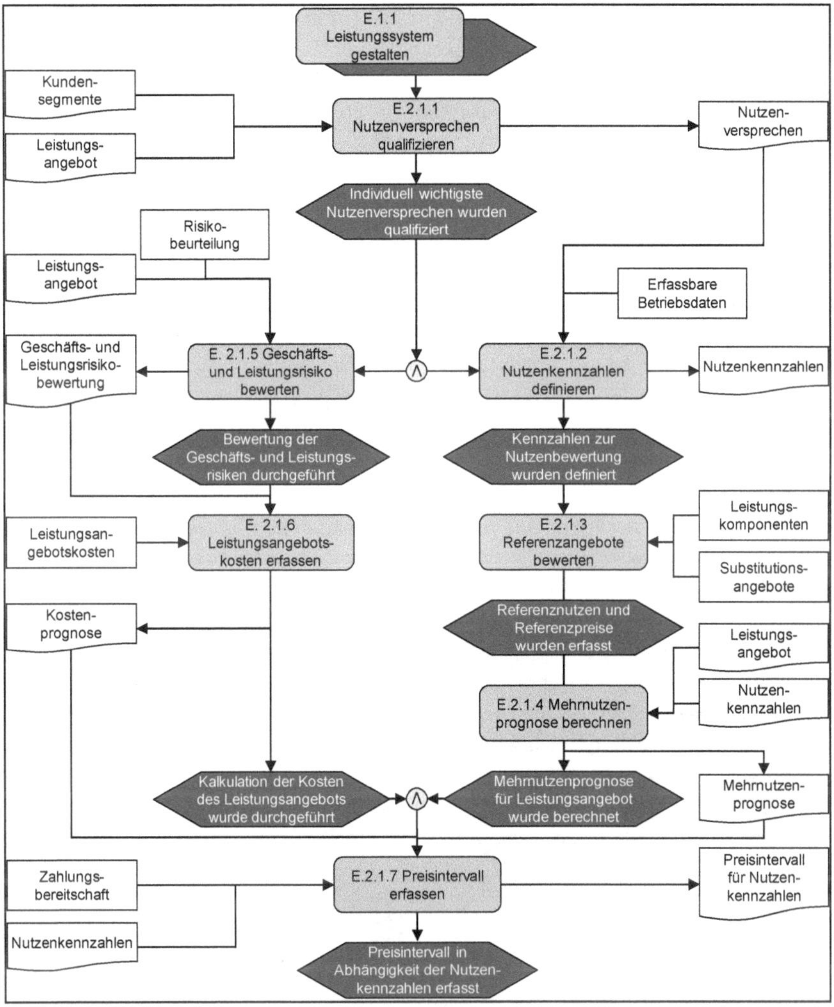

Abbildung 6-13: Teilprozess E.2.1 *Leistungsangebot bewerten* (eigene Darstellung)

Im Anschluss erfolgt die Funktion *Referenzangebote bewerten*, in welcher Substitutionsangebote von Wettbewerbern und die eigenen transaktional angebotenen Leistungskomponenten hinsichtlich Kundennutzen und Preis bewertet werden, um mögliche Referenzwerte aus Kundensicht zu definieren. Basierend darauf erfasst die Funktion *Mehrnutzenprognose berechnen*, welchen prognostizierten Mehrwert ein Kunde in Abhängigkeit der Nutzenkennzahlen durch das Leistungsangebot gegenüber dem Status quo des Referenzangebots hat. Auf der Kostenseite erfolgt in der Funktion *Geschäfts- und Leistungsrisiko bewerten* eine Quantifizierung möglicher, beurteilbarer Risiken bei der Erbringung des Leistungsangebots hinsichtlich Kosten. Dies ist eine

Grundlage für die Funktion *Leistungsangebotskosten erfassen*, in welcher eine Kostenprognose der Risiko- und Leistungskosten über den Lebenszyklus erstellt wird. Anschließend werden Kosten- und Nutzenseite über die Funktion *Preisintervall erfassen* zusammengeführt. Das Preisintervall hängt sowohl von dem Nutzen bzw. Mehrnutzen des Kunden als auch von den Kosten des Anbieters ab. Die prognostizierten Kosten bilden die Untergrenze des Preisintervalls und die Zahlungsbereitschaft für einen realisierten Mehrnutzen für eine Nutzenkennzahl bildet die Obergrenze des Preisintervalls.

Teilprozess *Wertschöpfung berechnen*

Auf Grundlage der Prozesse *Leistungssystem anpassen* und *Leistungsangebot bewerten* erfolgt innerhalb der Nutzungsphase der Teilprozess *Wertschöpfung berechnen* (s. Abbildung 6-14). Dieser Prozessschritt verfügt erneut über eine parallele Nutzen- und Kostenseite und wird kontinuierlich wiederholt bzw. alle Funktionen dieses Teilprozesses erfolgen durchgängig. Die Funktion *Nutzendaten erfassen* dient dazu, die vom Kunden erfassten Leistungsvariablen des digitalen Schattens mit den definierten Nutzenkennzahlen zu verknüpfen. Diese stellen zusammen mit der Mehrnutzenprognose und der Preisvariablen für das Leistungsintervall die Grundlage für die Funktion *Value-in-Use berechnen*. Der Value-in-Use resultiert aus der Verrechnung dieser Werte, unterliegt aufgrund von dynamisch veränderlichen Leistungsdaten stetigen Veränderungen und wird dem Kunden gegenüber kontinuierlich dargestellt. Auf der Kostenseite erfolgt die Funktion *Kosten berechnen* auf Basis der Kostenprognose und der Leistungsvariablen. Ergebnis sind die auf den Lebenszyklus des Leistungsangebots bezogenen Kostenvariablen, welche aufgrund von Veränderungen regelmäßig neu zu erfassen sind. In der abschließenden Funktion *Kundenwert bewerten* laufen der berechnete Value-in-Use und die Kostenvariablen zusammen und unter Berücksichtigung von realisierten Verbesserungsmaßnahmen wird kontinuierlich der Kundenwert bzw. Customer-Lifetime-Value erfasst.

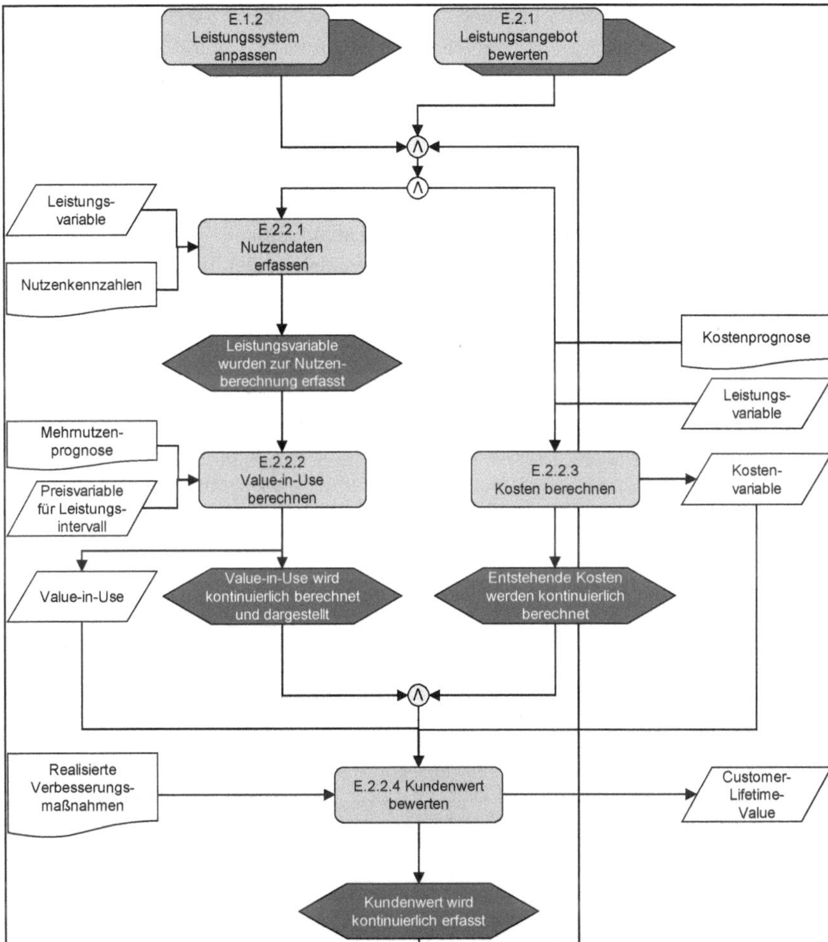

Abbildung 6-14: Teilprozess E.2.2 *Wertschöpfung berechnen* (eigene Darstellung)

6.3.3 Konstruktion der Funktionen und Prozesse für Preisdimension

Der Prozessschritt *Preisdimension* basiert auf den Anforderungen *Nutzenbasis, Risikoübernahme, Mehrdimensionalität* und *Partizipation* (s. Kap 6.1.4). Der Teilprozess *Preismodelle gestalten* erfolgt innerhalb der Vertriebsphase. Der Preis ist der wichtigste Gewinntreiber eines Unternehmens und beeinflusst durch diese Hebelwirkung die Geschäftsziele eines Anbieters signifikant. Hierbei verfolgen Unternehmen gleichzeitig mehrere Ziele, die zum Teil im Konflikt stehen (s. FROHMANN 2018, S. 91). Diese Ziele werden über die Funktion *Preismodellziele definieren* berücksichtigt. Der Zugang zu Daten des Kunden ermöglicht die Auswahl neuartiger nutzenorientierter Preismodelle auf Basis des realisierten Nutzens beim Kunden (s. LIOZU U. ULAGA 2018, S. 205). Die Erfassung dieser Preismodelle erfolgt über die Funktion *Preismodelle definieren*.

Grundsätzlich sind für jedes Leistungsangebot verschiedene parallele Preismodelle denkbar, die alle mögliche Vor- und Nachteile aus Anbieter- und Kundensicht bieten (s. Liozu 2022, S. 77f.). Durch die Funktion *Preismodelle priorisieren* sind die Preismodelle in eine Rangfolge zu bringen. Bei komplexen Subskriptionsleistungssystemen werden in der industriellen Praxis oftmals mehrdimensionale Preismodelle genutzt, da Anbieter hohe Risiken übernehmen und die Leistungen teilweise mehrere unabhängige Nutzenversprechen gleichzeitig adressieren (s. Frohmann 2018, S. 244). Dementsprechend werden durch die Funktion *Preiskomponenten konfigurieren* zumeist mehrdimensionale Preiskomponenten zusammengestellt. Der Teilprozess *Leistungssystem anpassen* erfolgt während der Vertragslaufzeit innerhalb der Nutzungsphase. Mithilfe der umfangreichen Daten und Informationen über das Nutzungsverhalten des Kunden und veränderlicher Kundenbedürfnisse, kann das Preismodell kontinuierlich weiterentwickelt werden, um Anreize zur Verbesserung des Leistungsangebots zu schaffen (s. Lah u. Wood 2016, S. 240ff.). Daher dient die Funktion *Preismodelle auditieren* zur Bewertung der angebotenen Preismodelle. Ein wesentlicher Faktor der Überlegenheit von Subskriptionsmodellen gegenüber transaktionalen Modellen stellt das Prinzip der kontinuierlichen Verbesserung der Leistungen für den Kunden dar. Ein Anbieter hat jedoch vor allem dann an ein Interesse an Investitionen in Leistungsverbesserungen, wenn er an der Wertschöpfung daraus im Sinne einer Win-win-Situation auch partizipiert (s. Mansard u. Cagin 2019, S. 5ff.). Daher erfolgt die Funktion *Vertrag weiterentwickeln* innerhalb der Nutzungsphase. Insgesamt besteht der Prozessschritt aus sechs Funktionen (s. Tabelle 6-6). Es liegen in der Literatur bestehende Ansätze zur Definition der Preisdimension vor, die auf Subskriptionsmodelle angewendet werden können (s. Frohmann 2018, S. 241ff.; Liozu u. Ulaga 2018, S. 204ff.; Liozu 2022, S. 99ff.; Stoppel 2016, S. 58ff.). Auf der dargestellten Abstraktionsebene stehen die Tätigkeiten dieser Ansätze im Einklang mit den in diesem Modell definierten Funktionen. Der entwickelte Ansatz geht dabei insbesondere durch die Funktionen *Preismodelle auditieren* und *Vertrag weiterentwickeln* über die bestehenden Ansätze hinaus.

Tabelle 6-6: Übersicht des Funktionsmodells E.3: *Preisdimension*

- **E.3 Preisdimension**
  - E.3.1 Preismodelle gestalten
    - E.3.1.1 Preismodellziele definieren
    - E.3.1.2 Preismodelle definieren
    - E.3.1.3 Preismodelle priorisieren
    - E.3.1.4 Preiskomponenten konfigurieren
  - E.3.2 Preismodelle optimieren
    - E.3.2.1 Preismodelle auditieren
    - E.3.2.2 Vertrag weiterentwickeln

Teilprozess *Preismodelle gestalten*

Der Teilprozess *Preismodelle gestalten* folgt auf den Prozess *Leistungsangebot bewerten* (s. Abbildung 6-15). Der gesamte Prozess erfolgt linear und wird einmalig während der Vertriebsphase durchgeführt. Die erste Funktion ist *Preismodellziele definieren*, in der Anbietergeschäftsziele und Nutzenversprechen zusammengeführt werden, um die auf dieser Basis wichtigsten Zielstellungen des Anbieters zu definieren und zu bewerten. Diese bieten eine Grundlage für die folgende Funktion *Preismodelle definieren*. Auf Grundlage potentieller Nutzenkennzahlen wird für die Leistungsversprechen eine Liste mit potentiellen nutzenbasierten Preismodellen für den jeweiligen Anwendungsfall erstellt. Diese Liste bildet eine Grundlage der Funktion *Preismodelle priorisieren*, innerhalb derer die Preismodelle in Bezug auf Nutzenversprechen, Mehrnutzen, Kosten und Risiken analysiert und in eine Rangfolge gebracht werden. Der Teilprozess schließt mit der Funktion *Preiskomponenten konfigurieren*. Hier sind verschiedene Preismodelle zu kombinieren, sodass diese zum einen noch hinreichend einfach sind und zum anderen eine Ausschöpfung des Nutzenpotentials ermöglichen und Risiken des Anbieters vermeiden. Als Ergebnis des Teilprozesses stehen konfigurierte Preiskomponenten zur Verfügung.

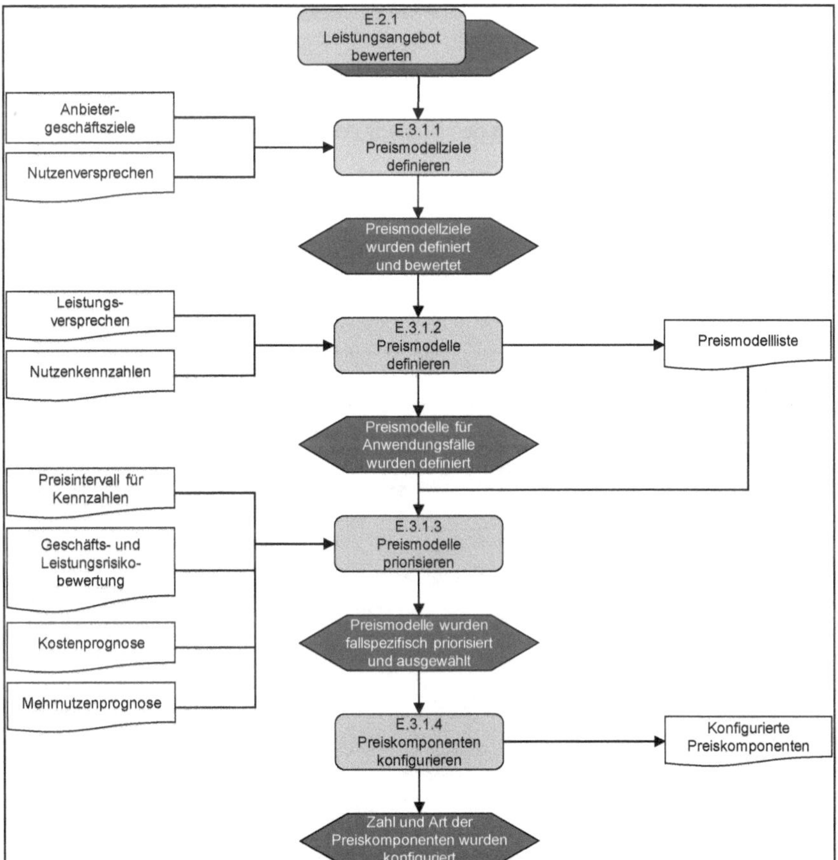

Abbildung 6-15: Teilprozess E.3.1 *Preismodelle gestalten* (eigene Darstellung)

Teilprozess *Preismodelle optimieren*

Innerhalb der Nutzungsphase der Preisdimension erfolgt der Teilprozess *Preismodelle optimieren* (s. Abbildung 6-16). Der Prozess erfolgt linear und verfügt über eine Wiederholungsschleife, da der Prozess in regelmäßigen Zyklen zu wiederholen ist. Die erste Funktion des Prozesses ist *Preismodelle auditieren.* In dieser werden unter Nutzung des Value-in-Use und der Kostenvariablen die Preismodelle aus der Preismodellliste hinsichtlich möglichen Optimierungspotentials aus Kunden- und Anbietersicht in regelmäßigen Intervallen analysiert. Darauf folgt die Funktion *Vertrag weiterentwickeln*, in welcher die Preismodelle mit Optimierungspotential gemeinsam durch Kunde und Anbieter analysiert und im Subskriptionsvertrag angepasst werden. Bei der Analyse der Preismodelle bilden der Customer-Lifetime-Value und das Verbesserungspotential eine wichtige Entscheidungsgrundlage zur Anpassung des Vertrags. Der Prozess ist auf eine regelmäßige Erneuerung des Vertrags für einen höheren Wert für Kunde und Anbieter ausgerichtet. Daraus resultiert eine iterative Weiterentwicklung der Preismodelle und Vertragselemente, damit die Anreize durch eine Partizipation des Anbieters an der Verbesserung des Nutzens des Kunden über die Vertragslaufzeit erhalten bleiben.

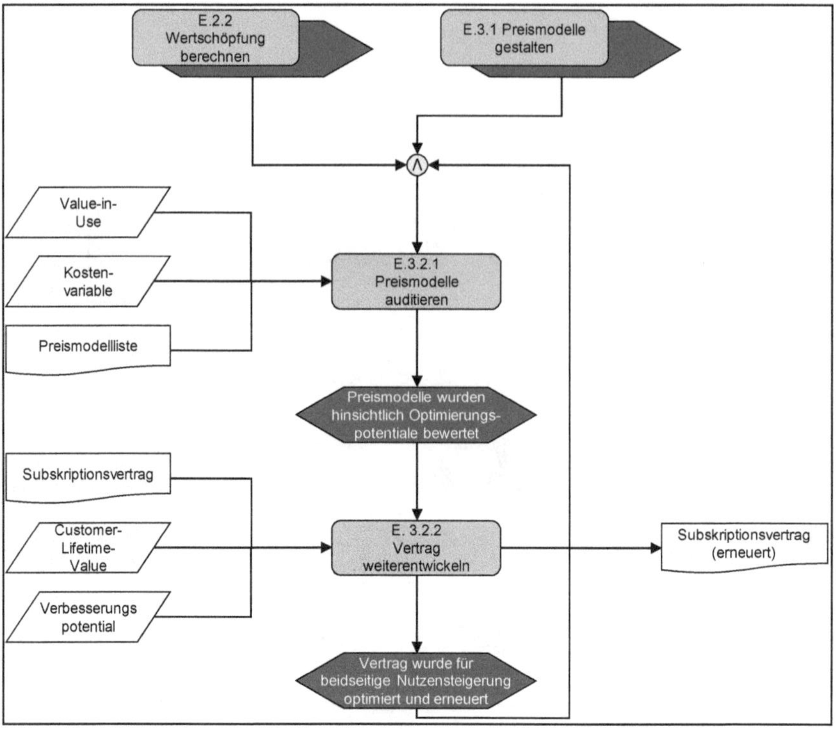

Abbildung 6-16: Teilprozess E.3.2 *Preismodelle optimieren* (eigene Darstellung)

6.3.4 Konstruktion der Funktionen und Prozesse für Preismetrik

An den Prozessschritt *Preismetrik* werden die Anforderungen *Skalierbarkeit*, *Klarheit*, *Transparenz* und *Automatisierbarkeit* gestellt (s. Kap 6.1.4). Jeder Preiskomponente liegt mindestens eine Berechnungsgrundlage als messbarer Leistungsparameter zur operativen Preisberechnung zugrunde (s. Simon 2017, S. 272). Diese Einheit ist innerhalb der Funktion *Bemessungsgrundlage definieren* festzulegen. Zur Nutzung der Echtzeit-Betriebsdaten zur Preisbildung, müssen die in den cyber-physischen Systemen vorliegenden Daten des Kunden erfasst und weiterverarbeitet werden (s. Hermann 2019, S. 25). Das zu verwendende Verfahren ist durch die Funktion *Datenerfassung festlegen* für den Subskriptionsvertrag zu definieren. Der Preis wird in Subskriptionsgeschäften zu regelmäßigen, definierenden Zahlungszeitpunkten auf Basis (datenabhängiger) variabler und fester Beträge mit möglicherweise nichtlinearen Preiskurven entrichtet (s. Liozu 2022, S. 145f.), welche über die Funktion *Preisformel definieren* für den Vertrag festgehalten werden. Die im Zuge der Vertriebsphase definierten Elemente der Preisbildung und der Konfiguration des Leistungssystems sind über die Funktion *Vertrag gestalten* in einem gesamtheitlichen Dokument zusammenzuführen. Die in Echtzeit generierten Betriebsdaten des Kunden für die Preisberechnung können in den Systemen des Kunden aufgrund von Mess- und Übertragungsfehlern unvollständig und fehlerhaft vorliegen (s. Schuh et al. 2015, S. 203). Dementsprechend erfolgt durch die Funktion *Leistungsvariable aufbereiten* eine Verbesserung der Datenqualität. Eine kunden- und anbieterseitige Anerkennung der ermittelten Werte der datenbasierten Preisbildung ist elementar für eine langfristige, vertrauensvolle Partnerschaft (s. Krämer 2020, 99ff.). Daher ist eine Aufbereitung der Daten im Fokus der Funktion *Preisberechnung durchführen*. Die Durchführung der Abrechnung für Subskriptionsmodelle führt durch die kontinuierlichen, variablen Zahlungen zu erheblichem Mehraufwand in der Abrechnung (s. Liozu 2022, S. 201), welcher in der Funktion *Abrechnung durchführen* möglichst zu reduzieren ist. Insgesamt besteht damit der Prozessschritt *Preismetrik* aus sieben Funktionen (s. Tabelle 6-7). Bestehende Ansätze adressieren die Thematik Preismetrik bisher lediglich zum Teil durch Tätigkeitsbeschreibungen. Es fehlt jedoch vielfach an konkreten Empfehlungen und der Darlegung konkreter Prozesse (s. Lehmann et al. 2010, S. 157ff.; Liozu u. Ulaga 2018, S. 204ff.). Dementsprechend gehen alle Funktionen dieses Prozessschrittes über bestehende Ansätze hinaus.

Tabelle 6-7: Übersicht des Funktionsmodells E.4: *Preismetrik*

- **E.4 Preismetrik**
  - E.4.1 Vertrag gestalten
    - E.4.1.1 Bemessungsgrundlage definieren
    - E.4.1.2 Datenerfassung festlegen
    - E.4.1.3 Preisformel definieren
    - E.4.1.4 Vertrag gestalten
  - E.4.2 Preismetrik abrechnen
    - E.4.2.1 Leistungsvariable aufbereiten
    - E.4.2.2 Preisberechnung durchführen
    - E.4.2.3 Abrechnung durchführen

Teilprozess *Vertrag gestalten*

Der Teilprozess *Vertrag gestalten* folgt in der Vertriebsphase auf den Prozess *Preismodelle gestalten* (s. Abbildung 6-17). Der Teilprozess wird einmal durchgeführt und hat eine parallele Verzweigung zwischen monetärer und technischer Konzeption von Elementen der Preismetrik. Erste Funktion im Teilprozess ist *Bemessungsgrundlage definieren*. In dieser werden für die konfigurierten Preiskomponenten Betriebsdaten des Kunden definiert, sodass trotz individueller, inhomogener Anwendungsfälle eine Skalierbarkeit einer gewählten Bemessungsgrundlage auf verschiedene Kunden möglich ist. Darauf folgt die Funktion *Datenerfassung festlegen*, in welcher für die Bemessungsgrundlagen ein für beide Seiten klares und belastbares Vorgehen zur Erfassung und Verarbeitung der Betriebsdaten bis zur Preisbildung definiert wird.

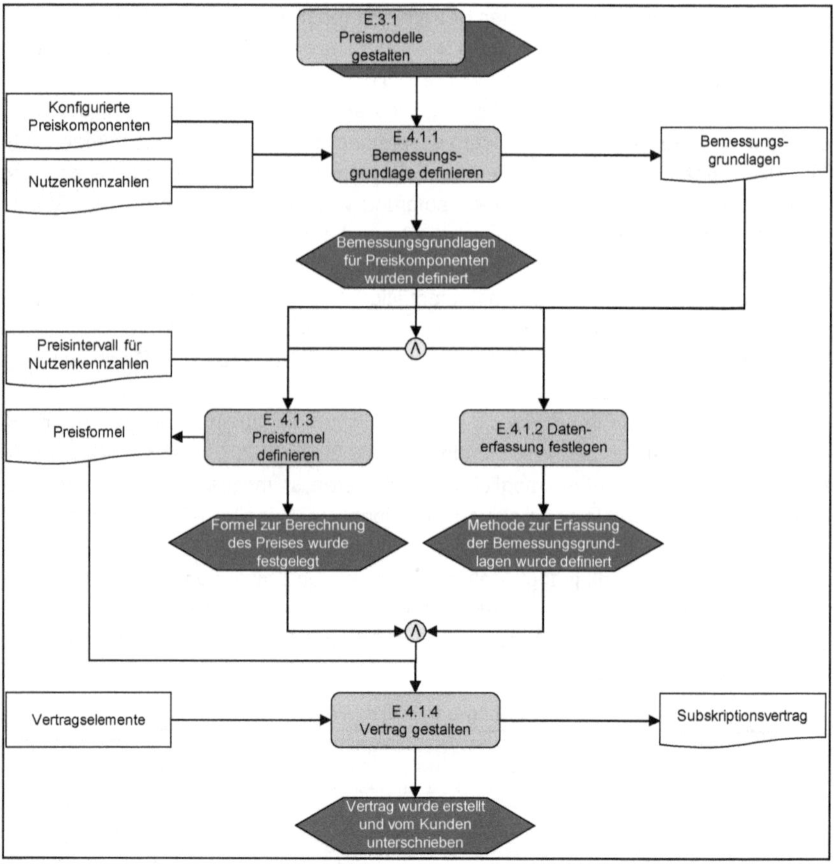

Abbildung 6-17: Teilprozess E.4.1 *Vertrag gestalten* (eigene Darstellung)

Parallel dazu verläuft die Funktion *Preisformel definieren*. In dieser Funktion werden basierend auf den Bemessungsgrundlagen und dem Preisintervall für Kennzahlen die Elemente für die Preisformel zusammengeführt und in einer konsistenten Gleichung nachvollziehbar, transparent und rechtskonform dargelegt. Die Preisformel, die Datenerfassungsmethode sowie weitere definierte Elemente der Preisbildung laufen in der Funktion *Vertrag gestalten* zusammen, in welcher unter zusätzlicher Einbringung von weiteren Vertragselementen ein Subskriptionsvertrag erstellt wird. Dieser definiert den Rahmen des gemeinsamen Subskriptionsgeschäfts zwischen Kunde und Anbieter während der Nutzungsphase. Ergebnis des Teilprozesses ist ein durch den Kunden unterschriebener Vertrag.

Teilprozess *Preismetrik abrechnen*

Der abschließende Teilprozess des Vorgehensmodells lautet *Preismetrik abrechnen* (s. Abbildung 6-18). Dieser Prozess verläuft linear und wird regelmäßig für die definierten Abrechnungsperioden wiederholt.

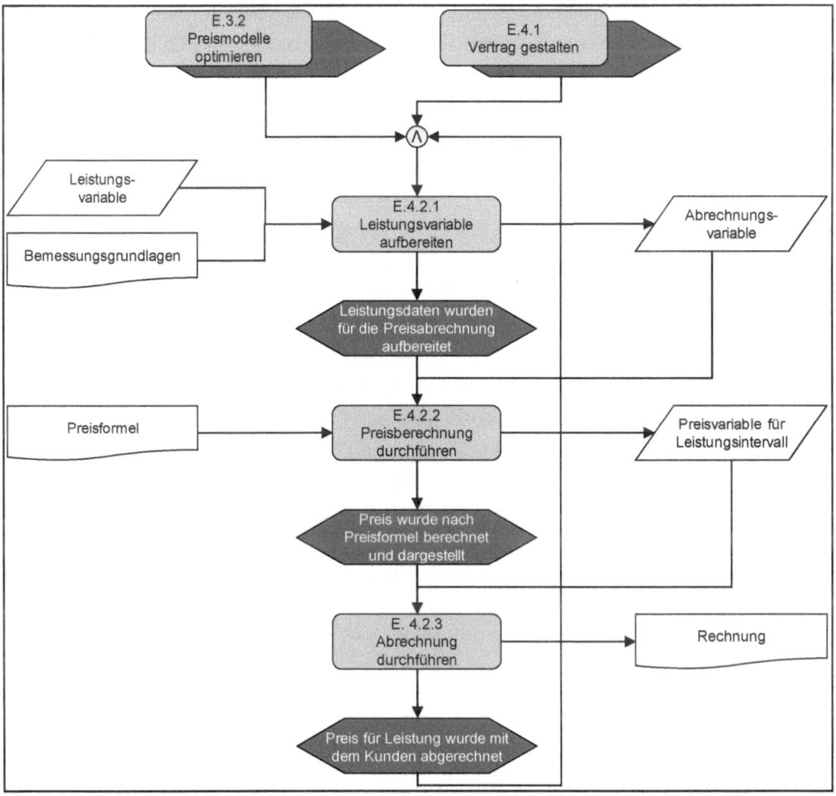

Abbildung 6-18: Teilprozess E.4.2 *Preismetrik abrechnen* (eigene Darstellung)

Die erste Funktion des Prozesses ist *Leistungsvariable aufbereiten*, in welcher die Leistungsvariablen und Abrechnungsgrundlagen hinsichtlich Datenqualität aufbereitet werden, sodass diese als Abrechnungsvariable eine eindeutige und belastbare Datengrundlage für die automatisierte Abrechnung bieten. Anhand der aufbereiteten Daten erfolgt in regelmäßigen Intervallen die Funktion *Preisberechnung durchführen*, in welcher anhand der Abrechnungsvariablen und der Preisformel eine für Kunde und Anbieter nachvollziehbare Berechnung und transparente Darstellung erfolgt. Diese Preisvariablen werden in der abschließenden Funktion des gesamten Prozesses zur Preisbildung *Abrechnung durchführen* genutzt, um die Rechnung für den Kunden auf Basis von automatisierbaren Rahmenbedingungen zu erstellen und den Preis anhand des Mehrnutzens durch das Subskriptionsleistungsangebot nachvollziehbar darzulegen. Ergebnis des Prozesses sind dementsprechend abgerechnete Preise für jedes Leistungsintervall des Lebenszyklus mit dem Kunden.

6.4 Konstruktion der Datensicht des Vorgehensmodells

Das Datenmodell dient zur Beschreibung und Strukturierung aller relevanten Datenobjekte, die in den zuvor entwickelten Funktionen als Inputs und Outputs verarbeitet wurden. Im Kern dient das Datenmodell als Fachkonzept zur Auslegung der IT-Architektur für die zuvor definierten Funktionen und Prozesse (s. Kapitel 6.3). Dazu erfolgt ein relationaler Aufbau des Datenmodells. Hierbei wird zum einen für die Datenobjekte die Relation zu den Funktionen der Funktions- und Prozesssicht aufgebaut. Zum anderen erfolgt eine Klassifizierung der Datenobjekte in einen Datentyp, damit auf dieser Basis eine IT- und systemtechnische Umsetzung erfolgen kann. Das Datenmodell, dessen übergeordnete Struktur bereits in 6.2.4 hergeleitet wurde, wird dazu als eERM-Modell konstruiert. Dementsprechend werden die Datentypen in *Externe Stammdaten*, *Prozessdaten*, *Echtzeit-Betriebsdaten* und *Berechnungsvariable* unterteilt (s. Kapitel 6.2.4). Hierbei wird bei den Externen Stammdaten zwischen 13 Datenobjekten unterschieden, bei den Prozessdaten werden 15 Datenobjekte generiert, für die Echtzeit-Betriebsdaten liegen vier verschiedene Datenarten vor und für die Berechnungsvariablen können sieben Datenobjekte unterschieden werden (s. Abbildung 6-19). Die formale Beschreibung der Datenobjekte erfolgt in Freitextform. Auf eine formale Repräsentation des Datenmodells anhand von Attributen wird zur Reduktion von Komplexität verzichtet, da diese keinen wesentlichen Nutzenbeitrag zur modellgestützten Organisationsentwicklung leistet (s. KALLENBERG 2002, S. 94; PHILLIPSON U. SCHOTTEN 1998, S. 220ff.). Die relevanten Datenobjekte werden in Abhängigkeit der Funktionen identifiziert und die Beschreibung erfolgt auf Basis der Literatur zum Thema.

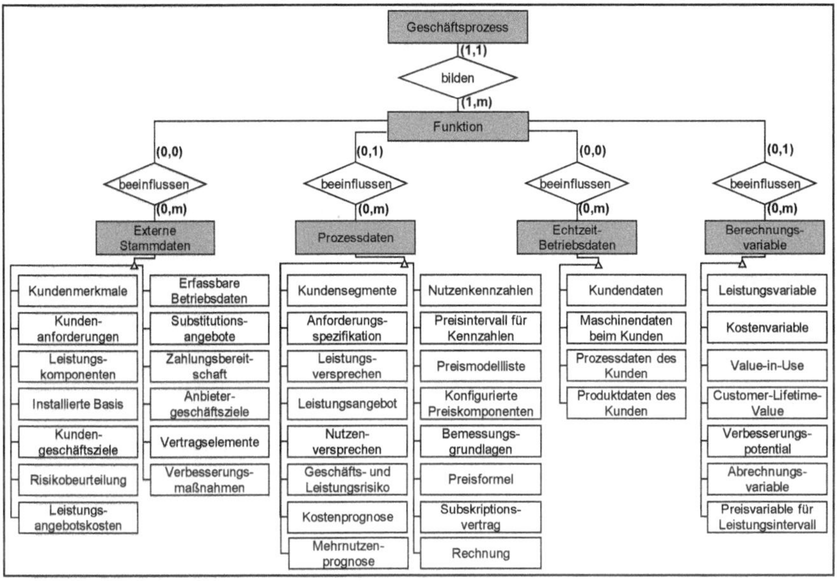

Abbildung 6-19: Darstellung des Datenmodells eERM (eigene Darstellung)

6.4.1 Klassifizierung der Externen Stammdaten

Externe Stammdaten stellen Datenobjekte dar, die für einen Anbieter von Subskriptionsleistungen unabhängig von aktuellen Vorgängen und Prozessen sind. Damit stellen diese Daten Inputs für die Vorgänge des Modells dar, die eine längerfristige Gültigkeit aufweisen (s. KALLENBERG 2002, S. 94). Die für die Durchführung des Vorgehensmodells erforderlichen Externen Stammdaten werden im Folgenden erfasst, beschrieben und anhand der Beziehung zu anderen Daten charakterisiert.

Kundenmerkmale: Kundenmerkmale stellen charakteristische Eigenschaften von Kunden dar, anhand derer Kunden hinsichtlich des Preispotentials in Kundensegmente eingeteilt werden können. Diese Merkmale liegen sowohl strukturiert in IT-Systemen (bspw. Customer-Relationship-Management-Systeme (CRM-Systeme)) vor, als auch unstrukturiert in Form von informellen Informationen beim Kunden oder internen Mitarbeitern, die im Kundenkontakt stehen (s. HALLER U. WISSING 2020, S. 273).

Kundenanforderungen: Die Kundenanforderungen stellen die konkretisierten Bedingungen und Bedürfnisse der jeweiligen Kundensegmente an ein Leistungsangebot dar. Diese Anforderungen können sich zum Teil in Abhängigkeit der Kundensegmente oder kundenindividuell unterscheiden und sind abhängig vom Anwendungsfall eines Kunden. Kundenanforderungen sind in Anforderungsspezifikationen zu überführen und können durch Marktforschung sowie Kundenbefragungen erfasst werden (s. TÖPFER 2020, S. 152).

Leistungskomponenten: Die Leistungskomponenten stellen die Gesamtheit der Leistungsangebote sowie unterschiedliche Ausprägungen dar, die ein Anbieterunternehmen herstellt und am Markt anbietet. Dieses Portfolio an Leistungen besteht aus allen Produkten, Dienstleistungen und digitalen Leistungen des Anbieters, die in einem Leistungsangebot strukturiert werden können (s. MEFFERT ET AL. 2019, S. 26). Die Leistungskomponenten liegen als Datenobjekte mit strukturierten Beschreibungen der einzelnen Leistungen mitsamt Eigenschaften und Funktionalitäten vor.

Installierte Basis: Die installierte Basis beschreibt die bei einem Kunden bereits erbrachte und in Benutzung befindliche Basis an Produkten, Services und digitalen Leistungen. Das neu zu erbringende Leistungsangebot für eine Subskription baut auf dieser installierten Basis auf. Die installierte Basis ist kundenindividuell und kann durch Kundenbefragungen oder Kundenaudits bzw. Assessments erfasst werden (s. MENNICKEN U. KORNBERGER 2021, S. 2).

Kundengeschäftsziele: Die Kundengeschäftsziele stellen grundsätzliche und langfristige Ausrichtungen der Kunden in Bezug auf Entscheidungen und Anforderungen dar. Die Kundenziele beeinflussen dabei sowohl das anzubietende Leistungsangebot als auch die Bewertung des Verbesserungspotentials beim Kunden. Die Ziele sind dabei kundenindividuell und Unternehmen verfolgen mehrere parallele Ziele, die oft im Konflikt zueinander stehen (s. FROHMANN 2018, S. 91). Das Datenobjekt erfordert eine bewertete Strukturierung der relevantesten Rentabilitätsziele, Mengenziele, Wachstumsziele, Finanzziele, Machtziele und Sozialziele (s. SIMON U. FASSNACHT 2016, S. 34).

Risikobeurteilung: Die Beurteilung des Risikos dient zur Beschreibung potentieller Fehler- und Risikoquellen sowie zur Beurteilung von deren Schwere und Eintrittswahrscheinlichkeit, damit diese Informationen für die Geschäfts- und Leistungsrisikobewertung vorliegen (s. KLEINALTENKAMP ET AL. 2016, S. 201f.). Das Risiko ist dabei abhängig vom geschäftsseitig angebotenen Leistungsversprechen und vom technischen Leistungsangebot. Das Datenobjekt erfordert eine strukturierte Darstellung der Risiken in Verknüpfung mit einer quantitativen Beurteilung der Risiken.

Leistungsangebotskosten: Die Kosten zur Erbringung des Leistungsangebots stellen die Summe der monetären Aufwände für Leistungen dar und dienen zur Realisierung einer Kostenprognose für den Anbieter. Hierin sind die Aufwände für jede Leistung für Entwicklung, Produktion, Implementierung und den Betrieb beim Kunden enthalten sowie die Kosten aus der Geschäfts- und Leistungsrisikobewertung (s. LAY ET AL. 2009, S. 154). Sowohl bereits konkret bekannte Kosten als auch prognostizierte zukünftige Kosten sind in Verknüpfung zum Leistungsangebot monetär zu erfassen.

Erfassbare Betriebsdaten: Die erfassbaren Betriebsdaten sind ein Sammelbegriff für die laufend über IT-Systeme mess- und übertragbaren Ist-Daten über Zustände und Prozesse des technischen Umfelds einer Maschine oder Anlage (s. FOCKE U. STEINBECK 2018, S. 27). Diese Daten sind vor der Installation des Leistungsangebots beim Kunden definierbar und abhängig von den technisch implementierten IT-Systemen und den rechtlichen Faktoren zum legalen Zugriff auf die Daten durch den Anbieter. Die maximal erfassbaren Betriebsdaten ergeben sich zum überwiegenden Teil über die

Messtechnik und sind jeweils um technisch oder rechtlich nicht zugängliche Daten zu reduzieren.

Substitutionsangebote: Die Substitutionsangebote stellen Leistungen dar, die ähnliche Bedürfnisse eines Kunden decken und somit als Ersatzleistungen für das angebotene Leistungsangebot angesehen werden können (s. BEST 2014, S. 220). Dem Leistungsangebot stehen in der Regel unvollkommene Substitutionsgüter gegenüber, da diese über einzigartige zusätzliche Nutzenversprechen verfügen. Substitutionsangebote stellen sowohl transaktional angebotene Leistungen des Anbieters als auch die Angebote von Wettbewerbern dar. Für das Datenobjekt werden Informationen, Daten und Abschätzungen zur Bewertung der Nutzenkennzahlen für die relevantesten Substitutionsangebote erfasst.

Zahlungsbereitschaft: Die Zahlungsbereitschaft entspricht dem tatsächlichen Preis, den Kunden für eine bestimmte Leistung zu akzeptieren bereit sind. Im Kontext von Subskriptionsangeboten ist diese vor allem in Abhängigkeit des der Mehrnutzenprognose relevant. Dabei ist die maximale Zahlungsbereitschaft abhängig von individuellen preispsychologischen Faktoren und kundenindividuellen Rahmenbedingungen. Die Zahlungsbereitschaft ist daher kein Punkt, sondern ein Intervall, innerhalb dessen ein bestimmter Teil der Kunden einen Preis für eine Mehrnutzenprognose als weder zu teuer noch zu billig empfindet (s. DAUNER 2012, S. 22). Über das Datenobjekt sind hierzu insbesondere Zahlungsbereitschaften für die Kalkulierte Mehrnutzenprognose zu erfassen.

Anbietergeschäftsziele: Die Anbietergeschäftsziele stellen grundsätzliche und langfristige Ausrichtungen des Anbieters in Bezug auf Entscheidungen und Anforderungen dar. Die reine Betrachtung der finanziellen Ziele ist eindimensional und erfordert eine Ausweitung auf prozessuale, kundenspezifische und potentialorientierte Ziele, um die finanziellen Ziele in preisspezifische Ziele zu übersetzen (s. HUNGENBERG 2014, S. 308). Das Datenobjekt erfordert analog zu den Kundengeschäftszielen eine bewertete Strukturierung der relevantesten Rentabilitätsziele, Mengenziele, Wachstumsziele, Finanzziele, Machtziele und Sozialziele (s. SIMON U. FASSNACHT 2016, S. 34).

Vertragselemente: Die Vertragselemente stellen die relevanten Bausteine des Subskriptionsvertrags dar, damit dieser rechtskonform definiert, unter welchen Rahmenbedingungen ein Leistungsangebot zu erbringen ist und unter welchen Rahmenbedingungen ein Preis zu zahlen ist (s. SCHMITT U. ULMER 2010, S. 1ff.). Die Datenobjekte der Vertragselemente bestehen dabei aus Textbausteinen und situationsspezifischen Regelungen und Vorgaben (bspw. Klauseln zur Datennutzung).

Verbesserungsmaßnahmen: Verbesserungsmaßnahmen dienen dazu, das Leistungsangebot für einen Kunden anzupassen. Hierbei sind Maßnahmen dann als Verbesserung zu realisieren, wenn sowohl aus Anbieter- als auch aus Kundensicht der Nutzen aus einer Maßnahme den Aufwand zur Umsetzung der Maßnahme überschreitet und dementsprechend ein hohes Verbesserungspotential für den CLV besteht (s. GRABNER 2020, S. 8). Maßnahmen betreffen dabei alle möglichen Bestandteile des Leistungsangebots, wobei datenbasierte Verbesserungsmaßnahmen in der Regel aufgrund geringerer Aufwände physischen Verbesserungsmaßnahmen vorzuziehen sind. Das Datenobjekt stellt eine Übersicht möglicher Maßnahmen zur Leistungsanpassung mit Zuordnung von Kosten- und Nutzenprognosen für die Umsetzung der Maßnahme dar.

6.4.2 Klassifizierung der Prozessdaten

Prozessdaten stellen Datenobjekte dar, die von durchgeführten Funktionen innerhalb der Prozesse abhängig sind. Diese Daten stellen dabei Outputs von Funktionen des Modells dar, welche als konkrete Dokumente oder Datenobjekte vorliegen. Gleichzeitig dienen diese Objekte auch als Inputfaktoren für weitere Funktionen des Modells, sodass hierdurch Verknüpfungen zwischen einzelnen Funktionen entstehen. Die Prozessdaten weisen analog zu den externen Stammdaten eine längerfristige Gültigkeit auf (s. KALLENBERG 2002, S. 94). Im Folgenden werden die für die Durchführung des Vorgehensmodells erforderlichen Prozessdaten erfasst, beschrieben und anhand der Beziehung zu anderen Daten charakterisiert.

Kundensegmente: Kundensegmente sind anhand von definierten Kriterien eingeteilte, homogene Kundengruppen und dienen dazu, die Preisbildung nicht an einzelnen Kunden, sondern an dezidierten Kundengruppen auszurichten (s. HALLER U. WISSING 2020, S. 258f.). Kundensegmente können über dezidierte Kriterien der Kundenmerkmale (z. B. die Anforderungen, Interaktionskanäle, Beziehung, Profitabilität oder Preisbereitschaft), die Zahl möglicher Kunden in dem Segment sowie das mögliche Potential für zusätzliche Nutzenversprechen durch Subskriptionsangebote beschrieben werden (s. OSTERWALDER U. PIGNEUR 2010, S. 20). Die Kundensegmente dienen als Ausgangsbasis für die Definition eines Leistungsangebots, die Qualifizierung eines Nutzenversprechens und die priorisierte Preismodellliste. Die Kundensegmente liegen als Datenobjekte in Verbindung mit der Kundenbasis vor.

Anforderungsspezifikation: Die Anforderungsspezifikation beschreibt die Gesamtheit der Anforderungen eines Kundensegments an den Anbieter. Bestandteile dieser Spezifikation sind die Darstellung des Ist-Zustands, die Beschreibung von Schnittstellen sowie funktionale und nicht-funktionale Kundenanforderungen (s. TÖPFER 2020, S. 152). Diese Spezifikation dient als Grundlage zur Entwicklung eines Leistungssystems, bestehend aus Leistungsversprechen und Leistungsangebot. Die Anforderungsspezifikation kann beispielsweise in Form eines Lastenhefts strukturiert zusammengeführt werden.

Leistungsversprechen: Das Leistungsversprechen stellt die Kundenseite des Subskriptionsleistungssystems dar und überführt die Anforderungsspezifikation eines Kundensegments in die Lösung, die einem Kunden als X-as-a-Service angeboten wird (s. LAH U. WOOD 2016, S. 135). Im Leistungsversprechen wird dargelegt, welcher Leistungstyp (verfügbarkeitsorientiert, nutzungsorientiert, ergebnisorientiert oder erfolgsorientiert) dem Kunden angeboten wird, welche Risiken innerhalb des Angebots für Kunden übernommen werden und welches Potential aus der Risikoübernahme resultiert. Das Leistungsversprechen schafft einen Rahmen, innerhalb dessen anschließend das Leistungsangebot konstruiert werden kann. Das Datenobjekt listet das X-as-a-Service-Angebot und die darin enthaltenen konkreten zu übernehmenden Risiken sowie die Potentiale auf Basis der Anforderungsspezifikation für jeweilige Kundensegmente auf.

Leistungsangebot: Das Leistungsangebot stellt die Anbieterseite des Subskriptionsleistungssystems dar und strukturiert die Leistungskomponenten aus dem Portfolio zu einem integrierten Angebot, sodass das Leistungsversprechen erbracht werden kann. Das Leistungsangebot beschreibt konkret, welche Produkte, Dienstleistungen und digitalen Leistungen im durch den Kunden eingekauften Leistungsversprechen enthalten sind (s. MEFFERT ET AL. 2019, S. 26). Dazu stellt das Datenobjekt die erforderlichen Merkmale, Funktionalitäten und Eigenschaften der enthaltenen Leistungskomponenten dar, beschreibt mögliche Prozesse und deren Interaktionen und setzt diese in Relation zum anzubietenden Leistungsversprechen.

Nutzenversprechen: Ein Nutzenversprechen beschreibt, welchen Nutzen ein Kundensegment durch das Leistungsangebot für seine Anforderungsspezifikation erhält. Jedes Nutzenversprechen wird durch eine Aggregation von Leistungskomponenten adressiert. Nutzenversprechen zeichnen sich durch die Relevanz für das Kundensegment sowie durch Faktoren des Leistungsangebots aus, die neu und innovativ sind sowie über das bestehende Leistungsangebot hinausgehen (s. OSTERWALDER U. PIGNEUR 2010, S. 23f.). Das Datenobjekt stellt die relevantesten Nutzenversprechen mit Verknüpfung zu den dazu erforderlichen Leistungskomponenten und mit Priorisierung der Nutzenversprechen nach Relevanz für einzelne Kundensegmente dar.

Geschäfts- und Leistungsrisikobewertung: Durch die Risikobewertung werden mögliche bei der Risikobeurteilung erfasste Risiken mit dem tatsächlich angebotenen Leistungsversprechen und dem damit verknüpften Leistungsangebot analysiert. Dadurch können wirtschaftliche Folgen durch die Risiken mitberücksichtigt werden (s. KLEINALTENKAMP ET AL. 2016, S. 201f.). Diese Bewertung ist anschließend Grundlage zur Konfiguration der Preiskomponenten. Das Datenobjekt verknüpft die beurteilten Risiken mit dem Leistungsangebot und bewertet mögliche Kosten relevanter Risiken als Input für die Kostenprognose und definiert Maßnahmen zur Reduktion der Risiken.

Kostenprognose: Die Kostenprognose stellt eine Abschätzung der monetären Aufwände für die Bereitstellung des Leistungsangebots dar (s. LAY ET AL. 2009, S. 154). Dabei werden alle Leistungsangebotskosten, die innerhalb des Angebotszeitraums anfallen, in einem Kalkulationsgerüst zusammengezogen. Weiterhin werden die Kosten für mögliche Geschäfts- und Leistungsrisiken mit in der Prognose erfasst. Das Datenobjekt stellt zum einen den Kalkulationsrahmen für die Kosten dar, welcher innerhalb der Nutzungsphase zur Kalkulation der Kostenvariablen genutzt wird, und zum anderen werden über das Datenobjekt die prognostizierten anfallenden Kosten innerhalb der Nutzungsphase als Grundlage für die Konfiguration der Preiskomponenten dargelegt.

Nutzenkennzahlen: Die Kennzahlen dienen zur objektiven Messung und Quantifizierung des Nutzenversprechens anhand der erfassbaren Betriebsdaten des Kunden (s. GOTTMANN 2019, S. 40). Dabei sind die für das Kundensegment relevanten Nutzenversprechen durch mindestens eine konkrete Kennzahl zu quantifizieren. Das Datenobjekt beinhaltet die Kennzahl mit Zuordnung zum Nutzenversprechen sowie eine Beschreibung zur Verknüpfung der Kennzahl mit den zugehörigen erfassbaren Betriebsdaten.

Mehrnutzenprognose: Der prognostizierte Mehrnutzen definiert einen anhand der Nutzenkennzahlen quantifizierten Mehrwert des Leistungsangebots der Subskription gegenüber dem aus Substitutionsangeboten generierten Referenznutzen. Entscheidend bei der Bewertung des Leistungsangebots der Subskription ist, um welchen Wert dieses den Nutzen aus anderen Angeboten übersteigt und sich somit gegenüber anderen Angeboten durch einzigartige Bestandteile abgrenzt (s. SCHUH ET AL. 2019, S. 1f.). Dieser Mehrnutzen ist in Abhängigkeit eines zu erwartenden Werts der Nutzenkennzahl kalkuliert darzustellen.

Preisintervall für Kennzahlen: Das Preisintervall stellt den möglichen Spielraum für den Preis des Leistungsangebots in Abhängigkeit der quantifizierten Mehrnutzenprognose und der Kostenprognose dar. Dabei stellt die Kostenseite die Untergrenze des Preisintervalls und die Nutzenseite die Obergrenze dar (s. SIMON U. FASSNACHT 2016, S. 99). Die Nutzenseite ist dabei abhängig von der Zahlungsbereitschaft des Kunden für die Mehrnutzenprognose. Das Datenobjekt ist eine Tabelle mit möglichen Minimal- und Maximalpreisen in Abhängigkeit von möglichen Werten für die ausgewählten Nutzenkennzahlen.

Preismodellliste: Die Preismodellliste stellt eine Übersicht über mögliche Preismodelle dar, die zu einem Leistungsversprechen und zu den ausgewählten Nutzenkennzahlen der relevanten Nutzenversprechen passen. Innerhalb der Liste sind die möglichen Preismodelle aufgeführt und mit den entsprechenden Nutzenkennzahlen verknüpft dargestellt (s. LIOZU 2022, S. 141ff.).

Konfigurierte Preiskomponenten: Über die konfigurierten Preiskomponenten wird festgelegt, aus wie vielen Komponenten der Preis unter Berücksichtigung des Nutzenversprechens und der Kostenprognose bestehen soll und welches Preismodell der Preismodellliste der jeweiligen Preiskomponente zugrunde liegt. Mehrere Komponenten sind z. B. aufgrund der Geschäfts- und Leistungsrisikobewertung und oder zur Schaffung von Anreizen zur Erreichung der Mehrnutzenprognose erforderlich (s. FROHMANN 2018, S. 227). Das Datenobjekt beinhaltet eine Beschreibung der Preiskomponenten und der dazugehörigen Preismodelle sowie eine Bewertung, welcher Anteil des Gesamtpreises auf die einzelnen Preiskomponenten fällt.

Bemessungsgrundlagen: Die Bemessungsgrundlage definiert die Einheit, für die der Kunde jeweils einen Preis zahlt. Jeder konfigurierten Preiskomponente liegt dabei eine Bemessungsgrundlage zugrunde. Die Bemessungsgrundlage hängt bei fixen Preismodellen von festen Parametern ab, wie beispielsweise der Zahl an Maschinen beim

Kunden, und bei variablen Preismodellen von erfassbaren Betriebsdaten oder Nutzenkennzahlen (s. FROHMANN 2018, S. 227). Oft sind dabei mehrere Bemessungsgrundlagen denkbar, von denen im Datenobjekt eine konkrete pro konfigurierter Preiskomponente festzuhalten ist.

Preisformel: Die Preisformel ist die Berechnungsgrundlage, durch die alle relevanten Preiselemente in einer Rechnung verknüpft werden. Die Formel ist dabei, vor allem bei Nutzung von variablen Preismodellen, auch abhängig von den Echtzeit-Betriebsdaten eines Kunden. Die Formel führt Bemessungsgrundlagen und Nutzenkennwerte mit konkreten Preishöhen zusammen, sodass sich aus der Summe aller Elemente der Preisformel der Preis für ein Abrechnungsintervall ergibt (s. LIOZU 2022, S.142ff.).

Subskriptionsvertrag: Der Subskriptionsvertrag stellt die schriftliche Formalisierung eins zweiseitigen Rechtsgeschäfts zwischen einem Anbieter und einem Kunden zur Erbringung des Leistungsangebots für eine Gegenleistung in Form einer Zahlung über den Vertragszeitraum dar. Dazu führt der Vertrag über rechtskonform formulierte Vertragselemente das anzubietende Leistungsangebot mit den Preiselementen und der Preisformel zur Berechnung des Preises zusammen (s. SCHMITT U. ULMER 2010, S. 1ff.). Der Vertrag ist initial vor Implementierung der Leistung abzuschließen und kann bei Übereinkunft zwischen Anbieter und Kunde adaptiert werden, falls eine Anpassung des Preismodells erforderlich ist. Das Datenobjekt stellt einen Leistungserbringungsvertrag über einen dezidierten Leistungszeitraum dar.

Rechnung: Die Rechnung stellt ein Dokument zur Abrechnung des Preises für die Bereitstellung des Leistungsangebots für ein konkretes Leistungsintervall dar. Hierzu wird die errechnete Preisvariable für das Leistungsintervall innerhalb der Rechnung in Verknüpfung zu den Abrechnungsvariablen dargestellt. Eine Rechnung wird dem Kunden nach jedem Leistungsintervall zugestellt und stellt den Abschluss der Preisbildung dar (s. LAZARZ 2021, S 24ff.).

6.4.3 Klassifizierung der Echtzeit-Betriebsdaten

Echtzeit-Betriebsdaten stellen Datenobjekte dar, die als aktuelle Daten Inputfaktoren für den Prozess sind. Echtzeit bedeutet, dass die anfallenden Daten aus der Betriebsphase simultan zur Nutzung verarbeitet und für die Darstellung der aktuellen Situation in einer angemessenen Aktualität zur Verfügung gestellt werden (s. FRICK ET AL. 2020, S. 221). Die Betriebsdaten werden dabei innerhalb der Produktion von der Maschine bzw. Anlage sowie aus deren Anwendungsumfeld erfasst und kontinuierlich über cyber-physische Systeme zur Weiterverarbeitung übertragen. Die Echtzeit-Betriebsdaten sind durch hohe Dynamik und dementsprechend kurze Gültigkeitszeit hinsichtlich der Beschreibung der aktuellen Situation gekennzeichnet (s. ZÖBEL 2020, S. 16f.). Im Rahmen des Modells dienen die Echtzeit-Betriebsdaten vor allem als Datenobjekte, die über Funktionen in Berechnungsvariable überführt werden. Die Erfassung der Echtzeit-Betriebsdaten ist in der Praxis etabliert, erfolgt jedoch in unterschiedlichen Softwaresystemen und Silos ohne direkte Schnittstellen (s. LABBUS ET AL. 2017,

S. 541). Innerhalb der Leistungskonfiguration und Preisbildung für Subskriptionsmodelle stehen vor allem die *Kundendaten*, *Maschinendaten beim Kunden*, *Prozessdaten des Kunden* und *Produktdaten des Kunden* im Fokus der Betrachtung (s. SCHUH ET AL. 2020a, S. 4). Die Betriebsdaten sind zwischen Anwendungsfällen sehr heterogen und können daher nicht übergreifend vereinheitlicht werden. Die Beschreibung erfolgt daher auf hoher Ebene.

Kundendaten: Kundendaten stellen relevante Daten dar, die aus der Interaktion zwischen einem Anbieter und einem Kunden entsteht. Diese reichen von Kontaktinformationen über Kundenanforderungen bis hin zu Geschäfts- und Erfolgsdaten des Kunden (s. KREUTZER 2016, S. 226). Diese Daten liegen vor allem im CRM-System vor.

Maschinendaten beim Kunden: Die Maschinendaten beinhalten alle relevanten Daten aus dem Lebenszyklus einer genutzten Maschine und aus den direkten Aktivitäten an der Maschine beim Kunden (s. EGGERT ET AL. 2019, S. 486ff.). Diese Daten beinhalten unter anderem die Nutzungszeit, Betriebszeit, Nutzungsanzahl, den Maschinenzustand und die Servicedaten der Maschine. Diese Daten liegen vor allem im PLM-System vor.

Prozessdaten des Kunden: Die Prozessdaten umfassen die durch den Betrieb direkt erzeugten Informationen aus dem Produktionsprozess des Kunden. Darunter fallen Informationen zur Führung, Lenkung, Steuerung und Kontrolle der Produktion in Echtzeit. Diese Daten liegen vor allem im MES-System des Kunden vor.

Produktdaten des Kunden: Die Produktdaten des Kunden geben Informationen über Messungen der Qualität entlang des Produktionsverlaufs her. Weiterhin werden produktbezogene Daten wie Stückzahl, Ausschuss und Kosten der hergestellten Produkte beim Kunden in diesen Daten erfasst. Diese Daten liegen vor allem im ERP-System des Kunden vor.

6.4.4 Klassifizierung der Berechnungsvariablen

Berechnungsvariable stellen Datenobjekte dar, die durch die Überführung von Echtzeit-Betriebsdaten oder anderen Berechnungsvariable über Funktionen im Prozess verarbeitet werden. Die Berechnungsvariablen haben dabei die Eigenschaft, in Abhängigkeit der Zeit verändert zu werden. Daher bilden diese Daten lediglich einen konkreten zeitlichen Zustand ab oder sind für einen definierten Zeitraum gültig. Die Berechnungsvariablen dienen dabei für weitere Funktionen als Inputgrößen, um daraus Outputdaten zu erzeugen, welche für einen konkreten Zeitabschnitt oder ein Leistungsintervall gültig sind.

Leistungsvariable: Die Leistungsvariablen bilden das hinreichend genaue Abbild der Echtzeit-Betriebsdaten für die Durchführung der Leistungskonfiguration und Preisbildung. Die Leistungsvariablen entsprechen dabei dem „digitalen Schatten" der Echtzeit-Betriebsdaten, in dem die für die Anwendungen relevanten Rohdaten erfasst und strukturiert werden (s. HARLAND 2019, S. 12). Das System beinhaltet dabei kopierte und verarbeitete Rohdaten der Anwendungssysteme und beschreibt diese in Echtzeit.

Kostenvariable: Die kontinuierliche Erfassung der Kostenvariablen erfolgt durch durchgängige Berechnung der Kostenprognose anhand der Leistungsvariablen. Dies ermöglicht eine Datengrundlage der Kosten zur Planung und Steuerung der Entscheidungen sowie zur Realisierung von Business-Analytics zur Leistungskonfiguration und Preisbildung und zur Wirtschaftlichkeitsoptimierung (s. SALIER 2021, S. 569). Die Kostenvariablen liegen dabei als Ist- und Prognosewerte für die Kosten zur bereits erfolgten und zukünftig anstehenden Leistungserbringung vor.

Value-in-Use: Der Value-in-Use ist die realisierte Wertschöpfung eines Kunden durch die Bereitstellung des Leistungsangebots. Dieser Wert stellt hierbei real erfahrenen Nutzen eines Kunden in B2B-Geschäftsbeziehungen dar und ist dementsprechend eine zentrale Entscheidungsvariable bei der Definition der Preiskomponenten und Preisentscheidungen (s. TOTZEK ET AL. 2019, S. 467).

Customer-Lifetime-Value: Der in Kapitel 2.2.4 beschriebene CLV definiert den Wert des Kunden für einen Anbieter über die Kundenbeziehung. Der Wert verändert sich durch realisierte Verbesserungsmaßnahmen und ist Grundlage für die Weiterentwicklung der Preiskomponenten des Subskriptionsvertrags sowie für die Realisierung von Verbesserungsmaßnahmen. Der Wert ist eine kundenabhängige Kenngröße.

Verbesserungspotential: Das Verbesserungspotential stellt den quantifizierbaren Zugewinn des Value-in-Use eines Kunden durch die Realisierung einer Verbesserungsmaßnahme dar. Das Verbesserungspotential ist dabei abhängig von einem Kunden und bezieht sich direkt auf eine Verbesserungsmaßnahme.

Abrechnungsvariable: Die Abrechnung erfolgt anhand aufbereiteter Leistungsvariable. Da Leistungsdaten aufgrund der Erfassung in einem industriellen Umfeld durch Mess- und Übertragungsfehler Datenfehler aufweisen können, sind die Daten für eine eindeutige und widerspruchsfreie Preiskalkulation aufzuarbeiten (s. Hildebrand 2021, S. 104). Daher stellen die Abrechnungsvariablen qualitativ aufbereitete, für die Abrechnung relevante Leistungsvariable dar.

Preisvariable für Leistungsintervall: Die Preisvariable stellt das Ergebnis aus der Preisberechnung anhand der Preisformel durch Eingabe der Abrechnungsvariablen dar. Hierbei wird anhand des definierten Rahmens des Subskriptionsvertrags die Preisvariable, bezogen auf ein definiertes Leistungsintervall, anhand der Preisformel berechnet. Die Preisvariablen werden als feste, durch den Kunden zu zahlende Beträge in Abhängigkeit der erbrachten Leistung in dem definierten Intervall erfasst.

6.5 Komplettierung des Vorgehensmodells

Als nächster Schritt erfolgt die Komplettierung des Vorgehensmodells. Die Komplettierung hat zum Ziel, einen konkreten, klaren und umsetzungsorientierten Handlungsrahmen für Anwender aus der Praxis zu bieten. Das Vorgehen wird auf Basis der zuvor definierten Teilmodelle der Funktions- und Prozesssicht (s. Kapitel 6.3) sowie der Datensicht (s. Kapitel 6.4) erarbeitet. Das Vorgehensmodell wird in der Abfolge des Prozesses mit den vier Phasen *Bezugsgrundlage*, *Werterfassung*, *Preisdimension* und

Preismetrik durchlaufen. Inhaltlich werden dazu die konstruierten Funktionen über die in der Prozesssicht vorgeschlagenen Reihenfolge durchlaufen und detailliert. Die durch die Funktionen verarbeiteten Daten werden jeweils mit aufgeführt. Die Funktionselemente werden zum einen durch Eigenschaften, Ausprägungen und Methoden konkretisiert und funktional beschrieben. Zum anderen werden die Elemente um Gestaltungs- und Anwendungsempfehlungen der Fallstudien und Experteninterviews (s. Kapitel 5.4 u. Anhang A.1) angereichert. In die Komplettierung des Vorgehensmodells im folgenden Teil der Arbeit fließen die Erkenntnisse aus allen 26 Fallstudien mit industriellen Unternehmen ein. Darüber hinaus werden aus den 63 durchgeführten Experteninterviews mit relevante Erkenntnisse für dieses Vorgehensmodell integriert. Die im Rahmen der Fallstudien und Experteninterviews gesammelten Erkenntnisse werden dabei im Folgenden in abstrahierter Form dargestellt. Zusätzlich werden die Elemente im Modell durch Wissenselemente aus der Literatur angereichert. Das daraus resultierende Vorgehen kann im Sinne des Referenzmodells auf konkrete Anwendungsfälle adaptiert, angepasst und konfiguriert werden kann. Dementsprechend stellen dargelegte Fallbeispiele jeweils Anwendungsvorschläge des Vorgehensmodells zur praxisnahen Veranschaulichung dar.

6.5.1 Detaillierung des Referenz-Vorgehens für Bezugsgrundlage

In diesem Abschnitt erfolgt die Detaillierung des Prozessschritts *Bezugsgrundlage* für die Vertriebs- und Nutzungsphase. Diese besteht aus den sieben Funktionen *Kundensegmente klassifizieren*, *Anwendungsfälle erfassen*, *Leistungsversprechen spezifizieren*, *Leistungsangebot gestalten*, *Leistungsangebot erbringen*, *Leistungscontrolling durchführen* und *Verbesserungsmaßnahmen durchführen*.

E.1.1.1 Kundensegmente klassifizieren: Die Funktion hat zum Ziel, Kunden anhand deren Kundenmerkmale in Kundensegmente einzuteilen. Die Kundensegmentierung erfolgt durch Unterteilung der Gesamtheit der Kunden in homogene Gruppen (bzw. Segmente) in Bezug auf Anforderungen oder Eigenschaften (s. BINCKEBANCK 2016, S. 205). Innerhalb der Kundensegmentierung können durch den Anwender situationsspezifische Segmentierungskriterien für die Kunden definiert werden. Neben klassischen Kriterien kommen zur Kundensegmentierung in Subskriptionsmodellen neue Kriterien hinzu (s. LEITING ET AL. 2020, S. 89ff.; LIOZU U. ULAGA 2018, S. 84). Ausgehend von homogenen Kundensegmenten werden Kundenprofile gebildet und auf Basis von Bewertungsdimensionen anhand der Relevanz priorisiert. Zur Analyse der Relevanz können z. B. Clusteranalysen durchgeführt werden. Durch diese wird das Potential eines Segments anhand von drei konkreten Dimensionen bewertet (s. Abbildung 6-20).

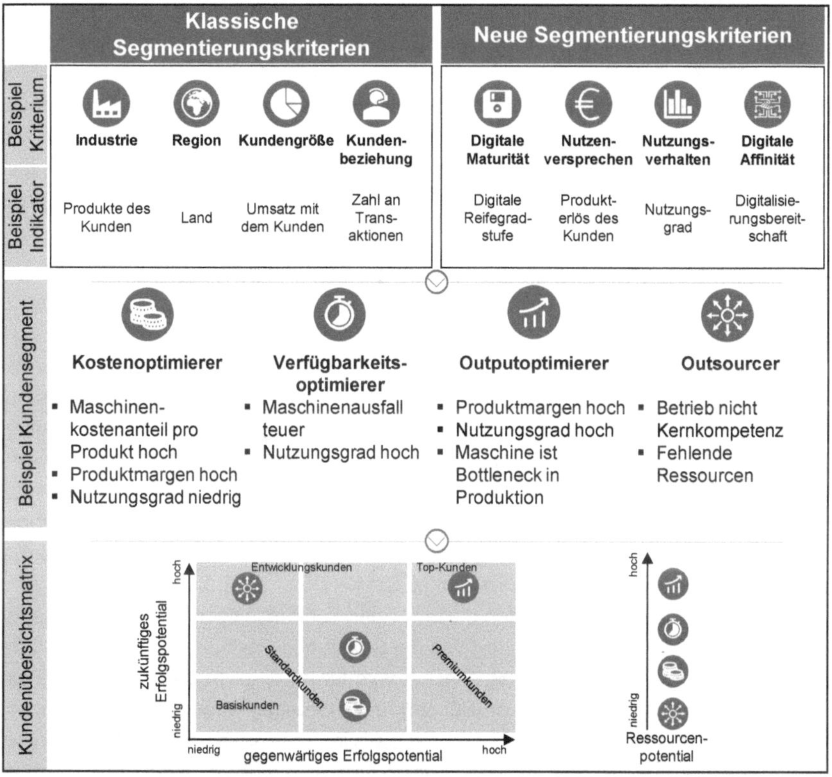

Abbildung 6-20: Durchführung der Kundensegmentierung (eigene Darstellung)

Beispiele für klassische Segmentierungskriterien aus den Fallstudien sind Industrie (Produkte des Kunden), Region (Land), Kundengröße (Umsatz des Kunden) oder Kundenbeziehung (Zahl an Transaktionen). Neue Kriterien stellen die digitale Maturität (digitale Reifegradstufe), das Nutzenversprechen (Produkterlös des Kunden), das Nutzungsverhalten (Nutzungsgrad) oder die digitale Affinität (Digitalisierungsbereitschaft) eines Kunden dar. Beispielhafte Kundenprofile sind die Gruppe der Kostenoptimierer, der Verfügbarkeitsoptimierer, der Outputoptimierer oder der Outsourcer. Während ein Kostenoptimierer zum Beispiel durch niedrige Produktmargen, geringe Nutzungsgrade oder einen hohen relativen Maschinenkostenanteil pro Produkt eine Reduktion von Kosten über alle anderen Ziele setzen wird, werden Outputoptimierer aufgrund hoher Produktmargen und eines bereits hohen Nutzungsgrads einer Maschine, die ein Bottleneck in der Produktion des Kunden ist, die Verbesserung des Outputs zum Ziel haben. Eine Clusteranalyse aller Kundenprofile anhand des gegenwärtigen Erfolgspotentials (Rentabilität), des zukünftigen Erfolgspotentials (Entwicklungspotential) und des Ressourcenpotentials erlaubt es anschließend einzuordnen, welcher Kunde auf welche Weise zu adressieren ist (s. PUFAHL 2014, S. 45). Nach Einschätzung aus den

Experteninterviews wird ein Outputoptimierer über ein höheres Entwicklungs- und Erfolgspotential verfügen als ein Kostenoptimierer und kann somit durch individuellere Leistungsangebote adressiert werden, da dessen Wertschöpfungspotential höher ist. Ein Kostenoptimierer dagegen ist mit standardisierten Leistungen zu adressieren und ein Leistungsangebot für diese Kunden kann auch nur bei hoher Standardisierung rentabel sein. Daraus resultiert, dass aufgrund von Aufwand, Kosten und zu geringem Erfolgspotential einer Leistungserbringung nicht jeder Kunde für jedes Subskriptionsangebot geeignet ist.

E.1.1.2 Anwendungsfälle erfassen: Ziel der Funktion ist die Überführung von Kundenanforderungen in Anforderungsspezifikationen für jeweilige Kundensegmente bzw. individuelle Kunden. Zur konkreten Erfassung dieser Spezifikationen sind Anwendungsfälle beim Kunden mitsamt Status quo, Anforderungen und Zielstellungen des Kunden zu erfassen (s. BAUERNHANSL 2014, S. 63). Aufgrund multidimensionaler Anwendungsszenarien werden durch Subskriptionsleistungen beim Kunden nicht einzelne Nutzer, sondern ganze Nutzungs-Center adressiert. Die jeweiligen Nutzer des Kunden verfügen über eigene Anforderungsprofile und sind entsprechend zu analysieren (s. Abbildung 6-21). Stakeholder im Nutzungs-Center des Kunden können z. B. den Kategorien *Produktnutzer*, *Nutzer digitaler Leistungen*, *interne Instandhaltung*, *interne IT* und *Produktionsüberwacher* zugeordnet werden (s. SCHUH ET AL. 2022, S. 264). Zur Erfassung der Bedürfnisse der Nutzer werden die jeweiligen kundenseitigen Prozesse, Ressourcen, Aktivitäten, Herausforderungen und die Status-quo-Performance erfasst und formalisiert (s. TULI ET AL. 2007, S. 5). Hieraus wird für jeweilige Nutzer erfasst, was diesem im Anwendungsfall wichtig ist. Bei den Anforderungen wird zwischen nichtfunktionalen Anforderungen (Anforderung des Nutzers im Anwendungsfall) und funktionalen Anforderungen (Anforderungsspezifikation an Leistung) unterschieden (s. ROBERTSON U. ROBERTSON 2014, S. 223ff.). Da beim Angebot von Subskriptionsangeboten immaterielle Lösungen im Fokus stehen bzw. durch alternative Leistungsangebote erreicht werden können, sind möglichst nichtfunktionale Anforderungen zu identifizieren (s. BONNEMEIER 2009, S. 85). Nach Darstellung der befragten Experten kann ein Techniker als Anwender einer Maschine als funktionale Anforderungen zum Beispiel eine hohe Verfügbarkeit sowie eine einfache Bedienung dieser Maschine angeben. Aus diesen resultiert als nichtfunktionale Anforderung die Forderung nach einer höheren Produktivität des Produktionsprozesses.

Nutzer der Leistung beim Kunden	Anforderung des Nutzers im Anwendungsfall	Anforderungs-spezifikation an Leistung
Beispiele für Anforderungen des Nutzungs-Centers des Kunden in der Nutzungsphase		
Produktnutzer Anwender der Hardware	▪ höhere Produktivität des Produktionsprozesses	▪ hohe Verfügbarkeit der Maschinen ▪ einfache Bedienbarkeit
Nutzer digitaler Leistungen Anwender von Software	▪ Energieeinsparung im Betrieb	▪ Transparenz über Energieverbrauch ▪ Entscheidungshilfen für Maßnahmen
Interne Instandhaltung erledigt IH-Arbeiten an Produkten	▪ geringere Betriebskosten für Maschine	▪ geringer Verschleiß der Betriebsmittel ▪ Zugang zu kostengünstigen Ersatzteilen
Interne IT integriert digitale Komponenten in die Arbeitsumgebung	▪ geringeres Risiko für unzulässige Datennutzung	▪ definierte Integrations-schnittstellen ▪ Datensicherheitskonzepte
Produktionsüberwacher überwacht die Nutzer, z.B. Schicht- oder Produktionsleiter	▪ höherer Erlös pro produziertem Produkt	▪ Qualitätsverbesserung der hergestellten Produkte

Abbildung 6-21: Analyse der Kundenanforderungen (eigene Darstellung)

E.1.1.3 Leistungsversprechen spezifizieren: Ziel der Funktion ist es, die formulierten Anforderungsspezifikationen in Abhängigkeit vorhandener Leistungskomponenten in zu erbringende Leistungsversprechen zu überführen. Das Leistungsversprechen ist so zu formulieren, das bestehende Probleme behoben werden und das Angebot über den bestehenden Nutzen des Kunden hinausgeht. Grundsätzlich kann beim Angebot von Subskriptionsmodellen zwischen den vier aufeinander aufbauenden Leistungstypen *verfügbarkeits-*, *nutzungs-*, *ergebnis-* und *erfolgsorientiert* unterschiedenen werden (s. STOPPEL 2016, S. 56) (s. Abbildung 6-22). Mit steigendem Leistungstyp integriert sich ein Anbieter stärker in die Wertschöpfungsprozesse des Kunden und übernimmt dabei mehr Verantwortung über die Prozesse vom Kunden. Dies steigert sowohl das Ertragspotential als auch das Risiko (s. LAH U. WOOD 2016, S. 140). Aus der Übernahme höherer Risiken resultieren für den Anbieter anspruchsvollere Pflichten, die durch Leistungen adressiert werden müssen. Im Kern zielt der verfügbarkeitsorientierte Leistungstyp darauf ab, dass der Kunde nicht mehr kaufen und besitzen muss, sondern eine Leistung gegen einen festen Betrag nutzen kann. Der nutzungsorientierte Leistungstyp ist darauf ausgerichtet, den Nutzungsgrad eines Kunden mit dieser bereitgestellten Leistung möglichst zu verbessern. Im ergebnisorientierten Leistungstyp geht es darum, auch die Produktivität und somit das Ergebnis durch die Nutzung der Leistung zu verbessern.

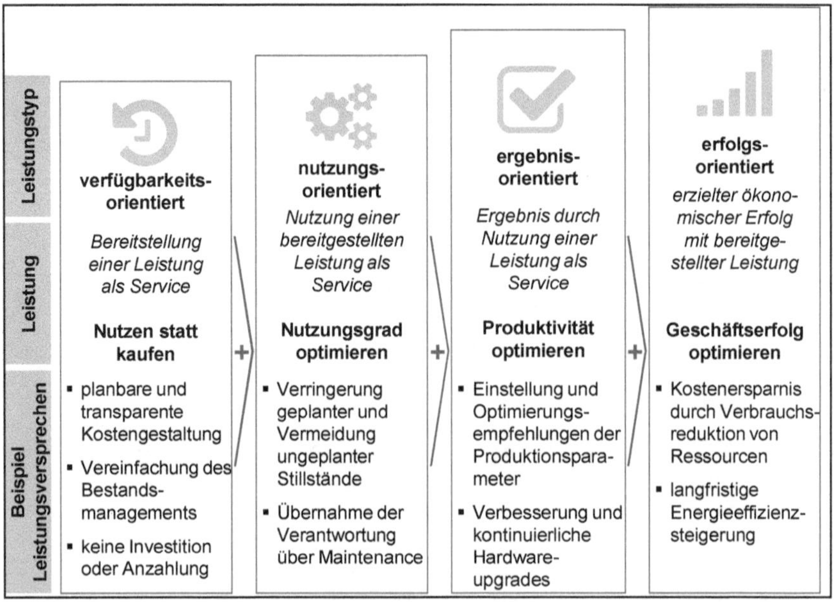

Abbildung 6-22: Definition von Leistungstypen und Leistungsversprechen (eigene Darstellung)

Der erfolgsorientierte Leistungstyp ist schließlich auf die Verbesserung des geschäftlichen Erfolgs durch den Kunden ausgerichtet. Dementsprechend muss für jeden Leistungstyp, der in einem Anwendungsfall dem Kunden angeboten werden soll, eine Spezifikation der Pflichten in Form eines Leistungsversprechens erfolgen (s. KÖLSCH ET AL. 2019b, S. 18ff.). Das Leistungsversprechen eines höheren Typs beinhaltet dabei immer auch die Leistungsversprechen des vorherigen Leistungstyps. Dies wird durch das Beispiel aus einer Fallstudie veranschaulicht, in dem der nutzungsorientierte Typ als Leistungsversprechen aus dem Verfügbarkeitstypen eine planbare und transparente Kostengestaltung, eine Vereinfachung des Bestandsmanagements und den Vorteil nicht erforderlicher Anfangsinvestition bietet. Im nutzungsorientierten Leistungstyp kommen eine Verringerung geplanter und eine Vermeidung ungeplanter Stillstände sowie die Übernahme der Maintenance-Verantwortung durch den Anbieter hinzu.

E.1.1.4 Leistungsangebot gestalten: Ziel der Funktion ist die Überführung des Leistungsversprechens in ein Leistungsangebot unter Berücksichtigung der individuellen Kundengeschäftsziele und der installierten Basis. Das Leistungsangebot stellt ein komplexes Subskriptionsleistungssystem dar, in dem verschiedene Leistungskomponenten zu einer integrierten Gesamtlösung zusammengeführt sind (s. BELZ ET AL. 1997, S. 31ff.). Dieses Leistungsangebot wird Kunden als Lösung-as-a-Service in die

Wertschöpfungsarchitektur integriert (s. BURR 2016, S. 167ff.). Um durch das Angebot individuelle Anforderungen zu adressieren und effizient und skalierbar integriert und erbracht zu werden, ist das Leistungsangebot in eine modulare Leistungsarchitektur zu überführen. Modulare Leistungsarchitekturen unterliegen dazu vier Prinzipien (s. BURR 2016, S. 172): Zum einen erfordern diese die Zerlegung der Gesamtfunktionalität in Teilfunktionalitäten. Zum anderen ist eine Zerlegung der Gesamtlösung in Teillösungen erforderlich. Darüber hinaus sind die Teilfunktionen und Teilleistungen organisatorischen Einheiten zuzuordnen, und zwischen den Teilfunktionen sind standardisierte Schnittstellen zu definieren. Beim Zeitpunkt der Modularisierung kann zwischen einer Modularisierung während der Vertriebsphase durch vorkonfigurierte Leistungsangebote (ex ante) und der Modularisierung während der Nutzungsphase durch Auswahl einzelner standardisierter Leistungskomponenten aus einem Leistungsbaukasten (ex post) unterschieden werden (s. VOSS U. HSUAN 2009, S. 555). Ein praktisches Beispiel aus einer Fallstudie für eine Gestaltung eines Leistungsversprechens ist die planbare und transparente Kostengestaltung. Diese wird als Leistungsangebot über eine Flatrate für die Ersatz- und Verschleißteile umgesetzt. Dadurch wird mit dem Leistungsangebot ein großer kostenseitiger Unsicherheitsfaktor in Form von ungeplanten Ausfällen vom Kunden genommen (s. Abbildung 6-23).

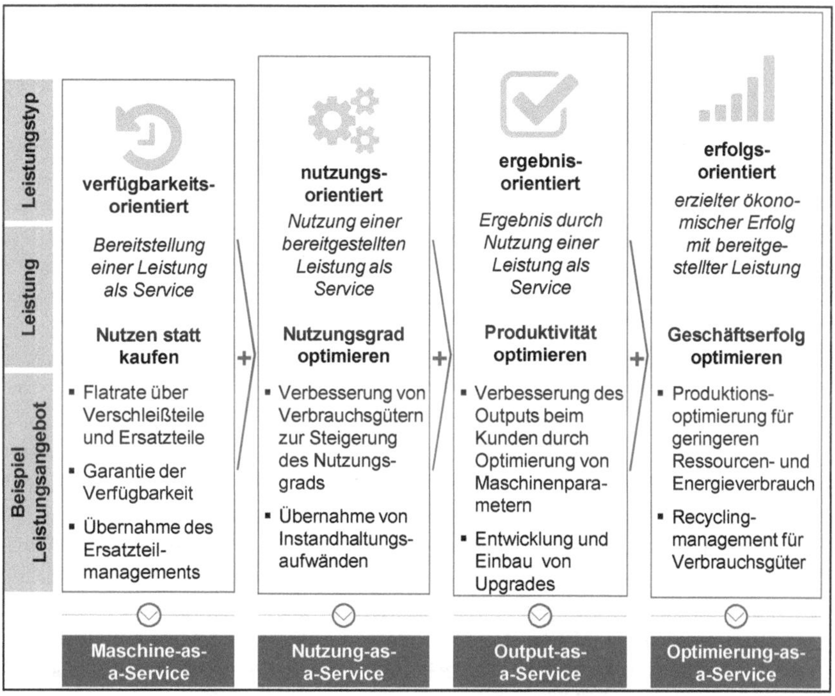

Abbildung 6-23: Gestaltung von Leistungsangeboten (eigene Darstellung)

In Summe sind die Leistungen derart zusammenzuführen, dass ein zentrales Leistungsversprechen herauskommt. Dies ist im verfügbarkeitsorientierten Modell ein *Maschine-as-a-Service*-Angebot, bei dem die Maschine dem Kunden zur Verfügung gestellt wird. Im höherwertigen nutzungsorientierten Modell ist dies ein *Nutzung-as-a-Service*-Angebot, bei dem die Nutzungszeit oder Nutzungshäufigkeit der Leistung angeboten wird. Darauf folgt das ergebnisorientierte Modell als *Output-as-a-Service*-Angebot, bei dem ein Produktionsergebnis angeboten wird und als höchste Stufe erfolgt im erfolgsorientierten Modell ein *Optimierung-as-a-Service*-Leistungsangebot, bei dem eine Verbesserung von relevanten wirtschaftlichen Kennzahlen dem Kunden angeboten wird.

E.1.2.1 Leistungsangebot erbringen: Ziel der Funktion ist die Erbringung der Wertschöpfung für den Kunden und die Überführung von Echtzeit-Betriebsdaten aus dem Produktionsumfeld des Kunden in hinreichend genaue Leistungsvariable zur Preisbildung. Die Leistungserbringung findet nach dem Prinzip der *Service-Dominant-Logic* als gemeinsamer Wertschöpfungsprozess unter Einbringung von anbieter- und kundenseitigen Ressourcen statt (s. GRANT 2016, S. 119). Eine solche Anbieterintegration in die Prozesse des Kunden ist dann erfolgreich, wenn der Anbieter kontinuierlich in die kundenseitigen Nutzungsprozesse eingreifen kann. Damit diese potentiellen Eingriffsmöglichkeiten in den Nutzungsprozess problemlos erfolgen können, sind für Leistungs- und Informationsprozesse Schnittstellen zu definieren. Das resultierende kombinierte *Push-Pull-Prinzip* postuliert die datenbasierte Identifikation von Leistungsbedarfen synchron zur Nutzung der Leistung und die Erbringung der erforderlichen Leistungen erfolgt unabhängig vom gemeldeten Bedarf (s. WEIBER U. HÖRSTRUP 2009, S. 294). Innerhalb der Systeme des Kunden muss die Datenerfassung hohen Anforderungen genügen, sodass heterogene Echtzeit-Betriebsdaten aus Kundenprozessen sinnvoll genutzt werden können (s. BRECHER U. BROCKMANN 2020, S. 545). Im Rahmen dieser Arbeit werden Echtzeit-Betriebsdaten in die Kategorien *Kundendaten*, *Maschinendaten beim Kunden*, *Prozessdaten des Kunden* und *Produktdaten des Kunden* unterteilt (s. Abbildung 6-24). Die heterogenen Leistungsdaten des Kunden werden für den Anbieter nutzbar gemacht, indem diese durch den Anbieter im digitalen Schatten erfasst und strukturiert werden (s. BRECHER U. BROCKMANN 2020, S. 545). Zur Wahrung von Objektivität bei der Datenerfassung müssen Durchführungs-, Auswertungs- und Interpretationsobjektivität gegeben sein (s. HOMBURG 2017, S. 256; MOOSBRUGGER U. KELAVA 2020, S. 8ff.). Die Durchführungsobjektivität ist gegeben, wenn die erhobenen Daten nicht durch die Messung beeinflusst werden, sodass das erfasste Objekt die einzige Variationsquelle darstellt. Hierzu sind Standards zur Datenerfassung festzulegen. Auswertungsobjektivität ist gegeben, wenn die Auswertung der Daten kaum Freiheitsgrade zulässt, sodass beliebige Auswerter zu gleichen Messungsergebnissen kommen. Interpretationsobjektivität ist gegeben, wenn die Daten keinen Interpretationsspielraum aufweisen, sodass unterschiedliche Auswerter mit denselben Messwerten zu denselben Schlussfolgerungen kommen. Wichtige Gestaltungselemente bei der Datenerfassung sind die Datenquellen, die Definition von Datenrechten, Effizienz bei der Datenerfassung und -auswertung und Mechanismen zur Datensicherheit (s. LIOZU U. ULAGA 2018, S. 241).

	Kundendaten	Maschinendaten beim Kunden	Prozessdaten des Kunden	Produktdaten des Kunden
Beispiele für in Echtzeit erfasste Betriebsdaten	▪ Kontakt-informationen ▪ Kunden-anforderungen ▪ Geschäfts- und Erfolgsdaten ▪ Interaktionsdaten ▪ Nutzenprofile ▪ Maschinen-unabhängige Servicedaten	▪ Nutzungszeit ▪ Betriebszeit ▪ Nutzungsanzahl ▪ Maschinenzustand ▪ Belastungsdaten ▪ Kräfte, Momente und Schwingungen an der Maschine ▪ Servicedaten der Maschine	▪ Führung, Lenkung & Steuerung ▪ Regelungsdaten ▪ Temperaturen ▪ Energieverbrauch ▪ Kräfte, Momente und Schwingungen im Prozess	▪ Stückzahl ▪ Ausschuss ▪ Materialkosten ▪ Qualitätsdaten ▪ Produktmaße ▪ Produktgewicht ▪ Optische Produktdaten ▪ Materialeigen-schaften

Anforderungen an die Datenerfassung	
Durchführungsobjektivität	Die erfassten Daten werden nicht durch die Messung beeinflusst
Auswertungsobjektivität	Das Ergebnis der Auswertung der Daten ist unabhängig vom Auswerter
Interpretationsobjektivität	Die Schlussfolgerungen aus den Daten sind unabhängig vom Auswerter
Datenrechte	Der Anbieter verfügt über die Rechte zum Zugriff auf die erforderlichen Betriebsdaten des Kunden
Effizienz	Die Datenerfassung erfolgt zu geringen Kosten und ist effizient
Datensicherheit	Die Sicherheit der Daten vor unerwünschten Handlungen durch nicht autorisierte Nutzer ist gegeben

Abbildung 6-24: Anforderungen an die Echtzeit-Datenerfassung (eigene Darstellung)

Damit diese Daten als Leistungsdaten durch Referenz-Datenmodelle erfasst werden können, müssen drei Kriterien erfüllt sein: Zum einen müssen es spezifisch aggregierte, multi-perspektivische und persistente Datensätze sein. Weiterhin müssen die Daten durch semantisch korrekte Selektion und Datenbereinigung generiert werden und zuletzt müssen die Daten für die Prozesse der Leistungskonfiguration und Preisbildung in domänenspezifischer Echtzeit genutzt werden können (s. BRECHER U. BROCKMANN 2020, S. 545). Da die zu erfassenden Betriebsdaten zwischen Kunden variieren und insbesondere über verschiedene Anwendungsfälle heterogen sind, erfolgt im Rahmen dieser Arbeit keine vollständige Aufnahme aller möglichen erfassbaren Echtzeit-Betriebsdaten. Die aus Experteninterviews gewonnenen Beispiele bei der Zuordnung zu den Maschinendaten des Kunden veranschaulichen die Logik zur Einordnung. Den Maschinendaten beim Kunden sind beispielsweise die Nutzungszeit, die Betriebszeit, die Nutzungsanzahl, Maschinenzustandsdaten, Belastungsdaten, Kräfte, Momente und Schwingungen der Maschine und Servicedaten zuzuordnen.

E.1.2.2 Leistungscontrolling & E.1.2.3 Verbesserungsmaßnahmen durchführen: Die beiden Funktionen haben zum Ziel, über den Lebenszyklus des Subskriptionsvertrags die erbrachten Leistungsangebote hinsichtlich Verbesserungspotential zu überprüfen und das Potential dort durch Verbesserungsmaßnahmen auszuschöpfen, wo dies zu einem höheren CLV führt. Das Leistungsangebot unterliegt während der Lebenszykluszeit durchgängigen Anpassungen in einem kontinuierlichen Verbesserungsprozess. Ein kontinuierlicher Verbesserungsprozess (PDCA-Zyklus) besteht aus den vier Zyklusphasen *Plan, Do, Check, Act* (s. Abbildung 6-25) (s. GOETSCH U. DAVIS 2016, S. 267).

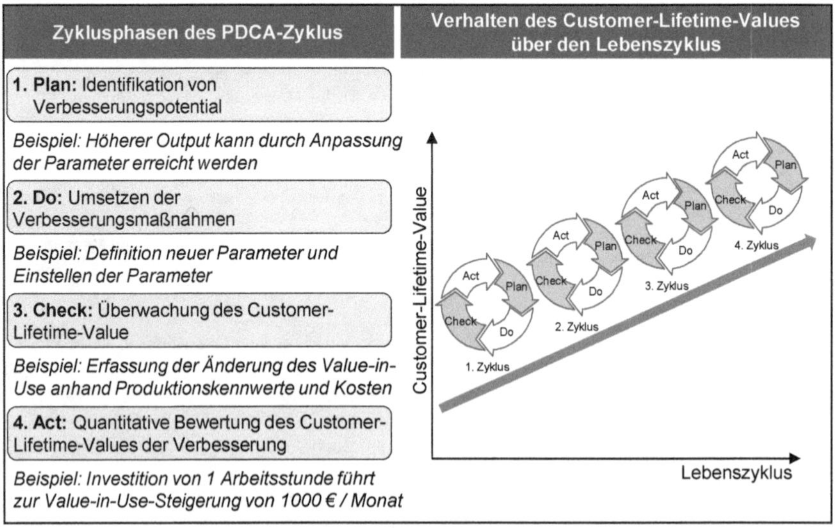

Abbildung 6-25: Kontinuierliche Verbesserung über den Lebenszyklus (eigene Darstellung)

Über diesen Zyklus ist zunächst in der Plan-Phase zu identifizieren, bei welchen beim Kunden erbrachten Leistungsangeboten ein Verbesserungspotential durch die Realisierung von Verbesserungsmaßnahmen möglich ist. Dazu werden über ein kontinuierliches Leistungscontrolling Prozesse, Funktionen, Methoden und Instrumente zur Überwachung der Leistungsdaten etabliert, um Erkenntnisse hinsichtlich Verbesserungspotentialen zu gewinnen (s. BECKER 1999, S. 11). Beim Controlling werden die Leistungsdaten beispielsweise hinsichtlich der Dimensionen *Zeit*, *Qualität*, *Kosten* und *Flexibilität* analysiert (s. LEISTERT 2006, S. 135). Aus Experteninterviews wurde beispielsweise eingebracht, dass mittels Leistungscontrolling identifiziert wird, dass die Prozessparameter nicht optimal eingestellt sind und eine Anpassung dieser zu einem höheren Output führen kann. Darauf folgt die Do-Phase zur Umsetzung der identifizierten Verbesserungsmaßnahmen. Hierbei sind insbesondere Maßnahmen zu wählen, durch die der CLV möglichst stark gesteigert werden kann. Dies hängt zum einen vom individuellen Kunden und zum anderen von der Verbesserungsmaßnahme ab. Im Beispiel der Parameteranpassung können im Rahmen eines monatlichen digitalen Prozessaudits neue Parameter identifiziert und eingestellt werden. Aufgrund geringer Kosten in der Umsetzung und des hohen Verbesserungspotentials im Value-in-Use führt diese konkrete Maßnahme zu einer hohen Verbesserung des CLV. Die Check-

Phase dient zur kontinuierlichen Überwachung des CLV, resultierend aus bestehenden und prognostizierten Kosten und Value-in-Use, bspw. in Folge der Änderung der Output-Produktionskennwerte. Dabei sind Abweichungen zu einem vorgesehenen Sollzustand der Kennwerte zu erfassen. Schließlich erfolgt die Act-Phase, in welcher umgesetzte Verbesserungsmaßnahmen hinsichtlich des CLV bewertet werden. Dies würde im skizzierten Beispiel des digitalen Prozessaudits eine Gegenüberstellung des Aufwands einer Arbeitsstunde gegenüber der Value-in-Use-Steigerung von durchschnittlich 1.000 € im Monat führen. Auf dieser Basis sind für Kunden mit hohem Verbesserungspotential weitere Verbesserungsmaßnahmen durchzuführen. Gleichzeitig bieten Kunden, bei denen der Value-in-Use gesteigert werden konnte, das Potential für eine Optimierung des Preismodells.

6.5.2 Detaillierung des Referenz-Vorgehens für Werterfassung

In diesem Unterkapitel erfolgt die Detaillierung des Prozessschritts *Werterfassung* für die Vertriebs- und Nutzungsphase. Diese besteht aus den elf Funktionen *Leistungsversprechen qualifizieren*, *Nutzenkennzahlen definieren*, *Referenzangebote bewerten*, *Mehrnutzenprognose berechnen*, *Geschäfts- und Leistungsrisiko bewerten*, *Leistungsangebotskosten erfassen*, *Preisintervall erfassen*, *Nutzendaten erfassen*, *Value-in-Use berechnen*, *Kosten berechnen* und *Kundenwert berechnen*.

E.1.2.1 Nutzenversprechen qualifizieren: Ziel dieser Funktion ist es, die relevantesten Nutzenversprechen für ein adressiertes Kundensegment bzw. einen adressierten Kunden zu erfassen. Dazu sind die Nutzenversprechen für einen Kunden einem übergeordneten Zielsystem zuzuordnen und deren relative Wichtigkeit zu definieren (s. HOLZBAUR ET AL. 2017, S. 145f.). In Abhängigkeit dessen ist zu erfassen, auf welche Zielstellungen des Kunden das Leistungsangebot der Subskription abzielt (s. OSTERWALDER ET AL. 2014, S. 43). Hinsichtlich des Nutzenversprechens unterliegt eine Leistung nach der *Service-Dominant-Logic* dabei drei Grundprinzipien: Erstens können Unternehmen keinen Nutzen liefern, sondern lediglich Nutzenversprechen. Der Nutzen entsteht erst in der Interaktion mit dem Kunden in der Nutzungsphase. Zweitens treten Kunden und Anbieter stets als *Co-Creator* des Nutzens auf und wirken gemeinsam und aktiv am Nutzenversprechen mit. Drittens ist Nutzen stets einzigartig und wird phänomenologisch durch den individuellen Nutzer bewertet (s. JAKOBY 2021, S. 85; VARGO U. LUSCH 2008, S. 7). Dabei zielen Nutzenversprechen auf drei übergeordnete Zielkategorien eines Kunden ab (s. Abbildung 6-26). Dies sind *weiche Faktoren* (Risiko- und Sorgenreduktion), *Kosteneinsparung* (Aufwand und Kosteneinsparung) und *Umsatzsteigerung* (Gewinn und Umsatz). Damit diese Nutzenversprechen erfolgreich sind, müssen diese nach OSTERWALDER ET AL. sechs Charakteristiken aufweisen. Zum einen müssen die Nutzenversprechen bisher nicht befriedigte Jobs und Schmerzen des Kunden adressieren. Zum anderen müssen die Nutzenversprechen über funktionalen Nutzen hinausgehen. Des Weiteren sind diese auf die Erfolgsmessung des Kunden abzustimmen. Darüber hinaus sind Aufgaben zu fokussieren, für deren Lösung der Kunde zu zahlen bereit ist. Auch muss das Nutzenversprechen schwer zu kopieren sein und sich von der Konkurrenz abgrenzen. Schließlich muss es Substitutionsangebote in mindestens einer Dimension übertreffen (s. OSTERWALDER ET AL. 2014, S. 72f.). Innerhalb dieser Charakteristiken können konkrete Nutzenversprechen durch Subskriptionsangebote anhand der Leistungsversprechen abgeleitet werden. Dafür werden Beispiele aus den Fallstudien zusammengeführt. In der praktischen Anwendung korrelieren die weichen Faktoren mit den verfügbarkeits- und nutzungsorientierten Leistungstypen. Beispiele für Nutzenversprechen sind der Gewinn von Sicherheit, die Verbesserung der Planbarkeit, die Reduktion von Stress sowie die Steigerung von Flexibilität. Die Kosteneinsparung fokussiert den nutzungs-, ergebnis- und erfolgsorientierten Leistungstyp. Hierzu stellen beispielsweise die Senkung von Ausschuss durch Qualitätsmängel, die Reduktion von Stillstandzeiten, reduzierte Ersatzteilkosten, reduzierter Arbeitsaufwand, niedrigere Betriebs- und Energiekosten oder Arbeitszeiteinsparungen Nutzenversprechen dar. Umsatzsteigerungen werden durch die ergebnis- und erfolgsorientierten Leistungstypen fokussiert. Diese stellen beispielsweise durch die Verbesserung der Produktmarge des Kunden, Produktivitätssteigerungen, neue Absatzpotentiale oder individuellere Leistungsangebote Nutzenversprechen für den Kunden dar.

	Weiche Faktoren	Kosteneinsparung	Umsatzsteigerung
Beispiele für USP des Leistungsversprechens	**Leistungstyp: Verfügbarkeit & Nutzung** a. Verantwortungs- und Versicherungsgarantien b. Datenbasierte Zustandstransparenz c. Datenbasierte Analysen d. Automatisierung von Prozessen e. Keine Einstiegshürden durch Bereitstellung	**Leistungstyp: Nutzung, Ergebnis & Erfolg** a. Garantieversprechen für Qualitätsniveau b. Leistungsgarantie und Verfügbarkeitsgarantie c. Kostenvorteil durch Lösungsangebot d. Maschinenverbesserung zur Kostenreduktion e. Automatisierung von Leistungsprozessen	**Leistungstyp: Ergebnis & Erfolg** a. Kontinuierliche Produkt- / Qualitätsverbesserung b. Prozessverbesserung zur Produktivitätssteigerung c. Unterstützung bei Adressierung neuer Kundensegmente d. Prozessverbesserung zur individuelleren Produktion
Beispiele für Nutzenversprechen	a. Sicherheitsgewinn / Risikoreduktion b. Verfügbarkeit / Planbarkeit verbessern c. Abnahme von Entscheidungen d. Reduktion von Stress und Verantwortung e. Flexibilität steigern	a. Qualitätsverluste senken, Ausschuss reduzieren b. Stillstandzeiten reduzieren (Predictive Maintenance) c. Wartungsaktivitäten / Ersatzteilkosten verringern d. Betriebskosten / Energiekosten reduzieren e. Aufwand für Tätigkeiten reduzieren	a. Verbesserung der Produktmargen / Gewinne b. Volumensteigerung / Produktivitätssteigerung c. Erschließen neuer Kundensegmente / Absatzpotentiale d. Nutzensteigerung für den Endkunden
	Senkung von Risiken und Sorgen durch Leistung	Reduktion von Kosten und Aufwand durch Leistung	Steigerung von Gewinn und Umsatz

Steigender Kundennutzen und Monetarisierungspotential

Abbildung 6-26: Klassifizierung von Nutzenversprechen (eigene Darstellung)

E.2.1.2 Nutzenkennzahlen definieren: Ziel der Funktion ist die Festlegung von etablierten Nutzenkennzahlen zur Erfassung der relevantesten Nutzenversprechen anhand messbarer Daten, Fakten und Werte aus den Betriebsdaten des Kunden. Kennzahlen ermöglichen eine objektive und quantitative Erfassung der qualitativen Nutzenversprechen anhand von Messgrößen als Indikatoren für den Nutzen (s. LAH U. WOOD 2016, S. 139; LIOZU U. ULAGA 2018, S. 149f.). Insbesondere bereits bestehende Kennzahlen aus der Produktion (s. GOTTMANN 2019, S. 95) bieten etablierte Grundlagen für die Nutzenkennzahlen. Damit die beim Kunden erfassten Daten und Messgrößen aus Anbieter- und Kundensicht den Anforderungen für Nutzenkennzahlen genügen, müssen mehrere Anforderungen erfüllt werden (s. LIOZU U. ULAGA 2018, S. 157). Zum einen müssen die Messwerte mit dem Nutzen des Kunden korrelieren. Weiterhin müssen Anbieter und Kunde gleichermaßen über Zugriffsrechte auf die Daten verfügen und über die technischen Fähigkeiten zum Zugriff auf diese Daten verfügen. Schließlich müssen die Daten eine angemessene Qualität aufweisen. Kennzahlen sind im Rahmen einer unternehmensinternen Bewertung von Geschäftsprozessen etabliert (s. GOTTMANN 2019, S. 19ff.). Diese unternehmensinterne Sicht wird durch die Nutzenkennzahlen um eine unternehmensexterne Sicht für alle Kunden erweitert. Als Nutzenkennzahlen können bereits etablierte Kennzahlen zur unternehmensinternen Bewertung bezogen auf Anlangen- und Produktionsprozesse, Beschaffung, Material und Logistik, Personal, Auftragsabwicklung und Organisation, Kunden sowie Qualität genutzt werden (s. GOTTMANN 2019, S. 49ff.). Jeweils passende Kennzahlen für einen Kunden können in Abhängigkeit der definierten Nutzenversprechen identifiziert werden (s. Abbildung 6-27). Beispiele für Kennzahlen aus den Experteninterviews zu weichen Faktoren sind unter anderem die Abschreibungsquote, die Anlagenverfügbarkeit und die *Mean Time Between Failures*-Kennzahl. So dient beispielsweise die Anlagenverfügbarkeit als messbarer Indikator für das Nutzenversprechen der Verbesserung von Verfügbarkeit und Planbarkeit. Zu den Kennzahlen der Kosteneinsparung können unter anderem die Instandhaltungsquote, die Produktionsfehlerquote sowie die Anlageneffizienz gezählt werden. Die Anlageneffizienz ist beispielsweise ein Indikator für die Reduktion von Stillstandzeiten, Betriebskosten oder Wartungsaktivitäten. Im Rahmen der Umsatzsteigerung dienen unter anderem die Leistung, der Qualitätsgrad und die *Overall Equipment Efficiency* (OEE) als Indikatoren. Hier kann beispielsweise der Qualitätsgrad zur Erfassung der Verbesserung der Produktqualität herangezogen werden. Die OEE stellt eine besondere Kennzahl dar, da diese als Kombination aus Anlagenverfügbarkeit, Anlageneffizienz und Qualitätsgrad mehrere Kennzahlen kombiniert. Für die relevantesten Nutzenversprechen sind aus diesen Kennzahlen passgenaue Nutzenkennzahlen auszuwählen. Hierbei sollte zur Vermeidung von Komplexität nur bei signifikanten Einflüssen durch voneinander unabhängige Nutzenversprechen mehr als eine relevante Kennzahl ausgewählt werden.

	Weiche Faktoren	Kosteneinsparung	Umsatzsteigerung
Nutzenversprechen	**Leistungstyp: Verfügbarkeit & Nutzung** ▪ Senkung von Risiken und Sorgen durch Leistung	**Leistungstyp: Nutzung, Ergebnis & Erfolg** ▪ Reduktion von Kosten und Aufwand durch Leistung	**Leistungstyp: Ergebnis & Erfolg** ▪ Steigerung von Gewinn und Umsatz
Beispiele für mögliche Nutzenkennzahlen	**Abschreibungsquote** $= \frac{kumulierte\ Abschreibungen}{Sachanlagen} * 100\ \%$ **Beschreibung:** *Anteil kumulierter Abschreibungen auf Sachanlagen an Anschaffungs- und Herstellkosten* **Beispiele Nutzenversprechen:** *höhere Flexibilität, Reduktion von Verantwortung, Finanzierungsrisikoreduktion*	**Instandhaltungskostenquote** $= \frac{Instandhaltungskosten}{Wiederbeschaffungswert} * 100\ \%$ **Beschreibung:** *Verhältnismäßigkeit der IH-Kosten pro Maschine* **Beispiele Nutzenversprechen:** *Wartungsaktivitäten reduzieren, Ersatzteilkosten verringern*	**Leistung (Stk./Zeit)** $= \frac{Ausbringungsmenge}{Zeit}$ **Beschreibung:** *Leistungsfähigkeit eines Systems hinsichtlich Ausbringungsmenge* **Beispiele Nutzenversprechen:** *Produktivitätssteigerung und Volumensteigerung*
	Anlagenverfügbarkeit $= \frac{Laufzeit - Ausfallzeit}{Laufzeit} * 100\ \%$ **Beschreibung:** *verfügbarer, wertschöpfender Arbeitszeitanteil ohne Ausfallzeiten* **Beispiele Nutzenversprechen:** *höhere Verfügbarkeit und Planbarkeit, Reduktion von Stress, Sicherheitsgewinn*	**Produktionsfehlerquote** $= \frac{Fehler\ in\ der\ Produktion}{Gesamtstückzahl} * 100\ \%$ **Beschreibung:** *Anteil fehlerhafter Teile durch Produktionsprozess* **Beispiele Nutzenversprechen:** *Ausschuss und Qualitätsverluste reduzieren, Aufwand für Tätigkeiten reduzieren*	**Qualitätsgrad** $= \frac{produzierte\ Teile - fehlerhafte\ Teile}{Anzahl\ produzierter\ Teile} * 100\ \%$ **Beschreibung:** *Anteil Gutteile an Gesamtproduktion* **Beispiele Nutzenversprechen:** *Verbesserung der Produktqualität und Marge*
	Mean Time Between Failures $= \frac{Gesamte\ Betriebszeit}{Anzahl\ Ausfälle}$ **Beschreibung:** *durchschnittliche Zeit zwischen zwei Ausfällen* **Beispiele Nutzenversprechen** *höhere Verfügbarkeit und Planbarkeit, Reduktion von Stress, Sicherheitsgewinn*	**Anlageneffizienz** $= \frac{gesamte\ Bearbeitungszeit}{Nettobetriebszeit} * 100\ \%$ **Beschreibung:** *Effizienz der Anlage abzgl. Leerlauf, kleiner Stopps und verringerter Geschwindigkeit* **Beispiele Nutzenversprechen:** *Stillstandszeiten reduzieren, Betriebskosten reduzieren, Wartungsaktivitäten verringern*	**Overall Equipment Efficiency** $= Anlagenverfügbarkeit * Anlageneffizienz * Qualitätsgrad$ **Beschreibung:** *Produktionszeit ohne Störungen, Ausschuss, ggf. Rüsten* **Beispiele Nutzenversprechen:** *Produktivitätssteigerung und Volumensteigerung*

Abbildung 6-27: Definition von Nutzenkennzahlen (eigene Darstellung)

E.2.1.3 Referenzangebote bewerten & E.2.1.4 Mehrnutzenprognose berechnen: Ziel der Funktionen ist eine quantitative Bewertung des erzielten Mehrnutzens beim Kunden durch das angebotene Leistungsangebot anhand der ausgewählten Nutzenkennzahlen. Der Mehrnutzen wird dabei in Abgrenzung zu Referenzangeboten bewertet, da einem Kunden alternativ zum Subskriptionsleistungsangebot mehrere mögliche Referenzszenarien gegenüberstehen (s. LIOZU U. ULAGA 2018, S. 135). Da die Leistungen in der Regel für Kunden mit einer bestehenden installierten Basis angeboten werden, stellt dieser bestehende Status quo ohne eine Veränderung des Leistungsangebots, für den Kunden auch den zentralen Referenzpunkt dar. Dieses Angebot ist für den Kunden ein bekannter Anker, für dessen Wechsel in eine alternative Subskription dem Kunden Leistungen bzw. preisliche Anreize geboten werden müssen. Weitere Referenzpunkte sind Leistungsangebote von Wettbewerbern (Maschinen und Anlagenbauer, Dienstleister und Softwareanbieter) oder die interne Verbesserung der

Wertschöpfung durch den Kunden. Die Bedrohung durch Referenzangebote ist dementsprechend davon abhängig, wie einzigartig und austauschbar die angebotenen Nutzenversprechen und Mehrnutzen sind (s. SIMON U. FASSNACHT 2016, S. 104). Der Nutzen des Referenzangebots kann abgeschätzt oder durch eine Quantifizierung der Nutzenkennzahlen mit den erfassten oder abgeschätzten Leistungsdaten für diese Referenzangebote bestimmt werden (s. KERÄNEN U. JALKALA 2013, S. 1311). Da die entsprechenden Referenzangebote häufig bereits als installierte Basis in Betrieb sind, liegen für diese häufig Erfahrungswerte oder konkrete Daten zur Status-quo-Bewertung der Referenzkennzahlen vor. Auf dieser Basis sind ein Referenzwert für die Nutzenkennzahl sowie ein entsprechender Referenzpreis für die Leistung zu erfassen (s. Abbildung 6-28).

Leistungstyp	**verfügbarkeits-orientiert**	**nutzungs-orientiert**	**ergebnis-orientiert**	**erfolgs-orientiert**
Nutzen	**Nutzenversprechen**: • hohe Flexibilität und geringe Anlagenkosten **Kennzahl**: • Abschreibungsquote	**Nutzenversprechen**: • Minimierung von Stillstandzeiten **Kennzahl**: • Anlagenverfügbarkeit	**Nutzenversprechen**: • Produktivitätssteigerung **Kennzahl**: • Leistung	**Nutzenversprechen**: • Verbesserung der Produktqualität **Kennzahl**: • Qualitätsgrad
Beispiel Referenzwert	**Referenzleistung**: • Besitz der Maschine für 1.000.000 € Kaufpreis **Kennzahl Referenz**: • Abschreibungsquote von 10 % (auf ca. 10 Jahre) • Referenzpreis für ein Jahr entspricht 100.000 €	**Referenzleistung**: • Preis für Services & Betriebsmittel von 30.000 € p. a. **Kennzahl Referenz**: • Anlagenverfügbarkeit von 90 % (ca. 200 h Ausfallzeit p. a.) • Kosten für Ausfallstunden p. a.: 200.000 € (1.000 € pro Stunde)	**Referenzleistung**: • Preis für Services & Betriebsmittel von 50.000 € p. a. **Kennzahl Referenz**: • Leistung von 10.000 Produkten p. a. • Kundengewinn p. a.: 1.000.000 € (100 € pro produziertem Produkt)	**Referenzleistung**: • Preis für Services & Betriebsmittel von 55.000 € p. a. **Kennzahl Referenz**: • Qualitätsgrad von 95 % bei 10.000 Produkten p. a. • Kosten für Ausschussprodukte p. a.: 500.000 € (1.000 € pro Produkt)
Beispiel Mehrnutzenprognose	**Nutzenkennzahl Subskription**: • Abschreibungsquote des Kunden von 0% (Übertragung auf Anbieter) • Mehrnutzen aus Differenz der Abschreibung zum fixen Subskriptionsbetrag **Mehrnutzen:** = Abschreibung – feste Subskriptionsgebühr	**Nutzenkennzahl Subskription**: • Anlagenverfügbarkeit von 95 % (= ca. 100 Stunden Ausfallzeit p. a.) • Kosten für Ausfallzeit p.a.: => 100.000 € (100 * 1.000 €) **Mehrnutzen:** = 200.000 € - 100.000 € => 100.000 € p. a.	**Nutzenkennzahl Subskription**: • Leistung von 13.000 Produkten p. a. (3000 Produkte mehr p. a.) • Kundengewinn p. a.: =>1.300.000 € (13.000 * 100 €) **Mehrnutzen:** = 1.300.000 € - 1.000.000 € => 300.000 € p. a.	**Nutzenkennzahl Subskription**: • Qualitätsgrad von 99 % bei 10.000 Produkten p. a. (= 100 Produkte Ausschuss) • Ausschusskosten p. a.: 100.000 € (1.000 * 100 €) **Mehrnutzen:** = 500.000 € - 100.000 € => 400.000 € p. a.

Abbildung 6-28: Berechnung des Mehrnutzens mit Nutzenkennzahlen (eigene Darstellung)

Aufgrund zuvor definierter einzigartiger Nutzenversprechen sind die Leistungsangebote der Subskription den Referenzangeboten hinsichtlich des Nutzens überlegen

(s. OSTERWALDER ET AL. 2014, S. 72f.). Daher ist im Anschluss der Mehrnutzen durch das Subskriptionsangebot gegenüber dieser Referenz zu bewerten. Zum Zeitpunkt der Vertriebsphase liegt noch kein konkretes, datenbasiertes Wissen über die tatsächlichen Kennzahlen eines Kunden durch eine Subskriptionsleistung im Betrieb vor. Dementsprechend kann hierbei zunächst lediglich eine Prognose des Mehrnutzens erfolgen. Dazu sind nach Aussage aus einem Experteninterview Erfahrungswerte ähnlicher Kunden aus demselben Kundensegment oder aus möglichen Tests zur Bewertung der Nutzenkennzahl heranzuziehen. Aus der Gegenüberstellung des Referenzwertes und des Wertes für die Subskriptionsleistung resultiert schließlich der monetäre Mehrnutzen des Kunden. Dieser kann sich im verfügbarkeitsorientierten Leistungstyp beispielsweise durch die Differenz der Abschreibung zur jährlichen fixen Subskriptionsgebühr ergeben. Vielfach kann der Mehrnutzen für den Kunden hierbei durch Effizienz des Anbieters bei der Leistungserbringung realisiert werden, sodass hier Kostenvorteile des Anbieters über einen niedrigeren Preis als der Referenzpreis an den Kunden weitergegeben werden. Im nutzungsorientierten Leistungstyp eines Beispiels aus einer Fallstudie resultiert der Mehrnutzen aus Kostenvorteilen im Anlagenbetrieb. Dementsprechend resultieren aus einer höheren Anlagenverfügbarkeit weniger Stunden Ausfallzeit, welche dann in Verknüpfung mit einer monetären Bewertung einer Ausfallstunde in einen Mehrnutzen durch das Leistungsangebot der Subskription überführt werden können. Im Falle des ergebnisorientierten Leistungstyps wird beispielsweise eine höhere Produktionsleistung erzielt. Für die zusätzlichen Produkte ist aus Sicht des Kunden vor allem der marktseitig erzielte Gewinn von Bedeutung. Wenn bekannt ist, welchen Gewinn ein Kunde durch ein Produkt erzielt, kann der Mehrnutzen durch die zusätzlich produzierten Produkte errechnet werden. Im Falle des erfolgsorientierten Leistungstyps bedeutet es, dass der Mehrnutzen beispielsweise von einem besseren Qualitätsgrad abhängt. Bei einem höheren Qualitätsgrad werden weniger Produkte zerstört und die Kosten für ein Ausschussprodukt sind für einen Kunden maßgeblich. Dementsprechend resultiert der Mehrwert aus den eingesparten Kosten für weniger Produktausschuss.

E.2.1.5 Geschäfts- und Leistungsrisiko bewerten: Ziel der Funktion ist die quantitative Bewertung des Geschäfts- und Leistungsrisikos des Leistungsangebots auf Basis einer initialen Risikobeurteilung. Die Risiken beschreiben mögliche künftige Ereignisse mit einer Eintrittsgefahr, die negative Auswirkungen hinsichtlich strategischer, finanzieller, operativer und rechtlicher Faktoren auf das Geschäft haben (s. BRAUWEILER 2019, S. 18; LAH U. WOOD 2016, S. 140). Grundsätzlich kann bei der Risikobetrachtung zwischen Geschäftsrisiken und operationellen Risiken unterschieden werden (s. SKORNA U. NIEßEN 2020, S. 43). Die operationellen Risiken sind in der Regel technische Risiken. Dazu zählen potentielle Ausfall- und Instandsetzungskosten für das Leistungsangebot, die durch unsachgemäßes Handeln von Personen, Prozessen, Systemen und externen Ereignissen entstehen (s. GLASER 2018, S. 34). Die Geschäftsrisiken sind spezifische Risiken, die aufgrund des Subskriptionsgeschäftsmodells vorhanden sind. Allgemein bestehen aufgrund eines auf Langfristigkeit ausgelegten Kunde-Anbieterverhältnisses Ausfallrisiken des Vertragspartners und Marktpreisrisiken durch Änderung von Preisen über den Vertragszeitraum (s. GLASER 2018, S. 15ff.). Hinzu kommen je nach Leistungstyp weitere mögliche Risiken. Denn in den Leistungstypen stellt die Verlagerung von Risiken des Kunden auf den Anbieter eine bewusst eingegangene geschäftliche Chance dar, die elementare Nutzenversprechen im Subskriptionsgeschäft ermöglicht (s. STOPPEL 2016, S. 58) (s. Abbildung 6-29). Dabei werden beim verfügbarkeitsorientierten Leistungstyp Investitionsrisiken und Verfügbarkeitsrisiken, wie beispielsweise das Investitionsrisiko durch Insolvenz des Kunden, mit übernommen.

Leistungstyp	**verfügbarkeits-orientiert**	**nutzungs-orientiert**	**ergebnis-orientiert**	**erfolgs-orientiert**
Geschäfts-risiken	+ Investitionsrisiko + Verfügbarkeitsrisiko	+ Investitionsrisiko + Verfügbarkeitsrisiko + Prozessrisiko + Marktrisiko	+ Investitionsrisiko + Verfügbarkeitsrisiko + Prozessrisiko + Marktrisiko + Effizienz/Effektivität	+ Investitionsrisiko + Verfügbarkeitsrisiko + Prozessrisiko + Marktrisiko + Effizienz/Effektivität + Wertschöpfung
Beispiele für zusätzliche Risiken	▪ Fehlender Investitionsanreiz für Verbesserungen ▪ Abschreibung von Investitionen durch Insolvenz ▪ hohe Kosten durch unsachgemäße Handhabe ▪ Verfügbarkeitslevel kann nicht erbracht werden	▪ Leistungsangebot wird nicht durch Kunden genutzt ▪ Garantie- & Instandhaltungskosten sind höher als geplant ▪ Nutzungszeit wird trotz Leistungen nicht verbessert ▪ Haftung für Kosten und Schäden bei Produktionsausfall	▪ prognostiziertes Produktionsvolumen wird nicht erreicht ▪ Haftung für Schäden und Störungen der Produktion ▪ Kosten für Leistung sind signifikant höher ▪ Produktionsvolumen kann nicht verbessert werden	▪ Kosten für die Erfolgsmessung übertreffen Nutzen ▪ geringer Markterfolg der Produkte ▪ Reklamation der Produkte durch mangelnde Qualität ▪ Kosten für Leistung sind signifikant höher

Abbildung 6-29: Erfassung der Geschäftsrisiken (eigene Darstellung)

Im nutzungsorientierten Modell kommen zu den zuvor benannten Risiken auch noch das Prozess- und Marktrisiko. Dies bedeutet beispielsweise, dass ein Anbieter im nutzungsorientierten Modell riskiert, dass der Kunde diese Leistung selten zu nutzen beabsichtigt. Im ergebnisorientierten Modell kommen darüber hinaus auch noch Effizienzrisiken hinzu. Dadurch riskiert ein Anbieter beispielsweise, dass ein signifikant aufwändigeres Leistungsangebot zu höheren Kosten führen kann, die nicht monetär vergütet werden. Im erfolgsorientierten Modell kommt auch noch das Wertschöpfungsrisiko hinzu. Dies bedeutet, dass ein Anbieter beispielsweise aufgrund vom Wettbewerb des Kunden Umsatzeinbußen akzeptieren muss (s. STOPPEL 2016, S. 58). Zur Priorisierung und Analyse von Fehlern im Risikomanagement sind primär die Auswirkungen des Fehlers und die Auftrittswahrscheinlichkeit zu erfassen. Diese sind nach

Aussagen aus den Experteninterviews zunächst initial bestmöglich abzuschätzen und dann basierend auf Daten kontinuierlich zu konkretisieren. Weiterhin sind mögliche Maßnahmen zur Reduktion der Risiken zu erfassen.

E.2.1.6 Leistungsangebotskosten erfassen: Ziel der Funktion ist die Durchführung einer Kostenprognose auf Basis der Leistungsangebotskosten einzelner Leistungskomponenten sowie eintretender Ereignisse. Ein Verständnis der Kosten über den gesamten Lebenszyklus der Leistungserbringung ist grundlegende Voraussetzung für Preisentscheidungen und dient als mögliche Preisuntergrenze (s. SIMON U. FASSNACHT 2016, S. 99). Weiterhin können aus der Risikobewertung Risiken erfasst werden, die innerhalb des Lebenszyklus der Leistungserbringung zu möglichen Risikokosten führen (s. STOPPEL 2016, S. 83ff.). Die anfallenden Kosten zur Leistungserbringung sind über den gesamten Lebenszyklus anhand verfügbarer und prognostizierter Kosten zu erfassen. Für einen Teil der Kosten des Leistungsangebots kann lediglich eine Prognose erstellt werden, da diese zum Zeitpunkt der Bewertung erst in der zukünftigen Nutzungsphase anfallen. Bei der Kostenbewertung der Lebenszykluszeit kann zwischen einmaligen Kosten und kontinuierlich bzw. periodisch anfallenden Kosten unterschieden werden (s. SIMON U. FASSNACHT 2016, S. 99). Einmalige Kosten fallen vor und während der Vertriebsphase sowie möglicherweise nach der Nutzung bzw. Beendigung der Subskription an. Insbesondere bei Leistungsangeboten, bei denen eine komplexe Anlage beim Kunden implementiert wird, fallen initial hohe fixe Kosten an. Jeweilige Kostentypen wurden anhand der Fallstudien erfasst. Die Kostentypen der Vertriebsphase sind maßgeblich Planung & Entwicklung, Herstellung & Finanzierung sowie Installation & Inbetriebnahme (s. Abbildung 6-30). Da diese Kosten zum Zeitpunkt der Vertriebsphase bereits angefallen oder schon eingeplant sind, liegt für diese anhand interner Daten bereits eine konkrete Grundlage vor. Kosten nach der Nutzung fallen für den Abbau und den Umbau an und sind lediglich schwer zu prognostizieren. Innerhalb der Nutzungsphase fallen kontinuierliche Betriebskosten an. Der Umfang der Kosten ist sowohl von den übernommenen Risiken als auch vom Leistungsangebot abhängig. Da zum Zeitpunkt des Vertragsschlusses noch keine Daten aus dieser Phase vorliegen, sind basierend auf Erfahrungswerten und Annahmen Prognosen für die variablen Faktoren dieser Kosten vorzunehmen. Als mögliche Kostentypen liegen Betrieb & Energie, Risiko & Versicherung, Software & Infrastruktur, Qualität & Ausschuss, Services & Personal, Ersatzteile & Betriebsmittel sowie Anpassung & Verbesserung vor. Aufgrund der kontinuierlichen Entstehung können diese Kosten auf einen Zeitraum, z. B. ein Jahr, normiert und dann auf eine prognostizierte Lebenszeit des Vertrags hochgerechnet werden. Zur Beurteilung der Kosten für diese Leistungsangebote kann zwischen zwei Szenarien unterschieden werden (s. SIMON U. FASSNACHT 2016, S. 469): Zum einen kann der erwartete transaktionale Verkaufspreis (oder der einer vergleichbaren Leistung) als Kostengrundlage zugrunde gelegt werden. Dies ist in der Regel zu präferieren, wenn die Leistungen bereits im transaktionalen Geschäft angeboten werden. Falls keine Referenz besteht, können Verfahren auf Basis eines Mengengerüsts (bspw. Grobprojektierungsansatz) oder Verfahren ohne Mengengerüst (Kilo-, Material- oder Herstellungskostenmethode) zugrunde gelegt werden.

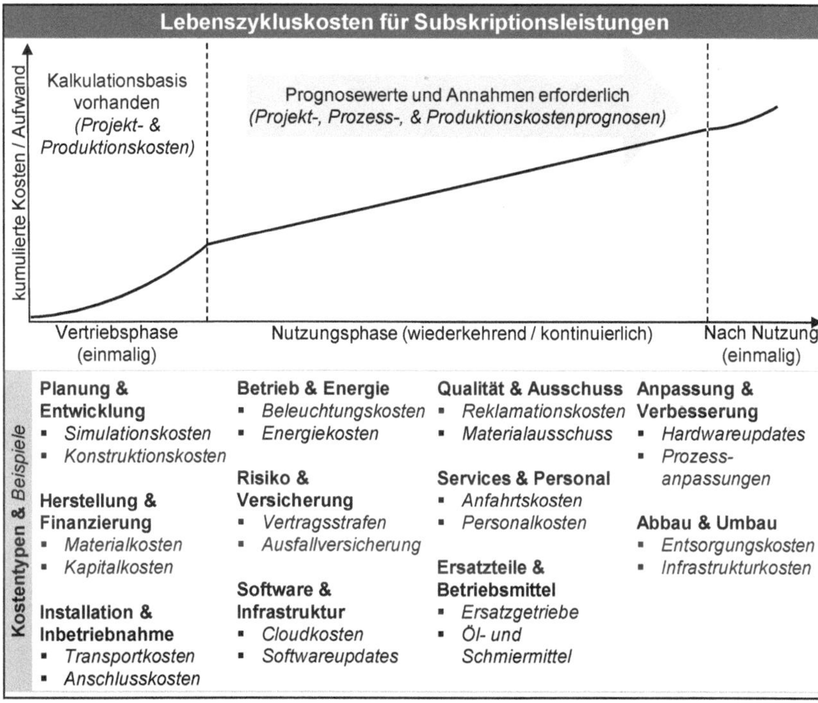

Abbildung 6-30: Prognose der Lebenszykluskosten (eigene Darstellung)

E.2.1.7 Preisintervall erfassen: Ziel dieser Funktion ist die Definition eines Preisintervalls in Abhängigkeit des Werts der Nutzenkennzahlen. Das Preisintervall bildet den Bereich für den Preispunkt ab, der aus Kunden- und Anbietersicht wirtschaftlich sinnvoll ist (s. SIMON U. FASSNACHT 2016, S. 129). Die Untergrenze dieses Intervalls bilden die Kosten und die Obergrenze des Intervalls bildet die Zahlungsbereitschaft des Kunden in Abhängigkeit des Kundennutzens (s. SIMON U. FASSNACHT 2016, S. 99ff.). Dieser Kundennutzen ist wiederum vom Wert der Nutzenkennzahl abhängig. Eine entscheidende Einflussgröße auf den Preispunkt in diesem Intervall ist der Mehrnutzen des Leistungsangebots gegenüber den Referenzangeboten (s. FROHMANN 2018, S. 169). Aufgrund einer variierenden Zahlungsbereitschaft zwischen einzelnen Kunden kann für die Auswahl des konkreten Preispunkts ein mögliches Preisintervall angegeben werden, aus der ein Preispunkt unter Abwägung strategischer Zielstellungen definiert werden kann (s. LIOZU 2022, S. 156). Die Funktion definiert daher ein Preisintervall, das abhängig vom Wert der Nutzenkennzahlen ist, und steigt somit anhand dieser Komponente (s. Abbildung 6-31). Der Nutzen des Kunden hat dabei nicht in jedem Fall, wie in diesem Beispiel dargestellt, eine lineare Abhängigkeit, da jener nicht immer mit jedem weiteren produzierten Produkt um den gleichen Betrag ansteigt.

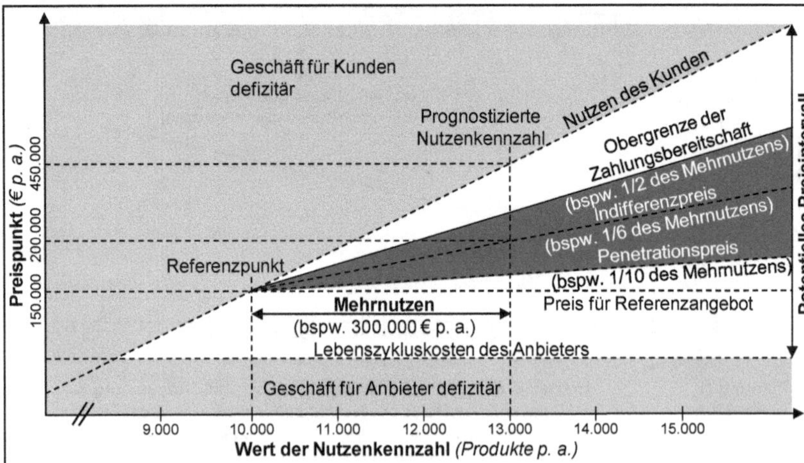

Beispieldarstellung eines ergebnisorientierten Leistungsangebots (Output-as-a-Service):

- Kennzahl Referenzleistung: 10.000 Produkte, Kundengewinn 1.000.000 € p. a.
- Preispunkt Referenzleistung: 50.000 € Services + 100.000 € Abschreibung p. a. = 150.000 € p. a.
- Mehrnutzen Subskription: 3.000 Produkte (Output von 13.000 Produkte p. a.) = 300.000 € p. a.
- ➢ Preispunkt bei Mehrnutzenaufteilung von ca. 1/6 für den Anbieter: 200.000 € p. a.

Abbildung 6-31: Definition des Preisintervalls (eigene Darstellung)

Nach Einschätzungen aus Experteninterviews kann es für bestimmte Produkte beispielsweise eingeschränkte Absatzmöglichkeiten geben. Außerhalb dieser Grenzen ist ein Leistungsangebot entweder für den Kunden (da der Preis dessen Nutzen übersteigt) oder für den Anbieter (da die Kosten höher als der Preis sind) defizitär und somit ist der Preis nicht adäquat für ein nachhaltig erfolgreiches Geschäft ausgelegt. Das Preisintervall stellt lediglich ein potentielles Preisintervall dar, denn dem Kunden stehen in der Regel zusätzliche Referenzangebote zur Verfügung, welche einen Referenzpunkt für Nutzenkennzahl für einen zu zahlenden Preis bieten. Der Referenzpunkt resultiert aus einem Referenzpreis (in diesem Beispiel aus einer Fallstudie 150.000 € p.a.) für eine Referenzleistung (10.000 Produkte p.a.). Von diesem ausgehend resultiert aus einer höheren Leistung der Mehrnutzen. Da der Mehrnutzen durch das Leistungsangebot von der variablen Nutzenkennzahl abhängig ist, ist dies ein Intervall. Für die in diesem Beispiel prognostizierte Nutzenkennzahl von 13.000 Produkten ergibt sich ein Mehrnutzen von 300.000 € p.a., welcher der Preispunktberechnung zugrunde gelegt wird. Dieser Mehrnutzen ist über die Wahl des Preispunkts zwischen Anbieter und Kunden aufzuteilen, sodass sich für beide Parteien ein nachhaltig vorteilhaftes Geschäft ergibt. Zur Identifikation des Aufteilungsschlüssels wird die Zahlungsbereitschaft genutzt. Aufgrund individueller Kundenpräferenzen und Wertewahrnehmungen ist die Zahlungsbereitschaft kein Punkt, sondern ein Bereich, in dem ein definierter Anteil an Kunden den Preis als angemessen empfindet. Dazu wird die Zahlungsbereitschaft durch mehrere Punkte formalisiert (s. SIMON U. FASSNACHT 2016, S. 129f.). Der Indifferenzpreis (hier im Beispiel 1/6 des Mehrnutzens) stellt einen Preis dar, den die

Hälfte der Kunden aus einem Zielsegment als weder zu teuer noch zu günstig bewerten. Der Penetrationspreis (hier im Beispiel 1/10 des Mehrnutzens) ist so günstig, dass die kaum Kunden diesen als zu teuer bezeichnen. Die Obergrenze der Zahlungsbereitschaft stellt eine Grenze dar, oberhalb derer fast alle Kunden das Angebot als zu teuer bezeichnen. Faustformeln geben eine Abschöpfung von höchstens 50 % an (s. FROHMANN 2018, S. 171). Zur Identifikation der Zahlungsbereitschaften eines Kundensegments können in Kundenbefragungen Methoden wie die *Conjoint-Analyse* oder das *van Westendorp-Verfahren* genutzt werden. Im dargestellten Beispiel aus der zugrundeliegenden Fallstudie resultiert als Indifferenzpreis für die prognostizierte Nutzenkennzahl von 13.000 Produkten ein Preispunkt von 200.000 €. Dieser kann jedoch abhängig vom Zielprofil des Anbieters auch höher oder tiefer gewählt werden. Neben dem Preispunkt für die prognostizierte Nutzenkennzahl ist auch die Erfassung des weiteren Bereichs des potentiellen Preisintervalls von Bedeutung, da innerhalb dieses Intervalls der Verlauf des Preispunkts bei abweichenden Nutzenkennzahlen zur prognostizierten Nutzenkennzahl definiert werden kann.

E.2.2.1 Nutzendaten erfassen & E.2.2.2 Value-in-Use berechnen: Ziel der Funktionen ist, die Berechnung des Value-in-Use anhand der verfügbaren Leistungsvariablen und ausgewählten Nutzenkennzahlen durchzuführen. Nutzen entsteht im Sinne der *Service-Dominant-Logic* erst innerhalb der Anwendung beim Kunden, ist stets subjektiv und kann nicht direkt gemessen werden (s. VARGO U. LUSCH 2008, S. 9). Über die Nutzenkennwerte können jedoch für den Kunden relevante Leistungsvariable erfasst werden, die im Zusammenhang mit dem Kundennutzen stehen (s. MENTHE U. SIEG 2018, S. 63). Dadurch ermöglichen die beim Kunden erfassten Echtzeitdaten eine Operationalisierung des Kundennutzens. Dieser quantitativ erfassbare Nutzen einer in die Wertschöpfungskette des Kunden integrierten Lösung wird als Value-in-Use bezeichnet und ist für Entscheidungen der Leistungskonfiguration und Preisbildung aussagekräftiger als qualitativ geprägte Nutzenversprechen (s. LÖBLER U. HAHN 2013, S. 263; MACDONALD ET AL. 2016, S. 5). Der Value-in-Use wird kontinuierlich während der Nutzungsphase anhand der in Echtzeit verfügbaren Betriebsdaten des Kunden berechnet. Zur Schaffung einer Nutzentransparenz ist dieser Wert dem Kunden in kontinuierlichen Intervallen darzustellen und mit dem Kunden zu verifizieren (s. KERÄNEN U. JALKALA 2013, S. 1312). Die Daten liegen auf verschiedenen Informationsebenen vor, die anhand des Informationsmodells nach KRCMAR in Zeichen, Daten, Informationen und Wissen eingeordnet werden können (s. KRCMAR 2015, S. 4). Dabei sind die Echtzeit-Betriebsdaten der Ebene der Zeichen zuzuordnen, die durch Überführung in Leistungsdaten innerhalb der Datenhierarchie zu Daten werden (s. Abbildung 6-32). Durch Errechnung der Nutzenkennzahlen werden die Leistungsdaten mit einem Kontext angereichert, sodass sie Informationen über den Nutzen eines Kunden enthalten. Durch Vernetzung der Nutzenkennzahlen mit Informationen über den erzielten Mehrnutzen bei einem Kunden kann der Value-in-Use errechnet werden. Damit die Echtzeit-Betriebsdaten effizient veredelt werden können, unterliegen diese konkreten Rahmenbedingungen (s. LIOZU U. ULAGA 2018, S. 155ff.). Die Erfassung, Übertragung, Berechnung und Verarbeitung der Daten müssen dabei nach Aussagen aus Experteninterviews automatisch ablaufen und kosteneffizient sein. Damit die Echtzeit-Betriebsdaten zugrunde gelegt werden können, müssen diese numerisch erfassbar und quantifizierbar sein und in Echtzeit weiterverarbeitet werden können. Zudem muss der gemessene Wert der Echtzeit-Betriebsdaten eine genaue Übereinstimmung zum tatsächlichen physikalischen Wert der Realität aufweisen. Die Nutzenkennzahlen müssen für die Kunden relevant, über alle Kunden hinweg vergleichbar, durch Kunde und Anbieter akzeptiert sowie eindeutig verständlich und nachvollziehbar sein.

Informationsgehalt der Daten bei der Berechnung des Value-in-Use

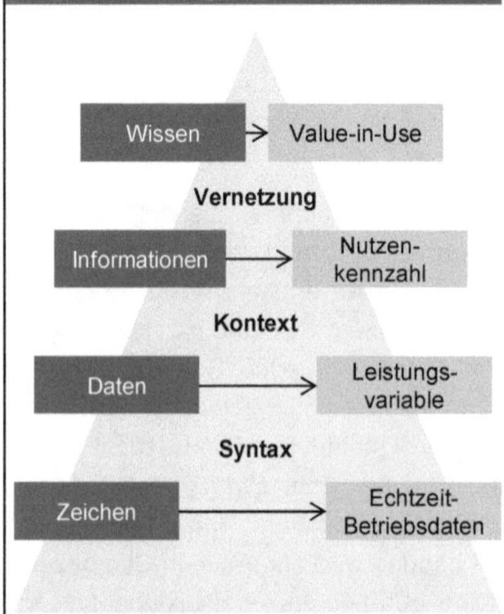

Rahmenbedingungen der Daten zur Value-in-Use-Berechnung

- Die Erfassung, Übertragung, Berechnung und Verarbeitung aller Daten laufen **automatisch**
- Die **Kosten** zur Erfassung, Übertragung, Berechnung und Verarbeitung sind **niedrig**
- Die Echtzeit-Betriebsdaten sind **numerisch erfassbar & quantifizierbar**
- Die Echtzeit-Betriebsdaten können in **Echtzeit verarbeitet werden**
- Der gemessene Wert der Echtzeit-Betriebsdaten weist eine **genaue Übereinstimmung** zum tatsächlichen Wert auf
- Die Nutzenkennzahl ist **relevant** für die Kunden
- Die Nutzenkennzahl ist über Kunden hinweg **vergleichbar**
- Die Nutzenkennzahl wird sowohl von Beteiligten des Kunden als auch des Anbieters **akzeptiert**
- Die Nutzenkennzahl ist für alle Parteien **eindeutig** verständlich und nachvollziehbar

Abbildung 6-32: Überführung von Echtzeit-Betriebsdaten in den Value-in-Use (eigene Darstellung)

E.2.2.3 Kosten berechnen & E.2.2.4 Kundenwert bewerten: Ziele der Funktionen sind die Errechnung des Kundenwerts zur Priorisierung der Kunden hinsichtlich Optimierungsmaßnahmen sowie die Bewertung der Profitabilität von Verbesserungsmaßnahmen. Eine Entscheidungsgrundlage zur Bewertung verschiedener Strategieoptionen zur Kundenentwicklung bietet der Kundenwert bzw. CLV (s. PUFAHL 2014, S. 44). Diese Bewertung ist erforderlich, um aus Anbietersicht zu entscheiden, auf welchem Kunden der Fokus für die Verbesserung des Leistungsangebots und die Optimierung des Preismodells liegt (s. HOFMANN 2020, S. 152). Der Kundenwert setzt sich dazu aus dem Ist-Kundenwert und dem Potential-Kundenwert zusammen (s. Abbildung 6-33).

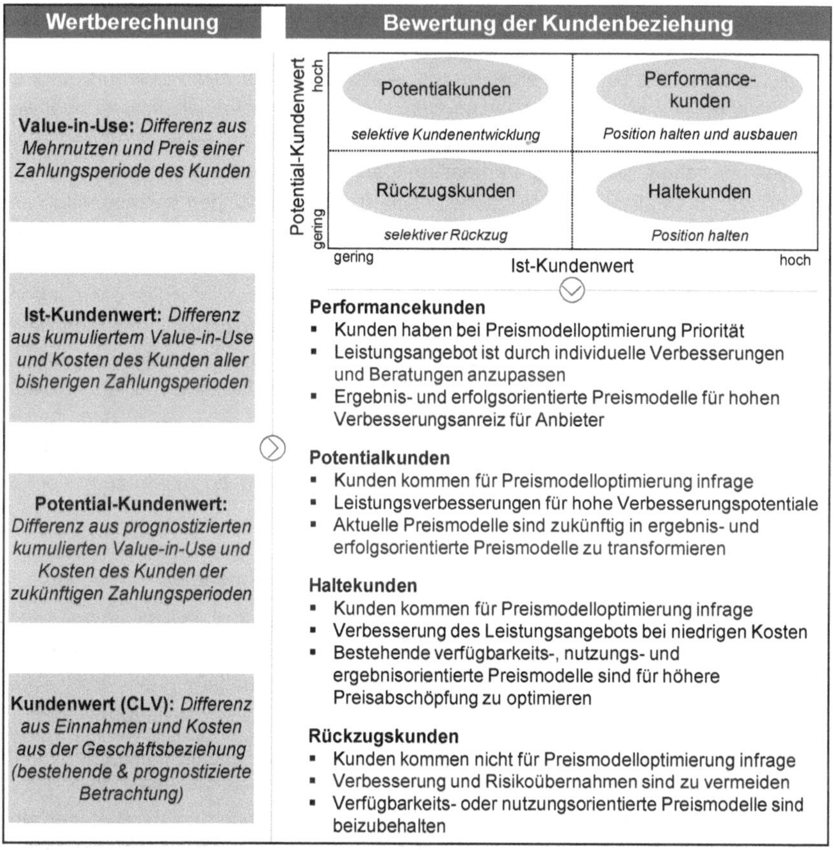

Abbildung 6-33: Auswahl der Kundenstrategie (eigene Darstellung)

Der Ist-Kundenwert stellt die Differenz zwischen kumuliertem Value-in-Use und bisherigen kumulierten Lebenskosten aller bisherigen Zahlungsperioden heraus und spiegelt dadurch die bisherige Profitabilität eines Kunden wider. Der Potential-Kundenwert spiegelt die Differenz aus prognostiziertem Value-in-Use und prognostizierten Kosten wider und ist eine Bewertungszahl für die Profitabilität des zukünftigen Geschäfts mit einem Kunden. Der Kostenberechnung aus Anbietersicht liegt die Lebenszykluskostenrechnung zugrunde. Hierzu werden die konkreten Kosten über den Lebenszyklus in kontinuierlichen Berechnungszyklen kalkuliert. In Ergänzung zur Kostenprognose der Vertriebsphase geht es innerhalb der Nutzungsphase vor allem um die operativen Kosten für das Betreiben eines Leistungsangebots sowie um die Kosten für Anpassungen und Verbesserungen des Leistungsangebots. Anhand des Ist- und des Potential-Kundenwerts können vier konkrete Strategien zur weiteren Betrachtung des Kunden definiert werden. Eine Einschätzung der Kunden wurde in den Experteninterviews vorgenommen. Kunden mit hohem Ist-Kundenwert sowie hohem Potential-Kundenwert stellen zu priorisierende Performancekunden dar und sind hinsichtlich Leistungsangebot und Preismodelle stetig weiterzuentwickeln. Damit bei diesen Kunden ein möglichst hoher Anreiz zur Verbesserung besteht, sind vor allem ergebnis- und erfolgsorientierte Preismodelle zu bevorzugen. Kunden, die einen hohen Ist-Kundenwert aufweisen, jedoch einen geringen Potential-Kundenwert, sind als Haltekunden in der Position zu halten. Dazu sind Verbesserungen dann durchzuführen, wenn geringe Kosten hierzu anfallen. Die Preismodelle sind bei diesen Kunden beizubehalten und nur bei Bedarf anzupassen. Die Kunden, die hohes Potential und einen niedrigen Ist-Kundenwert aufweisen, sind als Potentialkunden selektiv durch Verbesserungsmaßnahmen weiterzuentwickeln. Hierbei sind die Preismodelle kontinuierlich dahingehend zu überprüfen, ob sich eine Anpassung in ergebnis- oder erfolgsorientierte Modelle für Kunde und Anbieter auszahlt. Die letzte Gruppe machen die Rückzugskunden aus, die einen niedrigen Ist-Kundenwert und niedriges Potential aufweisen. Hier sind Kosten, Risikoübernahmen und Verbesserungsmaßnahmen möglichst zu vermeiden. Gleichzeitig sind bei den Kunden bestehende verfügbarkeits- oder nutzungsorientierte Preismodelle beizubehalten. Falls die Kunden nicht rentabel sind, ist zudem zu prüfen, ob der Subskriptionsvertrag aufgelöst werden sollte.

6.5.3 Detaillierung des Referenz-Vorgehens für Preisdimension

In diesem Abschnitt erfolgt die Detaillierung des Prozessschritts *Preisdimension* für die Vertriebs- und Nutzungsphase. Die Detaillierung besteht aus den sechs Funktionen *Preismodellziel definieren*, *Preismodelle definieren*, *Preismodelle priorisieren*, *Preiskomponenten konfigurieren*, *Preismodelle auditieren* und *Vertrag weiterentwickeln*.

E.3.1.1 Preismodellziele definieren: Mit der Funktion wird angestrebt, zwischen möglichen alternativen Zielstellungen für das Preismodell abzuwägen, damit die Preisbildung im Einklang mit den übergeordneten Geschäftszielen und den angebotenen Nutzenversprechen steht. Die Verknüpfung mit den Geschäftszielen ist erforderlich aufgrund der großen Hebelwirkung des ausgewählten Preismodells auf das Gesamtunternehmen (s. FROHMANN 2018, S. 91). Preismodellziele werden zur grundsätzlichen Ausrichtung des Anbieters hinsichtlich der Höhe des möglichen Preispunkts und möglicher zu wählender Preismodelle bestimmt (s. CLAUSEN ET AL. 2019, S. 68ff.). Ein Anbieter muss dabei auf Basis von vielseitigen Einflussfaktoren zwischen Abschöpfung des maximalen Preispotentials und schneller Skalierung auf dem Markt abwägen (s. Abbildung 6-34) (s. KALKA U. KRÄMER 2020, S. 9). Die Auswahl der Zielstellung ist dabei für jeweilige Kundensegmente zu treffen. So kann das Preismodellziel für einen Kunden aus dem Segment Outputoptimierer sich stark von dem Ziel für einen Kunden aus dem Kundensegment Kostensparer unterscheiden. Beispielhafte Einflussfaktoren aus den Fallstudien bestehen markt- und kundenseitig (z. B. Kundenanzahl, Wettbewerbsumfeld, potentielle Neukunden), leistungsseitig (z. B. Leistungskosten, Mehrnutzen, Individualisierungsgrad, Verbesserungspotential) oder unternehmensstrategisch (z.B. Wachstumsstrategie). Anhand der Ausprägung resultieren mögliche Zielausrichtungen. Wenn ein Anbieter beispielsweise in einem Kundensegment nur wenige (große) bestehende Kunden und kaum Potential hat, in diesem Segment weitere Neukunden zu gewinnen, dann ist für diese Kunden eine Abschöpfungsstrategie zu wählen. Demgegenüber sollte ein Anbieter für ein Kundensegment, in dem viele mögliche Kunden vorhanden sind, bei diesen Kunden jedoch kein hoher Mehrnutzen erreicht werden kann, eine Skalierungsstrategie wählen.

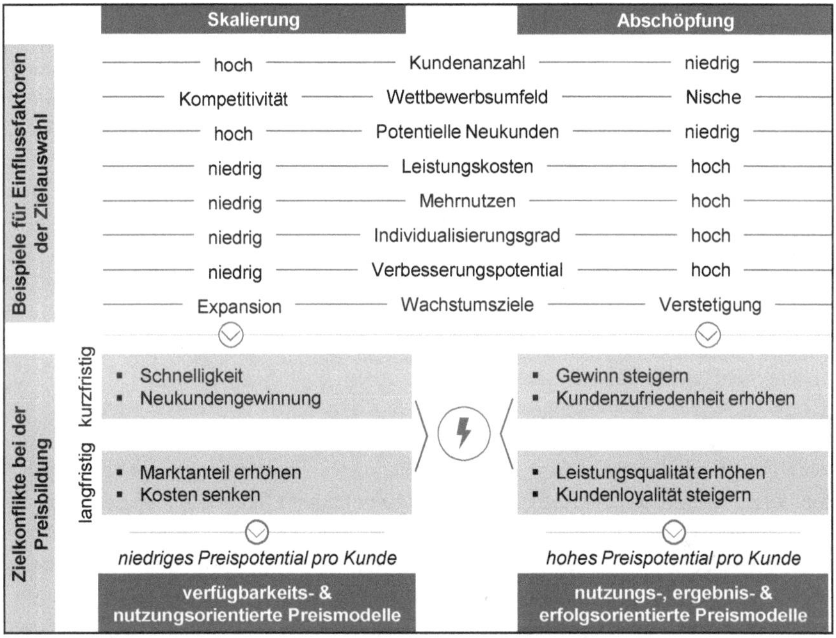

Abbildung 6-34: Definition der Preismodellziele (eigene Darstellung)

Bei der Zielausrichtung wird zwischen kurzfristigen und langfristigen Zielstellungen unterschieden. Im Bereich *Abschöpfung* besteht nach Erkenntnissen aus Experteninterviews das kurzfristige Ziel darin, hohe Gewinne pro Kunde zu realisieren und die individuelle Kundenzufriedenheit der Bestandskunden zu verbessern. Langfristig sind die Qualität der Leistung und die Kundenloyalität der bestehenden Kunden zu verbessern. Bei dieser Ausrichtung ist ein hohes Preispotential pro Kunde abzuschöpfen und als Preismodelle sind nutzungs-, ergebnis- und erfolgsorientierte Preismodelle zu wählen. Dem stehen die Zielstellungen der *Skalierung* gegenüber. Hier liegt der Fokus auf Geschwindigkeit am Markt und auf der Erschließung neuer Kunden. Langfristig sollen Marktanteile erhöht werden, während der Fokus auf Kosteneffizienz der Leistung steht. Hier ist ein niedrigeres Preispotential pro Kunde realisierbar und als Preismodelle sind verfügbarkeits- und nutzungsorientierte Preismodelle zu wählen.

E.3.1.2 Preismodelle definieren: Ziel dieser Funktion ist die Herleitung einer Liste mit verschiedenen möglichen Preismodellen entlang der vier Subskriptionsleistungstypen. Die Liste für Preismodelle ist erforderlich, da bei Subskriptionsangeboten grundsätzlich mehrere am Nutzen des Kunden orientierte Preismodelle denkbar und anwendbar sind. Insbesondere die Nutzenkennzahlen und Ergebnisse aus den Leistungsangeboten bieten gängige Indikationen zur Gestaltung und Auswahl eines konkreten Preismodells (s. LIOZU U. ULAGA 2018, S. 205). Die Preismodelle korrespondieren dabei mit den vier Leistungstypen eines Subskriptionsmodells und können in die vier grundsätzlichen Preisdimensionen *verfügbarkeitsorientiert*, *nutzungsorientiert*, *ergebnisorientiert* und *erfolgsorientiert* eingeteilt werden (s. Abbildung 6-35) (s. ROTH U. STOPPEL 2014, S. 193). Da Kombinationen mehrerer Preiskomponenten möglich sind, können beispielsweise für einen ergebnisorientierten Leistungstyp auch verfügbarkeitsbasierte Preisdimensionen genutzt werden. In einer Preismodellliste sind hierzu mögliche realistische Preismodelle zu identifizieren und zu strukturieren (s. FROHMANN 2018, S. 241). Die verfügbarkeitsorientierte Preisdimension zeichnet sich durch das Angebot eines freien Leistungszugangs zu definierten Nutzenstandards für einen festen monetären Gegenwert im Sinne einer Flatrate, einer fixen Gebühr oder nach dem *Pay-for-Availability*-Prinzip aus (s. STOPPEL 2016, S. 60). Der Preis wird hierbei für einen Zeitraum gezahlt, in dem eine definierte Bemessungsgrundlage zur Verfügung gestellt wird bzw. zur Verfügung steht. Dies ist beispielsweise in einer Fallstudie ein Festpreis pro Monat für eine funktionierende Maschine (der Kunde zahlt nicht, wenn die Maschine nicht funktioniert). Als Besonderheit können auch Festpreise für definierte Nutzungs- oder Ergebniskontingente (Tier-Level) angeboten werden, wodurch bereits eine Anknüpfung an die nutzungsorientierte Preisdimension vorliegt. In dieser zahlt der Kunde einen Preis auf Basis der tatsächlichen Nutzungsintensität der bereitgestellten Leistung für eine konkrete Bemessungsgrundlage im Sinne der Pay-per-Use oder der Pay-per-Hour-Logik (s. ROTH U. STOPPEL 2014, S. 195). In einer Fallstudie ist dies beispielsweise ein konkreter Preis pro Stunde für den Spindelbetrieb einer Werkzeugmaschine. In der ergebnisorientierten Preisdimension wird als Bezugsbasis die Produktivität bei der Nutzung eines Leistungsangebots im Sinne eines *Pay-per-Output*- oder *Pay-per-Part*-Preismodells herangezogen (s. ROTH U. STOPPEL 2014, S. 196). Dies ist beispielsweise in einer Fallstudie ein Festpreis für ein produziertes Gutteil mit einer Werkzeugmaschine. Die erfolgsorientierte Preisdimension legt den realisierten geschäftlichen Erfolg eines Kunden durch die Erbringung einer Leistung nach dem *Pay-per-Success*-Prinzip der Preisbildung zugrunde (s. ROTH U. STOPPEL 2014, S. 198). Konkret spiegelt sich dies wider in der Aufteilung von Profiten zwischen Kunde und Anbieter nach dem *Profit-Sharing* oder *Pay-per-Cost-Saving*. Ein Beispiel aus einer Praxis-Fallstudie ist die Halb-halb-Aufteilung eingesparter Stromkosten durch ein energieeffizienteres Leistungsangebot. Als Ergebnis dieser Funktion entsteht entlang der Preismodelldimensionen eine Preismodellliste mit mehreren alternativen und denkbaren Preismodellen.

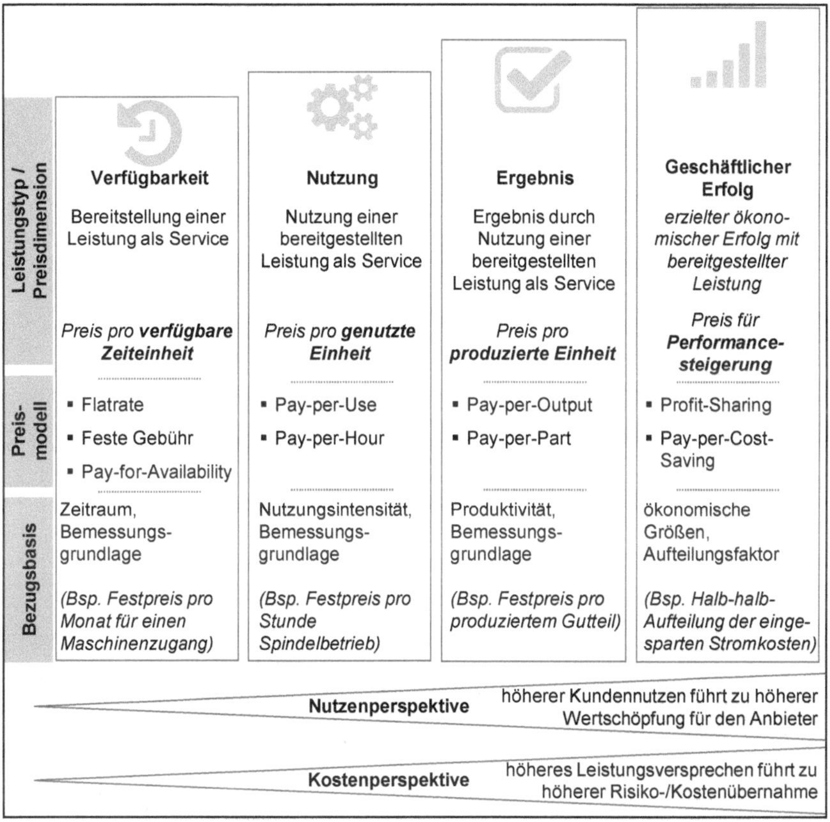

Abbildung 6-35: Preisdimensionen für Leistungstypen (eigene Darstellung)

E.3.1.3 Preismodelle priorisieren: In dieser Funktion werden die zuvor definierten Preismodelle der Preismodellliste anhand von Bewertungskriterien der Anbieter- und Kundensicht bewertet, in eine Rangfolge gebracht und für jeweilige Leistungsangebote ausgewählt. Die definierten Preismodelle der Liste unterscheiden sich aufgrund unterschiedlicher Leistungsangebote und Kundenpräferenzen hinsichtlich der Wertschöpfungspotentiale von Kunde und Anbieter. Zur Priorisierung der definierten Preismodelle ist eine Bewertungssystematik zu entwickeln, die sowohl die Anbieterperspektive als auch die Kundenperspektive zusammenführt (s. Abbildung 6-36). Beide Sichten sind in einem Scoring zusammenzuführen und anhand dessen sind die einzelnen Preismodelle der Preismodellliste, die für diesen Fall passen, in eine Rangfolge zu überführen (s. FROHMANN 2018, S. 241). Zudem spielen bei der Priorisierung mögliche weitere Faktoren, wie die datentechnische Verfügbarkeit der Bemessungsgrundlage oder die Kundenakzeptanz der Preismodelle eine Rolle (s. SIMON U. FASSNACHT 2016, S. 582).

Beispiel zur Preismodellauswahl für Subskriptionsleistungsangebote

Anwendungsbeispiele:

1. Mittlere Kundenwertschöpfung (bspw. durch Reduktion der Betriebskosten um ca. 20 %)
Niedrige Anbieterwertschöpfung (bspw. durch Übernahme zusätzlicher Services und Risiken)

2. Hohe Kundenwertschöpfung (bspw. durch Steigerung der Produktivität um ca. 30 %)
Hohe Anbieterwertschöpfung (bspw. durch digitale Leistungen und geringe Risikoübernahmen)

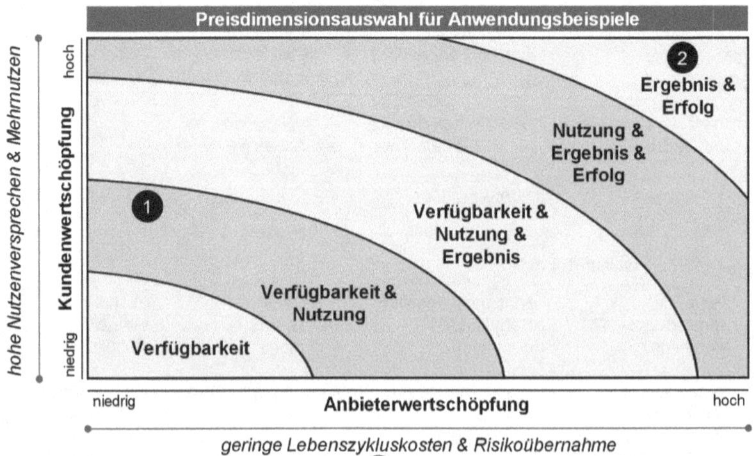

1 Beispiel Priorisierung Preismodelle (aufgrund Kundenakzeptanz & Daten)

1. Nutzung: Festpreis pro Stunde Spindelbetrieb
2. Verfügbarkeit: Festpreis pro Monat für definierte maximale Betriebsstundenzahl
3. Verfügbarkeit: Flatrate pro Monat für Maschinenverfügbarkeit
4. Nutzung: Festpreis pro Tag der Maschinennutzung

2 Beispiel Priorisierung Preismodelle (aufgrund Kundenakzeptanz & Daten)

1. Ergebnis: Festpreis pro produziertes Gutteil
2. Erfolg: feste Prämie für Erreichen einer definierten Produktivitätsverbesserung
3. Ergebnis: Festpreis pro Vorschubmeter der Maschine
4. Erfolg: feste Aufteilung des zusätzlichen Markterlöses durch Produkte

Abbildung 6-36: Priorisierung des auszuwählenden Preismodells (eigene Darstellung)

Die Kundenwertschöpfung resultiert primär aus dem Nutzenversprechen und dem Mehrnutzen und die Anbieterwertschöpfung vor allem aus den Lebenszykluskosten und der Risikoübernahme (s. YAMAMOTO U. SHARMA 2019, S. 4). (s. FROHMANN 2018, S. 241). Dabei ist ein Nutzenversprechen, das zur Umsatzsteigerung eines Kunden beiträgt, vom Wertschöpfungspotential höher zu werten als ein Nutzenversprechen mit Bezug auf weiche Faktoren. Aus hohen prognostizierten Mehrnutzen resultiert auch eine hohe Wertschöpfung. Bei niedrigen Wertschöpfungspotentialen sind niedrigere Preismodelle (verfügbarkeits- und nutzungsorientierte) und bei höherwertigen Wertschöpfungspotentialen sind auch höherwertige Preismodelle (ergebnis- und erfolgsorientierte) zu empfehlen. Die Anbieterperspektive wird durch die Kosten zur Leistungserbringung und durch das übernommene Risiko des Anbieters bei der Leistungserbringung beeinflusst. Dabei führen niedrige Kosten und Risiken zu einer besseren Anbieterwertschöpfung, da es im Interesse eines Anbieters liegt, diese zu vermeiden. Ein

Anbieter muss weiterhin bewerten, welche Risiken beeinflussbar sind und inwieweit nicht-beeinflussbare Risiken akzeptiert werden können (s. LIOZU U. ULAGA 2018, S. 205). Ziel ist die Entwicklung einer Matrix, die als quantitative Bewertungslogik zwischen einem angebotenen Leistungsangebot und den möglichen Preismodellen der Preismodellliste dient. Aus dieser Matrix kann ein Anbieter das Leistungsangebot und das Preismodell auf unterschiedliche Kundensegmente und deren spezifische Anforderungen abstimmen und somit eine Preissegmentierung durchführen (s. FROHMANN 2018, S. 244). Weiterhin bietet dies eine Möglichkeit, parallele Preismodelle für ein Leistungsangebot aufzubauen, aus denen ein Kunde frei wählen kann (s. STOPPEL 2016, S. 117). Ideal bei der Auswahl sind Preismodelle, bei denen gleichzeitig eine hohe Bewertung aus Kunden- und Anbietersicht vorliegt. Wenn lediglich der Anbieter ein Preismodell bevorzugt, droht auf lange Sicht ein Verlust des Kunden, und wenn lediglich der Kunde ein Preismodell bevorzugt, drohen zu hohe finanzielle Geschäftsrisiken für den Anbieter (s. YAMAMOTO U. SHARMA 2019, S. 4). Bei der Auswahl mehrerer paralleler Preismodelle für unterschiedliche Kunden sind drei konkrete Kriterien zu beachten (s. FASSNACHT 2003, S. 487f.): Zum einen verfügen verschiedene Kunden über unterschiedliche Preisbereitschaften, welche jeweils durch ein passendes Preismodell adressiert werden sollen. Weiterhin ist das Angebot mehrerer Preismodelle nur sinnvoll, wenn Kunden in mindestens zwei Segmente unterteilbar sind. Diese Segmente müssen drittens klar voneinander trennbar sein, damit keine Interdependenzen zwischen diesen bestehen. Den Preismodellen liegen dabei die fünf zentralen Erfolgskriterien *Akzeptanz des Kunden*, *Kundenbindungseffekt*, *Umsatz- und Gewinnsicherheit*, *Abgrenzung zum Wettbewerb* und *Beeinflussung der Preistransparenz* zugrunde (s. FROHMANN 2018, S. 240). Im dargelegten ersten Beispiel aus einer Fallstudie für eine Preismodellauswahl sind anhand der Preismodellliste acht mögliche Preismodelle über alle Preisdimensionen vorhanden. Wenn Kunde und Anbieter lediglich über ein mittleres Wertschöpfungspotential verfügen, dann sind mehrere Preismodelle denkbar. Diese können gegeneinander abgewogen werden. Daraus resultiert im Beispiel, dass aufgrund einer hohen Kunden- und Marktakzeptanz ein Festpreis pro Stunde Spindelantrieb gewählt wird.

E.3.1.4 Preiskomponenten konfigurieren: Ziel der Funktion ist die Definition der Preiskomponenten mitsamt Preismodell für die relevantesten Leistungsversprechen und Risiken eines adressierten Kundensegments. Die periodischen Zahlungen im Subskriptionsmodell für das kontinuierlich erbrachte Leistungsangebot ermöglichen mehrdimensionale Preismodelle aus mehreren Preiskomponenten, die flexibel gestaltet werden können (s. LIOZU 2022, S. 144ff.; MITMANSGRUBER U. KOCH 2018, S. 505f.). Die Preiskomponenten sind grundsätzlich so einfach und transparent wie möglich zu gestalten (s. FROHMANN 2018, S. 244). Da ein Anbieter jedoch insbesondere bei nutzungs-, ergebnis- und erfolgsorientierten Leistungstypen hohe Risiken des Kunden übernimmt und teilweise mehrere Nutzenversprechen gleichzeitig adressiert werden, bieten mehrdimensionale Preiskomponenten oftmals Vorteile. Die Auswahl der Komponenten stellt eine Abwägung zwischen Einfachheit bei der Preisbildung gegenüber dem Kunden und Ausschöpfung des Preispotentials für das Leistungsangebot dar

(s. LEHMANN U. BUXMANN 2009, S. 522f.). Die Verwendung von Preismodellen mit mehreren Preiskomponenten dient dazu, sich die Vorteile verschiedener Preismodelle nutzbar zu machen. Dies gelingt beispielsweise durch die Kombination eines niedrigen Risikos durch ein verfügbarkeitsorientiertes Modell mit einem hohen Verbesserungsanreiz durch ein ergebnis- oder erfolgsorientiertes Modell. So können beispielsweise hohe Risiken eines ergebnisorientierten Preismodells, die nicht durch den Anbieter beeinflusst werden können, wie bei Verantwortung eines Produktionsstopps aufgrund von Lieferengpässen, durch die Kombination mit einem verfügbarkeitsorientierten Preismodell abgefedert werden. Jeder gewählten Preiskomponente liegt dabei eine Logik in Form eines Preismodells zugrunde, welche definiert, wie eine quantitativ erfassbare Bemessungsgrundlage und ein monetärer Preisbetrag zu verrechnen sind und in welchen Zyklen diese Verrechnung durchgeführt werden soll. Bei den Preiskomponenten kann zwischen einmaligen festen Preiskomponenten (Einmalzahlungen), periodischen festen Preiskomponenten (pauschale periodische Gebühr) und periodischen variablen Preiskomponenten (variable periodische Gebühr) unterschieden werden (s. WENZEL ET AL. 2010, S. 90) (s. Abbildung 6-37). Einmalzahlungen werden beispielsweise zur Absicherung spezifischer Risiken genutzt (z. B. Adressausfallrisiko durch Insolvenz eines Kunden). So ist es über diese Zahlungen möglich, das Produkt- und Subskriptionsgeschäft zusammenzuführen, indem als Einmalinvestment nach Abschluss des Vertrags die Produkte transaktional durch den Kunden eingekauft oder ein Teil der Produktkosten als Einmalzahlung gefordert werden. Diese Zahlungen sind nach Rückmeldung aus Experteninterviews insbesondere bei teuren Anlagen mit wenig Restwert beim Ende der Subskription in der Praxis üblich. Weiterhin besteht häufig auch auf Kundenseite der Wunsch, die Hardware weiter zu besitzen. Die Einmalzahlung bietet allerdings auch den Nachteil, dass diese eine Einstiegshürde schafft und die Subskription dadurch weniger flexibel wird. Weiterhin ist es möglich, in den Subskriptionsverträgen Sonderzahlungen oder Prämien und Pönalen zur Anreiz- und Risikoteilung und zur Durchsetzung definierter Ziele zu vereinbaren (s. BURIÁNEK 2009, S. 256). Die pauschale periodische Gebühr hat den Vorteil der hohen Standardisierbarkeit und schafft sichere Einnahmen, die einfach und ohne Zugang zu Echtzeitdaten des Kunden verrechnet werden können. Dabei geht der Anbieter lediglich ein geringes Risiko ein. Allerdings ist die Verknüpfung mit dem Value-in-Use nicht direkt möglich. Es ist lediglich möglich, vorab verschiedene Nutzungslevel für Kundensegmente mit verschiedenen Nutzenpotentialen zu bilden. Daher besteht durch die häufig als Flatrate ausgelegte pauschale Zahlung nach Erkenntnissen aus Experteninterviews wenig Anreiz für den Anbieter zur Verbesserung der Leistung für den Kunden. Die Preiskomponente wird häufig als Basisgebühr in Kombination mit variablen Leistungsangeboten genutzt, um hohe Risiken abzufedern. Die variable periodische Gebühr ermöglicht eine hohe Flexibilität und eine Anpassbarkeit an einen individuellen Kunden. Über die Nutzung von Leistungsvariablen als Bemessungsgrundlagen ist eine direkte Verknüpfung mit dem Value-in-Use des Kunden möglich, wenn ein Zugriff auf Echtzeit-Betriebsdaten sichergestellt werden kann. Das schafft zwar zum einen ein hohes Risiko für den Anbieter, bietet jedoch zum anderen einen hohen Anreiz zur Nutzensteigerung durch die direkte Partizipation des Anbieters am realisierten Nutzen des Kunden. In mehreren Experteninterviews wurde dargelegt, dass die variable periodische Gebühr vor allem dann zu wählen ist, wenn ein hoher Mehrnutzen besteht und hohes Verbesserungspotential beim Kunden ausgeschöpft werden kann. Diese Preiskomponente wird idealerweise als die Performancekomponente genutzt, die darauf ausgelegt ist, dass ein Anbieter dann hohe Gewinne erzielt, wenn auch der Kunde hohen Mehrwert durch eine Leistung hat.

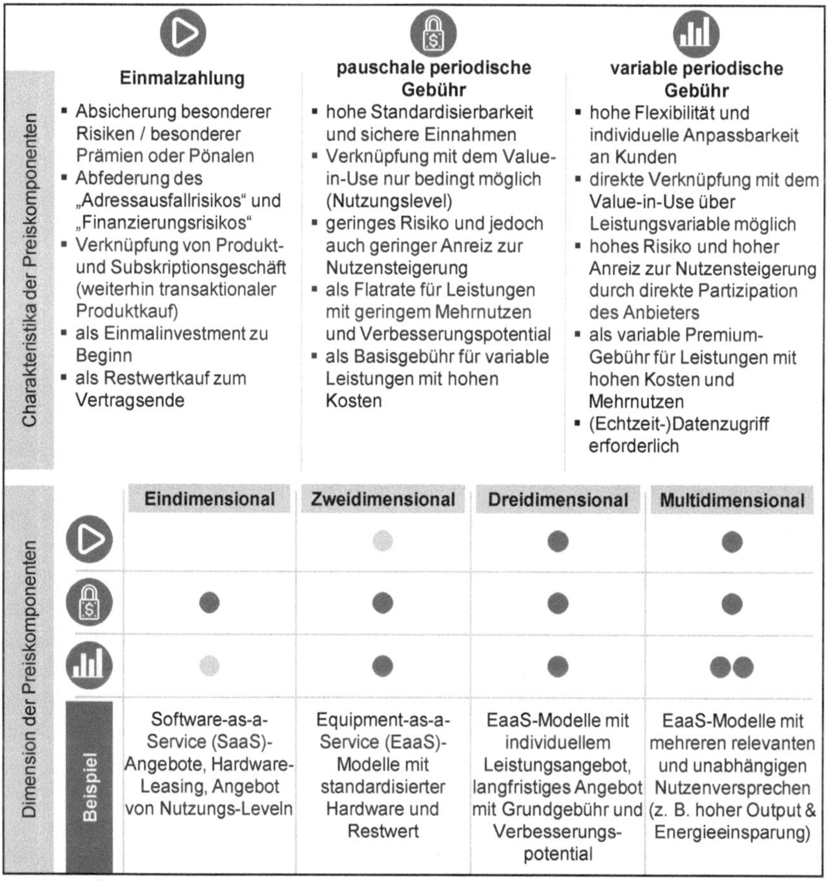

Abbildung 6-37: Konfiguration der Preiskomponenten (eigene Darstellung)

Die Anzahl der Preiskomponenten ist die Dimension der Preismetrik. Es wird zwischen eindimensionaler Metrik mit lediglich einer Komponente (bspw. ausschließlich pauschale periodische Gebühr oder in seltenen Fällen variable periodische Gebühr), zweidimensionaler Metrik (Kombination aus pauschaler periodischer Gebühr und variabler periodischer Gebühr oder die Kombination aus einer der beiden periodischen Preiskomponenten mit einer Einmalzahlung), der dreidimensionalen Metrik (Kombination aus Einmalzahlung, pauschaler periodischer Gebühr und variable periodischer Gebühr) sowie multidimensionaler Preiskomponenten mit mehreren parallelen periodischen variablen Gebühren unterschieden (s. FROHMANN 2018, S. 236ff.). Die eindimensionale Metrik wird vor allem im *Software-as-a-Service*-Geschäft genutzt, wenn keine Hardwarekomponente enthalten ist. Darüber hinaus wird diese Metrik beispielsweise auch im einfachen Leasing von Hardware genutzt (s. WENZEL ET AL. 2010, S. 90). Das *Equipment-as-a-Service*-Geschäft basiert in der Regel auf mehrdimensionalen Metriken (s. LIOZU 2022, S. 144ff.). Die zweidimensionale Metrik ohne Einmalzahlung bietet zum Beispiel laut Erkenntnissen aus Fallstudien die Möglichkeit eines flexiblen und standardisierten Angebots, das auch Neukunden anspricht, indem keine oder eine geringe Einmalzahlung gewählt wird, während über eine drei- oder mehrdimensionale Preismetrik ein Angebot für Kunden mit individuellen Anforderungen und hohen Kosten entwickelt wird. Diese Modelle sind dementsprechend auf Langfristigkeit und die Realisierung hoher Verbesserungspotentiale ausgerichtet.

E.3.2.1 Preismodelle auditieren & E.3.2.2 Vertrag weiterentwickeln: Ziel der Funktionen ist die iterative Optimierung des Preismodells zur Aufrechterhaltung eines kontinuierlichen Verbesserungsanreizes über das Preismodell. Durch die Realisierung von nicht ausgeschöpften Optimierungspotentialen sollen so Win-win-Situationen für Kunde und Anbieter entstehen (s. LASZUS U. KALKA 2006, S. 487ff.). Innerhalb der Nutzungsphase rückt die Weiterentwicklung des Leistungsangebots durch kontinuierliche Nutzensteigerung in den Fokus der Preisbildung (s. LAH U. WOOD 2016, S. 240ff.). Dazu wird in regelmäßigen Intervallen eine Überprüfung der Preismodelle in Form eines Preismodellaudits auf Optimierungspotential durchgeführt. Aufgrund der hohen Komplexität und möglicher Unwägbarkeiten, die erst innerhalb der Nutzungsphase anhand von Daten erfasst werden können, können Abweichungen zu initialen Annahmen bestehen, sodass der Vertrag für eine langfristig nachhaltige Partnerschaft kollaborativ weiterzuentwickeln ist (s. LIOZU U. ULAGA 2018, S. 223). Bei der Optimierung werden simultan drei Kernziele verfolgt (s. FROHMANN 2018, S. 276): Erstes Ziel ist die Sicherstellung einer hohen Performance des Leistungsangebots (Value-in-Use und Effizienz bei der Leistungserbringung). Hierzu sind insbesondere kontinuierliche Verbesserungsmaßnahmen zu realisieren. Weiterhin sind die Erzielung hoher Wertschöpfung durch den Anbieter (z. B. Kosten, Umsatz, Marktanteil, Kundenwert, Rendite, Gewinne) und die Realisierung hoher Wertschöpfung für den Kunden (Kundenzufriedenheit, Kundenbindung, Mehrnutzen, Kundengewinne, Kundenerfolg) im Fokus der Preismodelloptimierung zu nennen. Beispielhafte Intervalle zur Auditierung aus Fallstudien können je nach Volumen eines Vertrags oder auf Wunsch von Kunde und Anbieter mehrmals innerhalb eines Jahres, einmal pro Jahr oder zur Erneuerung eines bestehenden langjährigen Vertrags durchgeführt werden. In der Auditierung ist das im Vertrag gewählte Preismodell zu bewerten und gegenüber alternativen Preismodellen abzuwägen (s. BONNEMEIER 2009, S. 173). Der initiale Schritt der Auditierung ist die Erfassung des CLV (s. Abbildung 6-38).

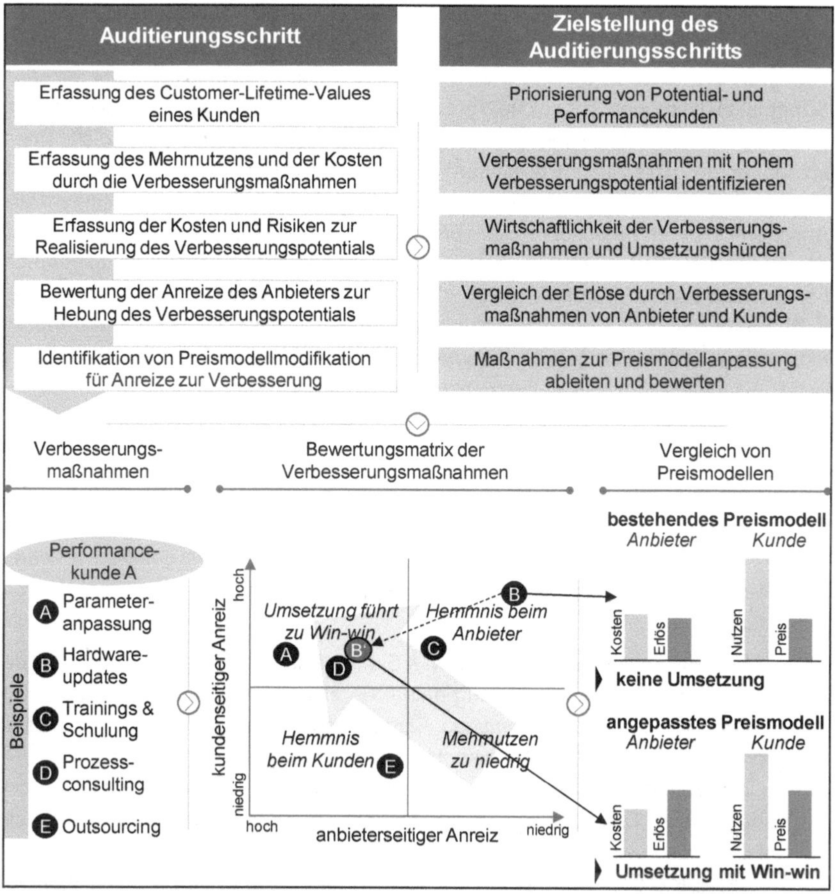

Abbildung 6-38: Auditierung und Optimierung der Preismodelle (eigene Darstellung)

In diesem Schritt erfolgt die Entscheidung darüber, wie relevant eine Optimierung des Preismodells für einen Kunden überhaupt ist. Insbesondere Kunden mit hohem Potential-Kundenwert (Potential- und Performancekunden) sind hier von hoher Relevanz für die weitere Realisierung von iterativen Optimierungen. Innerhalb der Auditierung wird für identifizierte Verbesserungspotentiale (z. B. Parameteranpassung, Hardwareupdates, Trainings & Schulungen, Prozessconsulting oder Outsourcing) überprüft, welcher kundenseitige Anreiz zur Integration der Verbesserung besteht. Dieser resultiert aus der Differenz des Mehrnutzens und dem zusätzlichen Preis, den ein Kunde bereits im bestehenden Preismodell für diesen Mehrnutzen zahlt. Dem steht die Anbietersicht gegenüber, in der zusätzliche Kosten bzw. Risiken den Anbieter dabei hemmen, eine Verbesserung vorzunehmen. Der Anreiz für einen Anbieter errechnet sich aus der Differenz aus Erlös durch den zusätzlichen Preis und den Kosten für die Verbesserungsmaßnahmen. Diese Differenz kann insbesondere für teure Investitionen zu

Verlusten für einen Anbieter führen. Ein Beispiel aus einer Fallstudie sind Hardwareupdates. Diese sind teuer in der Beschaffung und werden oftmals nur dann durch einen Anbieter implementiert, wenn der erzielte Preis signifikant gesteigert werden kann. Daher ist insbesondere für solche Verbesserungsmaßnahmen zu überprüfen, ob und wie Preismodellmodifikationen (bspw. Preisanpassungen, Klauseln, zusätzliche Preiskomponenten, zusätzliche Preisstufen) oder alternative Preismodelle (z. B. Wechsel von nutzungs- auf erfolgsorientiertes Modell) hier einen Ausgleich von Kunden- und Anbieterinteressen herbeiführen können (s. LAH U. WOOD 2016, S. 221). Das Ergebnis der Auditierung wird zusammen mit dem Value-in-Use, dem Kundenwert und den Lebenszykluskosten als Grundlage zur Weiterentwicklung des Vertrags genutzt. Innerhalb von Verhandlungen zwischen Kunde und Anbieter ist festzulegen, wie der Vertrag hinsichtlich Leistungsangebot, Preismodell, Preispunktentscheidungen, Preisformel und Preisausführungsplan weiterzuentwickeln ist (s. LIOZU U. ULAGA 2018, S. 224).

6.5.4 Detaillierung des Referenz-Vorgehens für Preismetrik

Als abschließende Phase erfolgt die Detaillierung des Prozessschritts *Preismetrik* für die Vertriebs- und Nutzungsphase. Diese besteht aus den sieben Funktionen *Bemessungsgrundlage definieren*, *Datenerfassung festlegen*, *Preisformel definieren*, *Vertrag gestalten*, *Leistungsvariable aufbereiten, Preisberechnung durchführen* und *Abrechnung durchführen*.

E.4.1.1 Bemessungsgrundlage definieren & E.4.1.2 Datenerfassung festlegen: Ziel der Funktionen ist die Schaffung einer effizienten, klaren und belastbaren Datengrundlage zur Berechnung der datenabhängigen Bemessungsgrundlagen aller konfigurierten Preiskomponenten. Für jede festgelegte Preiskomponente ist mindestens eine Bemessungsgrundlage zu definieren, welche als objektive Bemessungseinheit für den Preisbetrag dient. Diese Einheit ist der zentrale messbare Leistungsparameter zur operativen Preisberechnung (s. SIMON 2017, S. 272). Vorliegende Leistungsdaten sowie Nutzenkennzahlen bieten die Möglichkeit innovative Bemessungsgrundlagen aus Kundendaten zu nutzen. Dadurch können Preise skalierbar und kundenindividuell differenziert werden sowie zusätzliches Preispotential gehoben werden. Gleichzeitig führt dies zu höherem Aufwand bei der Datenerfassung und Auswertung (s. FROHMANN 2018, S. 236; LIOZU U. ULAGA 2018, S. 205ff.; SIMON U. FASSNACHT 2016, S. 583ff.). Grundsätzlich kann in variable Bemessungsgrundlagen mit erforderlichem kontinuierlichen Kundendatenzugang und pauschale Bemessungsgrundlagen ohne erforderlichen Kundendatenzugang unterschieden werden (s. LEHMANN ET AL. 2010, S. 164). Eine Bemessungsgrundlage muss drei zentrale Kriterien erfüllen: Sie ist zielorientiert auf die Ziele von Kunde und Anbieter auszurichten. Sie muss Stakeholder-getrieben und demensprechend von Kunde und Anbieter akzeptiert sein. Zudem muss die Bemessungsgrundlage einfach messbar sein, indem diese klar und konkret aus den vorliegenden Daten erfasst werden kann (s. HEINIS ET AL. 2018, S. 33). Verfügbarkeitsorientierte Preismodelle basieren auf Bemessungsgrundlagen ohne erforderlichen Kundendatenzugang (z. B. Zahl der Messpunkte, Zahl der Nutzer, Zahl an Zugängen, Zahl angebundener Maschinen oder Zahl an Standorten) (s. Abbildung 6-39). Diese Daten sind bei einem Kunden über längeren Zeitraum statisch und standardisierbar erfassbar. Dadurch sind nach Rückmeldung aus Experteninterviews die Bemessungsgrundlagen über mehrere Kunden einfach skalierbar und die Abrechnung erfordert systemseitig nicht die Fähigkeit der Echtzeit-Datenverarbeitung.

	Verfügbarkeit	**Nutzung**	**Ergebnis**	**Geschäftlicher Erfolg**
Bezugsbasis	Preis pro **verfügbare Zeiteinheit** Zeitraum, Bemessungsgrundlage *(Bsp. Festpreis pro Monat für einen Maschinenzugang)*	Preis pro **genutzte Einheit** Nutzungsintensität, Bemessungsgrundlage *(Bsp. Festpreis pro Stunde Spindelbetrieb)*	Preis pro **produzierte Einheit** Outcome, Bemessungsgrundlage *(Bsp. Festpreis pro produziertes Gutteil)*	Preis für **Performancesteigerung** Ökonomische Größen, Aufteilungsfaktor *(Bsp. Halb-halb-Aufteilung der eingesparten Stromkosten)*
Datenquelle	**Kundendaten, Maschinendaten** ▪ standardisiert erfassbar ▪ statische Daten ▪ Datenzugriff nicht erforderlich	**Kundendaten, Maschinendaten** ▪ standardisiert für Maschine erfassbar ▪ dynamisch und homogen ▪ Datenzugriff regelmäßig erforderlich	**Prozessdaten & Produktdaten** ▪ Standardisierbarkeit prozessabhängig ▪ dynamisch und heterogen ▪ Datenzugriff in Echtzeit erforderlich	**Geschäftsdaten** ▪ kundenindividuelles Wissen erforderlich ▪ dynamisch über Kennzahlen ▪ Datenzugriff für Kennzahlen
Bsp. Bemessungsgrundlagen	▪ Zahl der Messpunkte ▪ Zahl der Nutzer ▪ Zahl an Zugängen ▪ Zahl angebundener Maschinen pro Standort	▪ Zeiteinheit (Minute, Stunde, Tag) ▪ Zahl an Nutzungen (z. B. Einschalten) ▪ Maschinenparameter (z. B. Lastwechsel)	▪ produzierte Gutteile (Stück) ▪ Anwendungszahl (z. B. Bohrungszahl) ▪ produziertes Volumen (z. B. m³ Druckluft)	▪ eingesparte Kosten (z. B. Energiekosten, Betriebskosten, Ausschusskosten) ▪ zusätzliche Erlöse (z. B. Gewinne, Margen, Kunden)

Abbildung 6-39: Systematisierung der Bemessungsgrundlagen (eigene Darstellung)

Datenabhängige Bemessungsgrundlagen sind für nutzungsorientierte, ergebnisorientierte und erfolgsorientierte Preismodelle erforderlich. Hierbei ist ein klarer Rahmen zu definieren, wie Daten vorliegen müssen und bei der Preisbildung verarbeitet werden. Dieser Rahmen legt fest, wie Daten vom Kunden über die cyber-physischen Systeme erfasst, ausgewertet und genutzt werden (s. HERMANN 2019, S. 25). Die nutzungsorientierten Bemessungsgrundlagen werden aus den Maschinendaten des Kunden erfasst, z. B. die Zeiteinheit der Nutzung (Minute, Stunde, Tag), die Häufigkeit der Leistungsnutzung (z. B. Zahl an Verwendungen) oder Maschinenparameter (z. B. Lastwechsel oder Spindelumdrehungen). In Experteninterviews wurde bestätigt, dass diese Daten für die jeweiligen Maschinentypen standardisiert erfassbar sind und zwischen verschiedenen Kunden eine Homogenität aufweisen. Da die Daten von dem dynamisch veränderlichen Nutzungsverhalten eines Kunden abhängen, ist ein regelmäßiger Datenzugriff des Anbieters erforderlich. Dabei ist ein Echtzeitzugriff für die Abrechnung nicht zwingend erforderlich, da die Daten auch über die Maschine erfasst werden können und dann zeitlich entkoppelt von der Entstehung übermittelt werden können. Die ergebnisorientierten Bemessungsgrundlagen fokussieren die Produktions- bzw. Prozessdaten eines Kunden. Beispiele für die Bemessungsgrundlagen sind produzierte Gutteile (z. B. Stück), Zahl an Anwendungen (z. B. Bohrungszahl), ein produziertes Volumen (z. B. m^3 Druckluft) oder eine realisierte Leistung (z. B. Transport km). Die Daten sind dabei über verschiedene Kunden sehr heterogen und individuell. So ist in einem Beispiel einer Fallstudie das produzierte Gutteil bei dem einen Kunden einer Werkzeugmaschine ein tonnenschweres Zahnrad, welches über mehrere Tage bearbeitet wird, während ein anderer Kunde mit derselben Maschine als Gutteile Hülsen fertigt, die lediglich wenige Sekunden bearbeitet werden. Dementsprechend ist eine Bemessungsgrundlage in diesem Kontext nach Aussage eines interviewten Experten auf Eignung zu prüfen und erfordert im Zweifel einen hohen Aufwand bei der individuellen Auslegung. Weiterhin ist ein Echtzeit-Datenzugriff erforderlich, um die Bemessungsgrundlagen richtig erfassen zu können. Die erfolgsbasierte Preisbildung fokussiert die Verbesserung der Geschäftsdaten eines Kunden. Hierzu zählen z. B. die eingesparten Kosten (z. B. Energiekosten, Betriebskosten oder Ausschusskosten) und die zusätzlichen Erlöse (z. B. Gewinne, Margen und Neukunden) durch ein Angebot. Aufgrund der Ausrichtung auf eine Verbesserung müssen beim Anbieter Daten über den Status quo als Grundlage vorliegen. Dieser ist vertraglich festzuhalten, da sich die Preisbildungsaktivitäten hierauf fokussieren. Auf Basis dieser Daten erfolgt dann die Berechnung der monetären Verbesserung anhand von Kennzahlen (z. B. definierten Nutzenkennzahlen). Auch zur Berechnung der Kennzahlen ist zur objektiven Nachvollziehbarkeit durch den Anbieter ein Echtzeitzugriff erforderlich.

E.4.1.3 Preisformel definieren & E.4.1.4 Vertrag gestalten: Ziel der Funktionen ist die Realisierung einer inhaltlich und rechtlich klaren Konsolidierung der zuvor definierten Rahmenbedingungen zu Preisbildung in einem Subskriptionsvertrag. Ein Subskriptionsvertrag definiert dazu den Leistungsumfang für einen Leistungszeitraum präzise und erfasst, welche Preise unter welchen Abrechnungskonditionen hierfür zu zahlen sind. Weiterhin sind Mechanismen zum Risikomanagement und zur Lösung möglicher Unstimmigkeiten zwischen den Vertragspartnern zu implementieren (s. LIOZU U. ULAGA 2018, S. 206). Grundlage für den Preis ist die Preisformel, in der alle einmaligen und periodischen pauschalen und variablen Zahlungen zusammengeführt sind (s. Abbildung 6-40). Für die periodischen Zahlungen kann die Zahlungsfrequenz dabei grundsätzlich frei gewählt werden. In der Regel erfolgt die Abrechnung für Subskriptionen in monatlichen, quartalsweisen oder jährlichen Zahlungsfrequenzen (s. LEHMANN ET AL. 2010, S. 162). In Bezug auf die Verrechnung wird zwischen der vorgezogenen Verrechnung mit Vorleistung des Kunden für ein Leistungsintervall und der synchronisierten Verrechnung mit Vorleistung durch den Anbieter für ein Leistungsintervall unterschieden (s. SCHÖNUNG 2008, S. 192ff.). Die vorgezogene Verrechnung schafft einen besseren Cash-Flow für den Anbieter, während die synchronisierte Verrechnung für datenbasierte Berechnungsgrundlagen erforderlich ist (s. SCHÖNUNG 2008, S. 192ff.). Kernaufgabe bei der Entwicklung der Preisformel ist die Definition der Preisbeträge für die einzelnen Preiskomponenten. Der Preisbetrag für eine Bemessungsgrundlage ist abhängig vom erfassten Preisintervall und unter Abwägung der Preismodellziele des Anbieters zu treffen (s. SIMON U. FASSNACHT 2016, S. 99).

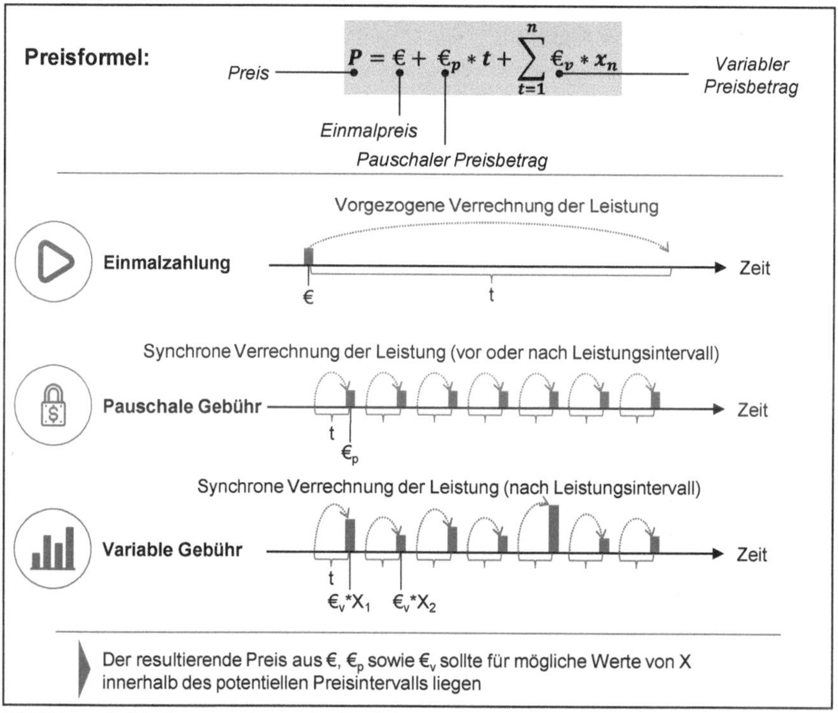

Abbildung 6-40: Ausgestaltung der Preisformel (eigene Darstellung)

Oft liegen den einzelnen Preiskomponenten dabei keine festen Preisbeträge zugrunde, sondern Abhängigkeiten. Dies können kunden-, anwendungsfall- oder kennzahlenabhängige Preisbeträge und Preiskurven sein (s. LIOZU U. ULAGA 2018, S. 223ff.). Die Berechnung der periodischen Preisbeträge ist abhängig von der Dimensionalität der Preiskomponenten und es müssen verschiedene Fälle unterschieden werden. Grundsätzlich sind die Preisbeträge derart auszulegen, dass der resultierende Preis der Preisformel für alle realistischen Werte einer variablen Bemessungsgrundlage innerhalb des definierten potentiellen Preisintervalls liegt. Für den Fall, dass lediglich eine pauschale Gebühr angeboten wird, sollte der pauschale Preisbetrag am definierten Preispunkt ausgerichtet werden. Dies bedeutet, der Preisbetrag entspricht bei jährlicher Abrechnung dem Preispunkt und bei monatlicher Abrechnung ist der Preispunkt ein zwölfter Teil des definierten Preispunkts. Wenn ausschließlich eine variable Gebühr angeboten wird, sollte der variable Preisbetrag dem Quotienten aus Preispunkt zu prognostizierter Nutzenkennzahl entsprechen (z. B. in einer Fallstudie ca. 15 € pro Produkt bei einem Preispunkt von 200.000 € p.a. und einer prognostizierten Nutzenkennzahl von 13.000 Produkten p.a.). Im Falle einer Kombination aus variabler und fester Gebühr muss eine Aufteilung des Preispunkts in die beiden Komponenten erfolgen, sodass die Komponenten danach einzeln berechnet werden können. Im überwiegenden Teil der Fallstudien werden die Komponenten derart aufgeteilt, dass über die feste Gebühr die Lebenszykluskosten gedeckt werden können, sodass die variable Gebühr der Realisierung von Gewinnen dient. Weiterhin wurde in einem Teil der Fallstudien der Bereich der variablen Gebühr eingeschränkt (z. B. Beginn am Status quo der Referenzleistung oder Beschränkung des maximalen zu zahlenden variablen Betrags) oder für Intervalle der Nutzenkennzahl ein nichtlinearer Anstieg entwickelt (z. B. für die ersten 10.000 bis 13.000 Produkte 15 € pro Produkt und bei mehr als 13.000 Produkten lediglich 10 € für jedes weitere Produkt). Weiterhin wurden bei mehreren Fallstudien für verschiede Maschinengrößen unterschiedliche monatliche Preisbeträge (Tier-Level) zugrunde gelegt oder der Preis für eine variable Bemessungsgrundlage bei höherem Leistungswert abnehmend ausgelegt (nicht-linearer Preiskurvenverlauf). Nach Konfiguration aller Preiskomponenten erfolgt die Überführung der Preisformel in den Subskriptionsvertrag. Der Vertrag definiert feste rechtskonforme Rahmenbedingungen für die Durchsetzung der Preisformel beim Kunden. Dazu beinhaltet der Vertrag eine konkrete Beschreibung und Definition des Leistungsangebots sowie zu erfassende Kennzahlen beim Kunden. Daran geknüpft sind die Preisformel mitsamt Preiskomponenten und Bemessungsgrundlagen sowie Methoden zur Datenerfassung. Zudem sind auch Klauseln (bspw. Wartungs- und Verfügbarkeitsklauseln) und mögliche Prämien und Pönalen für die Erfüllung bzw. Nichterfüllung vereinbarter Leistungen zu definieren. Weiterhin ist nach Aussage aus Experteninterviews eine Definition der Rollenzugehörigkeiten und -zuständigkeiten erforderlich. Hierdurch können Sicherheiten für Kundenverpflichtungen geschaffen werden und ein Anbieter kann sich gegen Fehlverhalten und Nichteinhaltung von Vereinbarungen bei der gemeinsamen Leistungserbringung absichern (s. LIOZU U. ULAGA 2018, S. 206f.). Weitere Elemente des Vertrags sind die Vertragsart, Bedingungen für eine Kündigung sowie die Rahmenbedingungen zur Optimierung des Vertrags und Preismodells. Es ist zudem ratsam, Standardvorgehen für antizipierte Eskalationsszenarien festzulegen. Auch sind Ansprechpartner oder ein Gremium für Fragestellungen und zur Lösung möglicher Unstimmigkeiten festzulegen (s. LEXA 2020, S. 28ff.). Mit der Vertragsgestaltung und der Vertragsunterzeichnung liegt ein konkreter rechtskräftiger Rahmen zur datenbasierten Preisbildung und Abrechnung in der Nutzungsphase vor.

E.4.2.1 Leistungsvariable aufbereiten & E.4.2.2. Preisberechnung durchführen: Ziele der Funktionen sind die Ermittlung und Darstellung eines klaren und beidseitig akzeptierten Preises, der im Einklang mit den Zielstellungen von Kunde und Anbieter steht. Die zentrale Aufgabe besteht darin, die Leistungsvariablen für die Preisberechnung aufzubereiten. Die in den Systemen der Kunden vorliegenden Leistungsvariablen unterscheiden sich jedoch von Kunde zu Kunde und sind in der Regel aufgrund von Mess- und Übertragungsfehlern nicht vollständig. Eine eindeutige und belastbare Datengrundlage ist jedoch notwendige Bedingung zur datenbasierten Preisbildung

(s. FROHMANN 2018, S. 275). Damit eine datenbasierte Preisberechnung erfolgen kann, die vom Kunden akzeptiert wird und gegenüber einem Kunden durchgesetzt werden kann, müssen fünf Prinzipien erfüllt sein. Dies sind die *Datenqualität*, *Datenerfassung*, *Vertraulichkeit*, *Fähigkeiten*, *Beziehungsmanagement* und *gemeinsame Werte* (s. Abbildung 6-41) (s. LIOZU U. ULAGA 2018, S. 157).

Anforderungen an die datenbasierte Preisberechnung	
Datenqualität	Daten weisen Konformität, Konsistenz, Duplikationsfreiheit, Genauigkeit, Integrität und Aktualität & Verfügbarkeit auf
Datenerfassung	Datenerfassung erfolgt objektiv, Einhaltung von Datenrechten und Datensicherheit wird sichergestellt, effiziente Erfassung
Vertraulichkeit	Einhaltung der gemeinsamen definierten Nutzungsziele der Daten und Schutz der Daten vor Dritten
Fähigkeiten	Sicherstellung und Darstellung der systemseitigen Fähigkeiten zur Durchführung der datenbasierten Preisberechnung
Beziehungsmanagement	Sicherstellung von Kommunikation, Transparenz und Nachvollziehbarkeit der Preise
Gemeinsame Werte	Ausrichtung auf gemeinsame Zielstellungen hin zu Leistungsverbesserung und Wertschöpfungsmaximierung

Abbildung 6-41: Prinzipien zur datenbasierten Preisberechnung (eigene Darstellung)

Insbesondere die Sicherstellung der Datenqualität für die Abrechnung ist eine zentrale Herausforderung, da die in Echtzeit erfassten Betriebsdaten aus einem industriellen Umfeld entstammen und somit häufig Fehler aufweisen und von heterogenen Kunden auch heterogene Datengrundlagen vorhanden sind. Zur Sicherstellung einer hohen Datenqualität müssen Maßnahmen realisiert werden, damit die Leistungsdaten *Konformität*, *Konsistenz*, *Duplikationsfreiheit*, *Genauigkeit*, *Integrität*, *Aktualität* und *Verfügbarkeit* aufweisen (s. WELLS U. CHIANG 2017, S. 164ff.). Hinsichtlich der Datenerfassung sind die in E.1.2.1 dargelegten Eigenschaften einzuhalten. Dies sind eine objektive und effiziente Datenerfassung sowie die Sicherstellung der Einhaltung der Datenrechte und der Datensicherheit. Daran angeknüpft ist die Vertraulichkeit bei der Verwendung der vom Kunden erfassten Daten. Die Daten dürfen nur für die definierten Aufgaben (z. B. zur Leistungserbringung, zur Value-in-Use-Erfassung oder zur Preisberechnung) genutzt werden. Weiterhin sind die Daten nicht Dritten zugänglich zu machen. Hinsichtlich Fähigkeiten ist nach Experteneinschätzung aus den Interviews der Anbieter sicherzustellen, dass systemseitige Fähigkeiten zur echtzeitbasierten Verarbeitung der Daten bestehen und der Kunde überzeugt ist, dass der Anbieter über die Kompetenz zur Datenverarbeitung und Nutzung verfügt. Im Beziehungsmanagement muss der Anbieter definierte Kanäle und Touchpoints zur transparenten Kommunikation über die Preisbildungs- und Abrechnungsdaten managen. Ergänzend ist nach Aussage aus Experteninterviews wichtig, dass ein Anbieter dem Kunden die zu zahlenden Preise nachvollziehbar in einem gewünschten Format darlegt. Zur Sicherstellung gemeinsamer Werte sollten beide Partner offen über ihre Zielstellungen diskutieren, deren Erfüllungsgrad kontinuierlich und gemeinsam in Audits evaluieren und Verbesserungsmaßnahmen zu einer beiderseitigen Win-win-Situation identifizieren.

E.4.2.3 Abrechnung durchführen: Ziel der Funktion ist die Umsetzung einer rechtlich konformen, automatischen und kontinuierlichen Abrechnung des datenbasiert berechneten Preises für die Subskriptionsleistung gegenüber dem Kunden. Die kontinuierliche Abrechnung anhand datenbasierter Preise im Subskriptionsgeschäft stellt Anbieter vor ein neuartiges Aufgabenfeld, welches sowohl prozessual und finanzwirtschaftlich als auch systemisch zu adressieren ist. Die Abrechnung erfolgt dabei unter Annahme der Unternehmensfortführung für eine sachlich und zeitlich abzugrenzende Periode (s. LAZARZ 2021, S. 25), sodass bei der Rechnungslegung der periodisch erbrachten Leistungen der Leasingstandard IFRS 16 (*International Financial Reporting Standards 16*) zugrunde gelegt werden kann. Das Rahmenkonzept wird über fundamentale und fördernde qualitative Anforderungen an eine Rechnungslegung konkretisiert (s. Abbildung 6-42) (s. LAZARZ 2021, S. 26f.).

Rahmenbedingungen zur Rechnungslegung für Subskriptionsleistungen

Basisannahmen

Unternehmensfortführung	**Periodenabgrenzung**

Qualitative Anforderungen des Rahmenkonzepts

Fundamentale qualitative Anforderungen	**Fördernde qualitative Anforderungen**
Relevanz der Information ▪ Vorhersagekraft ▪ Bestätigungskraft ▪ Restriktion: Wesentlichkeitsgrundsatz **Glaubwürdige Darstellung** ▪ Vollständigkeit ▪ Neutralität ▪ Fehlerfreiheit	▪ Vergleichbarkeit ▪ Nachprüfbarkeit ▪ Zeitnähe ▪ Verständlichkeit

Beschränkende Anforderungen

Kosten-Nutzen-Relation

Abbildung 6-42: Rechnungslegungsgrundsätze periodischer Leistungen nach IFRS (eigene Darstellung i. A. a. LAZARZ 2021, S. 26)

Wichtige Anforderung an diesen Standard ist, dass die Informationen innerhalb der Rechnung Relevanz aufweisen, sodass diese zur Beeinflussung der wirtschaftlichen Entscheidungen der Adressaten geeignet sind. Eine relevante Information zeichnet sich durch Vorhersagekraft, Bestätigungskraft und die Restriktion des Wesentlichkeitsgrundsatzes aus. Ergänzend dazu müssen die Informationen für die Adressaten glaubwürdig sein, was sich an der Vollständigkeit, Neutralität und Fehlerfreiheit der Darstellung bemisst. Fördernde Anforderungen sind die Vergleichbarkeit, Nachprüfbarkeit, Zeitnähe und Verständlichkeit der dargelegten Preise und Sachverhalte der Rechnung.

6.6 Zusammenfassung des Vorgehensmodells

Durch die Komplettierung des Referenzmodells steht ein Vorgehensmodell zur Leistungskonfiguration und Preisbildung für Subskriptionsmodelle für die produzierende Industrie zur Verfügung. Diesem liegt ein übergeordneter Geschäftsprozess mit insgesamt acht Schritten zugrunde. Diese Schritte folgen in einer Vertriebs- und einer Nutzungsphase aufeinander. Dabei werden die Schritte *Leistungssystem gestalten*, *Nutzenversprechen bewerten, Preismodelle gestalten, Vertrag gestalten, Leistungssystem anpassen, Wertschöpfung berechnen, Preismodelle optimieren und Preismetrik abrechnen* durchlaufen.

Im Kern des Modells steht der prozessuale Ablauf von Funktionen zur Leistungskonfiguration und Preisbildung über zusammengeführte Prozessschritte. Der zeitlich-logische Ablauf der Funktionen wird innerhalb der Prozesssicht über acht gerichtete Graphen definiert. Innerhalb der Funktionssicht werden insgesamt 31 neue Funktionen zur Leistungskonfiguration und Preisbildung strukturiert und beschrieben und über die Datensicht werden 39 auf die Funktionen ausgerichtete Input- und Outputdaten in einem relationalen Datenmodell strukturiert und beschrieben. Das Modell beschreibt jeden der acht Prozessschritte zur Leistungskonfiguration und Preisbildung entlang der Funktions-, Prozess- und Datensicht. Zur praktischen Anwendbarkeit schließt die Modellgestaltung mit der Komplettierung des Vorgehensmodells. In dieser Komplettierung werden Handlungsempfehlungen und Methoden für die praktische Umsetzung der Leistungskonfiguration und Preisbildung dargelegt. Diese bieten möglichen Anwendern aus der Praxis einen Rahmen und Beispiele zur anwendungsnahen Durchführung des Vorgehensmodells.

7 Validierung des Vorgehensmodells

Dieses Kapitel dient zur Validierung des zuvor gestalteten Vorgehensmodells. Nach der Wissenschaftsperspektive der angewandten Handlungswissenschaften steht im Fokus der Forschungsperspektive die Schaffung von nützlichem Wissen für die Praxis. Dementsprechend fokussiert die Validierung des Vorgehensmodells die Anwendbarkeit der Ergebnisse in der Praxis (s. ULRICH 1981, S. 5ff.). Das Vorgehensmodell ist hierzu im Rahmen der Validierung auf spezifische Anwendungsfälle in der Praxis anzuwenden, iterativ zu optimieren und anhand der definierten Modellanforderungen zu validieren (s. SCHÜTTE 1998, S. 309). Dazu wird die Validierung durch Definition von Zielen und eines Vorgehens konzeptioniert (s. Kapitel 7.1). Danach folgt eine theoretische Validierung durch Diskussion des Vorgehensmodells auf Basis der Modellanforderungen (s. Kapitel 7.2). Anschließend erfolgt eine Anwendung des Modells in der Praxis auf insgesamt drei Anwendungsfälle und eine Evaluierung sowie Diskussion der Modellanforderungen infolge dieser praktischen Anwendung (s. Kapitel 7.3). Die Validierung schließt mit einer Zusammenfassung der Validierung (s. Kapitel 7.4).

7.1 Konzeptionierung der Validierung

Das Vorgehensmodell wird gemäß dem abgeleiteten Handlungsbedarf bei der Leistungskonfiguration und Preisbildung für Subskriptionsmodelle für die produzierende Industrie auf formal-konzeptionelle und inhaltliche Anforderungen (s. Kapitel 5.2) validiert. Dazu erfolgt eine zweistufige Validierung, bestehend aus einer theoretischen und einer praktischen Überprüfung des Modells. In der theoretischen Validierung wird in einer argumentativen Diskussion dargelegt, auf welche Weise das Modell die inhaltlichen und formal-konzeptionellen Anforderungen erfüllt. Die argumentativ aufgebaute Struktur dient anschließend als Validierungsrahmen für die praktische Validierung. In der praktischen Validierung wird das Modell auf drei praktische Anwendungsfälle angewendet. Damit die Anwendung auf ein klares Ziel ausgerichtet ist, wird zunächst für das Referenzmodell eine Handlungsabsicht für die Anwendung formuliert und im Kontext der jeweiligen Anwendungsfälle konkretisiert (s. SCHÜTTE 1998, S. 309). Das in dieser Arbeit gestaltete Vorgehensmodell dient Anwendern aus der Praxis der produzierenden Industrie als Gestaltungshilfe zur Leistungskonfiguration und Preisbildung für Subskriptionsmodelle. Dementsprechend stellt das Referenzmodell eine Theorie dar, anhand derer Unternehmen die Leistungskonfiguration und Preisbildung für das eigene Unternehmen praktisch durchführen können (s. SCHÜTTE 1998, S. 313f.). Der Referenzcharakter des Vorgehensmodells ist bestätigt, wenn die Anwendung mehrerer Anwendungsfälle der Praxis anhand des konfigurierbaren Vorgehensmodells unter Berücksichtigung der Modellanforderungen gelingt und unternehmensspezifische Lösungen definiert werden können. Das Modell ist dabei durch jeden Anwendungszyklus erweiterbar. Dieser Anpassungsprozess läuft dabei aufgrund einer stetig veränderlichen Umwelt kontinuierlich ab und weist kein definiertes Ende auf (s. SCHÜTTE 1998, S. 316). Die aus der theoretischen und praktischen Validierung resultierenden inhaltlichen Anpassungen wurden bereits im Vorgehensmodell integriert und werden nicht näher erörtert. Dementsprechend fokussiert die Dokumentation der Validierung vor allem die Prüfung der Erfüllung der an das Modell gestellten formal-konzeptionellen und inhaltlichen Anforderungen des Objekt- und Zielbereichs.

Als Anwendungsfälle aus der produzierenden Industrie für die praktische Validierung werden Unternehmen ausgewählt, die bereits etablierte Anbieter von Maschinen und Anlagen sind und das Leistungsangebot um ein Subskriptionsmodell erweitert haben oder aktuell planen, ein Subskriptionsmodell auf dem Markt zu etablieren. Die Anwendung des Vorgehensmodells dient dazu, bei diesen Unternehmen auf strukturierte Weise eine unternehmensindividuelle Leistungskonfiguration und Preisbildung durchzuführen. Die Anwender verfügen bereits über Expertise in den Bereichen Geschäftsmodellentwicklung, Leistungssystemgestaltung, Preisbildung und Produktmanagement und haben langjährige Erfahrung aus dem transaktionalen Geschäft mit ihren Kunden. Als Ergebnis sind innerhalb der Anwendungen konkrete Leistungsangebote und Preismodelle entwickelt worden, die zukünftig Kunden angeboten werden. Weiterhin wurden die entwickelten Ergebnisse aus der Validierung durch die Unternehmen für das zukünftige Geschäft mit Subskriptionsmodellen übernommen. Der Fokus der Validierung liegt darauf das Vorgehensmodells im Anwendungskontext zu überprüfen.

7.2 Theoretische Validierung des Vorgehensmodells

Als Grundlage für die theoretische Validierung dienen die in Kapitel 5.2 definierten Anforderungen, welche im Kontext des entwickelten Modells bewertet werden (s. Abbildung 7-1). Die jeweiligen Anforderungen werden im Folgenden in Bezug auf das Modell der Arbeit diskutiert:

Konstruktionsadäquanz: Die Erfüllung dieser Anforderung setzt voraus, dass über das im Modell adressierte Problem interner und externer Konsens besteht. Dazu basiert die grundsätzliche Modellarchitektur auf der in der Praxis etablierten ARIS-Architektur, die sowohl betriebswirtschaftliche als auch informationstechnische Elemente miteinander verknüpft (s. MATTHES 2011, S. 72; SCHEER 2002, S. 132ff.). Anhand dieser Architektur und des darin erfassten Regelwerks werden die drei zentralen Modellsichten, die Prozesssicht, die Funktionssicht und die Datensicht, ausgelegt. Bei der inhaltlichen Ausgestaltung wird zur Strukturierung zudem ein Ordnungsrahmen genutzt, der auf vier für diese Arbeit zentralen Elementen zur Leistungskonfiguration und Preisbildung beruht. Dies sind die Bezugsgrundlage, die Werterfassung, die Preisdimension und die Preismetrik. Dieser grundlegende Ordnungsrahmen sowie die darauf aufbauenden Prozesse werden in Anlehnung an bestehende Literaturwerke zur Konfiguration und Preisbildung von Subskriptionsleistungssystemen entwickelt, sodass sichergestellt werden kann, dass der Problembereich hinreichend vollständig abgedeckt wird. Auf inhaltlicher Ebene wird durch die Detaillierung der Funktions- und Datensicht die Konstruktionsadäquanz konkretisiert. In den Sichten wird eine klare und anwendungsübergreifende Definition für die in den Prozessen durchgeführten Anwendungen und verarbeiteten Datenobjekte geschaffen. Darüber hinaus werden in der Funktions-

und Datensicht, soweit dies aufgrund bestehender Grundlagen möglich ist, auf etablierte Begriffe und Termini aus der Literatur zurückgegriffen und diese werden anschließend im Kontext der Arbeit definiert. Dazu wird als Forschungsmethode bei der Modellerstellung auf Fallstudien und Anwendungsbeispiele aus dem Anwendungskontext der produzierenden Industrie zurückgegriffen. Die definierten Funktionen und Datenobjekte werden in allen Modellsichten übergreifend genutzt. Die Funktionen und Datenobjekte wurden in weiteren Interviews mit Anwendern aus der Praxis weiter diskutiert und die Erkenntnisse daraus wurden in das Modell dieser Arbeit eingepflegt. Hierbei wurde beachtet, dass die verschiedenen interviewten Anwender aus interdisziplinären Fachbereichen kommen. Eine repräsentative Bewertung der Qualität der Konstruktion des Modells ist im Rahmen der praktischen Validierung in Verbindung mit Experten durchzuführen (s. SCHÜTTE 1998, S. 120).

Sprachadäquanz: Das Kriterium der Sprachadäquanz belegt durch Prüfung der Spracheignung und Sprachrichtigkeit, ob eine passende Relation zwischen dem Modellsystem und der verwendeten Sprache besteht (s. SCHÜTTE 1998, S. 125). Zentraler Bestandteil des Modells zur Sicherstellung der Sprachadäquanz stellt das Metamodell dar. In diesem werden als Modellierungssprachen für die Prozesssicht die eEPK-Prozessmodellsprache, für die Funktionssicht der Funktionsbaum und für die Datensicht die eERM-Datenmodellsprache gewählt. Hierbei erfolgt die Auswahl jeder Sprache unter Abwägung von alternativ zur Verfügung stehenden Sprachen. Bei der Auswahl der Sprachen steht die praktische Anwendbarkeit im Vordergrund. Die drei ausgewählten Sprachen stellen jeweils in der Praxis langjährig etablierte Sprachen dar, die durch multidisziplinäre Anwenderteams auf effiziente Weise genutzt werden können. Der jeweilige Formalisierungsgrad der Sprachen ist dabei dem Anwendungskontext der Ablaufmodellierung von operativen Geschäftsprozessen angemessen und gleichzeitig sind die bestehenden Modellierungssprachen effizient anwendbar (s. KALLENBERG 2002, S. 59f.). Zudem sind die drei Sprachen miteinander kompatibel und werden im Rahmen des Metamodells ineinander integriert. Hinsichtlich Sprachrichtigkeit werden jeweils das Regelwerk und die verwendeten Elemente der Sprachen definiert und im Rahmen des Modells eingeführt. Dabei basiert die Nomenklatur der Sprachen auf etablierten Fachbüchern (s. BECKER ET AL. 2012, S. 6ff.). Für die Darstellung von Datenobjekten in der eEPK wird dazu im Einklang mit den Regeln der eEPK eine feinere Unterteilung in insgesamt vier Datenobjekttypen vorgenommen. Diese Datenobjekttypen werden dazu klar definiert und übergreifend auch in dem eERM-Datenmodell genutzt. Alle Elemente des Vorgehensmodells sind aus im Metamodell definierten, standardisierten Sprachelementen konstruiert, weshalb gegenüber dem Metamodell eine Vollständigkeit vorliegt. In der praktischen Validierung ist vor allem zu prüfen, ob die verwendeten Sprachen der Modelle zur Verständlichkeit und Anwendbarkeit des Modells aus Anwendersicht beitragen.

Wirtschaftlichkeit: Der Aspekt der Wirtschaftlichkeit stellt alle Aufwände für die Anwendung des Modells den aus der Anwendung des Modells resultierenden Vorteilen gegenüber (s. SCHÜTTE 1998, S. 128). Grundsätzlich ermöglicht das Modell eine zielgerichtete und strukturierte Konfiguration und Preisbildung von Subskriptionsleistungssystemen. Die Vorteile stellen dabei zum einen die Zeitersparnis durch die effiziente Anwendung und zum anderen die Monetarisierung und Ausschöpfung von höherem Kundenpotential durch Subskriptionsleistungssysteme dar. Beide Arten von Vorteilen sind unternehmensindividuell. Fehlendes Wissen und die ineffiziente Durchführung bei der Leistungskonfiguration und Preisbildung stellen jedoch für viele Unternehmen Hemmnisse für den Erfolg von Subskriptionsmodellen dar (s. SCHUH ET AL. 2019, S. 1). Das Modell verfügt über klar aufeinander aufbauende Prozessschritte, von denen jeder als hinreichend relevant erachtet wird. Durch einen modularen Aufbau in Funktionen mit klaren Informationsschnittstellen können jedoch modular auch lediglich einzelne Prozessschritte durchgeführt werden bzw. der Prozess kann flexibel und anwendungsindividuell an die Anforderungen eines anwendenden Unternehmens angepasst werden. Dabei sind die Funktionen durch konkrete Fallbeispiele und Anwendungshinweise untermauert, sodass eine einfache Adaption derer auf individuelle Situationen möglich ist. Im Rahmen der praktischen Validierung ist sowohl der Aufwand als auch der Nutzen aus der individuellen Anwendung zu bewerten.

Systematischer Aufbau: Die Anforderung des systematischen Aufbaus erfordert eine Inter-Modellkonsistenz der Prozess-, Funktions- und Datensicht (s. SCHÜTTE 1998, S. 130). Dem systematischen Aufbau wird durch die zugrundeliegende ARIS-Architektur und über ein die Sichten übergreifendes Metamodell Rechnung getragen. Diese Elemente schaffen eine passgenaue Systematik für die einzelnen Modellteile. Zur Sicherstellung des systematischen Modellaufbaus folgt das Vorgehensmodell den Prinzipien der Systemtechnik (s. Kapitel 4.2.2: 1. Vom Groben ins Detail, 2. Variantenbildung, 3. Phasengliederung, 4. Problemlösungszyklus). Dem Prinzip vom Groben ins Detail wird vollständig gefolgt, indem zunächst ein übergeordneter Ordnungsrahmen für das Modell hergeleitet wird (s. Kapitel 6.1). Im Anschluss erfolgt die Vertiefung des Modells über die Herleitung der einzelnen Sichten (s. Kapitel 6.2), ehe die Konkretisierung der einzelnen Sichten auf der Detailebene realisiert wird (s. Kapitel 6.3 u. 6.4). Das Prinzip der Variantenbildung wird durch den modularen Charakter der Funktionen des Modells ermöglicht. Dadurch können Anwender auf der Prozesssicht die Funktionen nach individuellen Anforderungen auch in anderer Reihenfolge oder lediglich teilweise für die eigene Organisation nutzen. Weiterhin werden durch Abstraktion innerhalb der einzelnen Funktionen und Daten für verschiedene Ausgangssituationen unterschiedliche Lösungsmöglichkeiten bereitgestellt. Dadurch führt die Anwendung auf unterschiedliche Anwendungsfälle der industriellen Praxis zu unterschiedlichen Lösungsmöglichkeiten. Auch das Prinzip der Phasengliederung wird durch das Modell adressiert. Zum einen ordnet der Ordnungsrahmen die Aktivitäten in eine grobe zeitlich-logische Reihenfolge und zum anderen wird über die Prozesssicht ein konkreter zeitlich-logischer Ablauf für das Modell vorgegeben. Schließlich ist auch das Prinzip des Problemlösungszyklus durch das Modell erfüllt, indem auf Basis der Funktionen eine konkrete Arbeitslogik vorgegeben wird, anhand derer Anwender für konkrete Problemstellungen passgenaue Lösungen entwickeln und erarbeiten können. Im Rahmen einer praktischen Validierung ist auf Basis verschiedener Anwendungsszenarien zu belegen, dass verschiedene Varianten durch die Methode erarbeitet werden können. Weiterhin ist in der Praxis zu belegen, dass die erarbeiteten Arbeitslogiken zur Lösungssuche auch praktikabel für Anwender sind.

Klarheit: Die Anforderung beinhaltet eine situationsgerechte Hierarchisierung von Systemen, ein verständliches Layout und eine adressatengerechte Filterung von Inhalten (s. SCHÜTTE 1998, S. 131f.). Im Modell erfolgt sowohl im Funktionsmodell als auch im Datenmodell eine Hierarchisierung. Das Funktionsmodell wird in acht Prozessschritte unterteilt, welche anhand eines zuvor definierten Ordnungsrahmens eingeordnet werden. Diesen einzelnen Prozessschritten werden schließlich die Funktionen zugeordnet. Dabei zeichnen sich die einzelnen Funktionen als unterste Prozessebene durch klare Input- und Output-Datenobjekte aus. Die Datenobjekte wiederum sind in vier trennscharf voneinander abgegrenzte Typen unterteilt. Innerhalb dieser Unterteilung erfolgt eine klare Gliederung in einem Datenmodell. Alle Modelle wurden nach den im Metamodell definierten Modellierungssprachen gestaltet und im Rahmen der Arbeit dargestellt. Weiterhin wird die Funktionssicht durch passgenaue Abbildungen zur konkreteren Umsetzung der Funktionen ergänzt. Innerhalb der praktischen Validierung des Modells sind Praxisexperten in Bezug auf die adressatengerechte Filterung, das Layout des Modells und die Klarheit bei der Hierarchisierung zu befragen.

Vergleichbarkeit: Die Vergleichbarkeit zielt darauf ab, inwieweit die spezifischen Anwendungsprozesse und Ergebnisse aus der Anwendung des Modells bei verschiedenen Anwendungen vergleichbar sind (s. SCHÜTTE 1998, S. 134). Zur Schaffung von vergleichbaren Ergebnissen bestehen insbesondere für die Funktionen klare Strukturen, Anwendungsbeispiele und Methoden zur Überführung von Input- zu Output-Datenobjekten. Auch liegen dem Modell über 63 Experteninterviews und 26 Fallstudien aus der Praxis zugrunde, mit denen eine anwendungsübergreifende Einsetzbarkeit des Modells sichergestellt wird. Im Rahmen der praktischen Validierung ist zu zeigen, dass das Modell zu verschiedenen Anwendungsfällen passt und innerhalb dieser vergleichbare Ergebnisse erarbeitet werden können, die auf derselben Ebene liegen.

Produzierende Industrie: Das Kriterium der produzierenden Industrie ist darauf ausgerichtet, dass insbesondere Unternehmen aus der industriellen Praxis die Methode anwenden können. Aufgrund spezifischer Anforderungen, wie komplexe, mehrdimensionale Leistungsangebote oder intensive Interaktionen zwischen Kunde und Anbieter ist das Modell konkret auf die produzierende Industrie auszurichten. Zur Sicherstellung dieser Rahmenbedingungen liegen dem Ordnungsrahmen des Modells verschiedene Ansätze zur Leistungskonfiguration und Preisbildung aus der produzierenden Industrie zugrunde. Des Weiteren basiert das Modell auf den 63 Experteninterviews und 26 Fallstudien aus der produzierenden Industrie. Diese decken einen großen Teil der Wirtschaftszweige der produzierenden Industrie ab. Daher ist von einer branchenübergreifenden Anwendbarkeit in der produzierenden Industrie auszugehen. In einer praktischen Validierung ist zu belegen, dass das Modell auf unterschiedliche Anwendungsfälle der produzierenden Industrie angewendet werden kann. Dabei sind die Anwendungsfälle der produzierenden Industrie aus verschiedenen Sektoren zu wählen, um den branchenübergreifenden Charakter zu bestätigen.

Bezugsgrundlage: Das Kriterium der Bezugsgrundlage bewertet, ob durch das Modell komplexe Leistungssysteme aus vernetztem Produkt, Dienstleistungen und digitalen Leistungen zu einer einkaufbaren Lösung als Bezugsgrundlage strukturiert werden. Im Kontext dieses Modells verfügen diese Leistungsangebote über eine Individualität, stellen neuartige, komplexe Leistungsversprechen dar und können während der Nutzungsphase kontinuierlich angepasst werden. Durch die Funktionen E.1.1.1 *Kundensegmente klassifizieren* und E.1.1.2 *Anwendungsfälle erfassen* werden die Kunden individuell berücksichtigt und anhand des konkreten Anwendungsfalls analysiert. Dadurch kann eine individuelle Adressierung von Kunden sichergestellt werden. Über die Funktionen E.1.1.3 *Leistungsversprechen spezifizieren* und E.1.1.4 *Leistungsangebot umsetzen* werden für Kunden aus vernetzen Produkten, Dienstleistungen und digitalen Leistungen neuartige und komplexe Leistungsversprechen generiert. Der Aspekt der kontinuierlichen Anpassung wird über die Funktionen E1.2.1 *Leistungsangebot erbringen*, E.1.2.2 *Leistungscontrolling durchführen* und E.1.2.3 *Verbesserungsmaßnahmen durchführen* adressiert. Dabei wird durch kontinuierliche Überprüfung des Leistungsversprechens beim Kunden sowie durch darauf ausgerichtete konkrete Verbesserungsmaßnahmen eine kontinuierliche Anpassung auf die Kundenbedürfnisse sichergestellt. In der praktischen Validierung ist zu belegen, dass Unternehmen in der Praxis die Funktionen zielführend zur Gestaltung und Anpassung einer individuellen Bezugsgrundlage nutzen können.

Werterfassung: Das Kriterium der Werterfassung bewertet, ob im Modell erfüllt ist, dass der individuelle Wert aus Kunden- und Anbietersicht aus dem Angebot und der Nutzung einer Subskriptionsleistung erfasst und der Preisbildung zugrunde gelegt wird. Im Kontext des Modells sind die relevantesten Kundenanforderungen zu definieren. Für diese sind messbare Kriterien zur Nutzenbewertung festzulegen, anhand derer der konkrete Mehrnutzen mit hinreichender Genauigkeit erfasst werden kann. Aufgrund des veränderlichen realisierten Nutzens ist dieser während der Nutzungsphase dynamisch zu erfassen. Alle zentralen Anforderungen werden im Rahmen des Modells durch Funktionen adressiert. Durch die Funktion E.2.1.1 *Nutzenversprechen qualifizieren* wird im Modell sichergestellt, dass für den Kunden die relevantesten Nutzenversprechen identifiziert und adressiert werden. Die Messbarkeit des Modells wird durch die Funktion E.2.1.2 *Nutzenkennzahlen definieren* ermöglicht, durch die Kennzahlen als konkrete Werte zur objektiven Quantifizierung des Nutzens anhand von Daten des Kunden definiert werden. Die Genauigkeit des Wertes wird dabei sichergestellt, indem über die Funktionen E.2.1.3 *Referenzangebote bewerten*, E.2.1.4 *Mehrnutzenprognose berechnen*, E.2.1.5 *Geschäfts- und Leistungsrisiko bewerten*, E.2.1.6 *Leistungsangebotskosten erfassen* und E.2.1.7 *Preisintervall erfassen* der konkrete Mehrnutzen für die Verbesserung einer jeweiligen Kennzahl prognostiziert wird und anschließend ein genaues, am Nutzen orientiertes Intervall für die Preishöhe identifiziert wird. Durch die Funktionen E.2.2.1 *Nutzendaten erfassen*, E.2.2.2 *Value-in-Use berechnen,* E.2.2.3 *Kosten berechnen* und E.2.2.4 *Verbesserungsmaßnahmen bewerten* ist es durch die Methode möglich, während der Nutzungsphase den kontinuierlich veränderlichen realisierten Nutzen dynamisch auf Basis der Daten des Kunden zu erfassen und der Preisbildung zugrunde zu legen. Innerhalb der praktischen Validierung ist zu belegen, dass Unternehmen in der Praxis die Funktionen zielführend zur Erfassung des Nutzens auf Kundenseite und des Kundenwertes auf Anbieterseite nutzen können.

Preisdimension: Das Kriterium der Preisdimension validiert, ob durch das Modell passgenaue Grundlogiken und Auswahlempfehlungen zur Preisbildung genutzt werden, durch die Kunden- und Anbieteranforderungen harmonisiert werden. Dabei sind passgenaue Preismodelle als gemeinsame Nutzenbasis zu identifizieren. Die Preismodelle müssen die Übernahme von Geschäftsrisiken ermöglichen; für die komplexen Leistungsangebote sind mehrdimensionale Preismodelle mit mehreren Preiskomponenten vorzusehen und die Preismodelle müssen über Anreizmechanismen sicherstellen, dass sowohl Kunden als auch Anbieter von einer kontinuierlichen Verbesserung des Kundennutzens profitieren. Über die Funktion E.3.1.1. *Preismodellziele definieren* sowie E.3.1.2 *Preismodelle definieren* wird sichergestellt, dass passgenaue Preismodelle auf Basis von Nutzungsdaten des Kunden zur Verfügung stehen. Durch die Funktion E.3.1.3 *Preismodelle priorisieren* werden die konfigurierten Preismodelle unter Abwägung der Potentiale und Kosten durch die Übernahme von Geschäftsrisiken in eine Rangfolge überführt. Durch die Funktion E.3.1.4 *Preiskomponenten konfigurieren* werden die Leistungsmerkmale für das komplexe Leistungsangebot durch passgenaue Preiskomponenten mitsamt Preismodellen adressiert. Die Partizipation von Kunde und Anbieter an der kontinuierlichen Verbesserung erfolgt über die Funktionen E.3.2.1 *Preismodelle auditieren* und E.3.2.2. *Vertrag weiterentwickeln.* Dazu wird kontinuierlich analysiert, wie der Preis zum beiderseitigen Vorteil während der Nutzungsphase angepasst werden kann. Im Rahmen einer praktischen Validierung ist zu erfassen, wie zielführend die Funktionen bei Festlegung der Preisdimension sowie der Preisbildung durch Unternehmen genutzt werden können.

Preismetrik: Das Kriterium der Preismetrik belegt, dass durch das Modell effiziente Grundlogiken zur Bestimmung des zu zahlenden Preises anhand der Leistungs- und Nutzendaten definiert werden. Das Modell muss dazu über mehrere Kunden skalierbar sein, für die Abrechnung der Leistung gegenüber dem Kunden einen klaren und belastbaren Rahmen schaffen, in der Abwicklung automatisierbar sein und durch hohe Transparenz eine Akzeptanz beim Kunden realisieren. Über die Funktion E.4.1.1 *Bemessungsgrundlage definieren* wird dazu ein Rahmen mit konkreter Grundlage geschaffen, der kundenübergreifend Anwendung finden kann und somit skalierbar ist. Die Funktionen E.4.1.2 *Preisformel definieren,* E.4.1.3 *Datenerfassung festlegen* und E.4.1.4 *Vertrag gestalten* definieren einen klaren Rahmen, der auf Basis einer klaren Preisformel unter Integration der Daten des Kunden rechtskonform im Vertrag festgehalten ist. Über die Funktionen E.4.2.1 *Leistungsvariablen aufbereiten,* E.4.2.2 *Preisberechnung durchführen* und E.4.2.3 *Abrechnung durchführen* wird während der Nutzungsphase unter Nutzung der Leistungsdaten des Kunden eine automatische Berechnung des Preises durchgeführt und mithilfe von Abrechnungssystemen dem Kunden kontinuierlich und transparent auf Basis der Daten dargelegt. Innerhalb der praktischen Validierung ist zu evaluieren, wie weit die Funktionen bei der Umsetzung und

Abwicklung des Preises gegenüber dem Kunden durch Anwender genutzt werden können.

Prozesssicht: Das Kriterium Prozesssicht bewertet, wie das Modell die relevanten Modellinhalte in einen definierten zeitlich-logischen Prozessaufbau strukturiert, sodass eine effiziente Anwendung möglich ist. Übergeordnet bietet der Ordnungsrahmen eine Struktur für die Inhalte des Modells und strukturiert diese klar in vier aufeinander folgende Schritte (Bezugsgrundlage, Werterfassung, Preisdimension, Preismetrik) sowie zwei zeitlich getrennte Phasen (Vertriebsphase, Nutzungsphase). Diese Phasen orientieren sich an den durchzuführenden Aktivitäten von Anwendern aus der Praxis. In der Prozesssicht wird eine zeitlich-logische Verknüpfung der insgesamt acht Schritte des Modells dargelegt. Innerhalb der Detaillierung der Prozesssicht werden innerhalb der Schritte jeweilige Funktionen über die anwenderorientierte Modellierungssprache eEPK verknüpft und somit in einen klaren Prozess überführt. Dabei stehen die jeweiligen Funktionen auf derselben inhaltlichen Ebene, sodass für einen Anwender innerhalb der Abfolge des Prozesses keine logischen oder inhaltlichen Sprünge vorliegen. Dadurch steht Anwendern auf einer anwendungsgerechten Abstraktionsebene eine Ablauflogik durch das gesamte Modell zur Verfügung. Im Rahmen einer praktischen Validierung ist zu belegen, dass die Prozesse verständlich und auf einer geeigneten Abstraktionsebene sind, die zeitlich-sachlogische Struktur auf Anwendungsfälle der Praxis passt und effizient durch Anwender umgesetzt werden können.

Funktionssicht: Das Kriterium der Funktionssicht überprüft, wie klar die jeweiligen Funktionen im Modell sind. Dabei ist wichtig, über die Funktionen einen klaren methodischen Rahmen vorzugeben, durch den stets gleiche Inputs in gleiche Outputs überführt werden können. Jede der Funktionen wird dazu in der Funktionssicht inhaltlich definiert und anhand spezifischer Charakteristiken spezifiziert. Zudem erfolgt die Einordnung der Funktion in den Prozess sowie die Zuordnung von Datenobjekten als konkrete Eingangs- und Ausgangsfaktoren der Funktionen. Dabei können Funktionen auch über mehrere Eingangsdatenobjekte verfügen und überführen diese, falls Datenobjekte erzeugt werden, stets in ein klares Datenobjekt als Funktionsausgang. Damit eine effiziente und wiederholbare Durchführung der Funktionen erfolgt, liegen allen Funktionen zudem je nach Funktionsumfang konkrete Methoden, Ablauflogiken sowie Ablaufrahmen zugrunde. Dadurch können Anwender direkt auf bestehende Rahmen zugreifen und diese bei der Durchführung der Aktivitäten nutzen. Im Rahmen einer praktischen Validierung sind die Funktionen inhaltlich auf Anwendungsfälle der Praxis anzuwenden. Dabei ist zu bewerten, ob die Funktionen für die Praxis inhaltlich zielführend gestaltet, effizient nutzbar und klar verständlich definiert sind.

Datensicht: Das Kriterium der Datensicht validiert das Datenmodell sowie die innerhalb des Prozesses generierten und verarbeiteten Datenobjekte zur Leistungskonfiguration und Preisbildung. Dabei wird bewertet, wie die Informationsflüsse einer Organisation, die Subskriptionsmodelle anbietet, durch das entwickelte Modell strukturiert werden können. Die Datenobjekte sind dabei im Modell zum einen innerhalb der Datensicht in einem Datenmodell angeordnet und werden zum anderen innerhalb der

Prozesssicht mit den Funktionen verknüpft. Das Datenmodell dient dabei zur Strukturierung verschiedener Datenobjekte innerhalb einer Organisation. Die Datenobjekte werden anhand konkreter Eigenschaften in die vier Datentypen *Externe Stammdaten*, *Prozessdaten*, *Echtzeit-Betriebsdaten* und *Berechnungsvariablen* unterteilt. Je nach Datentyp liegt in einer Organisation eine andere Verarbeitungsebene innerhalb der Informationssysteme vor, sodass entsprechend passgenaue Systeme und Infrastruktur zur Verarbeitung der Daten aufgebaut werden können. Alle Datenobjekte werden innerhalb der Datensicht definiert und charakterisiert, sodass diese für Anwender der Praxis eindeutig sind. Im Rahmen einer praktischen Validierung sind die Datenobjekte zum einen hinsichtlich inhaltlicher Klarheit zu validieren und zum anderen ist zu bewerten, inwieweit das Datenmodell innerhalb von Unternehmen bei der Leistungskonfiguration und Preisbildung umgesetzt werden kann.

Gestaltungsempfehlungen: Das Kriterium der Gestaltungsempfehlungen dient zur Bewertung von praktischen Empfehlungen für die Auslegung und Umsetzung der Leistungskonfiguration und Preisbildung. Hierbei spielt insbesondere die Empfehlung von konkreten Outputs aus Funktionen bei spezifischen Ausgangssituationen bzw. Inputfaktoren eine Rolle. Durch den Referenzcharakter des Modells stellt das gesamte Modell eine Gestaltungsempfehlung für den Prozess der Leistungskonfiguration und Preisbildung dar. Unternehmen der Praxis können diesen Prozess als Gestaltungsvorlage nutzen und bei Bedarf an die individuellen Anforderungen anpassen und konfigurieren. Weiterhin stehen innerhalb der Funktionen jeweils Fallbeispiele und Gestaltungsvorschläge zur Verfügung. Diese sind aus den 26 Fallstudien der Praxis abstrahiert und für Anwender der Praxis konkret dargelegt. Dadurch liegen Beispiele vor, wie die Funktionen im Modell zu nutzen sind. Da die Anwendungsfälle in der Praxis heterogen und für die meisten der Fallstudien sogar kunden- sowie leistungsangebotsindividuell sind, wurde auf eine Verallgemeinerung von Gestaltungsempfehlungen verzichtet. In einer praktischen Validierung ist zu prüfen, ob zum einen der Geschäftsprozess grundsätzlich als Referenzprozess für die Leistungskonfiguration und Preisbildung für Subskriptionsmodelle genutzt werden kann und zum anderen, ob die Fallbeispiele klar und bei der Durchführung der Funktionen in der Praxis hilfreich sind.

Die theoretische Validierung legt nahe, dass die formal-konzeptionellen Anforderungen sowie die inhaltlichen Anforderungen (s. Kapitel 5.2) and das erstellte Modell zur Konfiguration und Preisbildung von Subskriptionsleistungen voll erfüllt sind (s. Abbildung 7-1). Damit dieser Nutzen für operative Aufgaben innerhalb einer Organisation jedoch konkret belegt werden kann, wurden zusätzlich Aspekte herausgearbeitet, die im Rahmen einer praktischen Validierung des Modells durch die Praxis bestätigt werden müssen.

Formal-konzeptionelle Anforderungen (theoretische Validierung)	
Konstruktions-adäquanz	Das Modell ist lösungsorientiert und es besteht ein interner und externer Konsens der Modelldarstellung.
Sprachadäquanz	Die im Modell verwendete Sprache ist für den Anwendungs-zusammenhang geeignet und nach Regelwerk korrekt angewandt.
Wirtschaftlichkeit	Der Aufwand und die Kosten stimmen für einen Modellanwender mit dem Nutzen überein.
Systematischer Aufbau	Die relevanten Aspekte der Anwendung werden durch Modellsichten abgebildet und es besteht eine Konsistenz zwischen den Sichten.
Klarheit	Das Modell ist für den Anwender leserlich, verständlich und anschaulich dargestellt.
Vergleichbarkeit	Die resultierenden Ergebnisse aus der Modellierung sind miteinander vergleichbar und liegen auf der richtigen Ebene.
Inhaltliche Anforderungen des Objektbereichs (theoretische Validierung)	
Produzierende Industrie	Das Modell ist für die Anwendung in der produzierenden Industrie geeignet und kann in diesem Kontext genutzt werden.
Bezugsgrundlage	Das Modell kann auf individuelle, neuartige, komplexe und veränderliche Subskriptionsleistungssysteme angewendet werden.
Werterfassung	Die in der Anwendung erfassten Werte sind relevant für die Stakeholder, messbar, genau und dynamisch veränderlich.
Preisdimension	In der Anwendung werden mehrdimensionale Preismodelle auf Nutzenbasis berücksichtigt und partizipative Anreize geschaffen.
Preismetrik	Die Preise können in der Anwendung in periodischen Berechnungen skalierbar, klar, automatisierbar und transparent erfasst werden.
Inhaltliche Anforderungen des Zielbereichs (theoretische Validierung)	
Prozesssicht	Das Modell bringt durch den prozessualen Ablauf für Anwender eine geeignete zeitlich-sachlogische Struktur in alle Modellelemente.
Funktionssicht	Die Funktionen im Modell beschreiben für die verwendeten Input-faktoren ein klares Vorgehen zur Überführung in Outputfaktoren.
Datensicht	Die bestehenden Datenobjekte im Modell sind klar beschrieben, informationsseitig eingeordnet und mit den Funktionen verknüpft.
Gestaltungs-empfehlungen	Die Gestaltungsempfehlungen im Modell unterstützen eine effiziente Leistungskonfiguration und Preisbildung in der Praxis.

Abbildung 7-1: Zusammenfassung der theoretischen Validierung (eigene Darstellung)

7.3 Praktische Validierung des Vorgehensmodells

Die zuvor diskutierten Validierungskriterien werden im Folgenden innerhalb von drei Anwendungsfällen diskutiert und das entwickelte Modell wird hinsichtlich der Erfüllung bei diesen Anwendungsfällen bewertet. Die praktische Validierung dient dazu, die Anwendbarkeit in den bei der theoretischen Validierung aufgeworfenen Aspekten zu verifizieren. Aufgrund der Vertraulichkeit des Inhalts der Validierung für die Validierungspartner, werden diese im Folgenden anonymisiert. Die Anwendung zur Validierung erfolgte mit den drei Unternehmen MiningTechnology AG, Stahlwerke AG und Industrieservice GmbH. Die Validierung bei der MiningTechnology AG und Stahlwerke AG erfolgte jeweils im Rahmen von einem Beratungsprojekt zur Gestaltung und Einführung von Subskriptionsmodellen mit Gruppen von Experten der Unternehmen. Die Anwendung bei der Industrieservice GmbH erfolgte im Rahmen eines Tagesworkshops mit einem Experten. Eine Validierung des Vorgehensmodells mit Experten der Praxis erfolgte im Anschluss jeweils anhand der Validierungskriterien. Aufgrund der Vertraulichkeit der Ergebnisse werden die Ergebnisse aus der Anwendung des Vorgehensmodells nicht im Detail diskutiert. Die Validierung adressiert daher primär die Ergebnisse des Workshops zur Validierung des Modells.

7.3.1 Anwendungsfall der MiningTechnology AG

Die MiningTechnology AG ist ein deutscher Industriekonzern mit über 10.000 Mitarbeitern und einem Jahresumsatz von über 3 Mrd. €. Die MiningTechnology AG ist dem Anlagenbau zuzuordnen. Das Unternehmen befasst sich mit der Bereitstellung von verantwortungsvollen Lösungen für die Gewinnung und Verarbeitung von Rohstoffen. Der Anwendungsfall bezieht sich auf ein Projekt, das im Bereich Brecher- und Mahlanlagen für die Verarbeitung von Erzen durchgeführt wurde. Das Projekt erfolgte auf Basis von halbtägigen Workshops, die über den Zeitraum von zwei Monaten durchgeführt wurden. An den Workshops waren Teilnehmer aus den Bereichen Technik, Produktmanagement, Business-Development und Vertrieb beteiligt. Im Anschluss wurde mit einem Experten aus dem Bereich Business Development ein Validierungsworkshop zur Diskussion des Modells und der Validierungskriterien durchgeführt.

Ziel des Projekts war die Gestaltung von Subskriptionsleistungsangeboten, durch die noch mehr Kundenpotential durch neuartige Leistungsversprechen während der Nutzenphase ausgeschöpft werden kann. In diesem Kontext wurden im Rahmen des Beratungsprojekts zwei konkrete Anlagen, eine Mahlanlage und eine Brecheranlage, ausgewählt, für die eine Gestaltung des Subskriptionsleistungsangebots mitsamt der Preisbildung erfolgte. Für Kunden wurden Gesamtlösungen aus Einzelmaschine, Services, Ersatz- und Verschleißteilen und digitalem Leistungsangebot konfiguriert, die im Rahmen eines Pay-per-Service-Modells abgerechnet werden. Als primäre Methode zur Erstellung der Subskriptionsgeschäftsmodelle wurde das Vorgehensmodell dieser Arbeit genutzt. Die im Rahmen des Projekts konzipierten Geschäftsmodelle wurden in Folge des Projekts ausgewählten Kunden angeboten. Dementsprechend belegt dies bereits die grundsätzliche Anwendbarkeit des Modells in der Praxis. Im Folgenden werden die Ergebnisse des Anwendungsfalls detailliert diskutiert.

Konstruktionsadäquanz: Das gesamte Modell wurde als Struktur für das Projekt genutzt. Dabei wurden die Aufgaben im Projekt entlang des Ordnungsrahmens in die vier Phasen *Bezugsgrundlage*, *Werterfassung*, *Preisdimension* und *Preismetrik* unterteilt. Für die im Projekt bearbeiteten Anwendungsszenarien war diese Aufteilung sinnvoll und zielführend. Auch die Aufteilung des Modells in die *Vertriebs-* und *Nutzungsphase* wurde von den Experten als praktikabel und verständlich bewertet. Im Projekt konnte dadurch ein besonderer Fokus auf die zu dem Zeitpunkt relevantere Vertriebsphase gelegt werden.

Sprachadäquanz: Die im Modell genutzten Sprachen (eEPK, eERM und Funktionsbäume) waren allen im Projekt beteiligten Experten bekannt, da diese innerhalb der Organisation auch in anderen Kontexten genutzt werden. In der Validierung wurde zudem die Verständlichkeit durch Experten der Organisation bestätigt.

Wirtschaftlichkeit: Die Workshops innerhalb des Projekts erfolgten in insgesamt neun halbtägigen Workshop-Terminen. Durch die ablauforientierte Methode mit klarem Vorgehen wurde ein effizienter und zielgerichteter Projektablauf mit konkreten Ergebnissen sichergestellt. Nach Einschätzung der Experten der Organisation wäre der zeitliche Aufwand ohne das Vorgehensmodell in etwa um das Zehnfache höher gewesen und dementsprechend hätte das Projekt ohne das Modell nicht stattfinden können. Im Anschluss an diese Basisarbeit erfolgte eine feinere Detaillierung der Geschäftsmodelle. Daher wurde der Nutzen der Ergebnisse als sehr hoch bewertet und steht einem lediglich geringen Aufwand zur Durchführung gegenüber.

Systematischer Aufbau: Die Aufteilung in die drei Sichten (Prozesssicht, Funktionssicht und Datensicht) war sinnvoll, um das Projekt effektiv umzusetzen. Zuerst wurde die Prozesssicht genutzt, um einen Arbeitsplan mit Workshops für das Projekt zu entwickeln. Anschließend wurden die einzelnen Workshops anhand der Methoden und Inhalte aus der Funktionssicht konzipiert, vorbereitet und durchgeführt. Die Datensicht diente zur Definition erforderlicher Grundlagen, die zur Durchführung der Workshops vorliegen mussten. Weiterhin gab die Datensicht vor, wie Ergebnisse aus den Workshops zu dokumentieren sind. Zusätzlich unterstützt die Datensicht dabei, Soll-Anforderungen für das IT-System zur Konfiguration und Preisbildung der Leistungsangebote zu definieren.

Klarheit: Sowohl die Aufteilung des Modells in einen übergeordneten Ordnungsrahmen und in die detaillierten Modellsichten als auch das systematische und konkrete Layout der einzelnen Inhalte innerhalb der Modellsichten führten zu einer Klarheit und Nachvollziehbarkeit des Modells. Der Ordnungsrahmen wurde zur Planung und zur inhaltlichen Orientierung innerhalb des Projekts genutzt, sodass die Experten konkrete Arbeitsschritte im Gesamtkontext der Leistungskonfiguration und Preisbildung besser einordnen konnten. Die Detailplanung einzelner Arbeitsschritte erfolge anschließend anhand der detaillierteren Modellsichten. Der strukturierte Aufbau der Sichten sowie die visuelle Aufbereitung der Inhalte haben nach Ansicht der Experten zu Klarheit beigetragen. Die Verständlichkeit des Modells wurde im Validierungsgespräch des Modells bestätigt und insbesondere die Abbildungen innerhalb der Prozess- und Funktionssicht wurden als zielführend und anschaulich bewertet. Im Validierungsgespräch wurden letzte Unklarheiten identifiziert und im Rahmen eines Iterationsschritts des Modells angepasst.

Vergleichbarkeit: Im Rahmen des Projekts wurde das Modell auf die beiden verschiedenen Anwendungsszenarien Mahlanlage und Brecheranlage angewendet. Beide Anwendungsszenarien konnten ausgestaltet werden und haben zu einem verfügbarkeitsorientierten Leistungs- und Preismodell für die Mahlanlage und zu einem ergebnisorientierten Leistungs- und Preismodell für die Brecheranlage geführt. Beide Ergebnisse liegen auf derselben Ebene und sind miteinander vergleichbar. Weiterhin wurde durch die Experten im Validierungsgespräch bestätigt, dass die inhaltliche Ebene beider Ergebnisse den Erwartungen entspricht.

Produzierende Industrie: Mit dem Anlagenbau im Bereich Mining wird der Wirtschaftszweig *Bergbau u. Gewinnung von Steinen u. Erden* (Kategorie B nach WZ 2008 Klassifizierung) der produzierenden Industrie adressiert (s. GNOSS 2008, S. 175ff.). Die erarbeiteten Inhalte der praktischen Validierung dieser Fallstudie im Rahmen des Projekts bestätigen die Anwendbarkeit des Vorgehensmodells in der Praxis in diesem Industriebereich.

Bezugsgrundlage: Im Rahmen des Projekts wurden mit dem Vorgehensmodell zwei neuartige Subskriptionsleistungsversprechen erarbeitet. Dies sind für die Mahlanlage die Übernahme des Ersatzteilmanagements, des Servicemanagements sowie die Übernahme der Ersatz- und Verschleißteilkosten. Für die Brecheranlage sind dies die Maximierung des Outputs und die kontinuierliche Optimierung der Anlage zur bestmöglichen Produktivität. Für diese Leistungsversprechen wurden bestehende und zukünftig zu entwickelnde Produkte, Services und digitale Leistungen zu einer Gesamtlösung zusammengeführt. Auf Basis der Kundenanforderungen wurden als Leistungsangebot für die Mahlanlage ein verfügbarkeitsorientiertes Maschine-as-a-Service-Angebot und für die Brecheranlage ein Output-as-a-Service-Angebot entwickelt.

Werterfassung: Im Projekt wurden zentrale Kennzahlen zur Nutzenerfassung beider Angebote beim Kunden identifiziert. Dies ist im Maschine-as-a-Service-Angebot die Kosteneinsparung gegenüber einem Referenzangebot und im Output-as-a-Service-Angebot das Produktionsvolumen der Anlage in Tonnen. Für die Leistungsangebote wurden zum einen Risiken und Kosten erfasst und zum anderen wurden Referenzwerte und Preise für bestehende Leistungsangebote definiert. Anschließend erfolgte eine Abschätzung des Verbesserungspotentials der Kennzahlen durch das neuartige Leistungsangebot. Auf dieser Basis konnten schließlich der Mehrnutzen und die Preisbereitschaft beim Kunden durch die Verbesserung der Leistungsangebote identifiziert werden.

Preisdimension: Als Preismodell wurde für das Maschine-as-a-Service-Angebot der Mahlanlage ein Flatrate-Modell ausgewählt und für das Output-as-a-Service-Angebot der Brecheranlage wurde ein Pay-per-Tonne-Modell ausgewählt. Bei der Auswahl wurde eine Abwägung zwischen Risiken und Nutzenpotentialen verschiedener Preismodelle durchgeführt. Die Analyse ergab, dass in beiden Anwendungsszenarien nicht das gesamte Risiko durch den Anbieter übernommen werden sollte. Insbesondere die Integration der Maschine sowie hohe Verbrauchsgüterkosten bei den Services machten eine Risikoaufteilung erforderlich. Bei der Mahlanlage wurden daher ein zweidimensionales Preismodell mit einer initialen Einmalzahlung zu Beginn der Subskription sowie eine feste periodische Flatrate-Zahlung ausgewählt. Im Pay-per-Tonne-Modell der Brecheranlage wurde ein dreidimensionales Preismodell ausgewählt. Dieses beinhaltet eine initiale Einmalzahlung, eine feste periodische Zahlungskomponente sowie eine variable periodische Komponente in Abhängigkeit der produzierten Tonne.

Preismetrik: Als Bezugsgrundlage für das Flatrate-Modell der Mahlanlage wurde die Zahl bereitgestellter Maschinen beim Kunden definiert. Für die Brecheranlage wurden die pro Jahr produzierten Tonnen Mahlgut am Ausgang der Anlage als Bemessungsgrundlage aufgrund der klaren Messbarkeit definiert. In beiden Fällen erfolgte im Anschluss eine Zusammenführung aller Preiselemente zu einer konkreten Preisformel, welche jeweils auf Jahresbasis gegenüber dem Kunden abgerechnet wird. Dadurch konnte die Preisbildung für beide Anwendungsszenarien durchlaufen werden.

Prozesssicht: Die Prozesse des Vorgehensmodells wurden im Projekt in der vorgegebenen logischen Abfolge durchlaufen. Dementsprechend konnte durch die Validierung gezeigt werden, dass der Ablauf der Funktionen zielführend ist. Zudem wurde durch das Validierungsgespräch bestätigt, dass die gewählte Abstraktionsebene der Prozesse hilfreich war und bei der transparenten Darstellung des Vorgehens und effizienten Umsetzung des Projekts zum Erfolg beigetragen hat.

Funktionssicht: Die im Vorgehensmodell erstellten Funktionen wurden innerhalb der einzelnen Workshops im Projekt genutzt. Aufgrund der jeweilig erzielten Ergebnisse aus der Anwendung der Funktionen im Projekt sowie der zielorientierten und effizienten Zusammenarbeit des Expertenteams im Workshop kann belegt werden, dass die Funktionen in der Praxis anwendbar sind.

Datensicht: Die Datensicht wurde dazu genutzt, die erforderlichen Informationen und Daten für die Durchführung einzelner Funktionen als Inputfaktoren zusammenzutragen. Weiterhin bestand durch eine klare Definition der Datenobjekte als Funktionsoutputs durchgängig ein konkretes Verständnis über das zu erreichende, zu dokumentierende Ergebnis jedes Workshops. Zudem wurde im Validierungsgespräch bestätigt, dass das Datenmodell in der Organisation genutzt werden kann, um eine klare Logik in die IT-Prozesse und Infrastruktur zur Abwicklung der Leistungskonfiguration und Preisbildung für die Subskriptionsmodelle zu bringen.

Gestaltungsempfehlungen: Die dargelegten Praxisbeispiele innerhalb des Vorgehensmodells wurden im Projekt jeweils den teilnehmenden Experten vorgestellt und haben zur schnellen Veranschaulichung der Workshopziele geführt. Dabei war es oftmals zielführend, zusätzlich auch den Kontext der Praxisbeispiele klarer darzulegen, damit die Abstrahierung aus den Praxisbeispielen erfolgreich war. Die Beispiele wurden im Validierungsgespräch als geeignet und hilfreich bewertet.

Zusammenfassend kann anhand der praktischen Validierung beim Anwendungsfall der MiningTechnology AG bestätigt werden, dass die Methode praktisch anwendbar ist und für die Organisationen einen wertvollen Beitrag bei der Gestaltung von Subskriptionsmodellen für konkrete Anwendungsszenarien liefert. Damit wurde in einem ersten Anwendungsfall belegt und durch Experten bestätigt, dass alle formal-konzeptionellen und inhaltlichen Validierungskriterien auch in der praktischen Anwendung voll erfüllt sind (s. Abbildung 7-2).

Formal-konzeptionelle Anforderungen (praktische Validierung 1)		
Konstruktions-adäquanz	Der Ordnungsrahmen des Modells wurde erfolgreich als Vorgehens-rahmen für die Workshops im Validierungsprojekt genutzt.	☑
Sprachadäquanz	Die im Modell genutzten Sprachen waren aus anderen Kontexten im Unternehmen bekannt und für alle Anwender direkt verständlich.	☑
Wirtschaftlichkeit	Die Anwendung des Vorgehensmodells erfolgte in lediglich neun halbtägigen Workshops und die Ergebnisse haben hohen Nutzen.	☑
Systematischer Aufbau	Anhand der drei Modellsichten konnte das Projekt im Industrie-kontext erfolgreich geplant, durchgeführt und dokumentiert werden.	☑
Klarheit	Durch die gewählten Abstraktionslevel und das Layout der Inhalte wurde durch alle Experten die Verständlichkeit bestätigt.	☑
Vergleichbarkeit	Das Modell hat in den zwei Anwendungsszenarien Mahlanlage und Brecheranlage zu vergleichbaren Ergebnissen geführt.	☑
Inhaltliche Anforderungen des Objektbereichs (praktische Validierung 1)		
Produzierende Industrie	Die Anwendbarkeit wurde im Wirtschaftszweig der Kategorie B (Bergbau u. Gewinnung von Steinen u. Erden) gezeigt.	☑
Bezugsgrundlage	Als Angebote wurden für die Anwendungsszenarien ein Maschine-as-a-Service- und ein Output-as-a-Service-Angebot erarbeitet.	☑
Werterfassung	Als Mehrwerte wurden die Kosteneinsparung und die Verbesserung des Produktionsvolumens gegenüber dem Status-Quo definiert.	☑
Preisdimension	Als Preismodelle wurden ein zweidimensionales Flatrate-Modell und ein dreidimensionales Pay-per-Tonne-Modell ausgewählt.	☑
Preismetrik	Als Bezugsgrundlagen wurde ein Preis pro bereitgestellte Maschine sowie ein Preis für eine produzierte Tonne eines Mahlguts definiert.	☑
Inhaltliche Anforderungen des Zielbereichs (praktische Validierung 1)		
Prozesssicht	Die im Modell dargelegten Prozesse wurden im Projekt in der dargelegten Abfolge erfolgreich und effizient durchlaufen.	☑
Funktionssicht	Die Funktionen haben eine klare und zielorientierte Grundlage für die inhaltliche Zusammenarbeit von Expertenteams geboten.	☑
Datensicht	Durch die Datensicht konnten im Projekt erarbeitete Daten strukturiert werden und können zukünftig IT-seitig verarbeitet werden.	☑
Gestaltungs-empfehlungen	Die Gestaltungsempfehlungen waren für die Experten geeignet und hilfreich und haben zum schnellen Verständnis beigetragen.	☑

Abbildung 7-2: Zusammenfassung der Validierung der MiningTechnology AG (eigene Darstellung)

7.3.2 Anwendungsfall der Stahlwerke AG

Die Stahlwerke AG ist ein führender Hersteller von Anlagen für Hütten- und Walztechnik zur Verarbeitung von Metallen. Die Stahlwerke AG beschäftigt über 10.000 Mitarbeiter und hat einen Jahresumsatz von über 3 Mrd. €. Das Unternehmen liefert Lösungen entlang der gesamten Wertschöpfungskette in der Metallindustrie. Für Kunden aus der Metallverarbeitung werden sowohl einzelne Komponenten als auch komplette Werke zur Metallverarbeitung erstellt. Die Errichtung der Anlagen erfolgt innerhalb von Projektgeschäften, bei denen die Anlagen zunächst individuell konfiguriert werden, dann die Komponenten gefertigt und montiert und anschließend beim Kunden errichtet werden. Bereits heute verfügt die Stahlwerke AG über erste Subskriptionsgeschäfte mit Kunden für ausgewählte Anlagen. Ziel der Stahlwerke AG ist der Ausbau des Subskriptionsgeschäfts für verschiedene Anlagentypen. Der Anwendungsfall bezieht sich auf ein durchgeführtes Projekt, bei dem der Prozess der Angebotskonfiguration und der Preisbildung für diverse Subskriptionsleistungen ausgelegt und konkretisiert wird. Das Projekt wurde über einen Zeitraum von ca. zwei Monaten durchgeführt. Im Anschluss wurde mit einem Experten der Organisation ein Validierungsworkshop zur gemeinsamen Diskussion des Modells und der Validierungskriterien durchgeführt.

Ziel des Projekts war die Erarbeitung eines neuen Prozesses der Angebotskonfiguration und der Preisbildung von Subskriptionsleistungsangeboten, der auf beliebige Anlagentypen angewandt werden kann. Dadurch sollen Kunden zukünftig proaktiver und zielgerichteter passgenaue Subskriptionsleistungsangebote für ihre Anforderungen erhalten. Für Kunden soll dabei eine Gesamtlösung aus Anlage, Services und digitalem Leistungsangebot konfiguriert werden, die im Rahmen eines Pay-per-Service-Modells abgerechnet wird. Als Methode zur Erarbeitung des Vorgehensprozesses zum Leistungskonfiguration und zur Preisbildung der Subskriptionsangebote wurde dazu das Vorgehensmodell dieser Arbeit genutzt. Das Vorgehensmodell konnte hierzu jedoch nicht kopiert werden, da der neue Prozess mit bestehenden Randbedingungen und Unternehmensprozessen zu harmonisieren war. Der im Rahmen des Projekts konzipierte Prozess wurden infolge des Beratungsprojekts als unternehmensinterner Prozess eingeführt. Dies belegt bereits eine grundsätzliche Anwendbarkeit des Modells in der Praxis. Im nächsten Abschnitt erfolgt eine detailliertere Diskussion der Ergebnisse.

Konstruktionsadäquanz: Das Vorgehensmodell wurde zur Strukturierung der zu adressierenden Inhalte durch den Angebotsprozess für Subskriptionsleistungen genutzt. Die vier Phasen *Bezugsgrundlage*, *Werterfassung*, *Preisdimension* und *Preismetrik* wurden in der Reihenfolge im Prozess durchgeführt. Im Projekt wurden die für die Subskription spezifischen Prozesselemente mit den bestehenden, übergeordneten Phasen des Vertriebsprozesses harmonisiert. In diesen übergeordneten Phasen erfolgt die Definition der Bezugsgrundlage vor einer internen und externen Entscheidung zum Angebot. Die Werterfassung und die Gestaltung der Preisdimension erfolgen nach der Angebotsentscheidung und werden zur Entwicklung eines gröberen initialen Angebots gemacht. Schließlich erfolgt nach dem initialen Angebot die Gestaltung der Preismetrik im Rahmen einer Detaillierung und Feinplanung der Vertragselemente mit dem Kunden. Die Aufteilung des Modells in die Vertriebs- und Nutzungsphase wurde von den Experten als praktikabel und verständlich bewertet. Im Projekt lag ein besonderer Fokus auf der Vertriebsphase. Mit den Experten wurden jedoch auch Prozessschritte innerhalb der Nutzungsphase konzipiert, um den Preis in regelmäßigen Iterations- und Anpassungszyklen anzupassen.

Sprachadäquanz: Die im Modell genutzten Sprachen waren den im Projekt beteiligten Experten bekannt. Innerhalb der Organisation wird die BPMN-Prozesssprache vorwiegend genutzt. Hier ist eine Überführbarkeit aus der eEPK-Sprache möglich. Die Verständlichkeit der genutzten Sprachen wurde durch Experten der Organisation bestätigt.

Wirtschaftlichkeit: Die Workshops zum Projekt wurden in zehn digitalen und physischen Terminen durchgeführt. Das Vorgehensmodell hat eine klare Struktur für die Durchführung des Projekts mit konkreten Ergebnissen geboten. Nach Einschätzung der Experten wäre der zeitliche Aufwand ohne Referenzmodell erheblich höher gewesen. Durch das umfassende Vorgehensmodell konnte der Aufwand bei der Erarbeitung der Prozessstruktur im Projekt reduziert werden. Der Nutzen der Ergebnisse wird als hoch bewertet und steht einem sehr geringen Aufwand gegenüber.

Systematischer Aufbau: Die Aufteilung in die drei Sichten war sinnvoll für die Umsetzung des Projekts. Insbesondere die Prozesssicht war eine wichtige Grundlage für das Projekt. Auf Basis der Prozesssicht konnte der Rahmen für einen prozessualen Ablauf entwickelt werden. Dadurch wurde zum einen sichergestellt, dass die Abfolge im Prozess praktikabel ist und zum anderen wird sichergestellt, dass alle wichtigen Schritte im zu entwickelnden Prozess enthalten sind. Die Funktionssicht diente zur Detaillierung von einzelnen Prozessschritten für Anwender. Dazu wurden jeweils Handlungsvorschläge und Leitprinzipien für die Praxis erfasst und dokumentiert. Die Datensicht dient vor allem zur systemischen Implementierung des Prozesses. Dazu wurden bereits relevante zu erstellende Dokumente während des Prozesses erfasst. Ziel ist, den gesamten Prozess sowie die Informationsflüsse bei Implementierung über ein ERP-System steuern zu können.

Klarheit: Das systematische und konkrete Layout der Modellsichten führte zu einer Klarheit. Insbesondere die Aufteilung des Modells in einen übergeordneten Ordnungsrahmen und die detaillierteren Modellsichten haben in den durchgeführten Workshops dabei unterstützt, verschiedene Experten schnell und einfach zu involvieren. Diese Klarheit wurde von Experten im Validierungsgespräch bestätigt.

Vergleichbarkeit: Der Aspekt der Vergleichbarkeit stand im Projekt im Vordergrund, da der zu entwickelnde Prozess auf grundsätzlich alle Subskriptionsangebote anwendbar sein soll. Innerhalb des Projekts wurden für den Prozess relevante mögliche Angebotsszenarien für unterschiedliche Anlagengrößen und Typen analysiert. Im Ergebnis konnte bestätigt werden, dass die verschiedenen über den Prozess definierten Subskriptionsangebote und Preismodelle miteinander vergleichbar sind.

Produzierende Industrie: Durch den Anwendungsfall wird der Wirtschaftszweig der *Metallerzeugung und -bearbeitung* (Kategorie CH nach WZ 2008 Klassifizierung) der produzierenden Industrie adressiert (s. GNOSS 2008, S. 175ff.). Die erarbeiteten Ergebnisse der praktischen Validierung dieses Anwendungsfalls im Rahmen des Projekts bestätigen die Anwendbarkeit des Vorgehensmodells in der Praxis in diesem Industriebereich.

Bezugsgrundlage: Der im Projekt erarbeitete Subskriptionsprozess zur Definition einer Bezugsgrundlage wurde nach der Struktur des Vorgehensmodells dieser Arbeit erarbeitet. Hierbei werden zunächst Potentialkunden für Subskriptionsleistungsangebote identifiziert. Dies können entweder bestehende oder neue Kunden sein. Anschließend werden im Rahmen eines technischen Audits die Anforderungen und Bedürfnisse der Kunden individuell erfasst. Für diese Anforderungen werden schließlich Leistungsversprechen für den Kunden entwickelt. Zur Adressierung dieser Leistungsversprechen führen Interne Kompetenzteams für Maschinen und Anlagen, Services und digitale Leistungen bestehende Leistungsangebote zu einer Gesamtlösung zusammen. Dadurch wird dem Kunden ein Equipment-as-a-Service- oder ein Output-as-a-Service-Angebot bereitgestellt.

Werterfassung: Innerhalb des für die Stahlwerke AG entwickelten Prozesses erfolgt die Erfassung des Wertes analog zum Vorgehensmodell, nachdem das Leistungsangebot für den Kunden definiert und mit dem Kunden initial abgestimmt wurde. Die Werterfassung wird durch eine eigenständige Rolle im Prozess durchgeführt und auch dieser Schritt folgt dem Prozess des Vorgehensmodells. Zunächst werden im definierten Prozess zentrale Kennzahlen des Kunden ermittelt, anhand derer das Leistungsversprechen beim Kunden bewertet werden kann. Für diese Kennzahlen erfolgt anschließend eine Bewertung des Status quo anhand der erfassten Daten aus dem technischen Audit beim Kunden. Anschließend wird errechnet, welches Potential zur Verbesserung der Kennzahl erreicht werden kann, wenn das Subskriptionsleistungsangebot implementiert wurde. Dazu erfolgt sowohl für die Implementierung als auch für die kontinuierliche Bereitstellung des Subskriptionsleistungsangebots eine Bewertung des Risikos und der Kosten. Schließlich wird im Prozess das mögliche Preisintervall für das Leistungsangebot errechnet. Während der Nutzungsphase erfolgt eine kontinuierliche Überprüfung des realisierten Nutzens beim Kunden. Diese ist Basis für die Durchführung von Verbesserungsmaßnahmen.

Preisdimension: Im entwickelten Prozess folgen auf die Werterfassung die Tätigkeiten der Preisdefinition. Auch diese Aufgaben wurden analog zum Vorgehensmodell definiert und werden durch eine weitere eigenständige Rolle durchgeführt. Zunächst werden in Abhängigkeit des Leistungsangebots, der Kunden- und Anbieterziele sowie des vorhandenen Risikos und Verbesserungspotentials mögliche Preismodelle definiert und priorisiert. Dabei werden passende Preismodelle innerhalb der gewünschten Preismodellstufe (verfügbarkeits-, nutzungs-, ergebnis- und erfolgsorientiert) identifiziert und bewertet. Vielfach sind die Preise dabei mehrdimensional, um das komplexe Leistungsangebot bestmöglich abzubilden. Weiterhin ist bei der Preisdimension vorgesehen, mit dem Kunden während der Nutzungsphase kontinuierliche Performance-Reviews durchzuführen. Diese sind bereits heute für einen Teil der Serviceverträge etabliert. Auf dieser Basis werden während der Nutzungsphase zusätzliche Verbesserungspotentiale identifiziert und über die Anpassung der Preismodelle Anreize für den Anbieter zur Ausschöpfung der Verbesserungspotentiale geschaffen.

Preismetrik: Die Definition der Preismetrik mit dem Kunden erfolgt nach einer ersten Abstimmung des gewählten Preismodells und stellt eine Feinplanung des Modells für den Vertrag dar. Auch dieser Prozessschritt wurde analog zum Vorgehensmodell definiert. Im Prozess werden mit dem Kunden zunächst die Bemessungsgrundlagen für den Preis definiert. Vor allem variable Preiskomponenten stellen dabei Herausforderungen dar, da für diese auf die Betriebsdaten der Anlage des Kunden ein Echtzeitzugriff bestehen muss. Anschließend erfolgen in Abstimmung mit dem Kunden die Definitionen konkreter Preise und Preiskurven für die Bemessungsgrundlagen. Zusätzlich werden ergänzende Klauseln mit dem Kunden verhandelt und mitsamt der Preiskomponenten rechtssicher im Subskriptionsvertrag dokumentiert. Die Vertragslaufzeiten werden dabei in der Regel über mehrere Jahre ausgelegt, da hohe Risiken eingegangen werden und die Mehrwerte durch Verbesserungen vor allem auf lange Sicht zu hohen Wertschöpfungspotentialen führen. Die Abrechnung der Preise der Verträge erfolgt anschließend automatisiert über eine Billing-Software auf Basis der definierten Konditionen und der Leistungsdaten des Kunden.

Prozesssicht: Die Prozesse des Vorgehensmodells bildeten die zentrale Grundlage zur Gestaltung der Unternehmensprozesse im Projekt. Im Projekt wurden diese Prozesse in der vorgegebenen logischen Abfolge verwendet. Diese Reihenfolge wurde anschließend intern durch Prozessexperten validiert. Im Projekt waren die Abstraktionsebenen hilfreich und in der Dokumentation des Projekts wurde der Prozess analog zum Modell dieser Arbeit auch in einem übergeordneten und einem detaillierteren Abstraktionsniveau dargestellt, um verschiedene Stakeholder bei der Prozessgestaltung zu involvieren. Der Prozess wurde infolge des Projekts in Anlehnung an die eEPK-Darstellung des Vorgehensmodells in die Prozesslandschaft organisatorisch und IT-systemtechnisch integriert.

Funktionssicht: Die Funktionssicht wurde zur Definition von Vorgaben und Empfehlungen zur Durchführung der jeweiligen Prozessschritte genutzt. Diese wurden in dem Prozess anschließend als Anwendungsleitfaden hinterlegt. Anschließend erfolgte eine Validierung der Inhalte mit den zuständigen Experten für den Prozessschritt. Die erarbeiteten Prinzipien wurden jeweils mit der Prozesslandschaft verknüpft, damit diese bei Durchführung der Tätigkeiten abgerufen werden können. Dadurch wird das inhaltliche und methodische Wissen der Funktionssicht des Modells im Unternehmen skaliert.

Datensicht: Die Datensicht hat eine wichtige Grundlage geboten, den Prozess IT-systemtechnisch in die Prozesslandschaft zu integrieren. Im Prozess wurden erforderliche Datenobjekte zur Durchführung der Prozessschritte mitsamt der IT- und kundenseitigen Quellen und Weiterverarbeitungswege erfasst und im Prozess strukturiert. Hierbei hat sich gezeigt, dass die bestehenden IT-Systeme noch weiterzuentwickeln sind, damit beispielsweise Potentialkunden strukturiert erfasst werden können oder eine automatische, datenbasierte Abrechnung von variablen Preiskomponenten erfolgen kann.

Gestaltungsempfehlungen: Die Praxisbeispiele aus dem Vorgehensmodell wurden neben den Methoden und Inhalten der Funktionssicht Anwendungsleitfäden überführt, sofern dies zur besseren Veranschaulichung beigetragen hat. Im Validierungsgespräch wurden die gewählten Gestaltungsempfehlungen als anschaulich und hilfreich bewertet.

Zusammenfassend kann anhand der praktischen Validierung beim Anwendungsfall der Stahlwerke AG bestätigt werden, dass die Methode praktisch zur Entwicklung eines unternehmensspezifischen Prozesses zur Konfiguration und Preisbildung von Subskriptionsleistungsangeboten anwendbar ist und somit als Referenzprozess einen wertvollen Beitrag bei der Gestaltung der Unternehmensprozesse geliefert hat. Somit wurde auch im zweiten Anwendungsfall gezeigt, dass alle formal-konzeptionellen und inhaltlichen Validierungskriterien in der praktischen Anwendung voll erfüllt sind (s. Abbildung 7-3).

Formal-konzeptionelle Anforderungen (praktische Validierung 2)		
Konstruktions-adäquanz	Das Vorgehensmodell wurde erfolgreich als Referenzstruktur für die Prozessgestaltung im Validierungsprojekt genutzt.	☑
Sprachadäquanz	Die im Modell genutzten Sprachen waren im Unternehmen bekannt und für alle Anwender direkt verständlich.	☑
Wirtschaftlichkeit	Die Anwendung des Vorgehensmodells erfolgte in lediglich zehn Workshopterminen und die Ergebnisse haben hohen Nutzen.	☑
Systematischer Aufbau	Anhand der drei Modellsichten konnte der Prozess im Industrie-kontext erfolgreich strukturiert, entwickelt und implementiert werden.	☑
Klarheit	Durch die Aufteilung in Ordnungsrahmen und detaillierte Modell-sichten wurde durch alle Experten die Verständlichkeit bestätigt.	☑
Vergleichbarkeit	Der entwickelte Prozess kann auf alle Subskriptionsangebots-szenarien angewandt werden und schafft vergleichbare Ergebnisse.	☑
Inhaltliche Anforderungen des Objektbereichs (praktische Validierung 2)		
Produzierende Industrie	Die Anwendbarkeit wurde im Wirtschaftszweig der Kategorie CH (Metallerzeugung und -bearbeitung) gezeigt.	☑
Bezugsgrundlage	Im gestalteten Prozess wurden für Potentialkunden individuelle Equipment- und Output-as-a-Service-Angebote erstellt.	☑
Werterfassung	Die individuellen Mehrwerte wurden im Prozess anhand von Kennzahlen erfasst und auf Basis individueller Daten errechnet.	☑
Preisdimension	Aus den Preismodelltypen wurde nach Risiko und Nutzenpotential ein Preismodell gewählt und in der Nutzungsphase iterativ optimiert.	☑
Preismetrik	Für die Preismodelle wurden im gestalteten Prozess daten-basierte Bemessungsgrundlagen und Abrechnungslogiken definiert.	☑
Inhaltliche Anforderungen des Zielbereichs (praktische Validierung 2)		
Prozesssicht	Die im Modell dargelegten Prozesse wurden im Projekt in dargelegter Abfolge als Referenzstruktur genutzt und bestätigt.	☑
Funktionssicht	Die Funktionen wurden als Anwendungsleitfaden der definierten Prozessstruktur hinterlegt und durch Experten bestätigt.	☑
Datensicht	Die Datensicht diente zur IT-technischen Umsetzung und Automatisierung des Prozesses innerhalb der Organisation.	☑
Gestaltungs-empfehlungen	Die Gestaltungsempfehlungen wurden zusätzlich zu den Funktionen im Anwendungsleitfaden integriert und durch Experten validiert.	☑

Abbildung 7-3: Zusammenfassung der Validierung der Stahlwerke AG (eigene Darstellung)

7.3.3 Anwendungsfall der Industrieservice GmbH

Die Industrieservice GmbH ist ein deutscher Industriedienstleister und Standortbetreiber von Anlagen in Chemieparks. Die Industrieservice GmbH beschäftigt über 1.000 Mitarbeiter und hat einen Jahresumsatz von über 200 Mio. €. Als Betreiber bietet das Unternehmen Leistungen im Bereich Anlagenplanung und -bau, Logistik, Anlagenservice und Anlagenbetrieb an. Aus dem Betreibergeschäft hat die Industrieservice GmbH bereits Erfahrung mit langfristigen Leistungsverträgen. Durch die Erweiterung des Leistungsportfolios um Subskriptionsangebote sollen Kunden neuartige Leistungsversprechen, wie die Übernahme von zusätzlichen Risiken beim Betrieb der Anlagen angeboten werden. Ziel der Industrieservice GmbH ist es, für verschiedene Anlagenkomponenten standardisierte Subskriptionsangebote anzubieten. Die Validierung im Anwendungsfall erfolgte im Rahmen eines eintägigen Workshops, in dem als Anwendungsfall die Leistungskonfiguration und Preisbildung für ein Gerät der Industrieservice GmbH mit dem Vorgehensmodell dieser Arbeit durchgeführt wurde und anschließend in einem Validierungsgespräch die Anwendbarkeit des Modells diskutiert wurde.

Als Anwendungsfall wurde das Subskriptionsangebot von Pumpenaggregaten im Rahmen eines Pumpe-as-a-Service-Modells diskutiert. Das Ziel des Workshops bestand aus der Erarbeitung, Diskussion und Konkretisierung eines passenden Leistungsangebots mitsamt Preismodell für den definierten Anwendungsfall. Auf der Basis der Workshopergebnisse sollte zum einen die Marktfähigkeit für Pumpe-as-a-Service-Subskriptionsmodelle sichergestellt und zum anderen ein standardisiertes Vorgehen erarbeitet werden, dass auch auf andere Geräte und Komponenten übertragen werden kann. Im Rahmen des Validierungsgesprächs wurde die Marktfähigkeit des erarbeiteten Modells bestätigt und das mithilfe des Vorgehensmodells erarbeitete Standardvorgehen zur Konfiguration und Preisbildung von Subskriptionsleistungen als geeignet für die Anwendung auf weitere Geräte und Komponenten bei der Industrieservice GmbH bewertet. Damit kann auch in diesem Anwendungsfall die grundsätzliche Anwendbarkeit des Modells in der Praxis belegt werden. Diese wird folgend detaillierter anhand des Anwendungsfalls diskutiert.

Konstruktionsadäquanz: Der Workshop wurde entlang des Ordnungsrahmens in die vier Schritte *Bezugsgrundlage*, *Werterfassung*, *Preisdimension* und *Preismetrik* unterteilt. Für das im Workshop zugrundliegende Anwendungsszenario war diese Aufteilung sinnvoll und zielführend. Die Aufteilung des Ordnungsrahmens und der Modellstruktur wurden im Validierungsgespräch durch Experten der Praxis als sinnvoll und nachvollziehbar bewertet.

Sprachadäquanz: Die im Modell genutzten Sprachen (eEPK, eERM und Funktionsbäume) waren den am Workshop beteiligten Experten bekannt und die Verständlichkeit wurde durch die Experten bestätigt.

Wirtschaftlichkeit: Der Workshop zum Anwendungsfall erfolgte im Rahmen eines eintägigen digitalen Termins. Durch einen sinnvollen und zielgerichteten Fokus des Workshops auf essentielle Inhalte des Modells konnten konkreten Erkenntnisse sichergestellt werden. Nach Einschätzung der Experten ist der Nutzen der Ergebnisse hoch und die Durchführung an einem Tag stellt lediglich geringen Aufwand dar.

Systematischer Aufbau: Die Aufteilung in die drei Sichten (Prozesssicht, Funktionssicht, Datensicht) war sinnvoll, um das Projekt effektiv umzusetzen. Dabei wurden primär die Prozesssicht und die Funktionssicht genutzt. Aufgrund umfassender bestehender Vorarbeiten des Anwendungspartners und aufgrund limitierter Zeit im Workshop wurde ein Teil der Schritte nicht im Detail durchgeführt. Aufgrund des modularen Charakters der Modellfunktionen konnte dennoch ein systematischer Ablauf des Workshops sichergestellt werden. Die Konsistenz des Modellaufbaus wurde im Validierungsgespräch durch einen Experten bestätigt.

Klarheit: Die Verständlichkeit des übergeordneten Ordnungsrahmens sowie der Prozess-, Funktions- und Datensicht wurden im Rahmen des Validierungsgesprächs umfassend diskutiert. Die Klarheit des übergeordneten Ordnungsrahmens und der Aufbau der einzelnen Sichten des Modells wurden durch den Experten bestätigt. Auf inhaltlicher Ebene wurden im Validierungsgespräch wenige Unklarheiten identifiziert und in einer anschließenden Iteration des Modells verbessert.

Vergleichbarkeit: Das erarbeitete Vorgehen des Workshops zur Leistungskonfiguration und Preisbildung wurde darauf ausgelegt, auch für andere Geräte und Komponenten von der Industrieservice GmbH genutzt zu werden und zu vergleichbaren Ergebnissen zu führen. Nach Einschätzung des Experten kann das erarbeitete Vorgehen auch für weitere Equipment-as-a-Service-Angebote genutzt werden und zu vergleichbaren Ergebnissen führen.

Produzierende Industrie: Mit dem Betrieb von Anlagen innerhalb eines Chemieparks wird der Wirtschaftszweig *Herstellung von chemischen Erzeugnissen* (Kategorie CE nach WZ 2008 Klassifizierung) der produzierenden Industrie adressiert (s. GNOSS 2008, S. 175ff.). Die Inhalte der praktischen Validierung dieses Anwendungsfalls bestätigen die Anwendbarkeit des Vorgehensmodells in der Praxis in diesem Industriebereich.

Bezugsgrundlage: Im Rahmen des Workshops wurde mit dem Vorgehensmodell ein neuartiges Subskriptionsleistungsversprechen auf Basis der Anforderungen der Servicekunden für Pumpen erarbeitet. Dies sind die Übernahme der Investitionskosten zum Kauf, das Instandhaltungsmanagement, das Pumpenkapazitätsmanagement und der energieeffiziente Betrieb der Pumpen. Auf dieser Basis wurde als Leistungsangebot ein verfügbarkeitsorientiertes Pumpe-as-a-Service-Angebot entwickelt.

Werterfassung: Für das Leistungsangebot wurde als zentrale Kennzahl die Kosteneinsparung an Betriebskosten gegenüber einem Referenzangebot definiert. Auf Basis der Risiko- und Kostenbewertung sowie der Bewertung des bisherigen Leistungsangebots für den Kunden konnten der Mehrnutzen und die Preisbereitschaft für das Subskriptionsleistungsangebot identifiziert werden.

Preisdimension: Als Preismodell wurde für das Pumpe-as-a-Service-Angebot ein Flatrate-Modell ausgewählt. Die Priorisierung verschiedener Preismodelle ergab, dass aufgrund von hohen Auslastungen der Pumpen für einen stetigen chemischen Prozess keine zusätzlichen Nutzenpotentiale durch variable Preismodelle für den Kunden entstehen würden. Daher wurde ein eindimensionales Preismodell mit einer festen periodische Flatrate-Zahlung ausgewählt.

Preismetrik: Als Bezugsgrundlage für das Flatrate-Modell wurde ein festes, konstant zu erbringendes Pumpvolumen durch die betriebenen Pumpen definiert. Dadurch verfügt die Industrieservice GmbH über Entscheidungskompetenz, das Setup der eingesetzten Pumpen hinsichtlich Zahl und Leistungsfähigkeit bestmöglich zusammenzustellen.

Prozesssicht: Die logische Abfolge der Prozesse des Vorgehensmodells wurde im Workshop eingehalten. Gleichzeitig wurde die Modularität der Prozesse durch Anpassung des Workshops auf lediglich einen Teil der Funktionen bestätigt. Der Ablauf der Prozesse war zielführend bei der Durchführung des Workshops und im Validierungsgespräch wurde bestätigt, dass der Ablauf auf weitere Anwendungsfälle übertragen werden kann.

Funktionssicht: Ein Teil der im Vorgehensmodell erstellten Funktionen wurde innerhalb des Workshops genutzt. Aufgrund der erzielten Ergebnisse aus der Anwendung der Funktionen im Workshop sowie der Rückmeldung des Praxisexperten im Validierungsgespräch kann belegt werden, dass die Funktionen in der Praxis anwendbar sind.

Datensicht: Die Datensicht wurde innerhalb des Workshops dazu genutzt, um zu erfassen, an welchen Stellen die erforderlichen Informationen und Daten für die Durchführung des Prozesses bereits hinreichend genau als Inputfaktoren vorliegen. Weiterhin wurde im Validierungsgespräch bestätigt, dass auf Basis des Datenmodells eine Logik bereitgestellt wird, anhand derer die IT-Prozesse und Infrastruktur zur Abwicklung der Preisbildung erfolgen kann.

Gestaltungsempfehlungen: Die dargelegten Praxisbeispiele innerhalb des Vorgehensmodells wurden an entsprechenden Punkten im Workshop integriert, um die Anwendung der Funktionen anschaulicher zu gestalten. Die Beispiele wurden im Validierungsgespräch als essentielles Element des Modells bewertet, das zur effizienten Anwendung und Durchführung des Vorgehensmodells in der Praxis erforderlich ist.

Zusammenfassend kann anhand der praktischen Validierung beim Anwendungsfall der Industrieservice GmbH bestätigt werden, dass die Methode im Rahmen eines eintägigen Workshops modular auf flexible Anwendungssituationen angepasst werden kann und ein effektives Werkzeug für Unternehmen bei der Konfiguration und Preisbildung für Subskriptionsleistungsangebote darstellt. Die im Workshop erarbeiteten Ergebnisse haben einen wertvollen Beitrag bei der Gestaltung des Pumpe-as-a-Service-Subskriptionsleistungsangebots geliefert. Weiterhin kann das angewendete Vorgehen auch für weitere Subskriptionsleistungsangebote der Industrieservice GmbH genutzt werden. Somit kann auch im dritten Anwendungsfall belegt und durch Experten bestätigt werden, dass alle formal-konzeptionellen und inhaltlichen Validierungskriterien in der praktischen Anwendung voll erfüllt sind (s. Abbildung 7-4).

Formal-konzeptionelle Anforderungen (praktische Validierung 3)		
Konstruktions-adäquanz	Entlang der Referenz-Modellstruktur wurde erfolgreich ein Workshop zur Gestaltung von Subskriptionsleistungen aufgebaut.	✓
Sprachadäquanz	Die im Modell genutzten Sprachen waren für die am Workshop beteiligten Experten direkt verständlich.	✓
Wirtschaftlichkeit	Die Anwendung von modularen Teilen des Modells erfolgte in einem eintägigen Workshop und der hohe Nutzen wurde bestätigt.	✓
Systematischer Aufbau	Der systematische Aufbau und der modulare Charakter des Modells ermöglichten eine anwendungsgerechte Adaption des Vorgehens.	✓
Klarheit	Die Klarheit des Ordnungsrahmens und der Prozess-, Funktions- und Datensicht wurden durch Experten bestätigt.	✓
Vergleichbarkeit	Die in einem Anwendungsszenario erarbeiteten Ergebnisse sind durch ein erarbeitetes Vorgehen auf weitere Szenarien übertragbar.	✓
Inhaltliche Anforderungen des Objektbereichs (praktische Validierung 3)		
Produzierende Industrie	Die Anwendbarkeit wurde im Wirtschaftszweig der Kategorie CE (Herstellung von chemischen Erzeugnissen) gezeigt.	✓
Bezugsgrundlage	Als Angebot wurde für das Anwendungsszenario ein Pumpe-as-a-Service-Angebot erarbeitet.	✓
Werterfassung	Als Mehrwerte wurden die Kosteneinsparung bei den Betriebskosten der Pumpen gegenüber dem Status quo identifiziert.	✓
Preisdimension	Als Preismodell wurde aufgrund der Analyse des Nutzenpotentials für den Kunden ein eindimensionales Flatrate-Modell ausgewählt.	✓
Preismetrik	Als Bezugsgrundlage wurde das zu erbringende Pumpvolumen durch die betriebenen Pumpen definiert.	✓
Inhaltliche Anforderungen des Zielbereichs (praktische Validierung 3)		
Prozesssicht	Die logische Abfolge der Prozesse wurde im Workshop eingehalten und die Modularität des Prozesses wurde bestätigt.	✓
Funktionssicht	Die Funktionen konnten im Workshop flexibel genutzt werden und die praktische Anwendbarkeit wurde im Anwendungsfall bestätigt.	✓
Datensicht	Die Datensicht ermöglichte eine Planbarkeit der erforderlichen Inputfaktoren zur effizienten Durchführung des Workshops.	✓
Gestaltungs-empfehlungen	Die Gestaltungsempfehlungen stellen eine essenzielle und zielführende Konkretisierung der Funktionen dar.	✓

Abbildung 7-4: Zusammenfassung der Validierung der Industrieservice GmbH (eigene Darstellung)

7.4 Zusammenfassung und Fazit der Validierung

Im Rahmen dieses Kapitels erfolgte eine theoretische sowie eine praktische Validierung des Vorgehensmodells anhand der zuvor definierten Modellanforderungen. Diese Validierung dient zur kritischen Reflexion des Vorgehensmodells hinsichtlich der Anwendbarkeit auf das zu lösende Praxisproblem. Weiterhin wird durch Überprüfung der Anforderungen an das Vorgehensmodell (s. Kapitel 5.2) untersucht, inwieweit das Ziel der Arbeit erfüllt und die Forschungsfragen der Arbeit beantwortet sind. Die theoretische Validierung erfolgte anhand einer argumentativen Diskussion des Modells in Bezug auf die Modellanforderungen. Die dann folgende praktische Validierung erfolgte durch Anwendung des Vorgehensmodells auf drei Anwendungsfälle der industriellen Praxis. Im Rahmen der theoretischen Validierung und jeder der drei praktischen Anwendungsfälle wurden die einzelnen Modellanforderungen als Validierungskriterien nacheinander diskutiert, um auf diese Weise ein konkretes Gesamtbild der Validierung zu erhalten.

In der praktischen Validierung erfolgte jeweils eine Anwendung des Modells auf den jeweiligen Anwendungsfall sowie ein anschließendes Expertengespräch zur Diskussion der Anwendbarkeit des Vorgehensmodells auf den Anwendungsfall. Die praktischen Anwendungsfälle erfolgten mit den drei Unternehmen MiningTechnology AG, Stahlwerke AG und Industrieservice GmbH, die in unterschiedlichen Wirtschaftszweigen der produzierenden Industrie tätig sind. In den Anwendungsszenarien unterscheiden sich dabei der Umfang und die Zielstellungen.

Die Anwendungen mit der MiningTechnology AG sowie mit der Stahlwerke AG erfolgten jeweils in Rahmen von längeren Beratungsprojekten und die Anwendung bei der Industrieservice GmbH erfolgte im Rahmen eines Workshops. Ziel der Anwendung bei der MiningTechnology AG war eine fundierte Durchführung der Konfiguration und Preisbildung für zwei konkrete Subskriptionsleistungsangebote für Kunden im Mining-Geschäft. Dazu wurde das Modell als Vorgehensmodell im Rahmen des Projektes unter Einbindung von Experten des Unternehmens durchlaufen. Ziel bei der Stahlwerke AG war die Implementierung eines neuen Prozesses zur Konfiguration und Preisbildung beliebiger Subskriptionsleistungsangebote für Anlagen zur Metallverarbeitung. Dazu wurde das Modell im Rahmen des Projektes als Referenzmodell genutzt. Der entwickelte Prozess wurde unter Einbindung von Experten und unter zielgerichteter Integration von Inhalten des Vorgehensmodells im Projekt erarbeitet. Ziele der Industrieservice GmbH waren die Erarbeitung und Anwendung eines flexiblen und effizienten Workshops zur Durchführung der Konfiguration und Preisbildung für Subskriptionsleistungsangebote. Dabei wurde das Modell als Strukturierungsinstrument und modularer Methodenbaukasten genutzt.

In allen Anwendungsszenarien wurden die gesetzten Ziele der Praxispartner voll erfüllt. Weiterhin wurde in allen praktischen Anwendungsfällen durch die beteiligten Experten bestätigt, dass die Validierungskriterien des Modells vollständig erfüllt sind und das Modell nützlich und praktikabel ist. Durch die erfolgreiche Anwendung des Vorgehensmodells auf mehrere Anwendungsfälle der produzierenden Industrie kann der Referenzcharakter bestätigt werden. Weiterhin wurde bei der Validierung keine anwendungsfallspezifische Einschränkung des Modells identifiziert. Daher ist grundsätzlich von einer Anwendbarkeit des Vorgehensmodells auf beliebige Anwendungsfälle der produzierenden Industrie auszugehen.

Zusammenfassend wurde im Rahmen der Validierung anhand erarbeiteter Ergebnisse für die Praxis gezeigt und von Experten der Praxis bestätigt, dass sich das in dieser Dissertationsschrift erarbeitete Vorgehensmodell in hohem Maße dazu eignet, sowohl während der Vertriebs- als auch während der Nutzungsphase die Konfiguration und Preisbildung von Subskriptionsleistungsangeboten erfolgreich durchzuführen. Aufgrund der erfüllten Anforderungen an das zu entwickelnde Vorgehensmodell ist die Zielsetzung der Arbeit ganzheitlich erfüllt und die Forschungsfragen sind umfassend beantwortet. Das Vorgehensmodell ist zudem praktisch anwendbar und valide.

8 Zusammenfassung und Ausblick

In diesem letzten Kapitel dieser Dissertationsschrift werden die Ergebnisse der Arbeit zunächst zusammengefasst (s. Kapitel 8.1). Anschließend erfolgen die Erfassung und Diskussion von zukünftigen wissenschaftlichen Forschungsaktivitäten und praktischen Anwendungsmöglichkeiten (s. Kapitel 8.2).

8.1 Zusammenfassung

Die Relevanz für Subskriptionsmodelle in der produzierenden Industrie ist in den letzten Jahren durch Etablierung der Digitalisierung enorm gestiegen. Kunden von Maschinen- und Anlagenbauern können in Subskriptionsmodellen durch neuartige und einzigartige Leistungsversprechen langfristig gebunden werden. Weiterhin kann ein höheres Nutzen- und Preispotential ausgeschöpft werden. Die Konfiguration und Preisbildung von Subskriptionsleistungsangeboten führt allerdings zu neuen Anforderungen und Herausforderungen in der industriellen Praxis. Zum einen sind neuartige, integrierte Subskriptionsleistungssysteme aus Produkten, Dienstleistungen und digitalen Leistungen zu gestalten und kontinuierlich in der Nutzungsphase zu Optimieren. Dazu sind diese neuartigen Leistungsangebote stetig hinsichtlich Nutzenpotential und Risiken zu bewerten, neuartige Preismodelle sind mit den Anforderungen von Kunden und Anbietern zu harmonisieren, die kontinuierlich erfassbaren Leistungsdaten des Kunden müssen mit der Preisbildung verknüpft werden und die Preismodelle müssen Anreize zur kontinuierlichen Optimierung der Leistung während der Nutzungsphase bieten, um nur einen Teil der daraus folgenden Herausforderungen aufzuzählen. Dementsprechend müssen die Anbieter der Subskriptionsleistungsangebote die Geschäftsprozesse zur Leistungskonfiguration und Preisbildung neu ausrichten. Zur Umsetzung der Konfiguration und Preisbildung von Subskriptionsleistungen in der produzierenden Industrie fehlten jedoch bisher effiziente und praxisnahe Ansätze, sodass ein wissenschaftlicher Handlungsbedarf bestand.

Hier setzt die vorliegende Arbeit an und hat zum Ziel, ein systematisches und fundiertes Vorgehensmodell zur Konfiguration und Preisbildung von Subskriptionsleistungen für die produzierende Industrie zu erarbeiten. Das Modell ist darauf ausgerichtet, Anwender aus verschiedenen Anwendungsfällen und Wirtschaftszweigen der produzierenden Industrie flexibel und möglichst ganzheitlich bei den Geschäftsprozessen zu unterstützen. Dazu wurde das Modell als Referenzmodell auf Basis des Vorgehens zur Referenzmodellierung nach SCHÜTTE ausgelegt. Zur Systematisierung des Modells liegt dem Modell die ARIS-Modellarchitektur zugrunde, innerhalb derer eine Prozess-, Funktions- und Datensicht erarbeitet und ausgestaltet wurden.

Zur Adressierung der neuartigen Rahmenbedingungen bei der Leistungskonfiguration und Preisbildung für Subskriptionsmodelle wurde ein dem Modell übergeordneter Ordnungsrahmen mit insgesamt acht Vorgehensschritten erarbeitet. In diesem Ordnungsrahmen wurden eine neue *Bezugsgrundlage* mit einer neuen *Werterfassung* entwickelt, auf der eine innovative *Preisdimension* und *Preismetrik* aufgebaut werden können. Dazu besteht der Ordnungsrahmen aus vier Schritten zur Leistungskonfiguration und Preisbildung in einer *Vertriebsphase* und aus vier Schritten in der *Nutzungsphase*. Die Vertriebsphase liegt zeitlich vor einer Vertragsunterzeichnung und die Nutzungsphase erfolgt während der Nutzung des Leistungsangebots durch den Kunden.

Die Prozesssicht strukturiert die Funktionen und Datenobjekte des Modells entlang der übergeordneten acht Teilprozesse des Ordnungsrahmens in eine zeitlich-logische Reihenfolge. Dabei wurden mithilfe der eEPK Modellierungssprache die Funktionen anhand von gerichteten Graphen mit Ereignissen verknüpft, die wiederum weitere Funktionen auslösen. Innerhalb des Prozesses wurden Datenobjekte als Input- und Outputfaktoren mit den Funktionen verknüpft, sodass die prozessualen Steuerungs- und Informationsströme aus diesen Darstellungen klarwerden. In der Funktionssicht wurden insgesamt 31 auf die Konfiguration und Preisbildung für Subskriptionsleistungen ausgerichtete Funktionen für das Vorgehensmodell definiert und charakterisiert. Die Darstellung der Funktionen erfolgte dabei entlang der logischen Struktur der Prozesse in Funktionsbäumen. In der Datensicht erfolgte eine Strukturierung, Definition und Charakterisierung der insgesamt 39 im Modell verarbeiteten Datenobjekte. Die für das Modell entwickelten Datenobjekte wurden dabei mittels der eERM Modellierungssprache in einem Datenmodell zusammengeführt. Anhand ihrer Eigenschaften wurden die Daten einem Datentyp aus den Kategorien *Externe Stammdaten*, *Prozessdaten*, *Echtzeit-Betriebsdaten* und *Berechnungsvariablen* zugeordnet. Diese Einteilung ist für die informationstechnische Verarbeitung der Daten zielführend. Die Komplettierung des Vorgehensmodells erfolgte durch die Zusammenführung der Prozesssicht, Funktionssicht und Datensicht in einem praxisorientierten Vorgehen. Dazu wurden die einzelnen Funktionen entlang der in dem Prozess vorgeschlagenen Reihenfolge in Form von Methoden, Prinzipien und Fallbeispielen detailliert und durch Gestaltungsempfehlungen aus der Praxis angereichert. Dadurch wird eine zielführende und effiziente Umsetzbarkeit des Modells in der Praxis sichergestellt.

Nach der Entwicklung wurde das Vorgehensmodell erfolgreich in drei Validierungs-Anwendungsfällen mit der Praxis angewendet. Dazu wurde das Modell bei den drei Unternehmen MiningTechnology AG, Stahlwerke AG und Industrieservice GmbH jeweils in einem Beratungsprojekt oder Workshop auf aktuelle Problemstellungen bei der Konfiguration und Preisbildung von Subskriptionsleistungen angewandt. Die Validierung hat bestätigt, dass die zuvor definierten Modellanforderungen vollständig erfüllt sind. Weiterhin wurde in allen drei Anwendungsszenarien mithilfe der Methode das Anwendungsziel effizient und zufriedenstellend erreicht. Die Anwendbarkeit des Modells wird zudem dadurch belegt, dass die realisierten Ergebnisse aus den drei Anwendungsfällen mit der Praxis, im Anschluss an die Validierung durch die jeweiligen Unternehmen für das Geschäft genutzt wurden.

8.2 Ausblick und Implikationen für zukünftige Aktivitäten

Das in dieser Dissertationsschrift erarbeitete Vorgehensmodell befähigt Anwender aus Unternehmen der produzierenden Industrie dazu, die Konfiguration und Preisbildung von Subskriptionsleistungssystemen effizient und strukturiert durchzuführen. Hierdurch können Unternehmen Zeit einsparen, eine hohe Ergebnisqualität der Unternehmensprozesse sicherstellen und sich im Geschäft weiterentwickeln. Im Rahmen dieses Ausblicks werden der mögliche praktische Anwendungsrahmen des Modells, mögliche Schritte zur Erweiterung des Modells, Implikationen zur weiteren Untersuchung der Leistungskonfiguration und Preisbildung, Implikationen zur Entwicklung von Standards und Systematiken und die Erweiterung des Anwendungsbereichs des Modells diskutiert.

Anwendung des Modells: Anwendern aus der industriellen Praxis steht mit den Ergebnissen dieser Dissertationsschrift ein flexibel anwendbares Vorgehensmodell zur Konfiguration und Preisbildung von Subskriptionsleistungen zur Verfügung. Zum einen kann das Modell dazu genutzt werden, die Konfiguration und Preisbildung konkreter Subskriptionsleistungsangebote durchzuführen. Dazu kann das Modell analog zum ersten Anwendungsfall der Validierung durchlaufen werden. Ergebnis der Anwendung ist eine passgenaue Leistungsgestaltung und Preisbildung für den Anwendungsfall. Weiterhin kann das Vorgehensmodell bei der Optimierung des Leistungsangebots und des Preismodells für bereits angebotene Subskriptionsmodelle genutzt werden. Ebenso kann das Modell auch als Referenzmodell dienen, auf Basis dessen eine Organisation die eigenen Prozesse, Aktivitäten und IT-Infrastruktur zur Leistungskonfiguration und Preisbildung beliebiger Subskriptionsmodelle auslegt. Ergebnisse dieser Anwendung sind, analog zum zweiten Anwendungsfall, die Einführung und Anpassung der Geschäftsprozesse von Unternehmen. Weiterhin besteht für Anwender aufgrund des modularen Aufbaus des Modells auch die Möglichkeit, lediglich einen Teil der Prozesse und Funktionen des Vorgehensmodells durchzuführen. Dementsprechend können Unternehmen das Modell dieser Dissertationsschrift auch analog zum dritten Anwendungsfall wie einen Vorgehensrahmen mitsamt Methodenkatalog nutzen.

Erweiterung des Modells: Als weiterer Handlungsbedarf sollte das entwickelte Vorgehensmodell erweitert werden. Zum einen stellt das bestehende Modell aus der ARIS-Architektur das Fachkonzept für die Prozess-, Funktions- und Datensicht dar. Damit die Prozesse automatisierbar als Geschäftsprozesse in Unternehmen implementiert werden können, ist zudem ein Datenverarbeitungskonzept für das Vorgehensmodell erforderlich. Das Konzept des Vorgehensmodells mit Referenzcharakter sieht vor, dass dieses inhaltlich nie fertig ist, sondern auf Basis der bestehenden Struktur in iterativen Zyklen kontinuierlich erweitert werden kann. Dabei sind basierend auf den Erkenntnissen aus der Anwendung in der Praxis sowie Ansätzen der Literatur die bestehenden Funktionen und Prozesse weiter zu konkretisieren, um die Anwendbarkeit in der Praxis zu verbessern. Darüber hinaus werden durch jedes weitere Fallbeispiel und jede weitere Anwendung neue Erkenntnisse hinsichtlich Gestaltungsempfehlungen und Best Practices gesammelt. Diese Erkenntnisse sollten dementsprechend kontinuierlich mit in das Vorgehensmodell einfließen und den Anwendern zur Veranschaulichung zur Verfügung gestellt werden.

Untersuchungen zur Preisbildung für Leistungssysteme: Des Weiteren ist das Verständnis bezüglich der nutzenorientierten Preisbildung in der produzierenden Industrie zu erweitern. Zum einen ist ein systematischeres Verständnis über die Realisierung von Nutzen und Mehrwerten durch spezifische Leistungsversprechen in Subskriptionsmodellen erforderlich. Hierbei sollte in empirischen Untersuchungen auf Basis von datenbasierten Kennzahlen ermittelt werden, welche zusätzlichen Nutzen als Value-in-Use wirklich in der Praxis realisiert werden. Dabei können beispielsweise über verschiedene Kunden Benchmarkings erstellt und ausgewertet werden. Auf dieser Basis können zur Werterfassung und Potentialbewertung Nutzenreferenzen erarbeitet werden. Dadurch können die Auslegung des Geschäftsmodells sowie die Preisbildung präziser erfolgen. In weiteren Untersuchungen muss zudem die zusätzliche Preisbereitschaft des Kunden für den Mehrnutzen durch Subskriptionsleistungen erfasst werden. Hierbei bieten sich auch empirische Untersuchungen an, um herauszufinden, in welcher Situation und in welcher Höhe ein Preispunkt für einen Mehrnutzen gewählt werden kann. Durch Konkretisierung dieser Erkenntnisse können die Preismodelle noch partnerschaftlicher für den Kunden und den Anbieter ausgelegt werden. Weiterhin kann die Definition des Preispunktes dadurch besser objektiviert werden.

Entwicklung von Standards und Systematiken: Damit die Leistungskonfiguration und Preisbildung möglichst effizient auf eine Vielzahl von Kunden skaliert werden kann, ist eine Entwicklung von Standards und Systematiken erforderlich. Die Konfiguration des Subskriptionsleistungsangebots im entwickelten Modell erfolgt bisher angepasst an individuelle Kundenanforderungen. Dadurch ist das Modell nicht skalierbar. Daher ist weitere Forschung bei der Strukturierung und Standardisierung der Subskriptionsleistungsangebote erforderlich. Weiterhin zeichneten sich bereits im Rahmen der Erarbeitung des Preismodells erste Systematiken bei der Auswahl möglicher Preismodelle für spezifische Leistungsangebote und Anwendungssituationen ab. Bisher reichte die Zahl der untersuchten Fallstudien jedoch nicht aus, um hieraus belastbare Systematiken abzuleiten. In zukünftigen Arbeiten können hierzu Auswahlkataloge oder Konfiguratoren zur situationsgerechten Leistungsgestaltung und Zuordnung eines passgenauen Preismodells entwickelt werden. Auf dieser Basis kann der Aufwand zur Preisbildung erheblich reduziert und systematisiert werden. Zudem stellt die Auslegung von variablen Preismodellen auf Basis der Betriebsdaten trotz hohem Wertschöpfungspotential aktuell die Praxis vor Herausforderungen. Zum einen fehlt in vielen Industrien aufgrund mangelnder Erfahrungen mit diesen Preismodellen derzeit noch die Akzeptanz und zum anderen fehlen klare Vorgaben zur Umsetzung. Daher sollte die Erarbeitung von industrieweiten Standards und Normen für die Umsetzung der Preisbildung auf Basis von Betriebsdaten von Kunden angestrebt werden. Auf diese Weise kann eine bessere Skalierbarkeit dieser Preismodelle erreicht werden.

Erweiterung des Anwendungsbereichs: Zudem sollte in weiteren Arbeiten überprüft werden, wie weit die Erkenntnisse der vorliegenden Dissertationsschrift auf weitere Anwendungsfälle übertragbar sind und ob es Einschränkungen bei der Anwendbarkeit in der produzierenden Industrie gibt. In den im Rahmen dieser Arbeit untersuchten Anwendungsfällen bestand keine eingeschränkte Anwendbarkeit. Es kann jedoch Ausnahmefälle in der produzierenden Industrie geben, auf die das Modell nicht oder lediglich eingeschränkt anwendbar ist. Weiterhin ist denkbar, das Modell auch auf andere Branchen und Industrien, bspw. die Konsumgüterindustrie, zu übertragen bzw. für diese Branchen zu adaptieren. In diesem Kontext ist zu analysieren, ob die Möglichkeit der Übertragbarkeit besteht und welcher mögliche Anpassungsbedarf vorliegt. Weiterhin ist denkbar, das entwickelte Modell auf weitere, vergleichbare Leistungsangebote wie beispielsweise digitale Produkte zu übertragen. Auch in diesem Kontext ist zu überprüfen, ob diese Möglichkeit besteht bzw. welcher Anpassungsbedarf zur Realisierung der Anwendbarkeit erforderlich ist.

Literaturverzeichnis

ACCENTURE (HRSG.): Top500-Studie Deutschland: Weltmarktführer von morgen. Neue Ökosysteme in den Industrien – Wertschöpfungsketten neu gedacht. Kronberg 2020. https://www.accenture.com/_acnmedia/PDF-115/Top500-Studie-Deutschland-Weltmarktf%C3%BChrer-von-morgen.pdf (Link zuletzt geprüft: 25.09.2022)

AMIT, R.; ZOTT, C.: Value Creation In E-Business. In: Strategic Management Journal 22 (2001) 6 – 7, S. 493 – 520.

ANDERSON, J. C.; NARUS, J. A.: Business Marketing. Understand What Customers Value. In: Harvard Business Review 76 (1998) 6, S. 53 – 65.

ATZERT, S.: Strategisches Prozesscontrolling. Koordinationsorientierte Konzeption auf der Basis von Beiträgen zur theoretischen Fundierung von strategischem Prozessmanagement. Gabler, Wiesbaden 2011. – Zugl.: Chemnitz, Techn. Univ., Diss., 2010.

AUERBACH, M.: Gestaltung von IT-Systemen zur mobilen Informationsbereitstellung im Infrastrukturmanagement. Schriftenreihe Rationalisierung; Bd. 100. RHrsg.: G. Schuh. Apprimus, Aachen 2010. – Zugl.: Aachen, Techn. Hochsch., Diss., 2010.

BACKHAUS, K.; BECKER, J.; BEVERUNGEN, D.: Vermarktung hybrider Leistungsbündel. Das ServPay-Konzept. Springer, Berlin [u. a.] 2010.

BACKHAUS, K.; HAHN, C.: Das Marketing von investiven Dienstleistungen. In: Handbuch Dienstleistungsmanagement. Von der strategischen Konzeption zur praktischen Umsetzung. Hrsg.: M. Bruhn; H. Meffert. Gabler, Wiesbaden 1998, S. 93 – 116.

BACKHAUS, K.; VOETH, M.: Industriegütermarketing. 9. Auflage. Franz Vahlen, München 2011.

BAECKER, D.: Organisation und Management. Aufsätze. Suhrkamp Taschenbuch Wissenschaft; Bd. 1614. Suhrkamp, Frankfurt am Main 2003.

BAINES, T. S.; LIGHTFOOT, H. W.; EVANS, S.; NEELY, A.; GREENOUGH, R.; PEPPARD, J.; ROY, R.; SHEHAB, E.; BRAGANZA, A.; TIWARI, A.; ALCOCK, J. R.; ANGUS, J. P.; BASTL, M.; COUSENS, A.; IRVING, P.; JOHNSON, M.; KINGSTON, J.; LOCKETT, H.; MARTINEZ, V.; MICHELE, P.; TRANFIELD, D.; WALTON, I. M.; WILSON, H.: State-of-the-art in product-service systems. In: Proceedings of the Institution of Mechanical Engineers, Part B: Journal of Engineering Manufacture 221 (2007) 10, S. 1543 – 1552.

BALZERT, H.: Lehrbuch Grundlagen der Informatik. Konzepte und Notationen in UML, Java und C++ Algorithmik und Software-Technik Anwendungen. Spektrum Akademischer Verlag, Heidelberg [u. a.] 1999.

BANDTHE, H.: Komplexität in Organisationen. DUV Deutscher Universitäts-Verlag, Wiesbaden 2007. – Zugl.: Braunschweig, Techn. Univ., Diss., 2006.

BAUERNHANSL, T.: Energieeffizienz in Deutschland – eine Metastudie. Analyse und Empfehlungen. Springer Vieweg, Berlin 2014.

BAUERNHANSL, T.; KRÜGER, J.; REINHARD, G.; SCHUH, G.: WGP-Standpunkt Industrie 4.0. Wissenschaftliche Gesellschaft für Produktionstechnik, Darmstadt 2016. https://www.ipa.fraunhofer.de/content/dam/ipa/de/documents/Presse/Presseinformationen/2016/Juni/WGP_Standpunkt_Industrie_40.pdf (Link zuletzt geprüft: 25.09.2022)

BAUMÖL, U.; JUNG, R.: Rekursive Transformation: Entwicklung der Business Engineering-Landkarte. In: Wirtschaftsinformatik in Wissenschaft und Praxis. Festschrift für Hubert Österle. Hrsg.: W. Brenner; T. Hess. Springer Gabler, Berlin [u. a.] 2014, S. 41 – 49.

BECKER, J.; BEVERUNGEN, D.; KNACKSTEDT, R.; MÜLLER, O.: Preisfindung für hybride Leistungsbündel – Modellbasierte Integration von Ansätzen zur Entscheidungsunterstützung. In: Dienstleistungsmodellierung 2010. Interdisziplinäre Konzepte und Anwendungsszenarien. Hrsg.: O. Thomas; M. Nüttgens. Physica, Berlin [u. a.] 2010. S. 144 – 166.

BECKER, J.; PROBANDT, W.; VERING, O.: Grundsätze ordnungsmäßiger Modellierung. Konzeption und Praxisbeispiel für ein effizientes Prozessmanagement. Springer Gabler, Berlin [u. a.] 2012.

BECKER, J.; SCHÜTTE, R.: Handelsinformationssysteme. Verlag Moderne Industrie, Landsberg 1996.

BECKER, J.; SCHÜTTE, R.; ROSEMANN, M.: Grundsätze ordnungsgemäßer Modellierung. In: Business & Information Systems Engineering 37 (1995) 5, S. 435 – 445.

BECKER, N.: Regelungsfelder für Unternehmensnetzwerke. Springer Gabler, Wiesbaden 1999. – Zugl.: München, Techn. Univ., Diss., 1999.

BECKER, W.: Digitale Transformation von Geschäftsmodellen – Ein konzeptioneller Bezugsrahmen. In: Geschäftsmodelle in der digitalen Welt. Strategien, Prozesse und Praxiserfahrungen. Hrsg.: W. Becker; B. Eierle; A. Fliaster; B. S. Ivens; A. Leischnig; A. Pflaum; E. Sucky. Springer Gabler, Wiesbaden 2019, S. 16 – 33.

BECKER, W.; PFLAUM, A.: Begriff der Digitalisierung. Extension und Intension aus betriebswirtschaftlicher Perspektive. In: Geschäftsmodelle in der digitalen Welt. Strategien, Prozesse und Praxiserfahrungen. Hrsg.: W. Becker; B. Eierle; A. Fliaster; B. S. Ivens; A. Leischnig; A. Pflaum; E. Sucky. Springer Gabler, Wiesbaden 2019, S. 3 – 14.

BECKER, W.; STRADTMANN, M.; BOTZKOWSKI, T.; BÖTTLER, L.; VOIGT, K.-I.; MÜLLER, J.; VEILE, J.: Ökonomische Risiken von Industrie 4.0. In: Geschäftsmodelle in der digitalen Welt. Strategien, Prozesse und Praxiserfahrungen. Hrsg.: W. Becker; B. Eierle; A. Fliaster; B. S. Ivens; A. Leischnig; A. Pflaum; E. Sucky. Springer Gabler, Wiesbaden 2019, S. 493 – 516.

BELZ, C.; REINHOLD, M.: Internationaler Industrievertrieb. In: Internationaler Vertrieb. Grundlagen, Konzepte und Best Practices im globalen Geschäft. Hrsg.: L. Binckebank; C. Belz. Springer Gabler, Wiesbaden 2012, S. 3 – 233.

BELZ, C.; SCHUH, G.; GROOS, S. A.; REINECKE, S.: Erfolgreiche Leistungssysteme in der Industrie. In: Industrie als Dienstleister. Hrsg.: C. Belz. Thexis, St. Gallen 1997, S. 14 – 109.

BERTHON, P.; JOHN, J.: From Entities to Interfaces: Delineating Value in Customer-Firm Interactions. In: The Service-Dominant Logic of Marketing. Dialog, Debate And Directions. Hrsg.: R. F. Lusch; S. L. Vargo. Routledge, London 2015, S. 196 – 207.

BEST, R.: Market-Based Management. Pearson Education Limited, Harlow 2014.

BIEGER, T.; REINHOLD, S.: Das wertbasierte Geschäftsmodell – Ein aktualisierter Strukturierungsansatz. In: Innovative Geschäftsmodelle. Konzeptionelle Grundlagen, Gestaltungsfelder und unternehmerische Praxis. Hrsg.: T. Bieger; D. zu Knyphausen-Aufseß; C. Krys. Springer, Berlin [u. a.] 2011, S. 13 – 70.

BINCKEBANCK, L.: Digital Sales Excellence: Neue Technologien im Vertrieb aus strategischer Perspektive. In: Digitalisierung im Vertrieb. Strategien zum Einsatz neuer Technologien in Vertriebsorganisationen. Hrsg.: L. Binckebanck; R. Elste. Springer Gabler, Wiesbaden 2016, S. 189 – 354.

BINDER, V.; KONTOWSKY, J.: Technologiepotentiale. Neuausrichtung der Gestaltungsfelder des Strategischen Technologiemanagements. Dt. Univ.-Verl., Wiesbaden 1996. – Zugl.: St. Gallen, Hochsch. für Wirtschafts-, Rechts- und Sozialwiss., Diss., 1996.

BITKOM, F. I.: Prognose zur Steigerung der Bruttowertschöpfung ausgewählter Branchen durch Industrie 4.0 in Deutschland für das Jahr 2025 (in Milliarden Euro). April 2014. https://de.statista.com/statistik/daten/studie/297985/umfrage/wachstumschancen-ausgewaehlter-branchen-in-derutschland-durch-industrie-40/ (Link zuletzt geprüft: 25.09.2022)

BLEICHER, K.: Das Konzept Integriertes Management. Visionen – Missionen – Programme. 8., überarb. u. erw. Auflage. Campus, Frankfurt am Main [u. a.] 2011.

BLIEMEL, F.; ADOLPHS, K.: Wertorientierte Preisstrategien. In: Handbuch Preispolitik. Strategien – Planung – Organisation – Umsetzung. Hrsg.: H. Diller; A. Herrmann. Gabler, Wiesbaden 2003, S. 137 – 154.

BÖCKER, J.: Marketing für Leistungssysteme. Deutscher Universitätsverlag, Wiesbaden 1995. – Zugl.: Göttingen, Univ., Diss., 1994.

BODENDORF, F.: Daten- und Wissensmanagement. 2., aktualis. u. erw. Auflage. Springer, Berlin [u. a.] 2006.

BOGNER, A.; LITTIG, B.; MENZ, W.: Introduction: Expert Interviews — An Introduction to a New Methodological Debate. In: Interviewing Experts. Hrsg.: A. Bogner; B. Littig; W. Menz. Palgrave Macmillan UK, London 2009, S. 1 – 13.

BONNEMEIER, S.: Wertschaffung und Wertaneignung als Erfolgsfaktoren von Lösungsanbietern. Eine konzeptionelle und empirische Untersuchung organisationaler Kompetenzen. Gabler, Wiesbaden 2009. – Zugl.: München, Techn. Univ., Diss., 2009.

BONNEMEIER, S.; BURIÁNEK, F.; REICHWALD, R.: Revenue models for integrated customer solutions: Concept and organizational implementation. In: Journal of Revenue and Pricing Management 9 (2010) 3, S. 228 – 238.

BORCHARDT, A.; GÖTHLICH, S. E.: Erkenntnisgewinnung durch Fallstudien. In: Methodik der empirischen Forschung. Hrsg.: S. Albers; D. Klapper; U. Konradt; A. Walter; J. Wolf. 3., überarb. u. erw. Auflage. Springer Gabler, Wiesbaden 2009, S. 33 – 48.

BORLE, S.; SINGH, S. S.; JAIN, D. C.: Customer Lifetime Value Measurement. In: Management Science 54 (2008) 1, S. 100 – 112.

BOßLAU, M.; GESING, J.; MEIER, H.; WIESEKE, J.: Geschäftsmodelle für Industrielle Produkt-Service Systeme. In: Industrielle Produkt-Service Systeme. Entwicklung, Betrieb und Management. Hrsg.: H. Meier; E. Uhlmann. Springer Vieweg, Berlin 2017, S. 299 – 324.

BRACHT, U.; GECKLER, D.; WENZEL, S.: Digitale Fabrik. Methoden und Praxisbeispiele. 2., aktualis. u. erw. Auflage. Springer Vieweg, Berlin 2018.

BRAUWEILER, H.-C.: Risikomanagement in Unternehmen. Ein grundlegender Überblick für die Management-Praxis. 2., erw. u. erg. Auflage. Springer Gabler, Wiesbaden 2019.

BRECHER, C.; BROCKMANN, M.: Vernetzte Produktion durch Digitale Schatten – Werkzeugmaschine 4.0. In: Handbuch Industrie 4.0: Recht, Technik, Gesellschaft. Hrsg.: W. Frenz. Springer, Berlin [u. a.] 2020, S. 543 – 552.

BROSZE, T.: Kybernetisches Management wandlungsfähiger Produktionssysteme. Schrftenreihe Rationalisierung; Bd. 104. RHrsg.: G. Schuh. Apprimus, Aachen 2011. – Zugl.: Aachen, Techn. Hochsch., Diss., 2011.

BRUCKER-KLEY, E.; KELLER, T.; KYKALOVÁ, D.: Prozessmanagement als Gestaltungshebel der digitalen Transformation? In: Kundennutzen durch digitale Transformation. Business-Process-Management-Studie – Status quo und Erfolgsmuster. Hrsg.: E. Brucker-Kley; D. Kykalová; T. Keller. Springer Gabler, Berlin 2018, S. 3 – 20.

BRUHN, M.: Qualitätsmanagement für Dienstleistungen. Handbuch für ein erfolgreiches Qualitätsmanagement. Grundlagen – Konzepte – Methoden. 10., vollst. überarb. u. erw. Auflage. Springer Gabler, Berlin [u. a.] 2016.

BRUHN, M.: Marketing. Grundlagen für Studium und Praxis. 14., überarb. Auflage. Springer Gabler, Wiesbaden 2019.

BRUHN, M.; HADWICH, K.: Smart Services im Dienstleistungsmanagement – Erscheinungsformen, Gestaltungsoptionen und Innovationspotentiale. In: Smart Services; Bd. 2: Geschäftsmodelle – Erlösmodelle – Kooperationsmodelle. Hrsg.: M. Bruhn; K. Hadwich. Springer Gabler, Wiesbaden 2022, S. 3 – 62.

BRUNS, M.: Systemtechnik. Methoden zur interdisziplinären Systementwicklung. Springer, Berlin [u. a.] 1991.

BULLINGER, H.-J.; GANZ, W.; NEUHÜTTER, J.: Smart Services. Chancen und Herausforderungen digitalisierter Dienstleistungssysteme für Unternehmen. In: Dienstleistungen 4.0; Bd. 1: Konzepte – Methoden – Instrumente. Hrsg.: M. Bruhn; K. Hadwich. Springer Gabler, Wiesbaden 2017, S. 97 – 120.

BURIÁNEK, F.: Vertragsgestaltung bei hybriden Leistungsangeboten. Eine ökonomische Betrachtung. Gabler, Wiesbaden 2009. – Zugl.: München, Techn. Univ., Diss., 2009.

BURMEISTER, M.: Auslegung der Verbrauchssteuerung bei vernetzter Produktion. Fortschrittberichte VDI / Reihe 8: Meß-, Steuerungs- und Regelungstechnik; Nr. 658. VDI-Verlag, Düsseldorf 1997. – Zugl.: Hannover, Univ., Diss., 1997.

BURR, W.: Service Engineering bei technischen Dienstleistungen. Eine ökonomische Analyse der Modularisierung, Leistungstiefengestaltung und Systembündelung. 2. Auflage. Springer Gabler, Wiesbaden 2016. – Zugl.: Hohenheim, Univ., Habil.-schr., 2001.

BUSCHAK, D.; LERCH, C.; GOTSCH, M.: Messung des Service Value innovativer Dienstleistungen in der Industrie – Eine integrierte Anbieter-Kunden-Perspektive. In: Service Value als Werttreiber. Konzepte, Messung und Steuerung. Hrsg.: M. Bruhn; K. Hadwich. Springer Gabler, Wiesbaden 2014, S. 91 – 114.

CENTER SMART SERVICES (HRSG.): [Projektwebseite Smart Service Vertrieb] Strategische Anleitung zum Vertrieb von Smart Services. Aachen, 27.02.2019. https://center-smart-services.com/aktuelles/strategische-anleitung-zum-vertrieb-von-smart-services/ (Link zuletzt geprüft: 25.09.2022)

CENTER SMART SERVICES (HRSG.): [Projektwebseite] Subscription Business Benchmarking. Aachen, ohne Datum. https://center-smart-services.com/forschung/subscription-business-benchmarking/ (Link zuletzt geprüft: 25.09.2022)

CENTER SMART SERVICES (HRSG.): [Projektwebseite] Pricing digitaler Produkte. Aachen, ohne Datum. https://center-smart-services.com/forschung/pricing-digitaler-produkte/ (Link zuletzt geprüft: 25.09.2022)

CHANDLER, J. D.; LUSCH, R. F.: Service Systems: Broadened Framework and Research Agenda on Value Propositions, Engagement, and Service Experience. In: Journal of Service Research 18 (2015) 1, S. 6 – 22.

CHEN, P. P.-S.: The Entity relationship Model – Toward a Unified View of Data. In: ACM Transactions on Database Systems 1 (1976) 1, S. 9 – 36.

CHRISTENSEN, C.; HWANG, J.; GROSSMAN, J.: The Innovator´s Prescription. A Disruptive Solution for Heath Care. 2. Auflage. McGraw-Hill, New York 2016.

CLAUSEN, G.; MARKGRAF, D.; SIOMON, H.; TACKE, G.: 250 Keywords Preis- und Produktpolitik. Grundwissen für Manager. 2. Auflage. Springer Gabler, Wiesbaden 2019.

CORSTEN, H.; GÖSSINGER, R.: Dienstleistungsmanagement. 6., vollst. überarb. u. aktualis. Auflage. De Gruyter Oldenbourg, Berlin [u. a.] 2015.

CUBER, S.: Gestaltung des Datenmanagements zur Regelung der Auftragsabwicklung in wandlungsfähigen Produktionssystemen. Schriftenreihe Rationalisierung; Bd. 149. RHrsg.: G. Schuh. Apprimus, Aachen 2017. – Zugl.: Aachen, Techn. Hochsch., Diss., 2017.

DASILVA, C. M.; TRKMAN, P.: Business Model: What It Is and What Is Is Not. In: Long Range Planning 47 (2014) 6, S. 379 – 389.

DAUNER, J.: Zahlungsbereitschaft für Remote Services. Kundenintegrationsspezifische Betrachtung im Maschinen- und Anlagenbau. Springer Gabler, Wiesbaden 2012. – Zugl.: Düsseldorf, Heinrich-Heine-Univ., Diss., 2011.

DAVIS, J. H.; SCHOORMAN, F. D.; DONALDSON, L.: Toward a Stewardship Theory of Management. In: The Academy of Management Review 22 (1997) 1, S. 20.

DENZIN, N. K.; LINCOLN, Y. S.: The SAGE Handbook of Qualitative Research. 5. Auflage. SAGE Publications, Los Angeles (CA) [u. a.] 2018.

DILLER, H.: Aufgabenfelder, Ziele und Entwicklungstrends der Preispolitik. In: Handbuch Preispolitik. Strategien – Planung – Organisation – Umsetzung. Hrsg.: H. Diller; A. Herrmann. Gabler, Wiesbaden 2003, S. 3 – 32.

DILLER, H.: Preispolitik. Strategien, Planung, Organisation, Umsetzung. 4., vollst. neu bearb. u. erw. Auflage. Kohlhammer, Stuttgart 2008.

DOMBROWSKI, U.; ADAMS, T.; DREYER, M.: Risikobasierte Preisgestaltung von Full-Service-Verträgen. Ein Vorgehen zur Gestaltung von Full-Service-Verträgen am Beispiel eines Instandhaltungsunternehmens von Windkraftanlagen. In: ZWF – Zeitschrift für wirtschaftlichen Fabrikbetrieb 112 (2017) 11, S. 748 – 752.

DORSCH, M. J.; CARLSON, L.: A transaction approach to understanding and managing customer equity. In: Journal of Business Research 35 (1996) 3, S. 253 – 264.

DRISCOLL, D. L.: Introduction to Primary Research: Observations, Surveys, and Interviews. In: Writing Spaces. Readings on Writing. Hrsg.: C. Lowe; P. Zemliansky. Parlor Press, Anderson 2011, S. 153 – 174.

DRUCKER, P.: The Theorie of the Business. In: Harvard Business Review 72 (1994) September-October, S. 95 – 104.

EARL, P. E.; POTTS, J.: A Nobel Prize for Governance and Institutions: Oliver Williamson and Elinor Ostrom. In: Review of Political Economy 23 (2011) 1, S. 1 – 24.

EGGERT, C.-G.; WINKLER, C.; SCHUMANN, J. H.: Datenfreigabe als Grundlage für erfolgreiche Smart Services im Business to-Business-Kontext: Herausforderungen und erste Lösungsansätze. In: Handbuch Industrie 4.0 und Digitale Transformation. Betriebswirtschaftliche, technische und rechtliche Herausforderungen. Hrsg.: R. Obermaier. Springer Gabler, Wiesbaden 2019, S. 479 – 504.

EHRET, M.; WIRTZ, J.: Unlocking value from machines: business models and the industrial internet of things. In: Journal of Marketing Management 33 (2016) 1-2, S. 111 – 130.

EISENHARDT, K. M.: Agency Theory: An Assessment and Review. In: Academy of Management Review 14 (1989) 1, S. 57 – 74. [=1989a]

EISENHARDT, K. M.: Building Theories from Case Study Research. In: The Academy of Management Review 14 (1989) 4, S. 532 – 550. [=1989b]

EMATINGER, R.: Von der Industrie 4.0 zum Geschäftsmodell 4.0. Chancen der digitalen Transformation. Springer Gabler, Wiesbaden 2018.

ENGELHARDT, W. H.; KLEINALTENKAMP, M.; RECKENFELDERBÄUMER, M.: Leistungsbündel als Absatzobjekte. Ein Ansatz zur Überwindung der Dichotomie von Sach- und Dienstleistungen. In: Schmalenbachs Zeitschrift für betriebswirtschaftliche Forschung (1993) 45, S. 395 – 426.

ERDMANN, M.-K.: Supply Chain Performance Measurement. Operative und strategische Management- und Controllingansätze. Eul, Köln 2003. – Zugl.: Dortmund, Univ., Diss., 2002 u. d. T.: Supply chain performance measurement unter besonderer Berücksichtigung des Balanced-scorecard-Ansatzes.

EVERNDEN, R.: The Information FrameWork. In: IBM Systems Journal 35 (1996) 1, S. 37 – 68.

FASSNACHT, M.: Preisdifferenzierung. In: Handbuch Preispolitik. Strategien –Planung – Organisation – Umsetzung. Hrsg.: H. Diller; A. Herrmann. Gabler, Wiesbaden 2003, S. 483 – 502.

FASSNACHT, M.: Preismanagement: Eine prozessorientierte Perspektive. In: Marketing Review St. Gallen 26 (2009) 5, S. 8 – 13.

FERSTL, O.; SINZ, E. J.: Grundlagen der Wirtschaftsinformatik. 7., aktualis. Auflage. Oldenbourg, München [u. a.] 2013.

FLIESS, S.; JACOB, F.; FANDEL, G.: Von der Kundenintegration 1.0 zur Kundenintegration 2.0. Implikationen für Praxis und Forschung. In: ZfB – Zeitschrift für Betriebswirtschaft 81 (2011) Special Issue 5, S. 5 – 20.

FOCKE, M.; STEINBECK, J.: Steigerung der Anlagenproduktivität durch OEE-Management. Definitionen, Vorgehen und Methoden – von manuell bis Industrie 4.0. Springer Gabler, Wiesbaden 2018.

FRANK, J.; HOLST, L.; MÜLLER, D.; LEITING, T.: [Expert-Paper] Aachener Subscription Business. Monetarisieren Sie die Nutzungsphase Ihrer Produkte. Die sechs Erfolgsprinzipien. Hrsg.: FIR an der RWTH Aachen, Aachen 2021.

FRANK, U.; VAN LAAK, B. L.: Ein Bezugsrahmen zur Evaluation von Sprachen zur Modellierung von Geschäftsprozessen. Arbeitsberichte des Instituts für Wirtschaftsinformatik; Nr. 36. Hrsg.: Institut für Wirtschaftsinformatik Universität Koblenz-Landau, Koblenz 2003. https://docplayer.org/5758914-Ein-bezugsrahmen-zur-evaluation-von-sprachen-zur-modellierung-von-geschaeftsprozessen.html (Link zuletzt geprüft: 25.09.2022)

FRICK, N.; URNAUER, C.; METTERNICH, J.: Echtzeitdaten für das Wertstrommanagement. Entwicklung eines digitalen Schattens der Produktion zur Darstellung des Wertstroms in Echtzeit. In: ZWF – Zeitschrift für wirtschaftlichen Fabrikbetrieb 115 (2020) 4, S. 220 – 224.

FRIEDRICH, M.: Beurteilung automatisierter Prozesskoordination in der technischen Auftragsabwicklung. Schriftenreihe Rationalisierung und Humanisierung; Bd. 45. RHrsg.: H. Luczak; W. Eversheim. Shaker, Aachen 2002. – Zugl.: Aachen, Techn. Hochsch., Diss., 2002.

FROHMANN, F.: Digitales Pricing. Strategische Preisbildung in der digitalen Wirtschaft mit dem 3-Level-Modell. Springer Gabler, Wiesbaden 2018.

GADATSCH, A.: Grundkurs Geschäftsprozess-Management. Methoden und Werkzeuge für die IT-Praxis: Eine Einführung für Studenten und Praktiker. 7. Auflage. Vieweg+Teubner, Wiesbaden 2013.

GADATSCH, A.: Grundkurs Geschäftsprozess-Management. Analyse, Modellieurng, Optimierung und Controlling von Prozessen. 8., vollst. überarb. Auflage. Springer Vieweg, Wiesbaden 2017.

GALLETTA, A.: Mastering the semi-structured interview and beyond. From research design to analysis and publication. New York University Press, New York [u. a.] 2013.

GASSMANN, O.; FRANKENBERGER, K.; CSIK, M.: Geschäftsmodelle entwickeln. 55 innovative Konzepte mit dem St. Galler Business Model Navigator. Hanser, München [u. a.] 2013.

GASSMANN, O.; FRANKENBERGER, K.; CSIK, M.: The Business Model Navigator. 55 Models That Will Revolotionise Your Business. Pearson Eudcation Limited, Harlow 2014.

GASSMANN, O.; FRANKENBERGER, K.; SAUER, R.: Exploring The Field Of Business Model Innovation. New Theoretical Perspectives. Springer, Cham [u. a.] 2016.

GIBBONS, R.: Transaction-Cost Economics: Past, Present, and Future? In: Journal of Economics 112 (2010) 2, S. 263 – 288.

GIEHLER, F.: Erhöhung der Planungsproduktivität am Beispiel der Auftragsabwicklung im Werkzeugbau. Ergebnisse aus der Produktionstechnik; 2010,16. Apprimus, Aachen 2010. – Zugl.: Aachen, Techn. Hochsch., Diss., 2010.

GLADEN, W.: Performance Measurement. Controlling mit Kennzahlen. 6., überarb. Auflage. Springer Gabler, Wiesbaden 2014.

GLASER, C.: Risikomanagement im Leasing. Grundlagen, rechtlicher Rahmen und praktische Umsetzung. 2. Auflage. Springer Gabler, Wiesbaden 2018.

GNOSS, R.: Klassifikation der Wirtschaftszweige. SFG Servicecenter Fachverlage, Wiesbaden 2008. https://www.destatis.de/static/DE/dokumente/klassifikation-wz-2008-3100100089004.pdf (Link zuletzt geprüft: 25.09.2022)

GOETSCH, D. L.; DAVIS, S. B.: Quality Management For Organizational Excellence. Introduction to Total Quality. 8. Auflage. Pearson Education Limited, Boston (MA) [u. a.] 2016.

GOTTMANN, J.: Produktionscontrolling. Wertströme und Kosten optimieren. 2., aktualis. Auflage. Springer Gabler, Wiesbaden 2019.

GRABNER, C.: Methodengestütztes Produktivitätsmanagement. Entwicklung eines datenbasierten Vorgehens. Universitätsbibliothek der Technischen Universität Hamburg-Harburg, Hamburg 2020. – Zugl.: Hamburg, Techn. Univ., Diss., 2020.

GRANT, R. M.: Contemporary Strategy Analysis. Text And Cases. 9. Auflage. John Wiley & Sons, Chichester 2016.

GRÄßLE, M.; THOMAS, O.; DOLLMANN, T.: Vorgehensmodelle des Product-Service Systems Engineering. In: Hybride Wertschöpfung. Mobile Anwendungssysteme für effiziente Dienstleistungsprozesse im technischen Kundendienst. Hrsg.: O. Thomas; P. Loos; M. Nuttgens. Springer, Heidelberg [u. a.] 2010, S. 82 – 129.

GRÖNROOS, C.: Service logic revisited: who creates value? And who co-creates? In: European Business Review 20 (2008) 4, S. 298 – 314.

GRÖNROOS, C.: A service perspective on business relationships: The value creation, interaction and marketing interface. In: Industrial Marketing Management 40 (2011) 2, S. 240 – 247.

GUMMESSON, E.: The theory/practice gap in B2B marketing: reflections and search for solutions. In: Journal of Business & Industrial Marketing 29 (2014) 7, S. 619 – 625.

HABERFELLNER, R.: Systems Engineering. Grundlagen und Anwendung. Orell Füssli Verlag, Zürich 2015.

HABERFELLNER, R.; WECK, O. DE; FRICKE, E.; VÖSSNER, S.: Systems Engineering. Fundamentals and Applications. Springer, Cham [u. a.] 2019.

HALLER, S.; WISSING, C.: Dienstleistungsmanagement. Grundlagen – Konzepte – Instrumente. 8., überarb. u. erw. Auflage. Springer Gabler, Wiesbaden 2020.

HANSEN, M. S.: How to build a subscription business. Guide, Inspiration and Cases. 2. Auflage. Bookboon.com, Frederiksberg 2018.

HARLAND, T.: Chancen und Risiken durch Subscription-Modelle im Maschinenbau. Vortrag im Rahmen der mündlichen Doktorprüfung. FIR an der RWTH Aachen, Aachen, 10.12.2018, 49 Folien. [in der Bibliothek des FIR an der RWTH Aachen verfügbar]

HARLAND, T.: Gestaltung des Digitalen Schattens für Instandhaltungsdienstleistungen im Maschinen- und Anlagenbau. Schriftenreihe Rationalisierung; Bd. 160. RHrsg.: G. Schuh. Apprimus, Aachen 2019. – Zugl.: Aachen, Techn. Hochsch., Diss., 2018.

HARS, A.: Referenzdatenmodelle. Grundlagen effizienter Datenmodellierung. Gabler, Wiesbaden 1994. – Zugl.: Saarbrücken, Univ., Diss., 1993.

HEESCHEN, D.: Kennzahlenbasierte Auswahl der Fertigungstechnologien und -ressourcen im industriellen Werkzeugbau. Ergebnisse aus der Produktionstechnik; 18/2015. Apprimus, Aachen 2015. – Zugl.: Aachen, Techn. Hochsch., Diss., 2015.

HEINIS, T. B.; LOY, C. L.; MEBOLDT, M.: Improving Usage Metrics for Pay-per-Use Pricing with IoT Technology and Machine Learning. In: Research-Technology Management 61 (2018) 5, S. 32 – 40.

HERMANN, U.: Digitalisierung im Industrieunternehmen. Die Chancen der digitalen Ökonomie der Dinge erkennen, entwickeln und erfolgreich umsetzen. Apprimus, Aachen 2019.

HINTERHUBER, A.: Towards value-based pricing – An integrative framework for decision making. In: Industrial Marketing Management 33 (2004) 8, S. 765 – 778.

HINTERHUBER, A.: Value quantification – Processes and best practices to document and quantify value in B2B. In: Value first then price. Quantifying value in business-to-business markets from the perspective of both buyers and sellers. Hrsg.: A. Hinterhuber; T. C. Snelgrove. Routledge, London 2017, S. 61 – 74.

HINTERHUBER, A.; LIOZU, S. M.: Is innovation in pricing your next source of competitive advantage? In: Business Horizons 57 (2014) 3, S. 413 – 423.

HOFMANN, M.: Prozessoptimierung als ganzheitlicher Ansatz. Mit konkreten Praxisbeispielen für effiziente Arbeitsabläufe. Springer Gabler, Wiesbaden 2020.

HOLZBAUR, U.; BÜHR, M.; DORRER, D.; KROPP, A.; WALTER-BARTHLE, E.; WENZEL, T.: Die Projekt-Methode. Leitfaden zum erfolgreichen Einsatz von Projekten in der innovativen Hochschullehre. Springer Gabler, Wiesbaden 2017.

HÖLZLE, K.; SCHODER, T.; SPIRI, N.; GÖTZ, V.: Big Data und technologiegetriebene Geschäftsmodellinnovation. In: Digitale Transformation von Geschäftsmodellen. Grundlagen, Instrumente und Best Practices. Hrsg.: D. Schallmo; A. Rusnjak; J. Anzengruber; T. Werani; M. Jünger. Springer Gabler, Wiesbaden 2017, S. 355 – 375.

HOMBURG, C.: Marketingmanagement. Strategie – Instrumente – Umsetzung – Unternehmensführung. 6., überarb. u. erw. Auflage. Springer Gabler, Wiesbaden 2017.

HOMBURG, C.; TOTZEK, D.: Preismanagement auf B2B-Märkten – Zentrale Entscheidungsfelder und Erfolgsfaktoren. In: Preismanagement auf Business-to-Business Märkten. Preisstrategie – Preisbestimmung – Preisdurchsetzung. Hrsg.: C. Homburg. Gabler, Wiesbaden 2011, S. 13 – 72.

HUNGENBERG, H.: Strategisches Management in Unternehmen. Ziele – Prozesse – Verfahren. 8., aktualis. Auflage. Springer Gabler, Wiesbaden 2014.

HUSMANN, M.: Erfolgsfaktoren bei der Markteinführung von datenbasierten Dienstleistungen im Maschinen- und Anlagenbau. Schriftenreihe Rationalisierung; Bd. 168. RHrsg.: G. Schuh. Apprimus, Aachen 2020.– Zugl.: Aachen, Techn. Hochsch., Diss., 2020.

HÜTTMANN, A.: Leistungsabhängige Preiskonzepte im Investitionsgütergeschäft. Funktion, Wirkung, Einsatz. Deutscher Universitätsverlag, Wiesbaden 2003. – Zugl.: Kassel, Univ., Diss., 2003.

INTRA, C.: Effiziente Produktionsplanung durch eine vereinfachte Ablaufsimulation. Berichte aus der Produktionstechnik; Bd. 2000,30. Shaker, Aachen 2000. – Zugl.: Aachen, Techn. Hochsch., Diss., 2000.

JAKOBY, W.: Intensivtraining Projektmanagement. Ein Praxisnahes Übungsbuch für den gezielten Kompetenzaufbau. 3., überarb. u. aktualis. Auflage. Springer Vieweg, Wiesbaden 2021.

JENSEN, M. C.; MECKLING, W. H.: Theory of the firm: Managerial behavior, agency costs and ownership structure. In: Journal of Financial Economics 3 (1976) 4, S. 305 – 360.

JUNG, H.: Controlling. 3., überarb. Auflage. Oldenbourg, München [u. a.] 2011.

JUSSEN, P.; FRANK, J.: Mit Industrie 4.0 Beute machen. Subscription-Geschäftsmodelle können die technologischen Möglichkeiten von Industrie 4.0 in langfristig unternehmerischen Erfolg überführen. In: VDI-Technikmagazin 162 (2019) 1, S. 66 – 67.

JÜTTNER, U.; WINDLER, K.; SCHÄFER, A.; ZIMMERMANN, A.: Design von Smart Services – Eine explorative Studie im Business-to-Business-Sektor. In: Dienstleistungen 4.0; Bd.2: Geschäftsmodelle – Wertschöpfung – Transformation. Hrsg.: M. Bruhn; K. Hadwich. Springer Gabler, Wiesbaden 2017, S. 335 – 363.

KAGERMANN, H.; ANDERL, R.; GAUSEMEIER, J.; SCHUH, G.; WAHLSTER, W. (HRSG.): Industrie 4.0 im globalen Kontext. Strategien der Zusammenarbeit mit internationalen Partnern. Utz, München, 23.11.2016. https://www.acatech.de/publikation/industrie-4-0-im-globalen-kontext-strategien-der-zusammenarbeit-mit-internationalen-partnern/download-pdf?lang=de (Link zuletzt geprüft: 25.09.2022)

KAGERMANN, H.; WAHLSTER, W.; HELBIG, J. (HRSG.): Umsetzungsempfehlungen für das Zukunftsprojekt Industrie 4.0. Abschlussbericht des Arbeitskreises Industrie 4.0. Frankfurt am Main, 08.04.2013. https://www.acatech.de/publikation/umsetzungsempfehlungen-fuer-das-zukunftsprojekt-industrie-4-0-abschlussbericht-des-arbeitskreises-industrie-4-0/download-pdf?lang=de (Link zuletzt geprüft: 25.09.2022)

KAGERMANN, H.; WAHLSTER, W.: Zehn Jahre Industrie 4.0. FAZ online, 29.03.2021. https://www.faz.net/aktuell/wirtschaft/digitec/digitale-technik/digitalisierung-der-produktion-zehn-jahre-industrie-4-0-17267696.html (Link zuletzt geprüft: 25.09.2022)

KALKA, R.; KRÄMER, A.: Einordnung, Aufgaben und Rahmenbedingungen der Preiskommunikation. In: Preiskommunikation. Strategische Herausforderungen und innovative Anwendungsfelder. Hrsg.: R. Kalka; A. Krämer. Springer Gabler, Wiesbaden 2020, S. 3 – 26.

KALLENBERG, R.: Ein Referenzmodell für den Service in Unternehmen des Maschinenbaus. Schriftenreihe Rationalisierung und Humanisierung; Bd. 44. RHrsg.: H. Luczak; W. Eversheim. Shaker, Aachen 2002. - Zugl.: Aachen, Techn. Hochsch., Diss., 2002.

KAUFMANN, T.: Geschäftsmodelle in Industrie 4.0 und dem Internet der Dinge. Der Weg vom Anspruch in die Wirklichkeit. Springer Vieweg, Wiesbaden 2015.

KERÄNEN, J.; JALKALA, A.: Towards a framework of customer value assessment in B2B markets: An exploratory study. In: Industrial Marketing Management 42 (2013) 8, S. 1307 – 1317.

KHISRO, J.: Utilizing an Investment Instrument for Digital Transformation: A Case Study of a Large Swedish Municipality. In: Electronic Government. 19th IFIP WG 8.5 International Conference, EGOV 2020 Linköping, Sweden, August 31-September 2, 2020 Proceedings. Hrsg.: G. V. Pereira; M. Janssen; H. Lee; I. Lindgren; M. P. R. Bolívar; H. J. Scholl; A. Zuiderwijk. Springer, Cham [u. a.] 2020, S. 71 – 81.

KLARMANN, M.; MILLER, K.; HOFSTETTER, R.: Methoden der Preisfindung auf B2B-Märkten. In: Preismanagement auf Business-to-Business Märkten. Preisstrategie – Preisbestimmung – Preisdurchsetzung. Hrsg.: C. Homburg. Gabler, Wiesbaden 2011, S. 155 – 178.

KLEIN, R.: Modellgestütztes Service Systems Engineering. Theorie und Technik einer systemischen Entwicklung von Dienstleistungen. Deutscher Universitäts-Verlag, Wiesbaden 2007. – Zugl.: Saarbrücken, Univ., Diss., 2007.

KLEINALTENKAMP, M.: Business-to-Business-Marketing. In: Gabler Wirtschaftslexikon, Teil: Bf - E. Hrsg.: K. Alisch; U. Arentzen; E. Winter. 16., vollst. überarb. u. aktualis. Auflage. Springer Gabler, Wiesbaden 2004, S. 602 – 607.

KLEINALTENKAMP, M.; SAAB, S.: Technischer Vertrieb. Eine praxisorientierte Einführung in das Business-to-Business-Marketing. Springer, Berlin [u. a.] 2009.

KLEINALTENKAMP, M.; STORBACKA, K.; NENONEN, S.: Voraussetzungen der Transformation vom Produkt- zum Lösungsanbieter – Wenn Lösungen zum Problem werden. In: Servicetransformation. Entwicklung vom Produktanbieter zum Dienstleistungsunternehmen. Hrsg.: M. Bruhn; K. Hadwich. Springer Gabler, Wiesbaden 2016, S. 197 – 208.

KÖLSCH, P.; AURICH, J. C.; HERDER, C. F.: Grundlagen zu Produkt-Service Systemen. In: Entwicklung datenbasierter Produkt-Service Systeme. Ein Ansatz zur Realisierung verfügbarkeitsorientierter Geschäftsmodelle. Hrsg.: J. Aurich; W. Koch; P. Kölsch; C. Herder. Springer Vieweg, Berlin [u. a.] 2019, S. 5 – 16. [=2019a]

KÖLSCH, P.; AURICH, J. C.; HERDER, C. F.; ZIMMERMANN, V.: Konzeption verfügbarkeitsorientierter Geschäftsmodelle. In: Entwicklung datenbasierter Produkt-Service Systeme. Ein Ansatz zur Realisierung verfügbarkeitsorientierter Geschäftsmodelle. Hrsg.: J. Aurich; W. Koch; P. Kölsch; C. Herder. Springer Vieweg, Berlin [u. a.] 2019, S. 17 – 30. [=2019b]

KOTLER, P.: A Generic Concept of Marketing. In: Journal of Marketing 36 (1972) 2, S. 46 – 54.

KRÄMER, A.: Dynamische und individuelle Preise aus Unternehmens- und Verbrauchersicht. In: Preiskommunikation. Strategische Herausforderungen und innovative Anwendungsfelder. Hrsg.: R. Kalka; A. Krämer. Springer Gabler, Wiesbaden 2020, S. 89 – 106.

KRCMAR, H.: Informationsmanagement. 6., überarb. Auflage. Springer Gabler, Wiesbaden 2015.

KREUTZER, R. T.: Kundenbeziehungsmanagement im digitalen Zeitalter. Konzepte, Erfolgsfaktoren, Handlungsideen. Kohlhammer, Stuttgart 2016.

KRÜGER-STROHMAYER, S.: Profitabilitätsorientierte Kundenbindung durch Zufriedenheitsmanagement. Kundenzufriedenheit und Kundenwert als Steuerungsgröße für die Kundenbindung in marktorientierten Dienstleistungsunternehmen. Schriftenreihe Schwerpunkt Marketing; Bd. 47. 2. Auflage. FGM-Verlag, München 2000.

KUBICEK, H.: Heuristische Bezugsrahmen und heuristisch angelegte Forschungsdesign als Elemente einer Konstruktionsstrategie empirischer Forschung. In: Empirische und handlungstheoretische Forschungskonzeption in der Betriebswirtschaftslehre. Bericht über d. Tagung in Aachen, März 1976/Komm. Wissenschaftstheorie im Verd. d. Hochschullehrer für Betriebswirtschaft e. V. Hrsg.: R. Köhler. Poeschel, Stuttgart 1977, S. 3 – 36.

KUCKERTZ, A.: Management. Entrepreneurial Marketing. Springer Gabler, Wiesbaden 2015.

KUHLMANN, K.: Methodik zur Gestaltung von Geschäftsprozessen im industriellen Werkzeugbau. Ergebnisse aus der Produktionstechnik; Bd. 2011,16. Apprimus, Aachen 2011. – Zugl. Aachen, Techn. Hochsch., Diss., 2011.

KUHN, T.: The structure of scientific revolutions. 4. Auflage. The University of Chicago Press, Chicago (IL) 2012.

KUNSCHERT, M.: Der Kundenwert im Industriegütermarketing. 2. Auflage. Springer Gabler, Wiesbaden 2019. – Zugl.: Potsdam, Univ., Diss., 2019.

KUẞ, A.: Subjektive Preiskalküle und Nutzenpreise. In: Handbuch Preispolitik. Strategien – Planung – Organisation – Umsetzung. Hrsg.: H. Diller; A. Herrmann. Gabler, Wiesbaden 2003, S. 285 – 302.

LABBUS, I.; SCHMIDT, C.; THIEDE, S.; HERRMANN, C.: Integration von Produktionsdaten zur lebenszykluskostenorientierten Prozesskettenplanung. Verknüpfung von Betriebs-, Stamm- und Planungsdaten auf Basis OPC UA und AutomationML. In: ZWF – Zeitschrift für wirtschaftlichen Fabrikbetrieb 112 (2017) 9, S. 540 – 543.

LAH, T.; WOOD, J. B.: Technology-as-a-Service Playbook. How to Grow a Profitable Subscription Business. Point B, Seattle (WA) 2016.

LAKATOS, I.: Falsifikation und die Methodologie wissenschaftlicher Forschungsprogramme. In: Kritik und Erkenntnisfortschritt. Abhandlungen des Internationalen Kolloquiums über die Philosophie der Wissenschaft. Hrsg.: I. Lakatos; A. Musgrave. Reihen: Internationales Kolloquium über die Philosophie der Wissenschaft (1965, London): Abhandlungen des Internationalen Kolloquiums über die Philosophie der Wissenschaft; Bd. 4; und: Wissenschaftstheorie, Wissenschaft und Philosophie; Bd. 9. Vieweg, Braunschweig 1974, S. 89 – 189.

LAMNEK, S.; KRELL, C.: Qualitative Sozialforschung. 6., überarb. Auflage. Beltz, Weinheim 2016.

LASZUS, D.; KALKA, R.: Preiscontrolling. In: Handbuch Marketingcontrolling. Hrsg.: S. Reinecke; T. Tomczak. 2. Auflage. Gabler, Wiesbaden 2006, S. 486 – 506.

LAY, G.; SCHÖTER, M.; ARMBRUSTER, H.: TCO als Ausgangspunkt für die Entwicklung dienstleistungsbasierter Geschäftsmodelle in der Investitionsgüterindustrie. In: Lebenszykluskosten optimieren. Paradigmenwechsel für Anbieter und Nutzer von Investitionsgütern. Hrsg.: S. Schweiger. Gabler, Wiesbaden 2009, S. 153 – 179.

LAZARZ, K.: Die Abbildung von Leasingverhältnissen nach den IFRS und nach der handelsrechtlichen Rechnungslegung. Ein kritischer Vergleich. Springer Gabler, Wiesbaden 2021. – Zugl.: Hagen, Fern-Univ., Diss., 2020.

LEHMANN, S.; BUXMANN, P.: Preisstrategien von Softwareanbietern. In: Wirtschaftsinformatik 51 (2009) 6, S. 519 – 529.

LEHMANN, S.; DRAISBACH, T.; KOLL, C.; BUXMANN, P.; DIEFENBACH, H.: SaaS-Preisgestaltung: Bestehende Preismodelle im Überblick. In: Software-as-a-Service. Anbieterstrategien, Kundenbedürfnisse und Wertschöpfungsstrukturen. Hrsg.: A. Benlian; A. Hess; P. Buxmann. Gabler, Wiesbaden 2010, S. 155 – 172.

LEHNER, F.; WILDNER, S.; SCHOLZ, M.: Wirtschaftsinformatik. Eine Einführung. Hanser, München [u. a.] 2006.

LEISTERT, O.: Führungskoordinierendes Geschäftsprozesscontrolling. Kovač, Hamburg 2006. – Zugl.: Osnabrück, Univ., Diss., 2006.

LEITING, T.: [Projektdokumentation] Maßnahmen- und Lösungskatalog zum Vertrieb von Smart Services. Projektergebnisse im Projekt Smart Services Vertrieb. Hrsg.: Center Smart Services. Aachen 2019. [in Bibliothek des FIR e. V. an der RWTH Aachen verfügbar]

LEITING, T.; SCHACHT, M.; FRANK, J.: Market Launch of Smart Services. In: Smart Service Management. Design Guidelines and Best Practices. Hrsg.: M. Maleshkova; N. Kühl; P. Jussen. Springer, Cham [u. a.] 2020, S. 89 – 108.

LEITING, T.; SCHRANK, R.; TIENKEN, C.; RÖSLER, J.: [Projektdokumentation] Leitfaden Pricing digitaler Produkte. Praxisorientiertes Vorgehen zur nutzenorientierten Preisbildung digitaler Produkte. Hrsg.: G. Schuh; V. Stich; T. Friedli. Aachen 2022. [in Bibliothek des FIR e. V. an der RWTH Aachen verfügbar]

LEITING, T.; SCHUH, G.; STICH, V.; FRANK, J.: Pricing for Smart-Product-Service-Systems in Subscription Business Models for Production Industries. In: Proceedings of the Conference on Production Systems and Logistics (2021) 1, S. 719 – 729.

LEMON, K. N.; VERHOEF, P. C.: Understanding Customer Experience Throughout the Customer Journey. In: Journal of Marketing 80 (2016) AMA/MSI Special Issue, S. 69 – 96.

LENART, M.; HORST, C.: Time to subscribe? Subscription-Geschäftsmodelle im Maschinenbau. In: UdZPraxis – Magazin für Betriebsorganisation in der digital vernetzten Wirtschaft 5 (2019) 1, S. 12 – 16.

LENNARTZ, W.: Kundenwert im wertorientierten Management. Messung und praktische Anwendung. Springer Gabler, Wiesbaden 2017. – Zugl.: Mainz, Univ., Diss., 2016.

LERCH, C.; GOTSCH, M.: Digitalized Product-Service Systems in Manufacturing Firms: A Case Study Analysis. In: Research-Technology Management 58 (2015) 5, S. 45 – 52.

LEXA, C.: Mehr Erfolg mit besseren Verträgen. Verträge gestalten und optimieren ohne Anwalt. Springer Gabler, Wiesbaden 2020.

LIOZU, S. M.: State of value-based-pricing survey: Perceptions, challenges, and impact. In: Journal of Revenue and Pricing Management 16 (2017) 1, S. 18 – 29.

LIOZU, S. M.: The Industrial Subscription Economy. A Practical Guide to Designing, Pricing, and Scaling Your Industrial Subscription. Value Innoruption Advisors Publishing, Crown King (AZ) 2022.

LIOZU, S. M.; ULAGA, W.: Monetizing Data. A Practical Roadmap for Framing, Pricing & Selling Your B2B Digital Offers. Value Innoruption Advisors Publishing, Crown King (AZ) 2018.

LIPPOLD, D.: Theoretische Ansätze der Personalwirtschaft. Ein Überblick. Springer Gabler, Wiesbaden 2015.

LÖBLER, H.; HAHN, M.: Measuring Value-in-Context from a Service-Dominant Logic's Perspective. In: Review of Marketing Research 10 (2013) 1, S. 255 – 282.

LOEBBECKE, C.: Digitalisierung – Technologien und Unternehmensstrategien. In: Handbuch Medienmanagement. Hrsg.: C. Scholz. Springer, Berlin [u. a.] 2006, S. 357 – 374.

MACDONALD, E. K.; KLEINALTENKAMP, M.; WILSON, H. N.: How Business Customers Judge Solutions: Solution Quality and Value in Use. In: Journal of Marketing 80 (2016) 3, S. 96 – 120.

MAGRETTA, J.: Why Business Models Matter. In: Harvard Business Review 80 (2002) 5, S. 86 – 92, 133. https://hbr.org/2002/05/why-business-models-matter (Link zuletzt geprüft: 25.09.2022)

MANSARD, M.; CAGIN, J.-M.: Reaping the Recurring Benefits of Industry 4.0. A manufacturing executive playbook for business model transformation towards new revenue streams. Hrsg.: Zoura und Roland Berger. 2019. [in Bibliothek des FIR e. V. an der RWTH Aachen verfügbar]

MATTHES, D.: Enterprise Architecture Frameworks Kompendium. Über 50 Rahmenwerke für das IT-Management. Springer, Heidelberg [u. a.] 2011.

MCCARTHY, D. M.; FADER, P. S.; HARDIE, B. G.: Valuing Subscription-Based Businesses Using Publicly Disclosed Customer Data. In: Journal of Marketing 81 (2017) 1, S. 17 – 35.

MEFFERT, H.; BRUHN, M.; HADWICH, K.: Dienstleistungsmarketing. Grundlagen – Konzepte – Methoden. 9., vollst. überarb. u. erw. Auflage. Springer Gabler, Wiesbaden 2018.

MEFFERT, H.; BURMANN, C.; KIRCHGEORG, M.; EISENBEIß, M.: Marketing. Grundlagen marktorientierter Unternehmensführung. Konzepte – Instrumente – Praxisbeispiele. 13., überarb. u. erw. Auflage Springer Gabler, Wiesbaden 2019.

MEIER, C.; SCHMIDT, C.; RUNGE, S.: Auswahl und Einführung von ERP-/PPS-Systemen. In: Produktionsplanung und -steuerung; Bd. 1: Grundlagen der PPS. Hrsg.: G. Schuh; V. Stich. Springer Vieweg, Berlin [u. a.] 2012, S. 322 – 377.

MEIER, H.; UHLMANN, E.: Hybride Leistungsbündel – ein neues Produktverständnis. In: Integrierte Industrielle Sach- und Dienstleistungen. Hrsg.: H. Meier; E. Uhlmann. Springer, Berlin [u. a.] 2012, S. 1 – 21.

MEINHARDT, Y.: Veränderungen von Geschäftsmodellen in dynamischen Industrien. Fallstudien aus der Biotech-/Pharmaindustrie und bei Business-to-Consumer-Portalen. Deutscher Universitäts-Verlag, Wiesbaden 2002. – Zugl.: Bamberg, Univ., Diss., 2002.

MEISE, V.: Ordnungsrahmen zur prozessorientierten Organisationsgestaltung. Modelle für das Management komplexer Reorganisationsprojekte. Verlag Dr. Kovac, Hamburg 2001. – Zugl.: Münster, Univ., Diss., 2000.

MENNICKEN, A.; KORNBERGER, M.: Von Performativität zu Generativität: Bewertung und ihre Folgen im Kontext der Digitalisierung. In: Kölner Zeitschrift für Soziologie und Sozialpsychologie 73 (2021) 1, S. 451 – 478.

MENTHE, T.; SIEG, M.: Kundennutzen – Schlüssel zum Verkaufserfolg. Wie Sie Mehrwert bieten, Preise leichter durchsetzen und Profitabilität sichern. Springer Gabler, Wiesbaden 2018.

MEYER, M.: Logistisches Störungsmanagement in kundenverbrauchsorientierten Wertschöpfungsketten. Schriftenreihe Rationalisierung und Humanisierung; Bd. 84. RHrsg.: G. Schuh. Shaker, Aachen 2007. – Zugl.: Aachen, Techn. Hochsch., Diss., 2007.

MEYER, P. W.: Der integrative Marketingansatz und seine Konsequenzen für das Marketing. In: Integrierte Marketingfunktionen. Hrsg.: P. W. Meyer. 2., überarb. Auflage. Kohlhammer, Stuttgart 1990, S. 13 – 30.

MITMANSGRUBER, S.; KOCH, S.: Preismodelle für Software-as-a-Service – Ein empirischer Vergleich des B2B- und B2C-Marktes. In: Tagungsband Multikonferenz Wirtschaftsinformatik 2018: data driven X - turning data into value. Hrsg.: P. Drews; 06-09. März 2018, Lüneburg. Leuphana Universität, Lüneburg 2018, S. 503 – 513.

MÖHLENBRUCH, D.; GEORGI, J.; KOHLMANN, A.: Curated Shopping als serviceorientiertes Geschäftsmodell. In: Servicetransformation. Entwicklung vom Produktanbieter zum Dienstleistungsunternehmen. Hrsg.: M. Bruhn; K. Hadwich. Springer Gabler, Wiesbaden 2016, S. 209 – 228.

MOOSBRUGGER, H.; KELAVA, A.: Einführung und zusammenfassender Überblick. In: Testtheorie und Fragebogenkonstruktion. Hrsg.: H. Moosbrugger; A. Kelava. 3., vollst. neu bearb., erw. u. aktualis. Auflage. Springer, Berlin [u. a.] 2020, S. 1 – 12.

NAGL, A.; BOZEM, K.: Geschäftsmodelle 4.0. Business Model Building mit Checklisten und Fallbeispielen. Springer Gabler, Wiesbaden 2018.

NINI, M.: Systematisches Dienstleistungsmanagement. Ein Ansatz für die hybride Wertschöpfung am Beispiel der Investitionsgüterindustrie. Gabler, Wiesbaden 2011. – Zugl.: Wien, Techn. Univ., Diss., 2010 u. d. T.: Strukturation und Management von Dienstleistungsbeziehungen in der Investitionsgüterindustrie vor dem Hintergrund der betrieblichen Tertiarisierung – Eine konstruktivistische Betrachtung.

OBERMAIER, R.: Industrie 4.0 und Digitale Transformation als unternehmerische Gestaltungsaufgabe. In: Handbuch Industrie 4.0 und Digitale Transformation. Betriebswirtschaftliche, technische und rechtliche Herausforderungen. Hrsg.: R. Obermaier. Springer Gabler, Wiesbaden 2019, S. 3 – 46.

OSTERWALDER, A.; PIGNEUR, Y.: Business Model Generation. A handbook for visionaries, game changers, and challengers. Wiley & Sons, Hoboken (NJ) 2010.

OSTERWALDER, A.; PIGNEUR, Y.; BERNARDA, G.; SMITH, A.; PAPADAKOS, P.: Value proposition design. How to create products and services customers. Wiley & Sons, Hoboken (NJ) 2014.

PARTSCH, H.: Requirements-Engineering systematisch. Modellbildung für softwaregestützte Systeme. 2., überarb. u. erw Auflage. Springer, Heidelberg [u. a.] 2010.

PATZAK, G.: Systemtechnik – Planung komplexer innovativer Systeme. Grundlagen, Methoden, Techniken. Springer, Berlin [u. a.] 1982.

PAVLOU, P. A.; LIANG, H.; XUE, Y.: Understanding and Mitigating Uncertainty in Online Exchange Relationships: A Principal-Agent Perspective. In: MIS Quarterly 31 (2007) 1, S. 105 – 136.

PD ISO/TR 22400: Automation systems and integration. Key performance indicators (KPIs) for manufacturing operations management Operational sequence description of data acquisition. International Organization for Standardization 2018.

PECHTL, H.: Logik von Preissystemen. In: Handbuch Preispolitik. Strategien – Planung – Organisation – Umsetzung. Hrsg.: H. Diller; A. Herrmann. Gabler, Wiesbaden 2003, S. 69 – 92.

PHILLIPSON, C.; SCHOTTEN, M.: DATEN. IN: Produktionsplanung und -steuerung. Grundlagen, Gestaltung und Konzepte. Hrsg.: H. Luczak; W. Eversheim; M. Schotten. Springer, Berlin [u. a.] 1998, S. 219 – 260.

PICOT, A.; REICHWALD, R.; WIEGAND, R. T.; MÖSLEIN, K.; NEUBURGER, R.; NEYER, A.-K.: Die grenzenlose Unternehmung. Information, Organisation & Führung. 6., vollst. neu bearb. Auflage. Springer Gabler, Wiesbaden 2020.

PLINKE, W.: Die Geschäftsbeziehung als Investition. In: Marketing-Schnittstellen. Herausforderungen für das Management. Hrsg.: G. Specht; B. Abel; H. Raffée. Poeschel, Stuttgart 1989, S. 305 – 325.

PODRATZ, K.: Prozess zur kundennutzenorientierten Preisfindung für industrielle Dienstleistungen. In: UdZ – Unternehmen der Zukunft 10 (2009) 2, S. 60 – 62.

POLLERT, A.; KIRCHNER, B.; POLLERT, M. C.; BAUER, M.: Duden Wirtschaft von A bis Z. Grundlagenwissen für Schule und Studium, Beruf und Alltag. 5. Auflage. Dudenverlag, Berlin [u. a.] 2013.

POPPER, K. R.: Die Logik der Sozialwissenschaften. In: Der Positivismusstreit in der deutschen Soziologie. Soziologische Texte; Bd 58. Hrsg.: T. W. Adorno. Luchterhand, Darmstadt [u. a] 1974, S. 103 – 123.

POSCHARSKY: Preismanagement im Investitionsgütermarketing. Modelle für reife Märkte. Springer Gabler, Wiesbaden 1998. – Zugl.: Magdeburg, Univ., Diss., 1997.

POYAR, K.: Pricing Insights from 2,200 SaaS Companies. 19.01.2021. https://openviewpartners.com/blog/saas-pricing-insights/#.Ya-6Z9DMKNd (Link zuletzt geprüft: 25.09.2022)

PRATT, J. W.: Principals and agents. The structure of business. Harvard Business School Press, Boston (MA) 1985.

PUFAHL, M.: Vertriebscontrolling. So steuern Sie Absatz, Umsatz und Gewinn. 5.m durchges. Auflage. Springer Gabler, Wiesbaden 2014.

RAPPA, M.: The utility business model and the future of computing services. In: IBM Systems Journal 43(1) (2004) 1, S. 32 – 42.

REINECKE, S.: Preise am Kundennutzen orientieren. In: Thexis 14 (1997) 2, S. 40 – 45.

REINECKE, S.; HAHN, S.: Preisplanung. In: Handbuch Preispolitik. Strategien – Planung – Organisation – Umsetzung. Hrsg.: H. Diller; A. Herrmann. Gabler, Wiesbaden 2003, S. 333 – 356.

REINECKE, S.; HAHN, S.: Preisforschung, -planung und -controlling. In: Handbuch Preispolitik. Strategien, Planung, Organisation, Umsetzung. Hrsg.: H. Diller. Gabler, Wiesbaden 2014, S. 329 – 355.

REINECKE, S.; KELLER, J.: Strategisches Kundenwertcontrolling. In: Handbuch Marketingcontrolling. Hrsg.: S. Reinecke; T. Tomczak. 2. Auflage. Gabler, Wiesbaden 2006, S. 253 – 282.

REINER, N.: Preismanagement im Anlagengeschäft. Ein entscheidungsorientierter Ansatz zur Angebotspreisbestimmung. Deutscher Universitätsverlag, Wiesbaden 2002. - Zugl.: Leipzig, Handelshochsch., Diss., 2001.

RIES, E.: Lean Startup. Schnell, risikolos und erfolgreich Unternehmen gründen. Redline, München 2012.

ROBERTSON, S.; ROBERTSON, J.: Mastering the Requirements Process. Getting Requirements Right. 3. Auflage. Addison-Wesley, Upper Saddle River (NJ) [u. a.] 2014.

ROPOHL, G.: Allgemeine Systemtheorie als transdisziplinäre Integrationsmethode. In: TATuP – Zeitschrift für Technikfolgenabschätzung in Theorie und Praxis 14 (2005) 2, S. 24 – 31.

RÖßL, D.: Die Entwicklung eines Bezugsrahmens und seine Stellung im Forschungsprozess. In: Journal für Betriebswirtschaft 40 (1990) 2, S. 99 – 110.

ROTH, S.: Preismanagement für Leistungsbündel. Neue betriebswirtschaftliche Forschung; Bd. 350. DUV Deutscher Universitäts-Verlag, Wiesbaden 2006. – Zugl.: Bayreuth, Univ., Habil.-Schr., 2005.

ROTH, S.; STOPPEL, E.: Preissysteme zur Gestaltung und Aufteilung des Service Value. In: Service Value als Werttreiber. Konzepte, Messung und Steuerung. Hrsg.: M. Bruhn; K. Hadwich. Springer Gabler, Wiesbaden 2014, S. 183 – 204.

SALIER, U.: Digitalisierung des Controllings durch Business Analytics. In: Digitales Management und Marketing. So nutzen Unternehmen die Marktchancen der Digitalisierung. Hrsg.: S. Detscher. Springer Gabler, Wiesbaden 2021, S. 567 – 592.

SAWHNEY, M.: Going beyond the Product: Defining, Designing, and Delivering Customer Solutions. In: The Service-Dominant Logic of Marketing. Dialog, Debate And Directions. Hrsg.: R. F. Lusch; S. L. Vargo. Routledge, London 2015, S. 365 – 380.

SCHALLMO, D.: Geschäftsmodell-Innovation. Grundlagen, bestehende Ansätze, methodisches Vorgehen und B2B-Geschäftsmodelle. Springer Gabler, Wiesbaden 2013. – Zugl.: Ulm, Univ., Diss., 2012.

SCHALLMO, D.: Geschäftsmodelle erfolgreich entwickeln und implementieren. Mit Aufgaben, Kontrollfragen und Templates. 2., überarb. u. erw. Auflage. Springer Gabler, Berlin 2018.

SCHANZ, G.: Wissenschaftsheoretische Grundfragen der Führungsforschung. In: Handwörterbuch der Führung. Hrsg.: A. Kieser; G. Reber; R. Wunderer. Poeschel, Stuttgart 1987, S. 2039 – 2047.

SCHEER, A.-W.: ARIS. Vom Geschäftsprozess zum Anwendungssystem. 4., durchges. Auflage. Springer, Berlin [u. a.] 2002.

SCHIEMENZ, B.; SCHÖNERT, O.: Entscheidung und Produktion. 3., überarb. Auflage. Oldenbourg, München [u. a.] 2005.

SCHMIDT, W.; SCHLAKE, J.; HORCH, A.; BAUER, M.: Key Performance Indicators (KPIs) in der Prozessindustrie – Anwendung und Implementierung. In: Entwurf komplexer Automatisierungssysteme. EKA 2016; Beschreibungsmittel, Methoden, Werkzeuge und Anwendungen. Hrsg.: C. Diedrich; U. Jumar. Institut für Automation und Kommunikation e. V., Magdeburg 2016, S. 1 – 9.

SCHMITT, C.; ULMER, D.: Wirtschaftsverträge rechtssicher gestalten. Springer, Heidelberg [u. a.] 2010.

SCHÖGEL, M.; TOMCZAK, T.: Fallstudie. In: Empirische Mastertechniken. Eine anwendungsorientierte Einführung für die Marketing- und Managementforschung. Hrsg.: C. Baumgarth; M. Eisend; H. Evanschitzky. Gabler, Wiesbaden 2009, S. 77 – 105.

SCHOLL, A.: Robuste Planung und Optimierung. Grundlagen – Konzepte und Methoden – Experimentelle Untersuchungen. Physica, Heidelberg 2001. – Zugl.: Jena, Univ., Diss., 2001.

SCHÖNUNG, M. M.: Kundenwertorientierte Preissetzung für Leistungssysteme im Maschinen- und Anlagenbau. Ergebnisse aus der Produktionstechnik; Bd. 2008,13. Apprimus, Aachen 2008. – Zugl.: Aachen, Techn. Hochsch., Diss., 2008.

SCHUH, G.; BASSE, F.; FRANZKOCH, B.; HARZENETTER, F.; LUCKERT, M.; PROTE, J.-P.; SCHMITZ, S.; STICH, V.; TÜCKS, G.; WEIßKOPF, J.: Change Request im Produktionsbetrieb. In: AWK – Aachener Werkzeugmaschinen-Kolloquium 2017 Internet of Production für agile Unternehmen. Hrsg.: G. Schuh; F. Klocke; R. Schmitt. Apprimus Verlag, Aachen 2017, S. 109 – 131.

Schuh, G.; Brandenburg, U.; Cuber, S.: Grundlagen der Produktionsplanung und -steuerung: Aufgaben. In: Produktionsplanung und -steuerung; Bd. 1: Grundlagen der PPS. Hrsg.: G. Schuh; V. Stich. Springer Vieweg, Berlin [u. a.] 2012, S. 29 – 81.

SCHUH, G.; FRANK, J.; JUSSEN, P.; RIX, C.; HARLAND, T.: Monetizing Industry 4.0: Design Principles for Subscription Business in the Manufacturing Industry. In: 2019 IEEE International Conference on Engineering, Technology and Innovation (ICE/ITMC) (2019) 25, S. 1 – 9.

SCHUH, G.; GUDERGAN, G.: Einführung und Grundlagen des Managements industrieller Dienstleistungen. In: Management industrieller Dienstleistungen. Reihe Handbuch Produktion und Management; Bd. 8. Hrsg.: G. Schuh; G. Gudergan; A. Kampker. Springer, Berlin [u. a.] 2016, S. 1 – 19.

Schuh, G.; Gudergan, G.; Grefrath, C.: Geschäftsmodelle für industrielle Dienstleistungen. In: Management industrieller Dienstleistungen. Reihe Handbuch Produktion und Management; Bd. 8. Hrsg.: G. Schuh; G. Gudergan; A. Kampker. Springer, Berlin [u. a.] 2016, S. 65 – 104. [=2016a]

Schuh, G.; Gudergan, G.; Senderek, R.; Wagner, D.: Leistungssysteme. In: Management industrieller Dienstleistungen. Reihe Handbuch Pro-duktion und Management; Bd. 8. Hrsg.: G. Schuh; G. Gudergan; A. Kampker. Springer, Berlin [u. a.] 2016, S. 105 – 139. [=2016b]

SCHUH, G.; KOLZ, D.: Morphology of Strategic Components for Data-Driven Industrial Services. In: Advances in Production Management Systems. The Path to Intelligent, Collaborative and Sustainable Manufacturing. Hrsg.: H. Lödding; R. Riedel; K.-D. Thoben; G. v. Cieminski; D. Kritsis. Springer, Cham [u. a.] 2017, S. 214 – 221.

SCHUH, G.; LEITING, T.; SCHRANK, R.; FRANK, J.: Value-based Pricing von Smart Services im Maschinen- und Anlagenbau. In: Smart Services; Bd. 2: Geschäftsmodelle – Erlösmodelle – Kooperationsmodelle. Hrsg.: M. Bruhn; K. Hadwich. Springer Gabler, Wiesbaden 2022, S. 255 – 276.

SCHUH, G.; NYHUIS, P.; REUTER, C.; SCHMITZ, S.; NYWLT, J.; BRAMBRING, F.; SCHULTE, F.; HANSEN, J.: Produktionsdaten als Enabler für Industrie 4.0. In: wt Werkstattstechnik online 105 (2015) 4, S. 200 – 203.

SCHUH, G.; PROTE, J.-P.; MOLITOR, M.; CRAMER, S.: Internet of Production – Steigerung des Wertschöpfungsanteils durch domänenübergreifende Kollaboration. In: Handbuch Industrie 4.0. Hrsg.: B. Vogel-Heuser. Springer, Berlin 2020, S. 1 – 34. [=2020a]

SCHUH, G.; SCHMIDT, C.: Grundlagen der Produktionsplanung und -steuerung. Prozesse. In: Produktionsplanung und -steuerung. Grundlagen, Gestaltung und Konzepte. Hrsg.: G. Schuh. 3., völlig neu bearb. Auflage. Springer, Berlin [u. a.] 2006, S. 108 – 194.

SCHUH, G.; SCHMIDT, C.: Grundlagen des Produktionsmanagements. In: Produktionsmanagement. Reihe Handbuch Produktion und Management; Bd. 5. Springer Vieweg, Berlin 2014, S. 1 – 62.

SCHUH, G.; WENGER, L.; STICH, V.; HICKING, J.; GAILUS, J.: Outcome Economy: Subscription Business Models in Machinery and Plant Engineering. In: Procedia CIRP 93 (2020) 1, S. 599 – 604. [=2020b]

SCHUPPAR, B.: Preismanagement. Konzeption, Umsetzung und Erfolgsauswirkungen im Business-to-Business Bereich. DUV Deutscher Universitäts-Verlag, Wiesbaden 2006. – Zugl.: Mannheim, Univ., Diss., 2005.

SCHÜTTE, R.: Grundsätze ordnungsmäßiger Referenzmodellierung. Konstruktion konfigurations- und anpassungsorientierter Modelle. Gabler, Wiesbaden 1998. – Zugl.: Münster, Univ., Diss., 1997.

SCHÜTTE, R.: Referenzmodellierung: Anforderungen der Praxis und methodische Konzepte. In: Informationsmodellierung. Referenzmodelle und Werkzeuge. Hrsg.: M. Maicher; H.-J. Scheruhn. Deutscher Universitätsverlag, Wiesbaden 1998, S. 63 – 84.

SCHWANINGER, M.: Systemtheorie. Eine Einführung für Führungskräfte, Wirtschafts- und Sozialwissenschaftler. 2. Auflage. Institut für Betriebswirtschaft, St. Gallen 1998.

SCHWARZ, L.; NEUMANN, T.; TEICH, T.: Geschäftsprozesse praxisorientiert modellieren. Handbuch zur Reduzierung der Komplexität. Springer Gabler, Berlin [u. a.] 2018.

SEGAL, L.; LEHRER, M.: The Institutionalization of Stewardship: Theory, Propositions, and Insights from Change in the Edmonton Public Schools. In: Organization Studies 33 (2012) 2, S. 169 – 201.

SEIDLMEIER, H.: Prozessmodellierung mit ARIS. Eine beispielorientierte Einführung für Studium und Praxis in ARIS 10. 5., aktualis. Auflage. Springer Vieweg, Wiesbaden 2019.

SHAPIRO, C.: A Tribute to Olver Williamson. Antitrust Economics. In: California Management Review 52 (2010) 2, S. 137 – 147.

SIMON, H.: Preismanagement. Gabler, Wiesbaden 1982.

SIMON, H.: Preisheiten. Alles, was Sie über Preise wissen müssen. 2., erw. Auflage. Campus, Frankfurt am Main [u. a.] 2015.

SIMON, H.: Preismanagement in digitalen Geschäftsmodellen. In: Dienstleistungen 4.0; Bd.1: Konzepte – Methoden – Instrumente. Hrsg.: M. Bruhn; K. Hadwich. Springer Gabler, Wiesbaden 2017, S. 261 – 275.

SIMON, H.; FASSNACHT, M.: Preismanagement. Strategie – Analyse – Entscheidung – Umsetzung. 4., vollst. neu bearb. u. erw. Auflage. Springer Gabler, Wiesbaden 2016.

SKARZYNSKI, P.; GIBSON, R.: Innovation to the core. A blueprint for transforming the way your company innovates. Harvard Business Press, Boston (MA) 2008.

SKORNA, A.; NIEßEN, P.: Risikoanalyse, -bewertung und -steuerung. In: Betriebliches Risikomanagement und Industrieversicherung. Erfolgreiche Unternehmenssteuerung durch ein effektives Risiko- und Versicherungsmanagement. Hrsg.: A. Mahnke; T. Rohlfs. Springer Gabler, Wiesbaden 2020, S. 41 – 65.

SMART SERVICE WELT WORKING GROUP (HRSG.): Smart Service Welt. Recommendations for the Strategic Initiative Web-based Services for Businesses. Long Version. Berlin, März 2015. https://en.acatech.de/publication/recommendations-for-the-strategic-initiative-web-based-services-for-businesses-final-report-of-the-smart-service-working-group/download-pdf?lang=en (Link zuletzt geprüft: 25.09.2022)

SMITH, T. J.: Aligning the pricing organization to the market type in industrial markets. In: Journal of Revenue and Pricing Management 11 (2012) 1, S. 54 – 63.

SNIPPERT, T.; WITTEVEEN, W.; BOES, H.; VOORDIJK, H.: Barriers to realizing a stewardship relation between client and vendor: the Best Value approach. In: Construction Management and Economics 33 (2015) 7, S. 569 – 586.

SOFTWARE AG (HRSG.): ARIS-Methodenhandbuch. Version 10.0 – Service Release 9. Darmstadt, Juli 2019. https://documentation.softwareag.com/aris/Connect/10-0sr9/ycs10-0sr9d/10-0sr9_Method_Manual.pdf (Link zuletzt geprüft: 25.09.2022)

SPATH, D.; DEMUß, L.: Entwicklung hybrider Produkte. Gestaltung materieller und immaterieller Leistungsbündel. In: Service Engineering. Entwicklung und Gestaltung innovativer Dienstleistungen: mit 24 Tabellen. Hrsg.: H.-J. Bullinger; A.-W. Scheer; K. Schneider. 2., vollst. überarb. u. erw. Auflage. Springer, Berlin [u. a.] 2006, S. 463 – 502.

SPITTA, T.; BICK, M.: Informationswirtschaft. Eine Einführung. 2., überarb. u. erw. Auflage. Springer, Berlin [u. a.] 2008.

STACHOWIAK, H.: Allgemeine Modelltheorie. Springer, Wien [u. a.] 1973.

STADIE, E.; ZWIRGLMAIER, K.: Neue Technologien im Preismanagement. In: Digitalisierung im Vertrieb. Strategien zum Einsatz neuer Technologien in Vertriebsorganisationen. Hrsg.: L. Binckebanck; R. Elste. Springer Gabler, Wiesbaden 2016, S. 105 – 122.

STAEHLE, W.; CONRAD, P.; SYDOW, J.: Management. Eine verhaltenswissenschaftliche Perspektive. 8. Auflage. Vahlen, München 1999.

STATISTISCHES BUNDESAMT (HRSG.): Volkswirtschaftliche Gesamtrechnungen: Inlandsproduktberechnung. Detaillierte Jahresergebnisse. Fachserie 18 Reihe 1.4. Wiesbaden, 02.06.2022. https://www.destatis.de/DE/Themen/Wirtschaft/Volkswirtschaftliche-Gesamtrechnungen-Inlandsprodukt/Publikationen/Downloads-Inlandsprodukt/inlandsprodukt-vorlaeufig-pdf-2180140.pdf;jsessionid=04B4D82A46EE0C9B03767ECD49208865.live721?__blob=publicationFile (Link zuletzt geprüft: 07.10.2022)

STEINHARDT, G.: Market-Value Pricing. Definitions, Concepts, and Processes for Market-Value Centric Pricing. Springer, Cham [u. a.] 2019.

STOBBE, A.: Volkswirtschaftliches Rechnungswesen. 8., neu bearb. u. erw. Auflage. Springer, Berlin [u. a.] 1994.

STOPPEL, E.: Nutzungsabhängige Preissysteme auf industriellen Märkten. Springer Gabler, Wiesbaden 2016. – Zugl.: Kaiserslautern, Techn. Univ., Diss., 2015.

STOPPEL, E.; ROTH, S.: Value-Based Pricing im Kontext der Servicetransformation – Von produktzentrierten zu servicezentrierten Wertverständnissen und Preissystemen. In: Servicetransformation. Entwicklung vom Produktanbieter zum Dienstleistungsunternehmen. Hrsg.: M. Bruhn; K. Hadwich. Springer Gabler , Wiesbaden 2016, S. 373 – 400.

STOPPEL, E.; ROTH, S.: The conceptualization of pricing schemes: From product-centric to customer-centric value approaches. In: Journal of Revenue and Pricing Management 16 (2017) 1, S. 76 – 90.

SUEMATSU, C.: Transaction Cost Management. Strategies and Practices for a Global Open Economy. Springer, Cham [u. a.] 2014.

SWALES, J. M.; FEAK, C. B.: Academic Writing for Graduate Students. Essential Tasks And Skills. 3. Auflage. Michigan Publishing, Ann Arbor (MI) 2012.

TOMCZAK, T.: Forschungsmethoden in der Marketingwissenschaft. Ein Plädoyer für den qualitativen Forschungsansatz. In: Marketing ZfP 2 (1992) 14, S. 77 – 87.

TÖPFER, A.: Strategische Positionierung und Kundenzufriedenheit. Anforderungen – Umsetzung – Praxisbeispiele. Springer Gabler, Wiesbaden 2020.

TOTZEK, D.; KINATEDER, G.; KROPP, E.: Vermarktung von Produkt-Service-Systemen in der Industrie 4.0: Grundlagen und zentrale Herausforderungen für die Preisbestimmung. In: Handbuch Industrie 4.0 und Digitale Transformation. Hrsg.: R. Obermaier. Springer Gabler, Wiesbaden 2019, S. 453 – 478.

TRONVOLL, B.: Customer complaint behaviour from the perspective of the service-dominant logic of marketing. In: Managing Service Quality: An International Journal 17 (2007) 6, S. 601 – 620.

TRUONG, L.; POLAR, K.: How to Refresh Your Subscription Pricing Strategy: Subscription Pricing Strategy Tips. 4 Effective Subscription Pricing Strategies. Zuora online, o. J. https://www.zuora.com/guides/4-effective-subscription-pricing-strategies/ (Link zuletzt geprüft: 25.09.2022)

TUKKER, A.: Eight Types of Product-Service-System. Eight Ways to Sustainability? Experiences from Suspronet. In: Business Strategy and the Environment 13 (2004) 1, S. 246 – 260.

TULI, K. R.; KOHLI, A. K.; BHARADWAJ, S. G.: Rethinking Customer Solutions: From Product Bundles to Relational Processes. In: Journal of Marketing 71 (2007) 3, S. 1 – 17.

TZUO, T.; WEISERT, G.: Subscribed. Why the subscription model will be your company's future – and what to do about it. Portfolio/Penguin, New York 2018.

Ulrich, H.: Der Systemorientierte Ansatz der Betriebswirtschaftslehre. In: Auffassungen und Wissenschaftsziele der Betriebswirtschaftslehre. Wissenschaftl. Buchges., Darmstadt 1978, S. 270 – 291.

ULRICH, H.: Die Betriebswirtschaftslehre als angewandte Sozialwissenschaft. In: Die Führung des Betriebs. Hrsg.: M. N. Geist; R. Köhler. Poeschel, Stuttgart 1981, S. 1 – 26.

ULRICH, H.: Systemorientiertes Management. Das Werk von Hans Ulrich. Studienausgabe. Hrsg.: M. Schwaninger. Haupt, Bern [u. a.] 2001.

ULRICH, H.; DYLLICK, T.; PROBST, G. J. B. (Hrsg.): Management. Schriftenreihe Unternehmung und Unternehmungsführung; Bd. 13. Haupt, Bern [u. a.] 1984.

ULRICH, H.; PROBST, G. J. B.: Anleitung zum ganzheitlichen Denken und Handeln. Ein Brevier für Führungskräfte. 4., unveränd. Auflage. Haupt, Bern [u. a.] 1995.

ULRICH, P.; FLURI, E.: Management. Eine konzentrierte Einführung. 3., neu bearb. Auflage. Haupt, Stuttgart [u. a.] 1984.

ULRICH, P.; HILL, W.: Wissenschaftstheoretische Grundlagen der Betriebswirtschaftslehre (Teil I). In: WiSt – Wirtschaftswissenschaftliches Studium 5 (1976) 7-8, S. 304 – 309. http://www.alexandria.unisg.ch/17331/1/Wissenschaftstheoretische%20Grundlagen%20der%20BWL_Ulrich%26Hill_WiSt_1976.pdf (Link zuletzt geprüft: 25.09.2022)

VAN SLYKE, D. M.: Agents or Stewards: Using Theory to Understand the Government-Nonprofit Social Service Contracting Relationship. In: Journal of Public Administration Research and Theory 17 (2006) 2, S. 157 – 187.

VARGO, S. L.: Service-Dominant Logic as a Foundation for Service Science: Clarifications. In: Service Science 1 (2009) 1, S. 32 – 41.

VARGO, S. L.; LUSCH, R. F.: Evolving to a New Dominant Logic for Marketing. In: Journal of Marketing 68 (2004) 1, S. 1 – 17.

VARGO, S. L.; LUSCH, R. F.: From goods to service(s): Divergences and convergences of logics. In: Industrial Marketing Management 37 (2008) 3, S. 254 – 259.

VARGO, S. L.; LUSCH, R. F.: Evolving to a New Dominant Logic for Marketing. In: The Service-Dominant Logic of Marketing. Dialog, Debate And Directions. Hrsg.: R. F. Lusch; S. L. Vargo. Routledge, London 2015, S. 3 – 28.

VARGO, S. L.; WIELAND, H.; AKAKA, M. A.: Innovation through institutionalization: A service ecosystems perspective. In: Industrial Marketing Management 44 (2015) Januar, S. 63 – 72.

VARTANIAN, T. P.: Secondary data analysis. Oxford University Press, New York 2011.

VESTER, F.: Die Kunst vernetzt zu denken. Ideen und Werkzeuge für einen neuen Umgang mit Komplexität; ein Bericht an den Club of Rome. 3. Auflage. Dt. Taschenbuch-Verlag, München 2002.

VOM BROCKE, J.; BUDDENDICK, C.: Konstruktionstechniken für die Referenzmodellierung – Systematisierung, Sprachgestaltung und Werkzeugunterstützung. In: Referenzmodellierung. Grundlagen, Techniken und domänenbezogene Anwendung. Hrsg.: J. BECKER; P. DELFMANN. Springer, Berlin [u. a.] 2004.

VOSS, C. A.; HSUAN, J.: Service Architecture and Modularity. In: Decision Sciences 40 (2009) 3, S. 541 – 569.

VOSSEN, G.: Datenmodelle, Datenbanksprachen und Datenbankmanagementsysteme. 5., überarb. u. erw. Auflage. Oldenbourg, München [u. a.] 2008.

WAGNER, D.: Simulationsbasierte Bewertung von Verfügbarkeitsgarantien von Windenergieanlagen. Schriftenreihe Rationalisierung; Bd. 140. RHrsg.: G. Schuh. Apprimus, Aachen 2016. – Zugl.: Aachen, Techn. Hochsch., Diss., 2016.

WEBSTER, J.; WATSON, R. T.: Analyzing the Past to Prepare for the Future: Writing a Literature Review. In: MIS Quarterly 26 (2002) 2, S. XIII – XXIII.

WEIBER, R.; HÖRSTRUP, R.: Von der Kundenintegration zur Anbieterintegration: Die Erweiterung anbieterseitiger Wertschöpfungsprozesse auf kundenseitige Nutzungsprozesse. In: Kundenintegration. Hrsg.: M. Bruhn; B. Stauss. Gabler, Wiesbaden 2009, S. 281 – 314.

WELKE, M.: Geschichte der Zeitung: Darf man so was drucken? Kaum erfunden, schon zensiert: Die Geschichte der ersten Zeitung der Welt. In: Die Zeit (2013) 1, S. 17. ZEIT online, 27.12.2013. https://www.zeit.de/2014/01/zensur-geschichte-zeitung-presse (Link zuletzt geprüft: 25.09.2022)

WELLS, A. R.; CHIANG, K. W.: Monetizing your data. A guide to turning data into profit-driving strategies and solutions. John Wiley & Sons, Hoboken (NJ) 2017.

WENZEL, S.; NEUMANN, S.; BANDULET, F.; FAISST, W.: Electronic Business Services and their Role for Enterprise Software. In: Software-as-a-Service. Anbieterstrategien, Kundenbedürfnisse und Wertschöpfungsstrukturen. Hrsg.: A. Benlian; A. Hess; P. Buxmann. Gabler, Wiesbaden 2010, S. 75 – 92.

WERMERS, H.: Interventionen zur Steigerung der Datenqualität in Standard-PPS-Systemen. Schriftenreihe Rationalisierung und Humanisierung; Bd. 26. RHrsg.: H. Luczak; W. Eversheim. Shaker, Aachen 2000. – Zugl.: Aachen, Techn. Hochsch., Diss., 2000.

WIED-NEBBELING, S.: Preistheorie und Industrieökonomik. 5., überarb. u. erw. Auflage. Springer, Heidelberg [u. a.] 2009.

WIENINGER, S. S.: Vertrauen in Unternehmen durch Blockchain-Technologie. Schriftenreihe Rationalisierung; Bd. 174. RHrsg.: G. Schuh. Apprimus, Aachen 2020. - Aachen, Techn. Hochsch., Diss., 2020.

WILLIAMSON, O. E.: Transaction Cost Economics and Organization Theory. In: Organization Theory. From Chester Barnard to the Present and Beyond. Hrsg.: O. E. Williamson. 2. Auflage. Oxford University Press, New York 1995, S. 207 – 256.

WILTINGER, K.: Preismanagement in der unternehmerischen Praxis. Probleme der organisatorischen Implementierung. Neue betriebswirtschaftliche Forschung; Bd. 235. Gabler, Wiesbaden 1998. – Zugl.: Mainz, Univ., Diss., 1997.

WIRTZ, B. W.: Business Model Management. Design – Instrumente – Erfolgsfaktoren von Geschäftsmodellen. 4., aktualis. u. überarb. Auflage. Springer Gabler, Wiesbaden 2018.

WIRTZ, B. W.: Digital Business Models. Concepts, Models, and the Alphabet Case Study. Springer, Cham [u. a.] 2019.

WIRTZ, B. W.; PISTOIA, A.; ULLRICH, S.; GÖTTEL, V.: Business Models: Origin, Development and Future Research Perspectives. In: Long Range Planning 49 (2016) 1, S. 36 – 54.

WÖHE, G.; DÖRING, U.; BRÖSEL, G.: Einführung in die Allgemeine Betriebswirtschaftslehre. 27., überarb. u. aktualis. Auflage. Vahlen, München 2020.

YAMAMOTO, S.; SHARMA, P.: Defining a Winning Subscription Pricing Model. https://www.zuora.com/guides/defining-a-winning-subscription-pricing-model/ (Link zuletzt geprüft: 25.09.2022) [In Bibliothek des FIR e. V. an der RWTH Aachen verfügbar]

YIN, R. K.: Case study research. Design and methods. 5. Auflage. SAGE Publications, Los Angeles (CA) [u. a.] 2015.

ZEITHAML, V. A.; PARASURAMAN, A.; BERRY, L. L.: Problems and Strategies in Services Marketing. In: Journal of Marketing 49 (1985) 2, S. 33 – 46.

ZÖBEL, D.: Echtzeitsysteme. Grundlagen der Planung. 2., erw. u. überarb. Auflage. Springer Vieweg, Berlin [u. a.] 2020.

ZÖLLER, S.: Ja zur Digitalisierung! Mit der richtigen Einstellung die Zukunftsfähigkeit des Unternehmens sichern. Springer Gabler, Wiesbaden 2019.

ZOLNOWSKI, A.; BÖHMANN, T.: Grundlagen service-orientierter Geschäftsmodelle. In: Service-orientierte Geschäftsmodelle. Erfolgreich umsetzen. Hrsg.: T. Böhmann; M. Warg; P. Weiß. Springer Gabler, Berlin [u. a.] 2013, S. 1 – 31.

ZUORA/SUBSCRIBED INSTITUTE (HRSG.): The Subscription Economy Index. Redwood City (CA), Februar 2022. https://assets.zuora.com/wp-content/uploads/2022/02/FINAL_Zuora_SEI_2022-min.pdf (Link zuletzt geprüft: 25.09.2022).

Anhang

A.1 Experteninterviews- und Fallstudienpartner

Die Durchführung der Experteninterviews und Fallstudienaufnahmen erfolgte parallel zur Erstellung dieser Dissertationsschrift in insgesamt drei Konsortialforschungsprojekten mit jeweils sieben bis 14 Partner-Industrieunternehmen, die jene Projekte durchgängig begleitet haben und als Fallstudienpartner fungierten. Die Fallstudienpartner sind jeweils lediglich in tabellarischer Form aufgeführt worden, um keine Rückschlüsse auf sensible Unternehmensinterna zuzulassen (s. Tabelle A-1). Jedes Unternehmen wurde durch mehrere Personen aus einem oder mehreren Geschäftsbereichen vertreten. Deshalb sind in der Tabelle jeweils die beteiligten Geschäftsbereiche des Unternehmens unter „Branche" aufgeführt. Ziel aller Projekte war die Erarbeitung von Handlungsempfehlungen für Schwerpunktthemen innerhalb von aktuellen Problemstellungen der industriellen Praxis. Die drei Projekte widmeten sich verschiedenen Schwerpunktthemen (Vertrieb digitaler Leistungen, Subskriptionsgeschäftsmodelle, Preisbildung digitaler Leistungen) der produzierenden Industrie, deren Schnittmenge das Thema dieser Dissertationsschrift bildet, und wurden jeweils in Zeiträumen von ein bis zwei Jahren durchgeführt. Der Ablauf aller Projekte lief nach demselben Schema ab: Zunächst wurden die Fallstudien und die Anforderungen der Industriepartner des Konsortiums erfasst. Dann wurden auf Basis von im Konsortium abgestimmten Kriterien bereits erfolgreiche Unternehmen der industriellen Praxis außerhalb des Konsortiums identifiziert. Mit diesen Unternehmen wurde anschließend mithilfe eines semi-strukturierten Interviewfragebogens ein Experteninterview zum Schwerpunktthema durchgeführt. Auf Basis der Interviewergebnisse wurden darauffolgend Best Practices der Industrie identifiziert und in einem Ordnungsrahmen zusammengeführt. Die Partner der Experteninterviews werden aufgrund von Vertraulichkeitserklärungen nicht aufgeführt. Ergebnis daraus waren entweder ein Handlungsleitfaden für die Praxis oder konkrete Handlungsprinzipien. Diese wurden anschließend durch einen Individualworkshop auf die Fallstudie des Industriepartners angewendet, sodass für diesen Anwendungsfall konkrete und passgenaue Handlungsempfehlungen vorliegen. Die Ergebnisse und Erkenntnisse dieser Projekte dienen als inhaltliche Grundlage zur Konstruktion des Vorgehensmodells.

Das von Februar 2018 bis Februar 2019 durchgeführte Projekt *Smart Service Vertrieb (SSV)* fokussierte als Schwerpunktbereiche die Markteinführung und den Vertrieb digitaler Leistungsangebote in der produzierenden Industrie (s. CENTER SMART SERVICES 2019). Der Bereich *Preisbildung für integrierte, datenbasierte Lösungen* wurde als ein zentraler Themenbereich im Projekt adressiert. Das Projekt wurde durch ein Konsortium von sieben Industriepartnern als Fallstudien begleitet (s. Tabelle A-1). Im Projekt wurden insgesamt 17 Experteninterviews mit Führungskräften erfolgreicher Unternehmen durchgeführt. Alle Experteninterviews wurden im Zeitraum von Mai bis August 2018 durchgeführt. Zentrales Ergebnis des Projekts ist ein Maßnahmen- und Lösungskatalog mit insgesamt 78 Bausteinen (s. LEITING 2019).

Das von Mai 2019 bis April 2021 durchgeführte Projekt *Subscription Business Benchmarking (SBB)* fokussierte als Schwerpunktbereich das Thema Subskriptionsgeschäftsmodelle in der produzierenden Industrie (s. CENTER SMART SERVICES 2021). Auch in diesem Projekt wurde der Bereich *Konfiguration und Preisbildung von Subskriptionsleistungssystemen* als zentraler Themenbereich adressiert. Das Projekt wurde durch ein Konsortium von zwölf Industriepartnern als Fallstudien begleitet (s. Tabelle A-1). Im Projekt wurden aus einer Gruppe von 105 Teilnehmern eines initialen Fragebogens die 16 erfolgreichsten Unternehmen für tiefergehende Experteninterviews ausgewählt. Alle Experteninterviews wurden im Zeitraum von Oktober bis November 2019 durchgeführt. Zentrales Ergebnis des Projekts ist ein Expert-Paper mit sechs Kernprinzipien zur Gestaltung von Subskriptionsmodellen (s. FRANK ET AL. 2021).

Das von September 2020 bis Juni 2022 durchgeführte Projekt *Pricing digitaler Produkte (PDP)* fokussierte als Schwerpunktbereich *nutzenorientierte Preisbildung für datenbasierte Leistungsangebote und Lösungen* und adressierte somit ebenfalls Subskriptionsleistungssysteme (s. CENTER SMART SERVICES 2022). Das Projekt wurde durch ein Konsortium von zehn Industriepartnern als Fallstudien begleitet (s. Tabelle A-1). Im Projekt erfolgten insgesamt 30 Experteninterviews mit Führungskräften erfolgreicher Unternehmen. Alle Experteninterviews wurden im Zeitraum von Januar bis April 2021 durchgeführt. Als zentrales Ergebnis wurde ein umfassender Leitfaden mit Handlungsempfehlungen in insgesamt 45 Handlungsfeldern entwickelt (s. LEITING ET AL. 2022).

Tabelle A-1: Fallstudienunternehmen der Konsortialforschungsprojekte

Unternehmen	Branche	Projektbeteiligung
AVL List GmbH	Antriebssysteme	SSV
Dräger AG & Co. KGaA	Medizintechnik, Sicherheitstechnik	SSV, PDP
Fresenius Medical Care AG	Medizintechnik	SSV
GEA Group	Landwirtschaftstechnik, Lebensmitteltechnik	SSV
Siemens Logistics GmbH	Logistikanlagentechnik	SSV
Siemens Healthineers AG	Medizintechnik	SSV, SBB
Trumpf GmbH	Lasertechnik	SSV
Schweizer Bundesbahn CFF FFS	Eisenbahnbetrieb	SBB
Wärtsilä AG	Motorenbau	SBB

SIG Combibloc group	Verpackungs-maschinenbau	SBB
Heidelberger Druckmaschinen AG	Druckmaschinenbau	SBB, PDP
Körber AG	Pharmatechnik	SBB
SKF group	Lagertechnik	SBB
Dieffenbacher GmbH	Holzverarbeitungstechnik	SBB
e.Go Mobile AG	Elektroautomobile	SBB
Porsche Holding mbH	Automobile	SBB
billwerk GmbH	SaaS Abrechnungs-software	SBB
Atlas Copco Holding GmbH	Drucklufttechnik, Montagetechnik	SBB
DB Systel GmbH	Softwaredienstleister Eisenbahnbetrieb	PDP
Georg Fischer AG	Rohrleitungssystem-technik	PDP
Bayer AG	Medizintechnik	PDP
Burckhardt Compression AG	Drucklufttechnik	PDP
KION Group AG	Flurförderfahrzeuge	PDP
Schaeffler Group	Lagertechnik	PDP
Fahrzeugwerk Krone	Fahrzeugbau	PDP
TLT-Turbo GmbH	Ventilationstechnik	PDP

In der Reihe **Schriftenreihe Rationalisierung** zuletzt erschienen:

Schacht, Maximilian:
Digitaler Schatten der Kundeninteraktionen produzierender Unternehmen
ISBN 978-3-98555-132-3
Erscheinungsdatum: 09.01.2023

Defèr, Florian:
Datenbasierte zuverlässigkeitsorientierte Instandhaltung von Produktionsanlagen
ISBN 978-3-98555- 137-8
Erscheinungsdatum: 09.01.2023

Bach, Thies:
Gestaltungsmodell zur lernunterstützenden Erweiterung von Produktionsplanungs- und -steuerungssystemen
ISBN 978-3-98555-127-9
Erscheinungsdatum: 14.12.2022

Götzen, Rafael Frank:
Ordnungsrahmen für die softwarebasierte Automatisierung administrativer Prozesse
ISBN: 978-3-98555-103-3
Erscheinungsdatum: 25.08.2022

Scholz, Svenja:
Bewertungsmetrik leistungsbestimmender Faktoren von Supply-Chains in Industriebetrieben
ISBN: 978-3-98555-049-4
Erscheinungsdatum: 11.04.2022

Fischer, Markus:
Implementierung von Manufacturing Execution Systems basierend auf Industrie-4.0-Reifegradmodellen
ISBN: 978-3-98555-048-7
Erscheinungsdatum: 22.03.2022

Holst, Lennard:
Referenzmodell für das Customer-Success-Management im Subskriptionsgeschäft des Maschinen- und Anlagenbaus
ISBN: 978-3-98555-033-3
Erscheinungsdatum: 21.02.2022

Külschbach, Andreas:
Systematische Bewertung von Änderungsanfragen in der Produktion
ISBN: 978-3-98555-024-1
Erscheinungsdatum: 20.12.2021

Voswinckel, Carl Themo:
Blockchainbasierte Maschinen- und Anlagenanbindungen für datenbasierte Dienstleistungen
ISBN: 978-3-86359-990-4
Erscheinungsdatum: 12.08.2021

Schröter, Moritz:
Konfiguration der Reihenfolgeplanung für die Variantenfließfertigung
ISBN: 978-3-86359-940-9
Erscheinungsdatum: 19.02.2021

Edition Wissenschaft
Apprimus

Frey, Dominik:
Simulationsbasierte Bewertung der Häufigkeit von Planungsläufen in der Produktionsplanung und -steuerung
ISBN: 978-3-86359-937-9
Erscheinungsdatum: 11.02.2021

Hicking, Jan:
Spezifikation von intelligenten Produkten im Maschinenbau
ISBN: 978-3-86359-904-1
Erscheinungsdatum: 20.10.2020

Birkmeier, Martin:
Messung und Darstellung der Qualität von betrieblichen Informationsflüssen
ISBN: 978-3-86359-866-2
Erscheinungsdatum: 01.07.2020

Feige, Boris Alexander:
Präferenzstrukturen von neuen Fahrzeug- und Mobilitätsangeboten für latente Bedürfnisse privater Nutzer
ISBN: 978-3-86359-857-0
Erscheinungsdatum: 02.06.2020

Husmann, Marco:
Erfolgsfaktoren bei der Markteinführung von datenbasierten Dienstleistungen im Maschinen- und Anlagenbau
ISBN: 978-3-86359-839-6
Erscheinungsdatum: 27.04.2020

Kolz, Dominik:
Komponenten industrieller, datenbasierter Dienstleistungen
ISBN: 978-3-86359-830-3
Erscheinungsdatum: 25.03.2020

Frank, Jana:
Reifegradbasierte Gestaltung der Unternehmenskultur am Beispiel der Instandhaltung
ISBN: 978-3-86359-928-7
Erscheinungsdatum: 28.01.2021

Wieninger, Simon:
Vertrauen in Unternehmensnetzwerken durch Blockchain-Technologie
ISBN: 978-3-86359-880-8
Erscheinungsdatum: 24.08.2020

Krechting, Denis:
Methodennavigator für Business-Analytics produzierender Unternehmen
ISBN: 978-3-86359-860-0
Erscheinungsdatum: 02.06.2020

Holtkemper, David:
Blockchain-Applikation für das Supply-Chain-Management
ISBN: 978-3-86359-854-9
Erscheinungsdatum: 18.05.2020

Wetzchewald, Philipp:
Gestaltungsmodell zur Steigerung der Regelbarkeit von Produktionsplanungs- und -steuerungssystemen
ISBN: 978-3-86359-849-5
Erscheinungsdatum: 15.04.2020

Optehostert, Felix:
Kostenprognose von Instandhaltungsleistungen parallel zur Produktentwicklung
ISBN: 978-3-86359-824-2
Erscheinungsdatum: 19.03.2020

Edition Wissenschaft
Apprimus

FSC
www.fsc.org
MIX
Papier | Fördert
gute Waldnutzung
FSC® C083411

Zeitfracht Medien GmbH
Ferdinand-Jühlke-Straße 7
99095 Erfurt, Deutschland
produktsicherheit@kolibri360.de